段剑伟　张　博　主　编◎
朱荣军　吴　珉　王婷婷　副主编◎
唐永伦　主　审◎

AutoCAD经典实用教程

電子工業出版社
Publishing House of Electronics Industry
北京 • BEIJING

内 容 简 介

本书共有 12 章，包括 AutoCAD 2008 简介、绘图基础知识、绘制平面图形、编辑图形对象、图层的使用与管理、文字与表格、尺寸标注与编辑、块操作、样板图与设计中心、绘制机械图样应用实例、图形的打印和输出、绘制三维实体等内容。

本书可作为职业院校计算机应用技术、电子技术应用等专业的课程教材，也可用作相关行业岗位培训用书和从事计算机辅助设计人员的自学参考用书。

图书在版编目（CIP）数据

AutoCAD 经典实用教程 / 段剑伟，张博主编. —北京：电子工业出版社，2018.2

ISBN 978-7-121-33597-6

Ⅰ. ①A… Ⅱ. ①段… ②张… Ⅲ. ①AutoCAD 软件—职业教育—教材 Ⅳ. ①TP391.72

中国版本图书馆 CIP 数据核字（2018）第 019266 号

策划编辑：关雅莉
责任编辑：裴　杰
印　　刷：涿州市般润文化传播有限公司
装　　订：涿州市般润文化传播有限公司
出版发行：电子工业出版社
　　　　　北京市海淀区万寿路 173 信箱　邮编　100036
开　　本：787 × 1 092　1/16　印张：16.5　字数：422.4 千字
版　　次：2018 年 2 月第 1 版
印　　次：2024 年 1 月第 6 次印刷
定　　价：39.80 元

凡所购买电子工业出版社图书有缺损问题，请向购买书店调换。若书店售缺，请与本社发行部联系，联系及邮购电话：（010）88254888，88258888。

质量投诉请发邮件至 zlts@phei.com.cn，盗版侵权举报请发邮件至 dbqq@phei.com.cn。

本书咨询联系方式：peijie@phei.com.cn。

前 言

AutoCAD 是由美国 Autodesk 公司开发的通用计算机辅助设计软件包，它为用户提供了快捷的工具及高效的图形管理功能，能够精确绘制二维图形与三维图形、标注尺寸、渲染图形及打印输出图纸。近年来，随着计算机技术的飞速发展，AutoCAD 被广泛地应用于各个行业，如机械、建筑、电子、土木工程、地质、冶金、气象等。

AutoCAD 发展到现在已经推出了很多版本，功能越来越多，越来越完善，但在实际使用的过程中，很多功能是用不到的，而且新版的 AutoCAD 很难找到相匹配的应用软件，比如市政道路软件、公路设计软件等。

AutoCAD 2008 具有更强大的绘图功能，版本稳定，功能齐全，对电脑的要求也不高，运行非常流畅，堪称经典版本。本书采用由浅入深的方法，介绍 AutoCAD 的发展历史及软件界面，并从基本绘图设置入手，循序渐进地介绍如何绘制二维图形、编辑图形对象、创建图层与使用图层、创建文字、创建表格、尺寸标注、使用块、使用样板图与设计中心、绘制基本三维模型、绘制复杂实体模型、渲染以及打印图形等，涵盖了使用 AutoCAD 2008 进行机械绘图及工程设计等领域涉及的主要内容。在本书编写的过程中，我们始终遵循高等教育的培养方式与培养目标，充分考虑教师的授课方式与学生的自主学习习惯，在内容结构的设计上，由浅入深、循序渐进。在解释新理论知识时，又非常注重理论联系实际，不仅深入浅出地解释理论知识，介绍每一个命令，而且精心筛选了具有代表性的案例，并通过案例来讲解命令的功能，以便巩固对知识的理解与学习，让读者在案例中领悟命令的使用，掌握图形绘制与编辑的方法与技巧。

本书知识点较为全面，涵盖 AutoCAD 2008 的绝大部分功能，在内容的编写上坚持理论知识与实例并重，在特别容易出错的地方均给出了提示，并重视培养读者的绘图技巧。本书由段剑伟、张博担任主编。段剑伟、张迪编写第 1 章，张博、王婷婷、周隆兴编写第 2～第 4 章，朱荣军、张博、王婷婷编写第 5 章和第 6 章，郭强、段剑伟、吴珉编写第 7～9 章，谢祖倩、段剑伟、梁发贵编写第 10～12 章。

由于编者水平有限，书中难免有不足之处，恳请广大读者批评指正，编者将不胜感激。

编　者

目 录

第1章 AutoCAD 2008 简介

本章要点：

AutoCAD 是美国 Autodesk 公司开发的计算机辅助绘图及设计软件，可以绘制二维图和三维图，在目前众多的绘图软件中，AutoCAD 是应用最为广泛的绘图软件之一。AutoCAD 2008 不仅保持了以前版本的诸多优点，还增添了许多新的功能与特性。本章主要介绍 AutoCAD 2008 的基本常识，为后面的学习提供参考。

1.1 AutoCAD 发展历史

AutoCAD 是由美国 Autodesk 公司开发的通用计算机辅助绘图与设计软件包，具有易于掌握、使用方便、体系结构开放等特点，深受广大工程技术人员的欢迎。AutoCAD 自 1982 年问世以来，已经进行了近 20 次的升级，其功能逐渐强大，且日趋完善。如今，AutoCAD 已广泛应用于机械、建筑、电子、航天、造船、石油化工、土木工程、冶金、农业、气象、纺织、轻工业等领域。在中国，AutoCAD 已成为工程设计领域中应用最为广泛的计算机辅助设计软件之一。

1982 年 12 月，美国 Autodesk 公司首先推出 AutoCAD 的第一个版本——AutoCAD 1.0。AutoCAD 2008 除在图形处理等方面的功能有所增强外，一个最显著的特征是增加了参数化绘图功能。用户可以对图形对象建立几何约束，以保证图形对象之间有准确的位置关系，如平行、垂直、相切、同心、对称等关系；可以建立尺寸约束，通过该约束，既可以锁定对象，使其大小保持固定，又可以通过修改尺寸值来改变所约束对象的大小。

1.2 AutoCAD 2008 的界面

1．启动 AutoCAD 2008

在计算机上安装好 AutoCAD 2008 之后，在桌面上会出现快捷方式，如图 1-1 所示，“开始”菜单中也会创建一个 AutoCAD 2008 的程序组。因此，我们可以通过几种方式来启动 AutoCAD 2008。

（1）通过桌面快捷方式启动：双击桌面上的 AutoCAD 2008 快捷方式图标。

图 1-1　快捷方式图标

（2）通过“开始”程序菜单，找到 AutoCAD 2008 程序组。如图 1-2 所示，执行该菜单中的相应程序命令就可以启动。

（3）通过打开已有的 AutoCAD 文件启动：如果用户计算机中有 AutoCAD 图形文件，则双击扩展名为“.dwg”的文件，也可启动 AutoCAD 2008 并打开该图形文件。

图 1-2　通过桌面上的“开始”菜单启动 AutoCAD 2008

2．界面介绍

启动 AutoCAD 2008 中文版以后，进入窗口操作界面，窗口中大部分元素的用法和功能与其他 Windows 软件一样，而一部分功能则是其特有的。如图 1-3 所示，AutoCAD 2008 中文版工作界面主要包括标题栏、菜单栏、面板、绘图区域、坐标系图标、屏幕菜单、命令提示行及文本窗口、状态栏，以及窗口按钮和滚动条等。

图 1-3　经典工作空间的界面构成

1）标题栏

标题栏位于应用程序窗口的最上面，用于显示当前正在运行的程序名及文件名等信息，如果是 AutoCAD 默认的图形文件，则其名称为 DrawingN.dwg（N 是数字，N=1，2，3，…，表示第 N 个默认图形文件）。单击标题栏右端的按钮，可以最小化、最大化或关闭程序窗口。

标题栏中的信息中心提供了各种信息，如需要寻找一些问题的答案，可以在文本框中输入问题，然后单击按钮，即可获得相关的帮助信息；单击通讯中心按钮，可以获得最新的软件更新、产品支持公告和其他服务的直接连接。

2）菜单栏

AutoCAD 2008 中文版用户界面标题栏下方是菜单栏，如图 1-4 所示，它可以方便用户快捷地访问近期编辑的文档和一些常用的命令。

菜单栏有“文件”、“编辑”、“视图”、“插入”、“格式”、“工具”、“绘图”“标注”、“修改”、“窗口”、“帮助”共 11 个菜单项。用户只要选择其中的任何一个选项，便可以得到它的子菜单。菜单栏几乎包括了 AutoCAD 中全部的功能和命令。

如果命令后带有向右的箭头——“▶”，则表示此命令还有子命令。

如果命令后带有快捷键，则表示打开此菜单时，按快捷键即可执行命令。

如果命令后带有组合键，则表示直接按组合键即可执行此命令。

如果命令后带有“…”，则表示执行此命令后弹出一个对话框。

如果命令呈灰色，则表示此命令在当前状态下不可使用。

用户可以根据个人需要重新定义菜单，此时需执行“工具”→“自定义”→“界面”命令。

文件(F) 编辑(E) 视图(V) 插入(I) 格式(O) 工具(T) 绘图(D) 标注(N) 修改(M) 窗口(W) 帮助(H)

图 1-4 菜单栏

3）工具栏

工具栏是应用程序调用命令的另一种方式，它包含许多由图标表示的命令按钮。用户可以方面快捷地使用各种命令，在 AutoCAD 中，系统共提供了 40 多个已命名的工具栏，默认情况下，“标准”、“工作空间”、“属性”、“绘图”和“修改”等工具栏处于打开状态。

如果要显示当前隐藏的工具栏，则可在任意工具栏中右击，如图 1-5 所示，此时将弹出一个快捷菜单，还可以通过执行所需命令显示相应的工具栏。

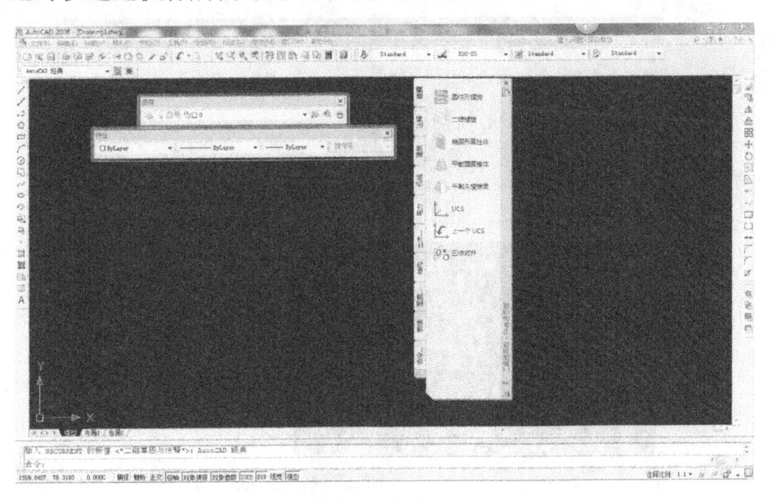

图 1-5 固定工具栏和浮动工具栏

4）绘图窗口

绘图窗口是用户绘图的工作区域，所有的绘图结果都反映在这个窗口中。用户可以根据需要关闭其周围和里面的各个工具栏，以增大绘图空间。如果图纸比较大，需要查看未显示部分，则可以单击窗口右边与下边滚动条上的箭头，或拖动滚动条上的滑块来移动图纸。

绘图区域的默认背景是黑色的，绘图线条是白色的，用户可以修改绘图区域的背景颜色，执行“工具”→“选项”命令，弹出“选项”对话框，选择“显示”选项卡，如图 1-6 所示，再单击“窗口元素”选项组中的“颜色”按钮，弹出如图 1-7 所示的“图形窗口颜色”对话框。在“颜色”下拉列表中，选择需要的背景颜色，然后单击“应用并关闭”按钮，即可改变绘图区域的背景颜色。

在绘图窗口中除了显示当前的绘图结果外，还显示了当前使用的坐标系类型、坐标原点，以及 X、Y、Z 轴的方向等。绘图窗口的左下方显示了坐标系的图标，该图标指示了绘图时的正方位，其中“X”和“Y”分别表示 X 轴和 Y 轴，而箭头指示着 X 轴和 Y 轴的正方向。默认情况下，坐标系为世界坐标系（WCS）。如果重新设置了坐标系原点或调整了坐标轴的方向，则坐标系就变成用户坐标系（UCS），如图 1-8 所示。

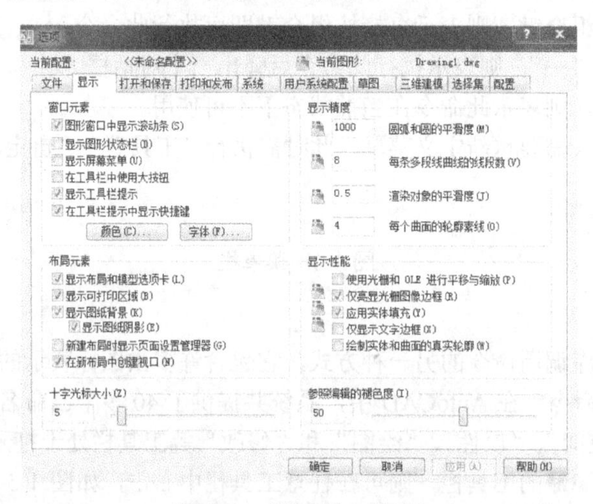

图 1-6 “选项”对话框

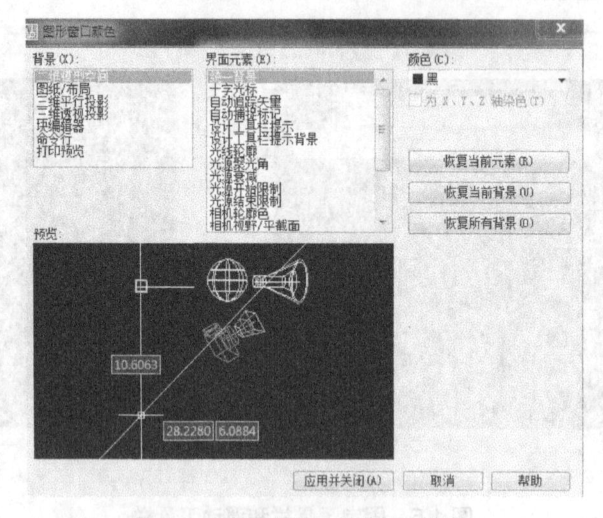

图 1-7 “图形窗口颜色”对话框

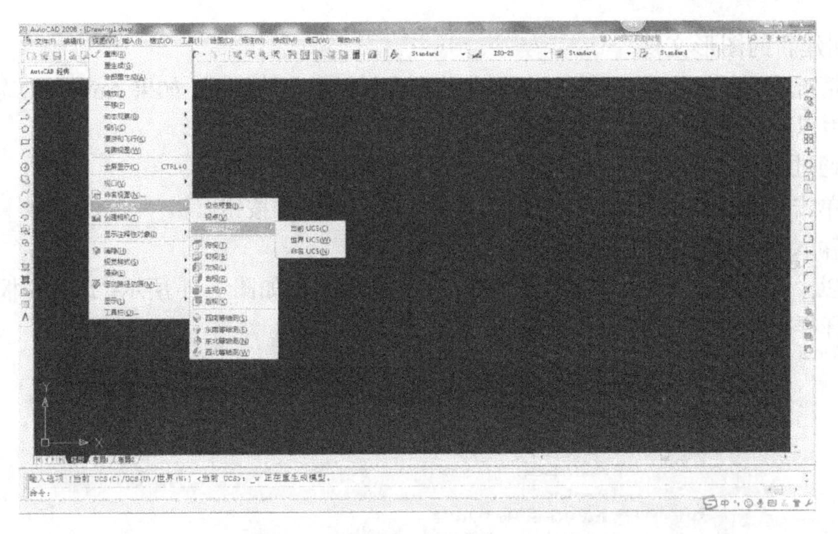

图 1-8　坐标系

绘制二维图形时，X、Y 平面与屏幕平行，而 Z 轴垂直于屏幕（方向向外），因此看不到 Z 轴。

绘图窗口的下方有“模型”和“布局”选项卡，选择它们可以在模型空间或图纸空间之间来回切换。

5）文本窗口与命令提示行

“命令提示行”位于绘图窗口的底部，用户在此输入的命令，“命令提示行”将显示 AutoCAD 提示信息。在 AutoCAD 2008 中，可以将“命令提示行”拖放为浮动窗口，如图 1-9 所示。

命令:
命令:
命令: _options
命令:

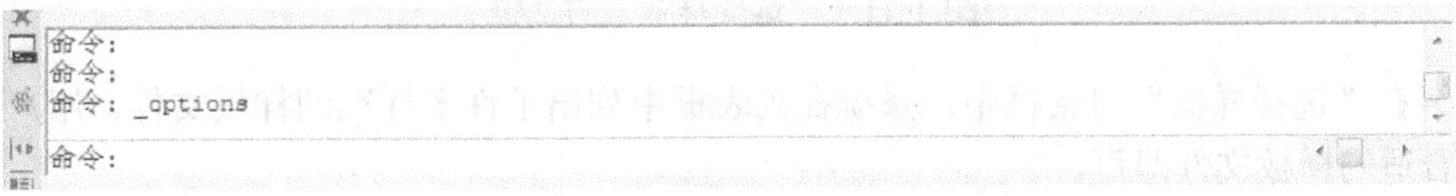

图 1-9　浮动的命令提示行

“AutoCAD 文本窗口”是记录 AutoCAD 命令的窗口，是放大的“命令提示行”窗口，它记录了用户已执行的命令，也可以用来输入新命令。在 AutoCAD 2008 中，用户可以通过执行“视图”→“显示”→“文本窗口”命令、执行 TEXTSCR 命令或按 F2 键来打开它。

6）状态栏

状态栏也处于绘图界面的底部，如图 1-10 所示，它可以用来显示 AutoCAD 当前的状态、当前的坐标、命令和功能按钮的帮助说明等，如坐标显示当前光标在绘图窗口内的所在位置，捕捉控制是否使用捕捉功能，线宽控制是否使用线条的宽度等。

2.2764, 94.9003 , 0.0000
捕捉 栅格 正交 极轴 对象捕捉 对象追踪 DUCS DYN 线宽 模型
注释比例: 1:1

图 1-10　AutoCAD 2008 状态栏

1.3 管理图形文件

在 AutoCAD 2008 中，图形文件的管理包括创建新的图形文件、打开已有的图形文件、关闭图形文件，以及保存图形文件等操作，下面逐一进行介绍。

1．创建新的图形文件

默认情况下，启动 AutoCAD 2008 即可进入绘制新图形的界面。如果 AutoCAD 软件已经启动，可以用以下几种方法创建新的图形文件。

（1）通过执行“文件”→“新建”命令，打开新的图形文件。

（2）单击标准工具栏或者快速访问工具栏中的“新建”按钮。

（3）输入命令 New 或者 Qnew。

通过以上任一种方法启用“新建”命令后，系统将弹出如图 1-11 所示“选择样板”对话框，利用“选择样板”对话框创建新文件的步骤如下。

图 1-11　“选择样板”对话框

（1）在“选择样板”对话框中，系统在列表框中列出了许多标准的样板文件，用户从中选取一种合适的样板文件即可。

（2）单击“打开”按钮，将选中的样板文件打开，此时用户即可在该样板文件上创建图形。用户直接双击列表框中的样板文件，也可将该文件打开。

（3）用户还可以单击“选择样板”对话框中左下端中的“打开”按钮右侧的按钮，弹出如图 1-12 所示下拉列表，选取其中的“无样板打开-公制”选项，即可创建空白文件。

2．打开图形文件

当用户要对原有文件进行进一步的修改完善或进行打印输出时，就要利用“打开”命令将其打开，从而进行浏览或编辑。一般来说，打开已有的图形文件有以下三种方法。

（1）执行“文件”→“打开”命令。

（2）单击标准工具栏中的“打开”按钮。

（3）在命令提示行中输入命令 OPEN。

图 1-12　创建空白文件

利用以上任意一种方法，AutoCAD 将弹出如图 1-13 所示的“选择文件”对话框，当选中需要打开的文件时，对话框右边的预览框中将显示该图形的预览图像。

打开图形的方法有两种：一种是用鼠标在要打开的图形文件上双击；另一种是先选中图形文件，再单击对话框右下角的“打开”按钮，这时图形可以以“打开”、“以只读方式打开”、“局部打开”和“以只读方式局部打开”四种方式打开，如图 1-14 所示，如果是以“打开”和“局部打开”方式打开图形文件，则可以对文件进行编辑；如果是“以只读方式打开”和“以只读方式局部打开”的方式打开图形文件，则不能对图形文件进行编辑。

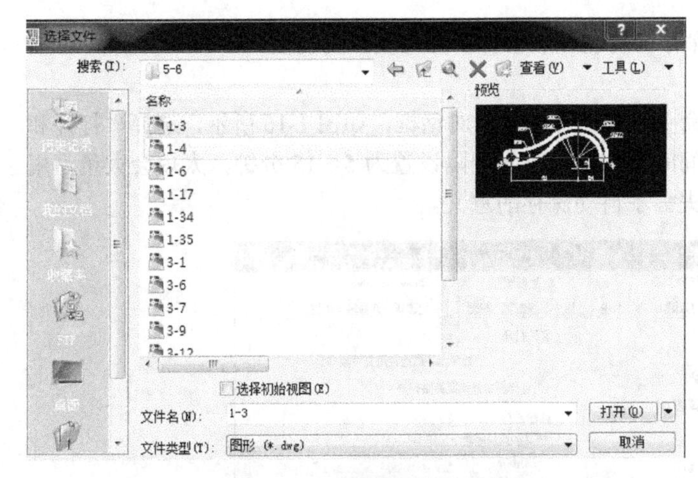

图 1-13　“选择文件”对话框

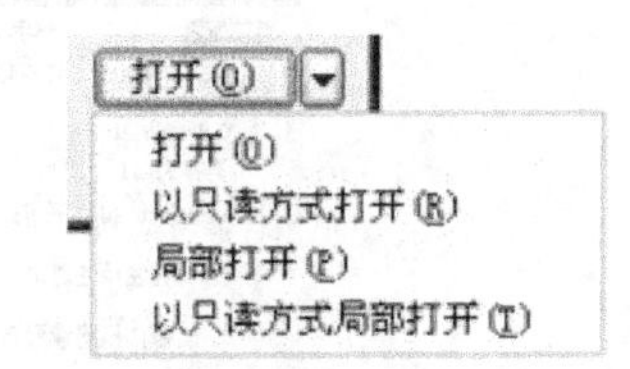

图 1-14　打开图形文件的四种方式

AutoCAD 中可以打开不同种类的文件，默认的图形文件是扩展名为“.dwg”的文件，但是用户也可以在“选择文件”对话框中的“文件类型”中来选择样板文件“.dwt”（图形交换文件）、“.dxf”（用文本形式存储的图形文件）以及标准文件“.dws”（包含标准图层、标准样式、线型和文字样式的样板文件）。

3．保存图形文件

当绘制好一个图，准备保存到磁盘中时，AutoCAD 2008 提供了几种保存方式，可以直接单击工具栏中的“保存”按钮，也可以执行“文件”→“保存”命令，以新的名称来保存图形文件。

此外，也可以在命令窗口中直接输入“QSAVE”，来保存当前图形文件。如果选择在命令窗口中输入“另存为”命令，可以输入“SAVE”或者“SAVEAS”，但是需要注意的是，“SAVE”与“SAVEAS”是有区别的，“SAVE”执行以后，原来的文件仍然是当前文件，而“SAVEAS”执行以后，另存为的文件变成了当前文件。

第一次保存创建的图形文件时，系统将弹出“图形另存为”的对话框，如图 1-15 所示，文件将以默认的格式（DWG）和默认的名称（如 Drawing1.dwg）来保存文件，用户可以按照自己的需要更改保存的文件名和文件类型。

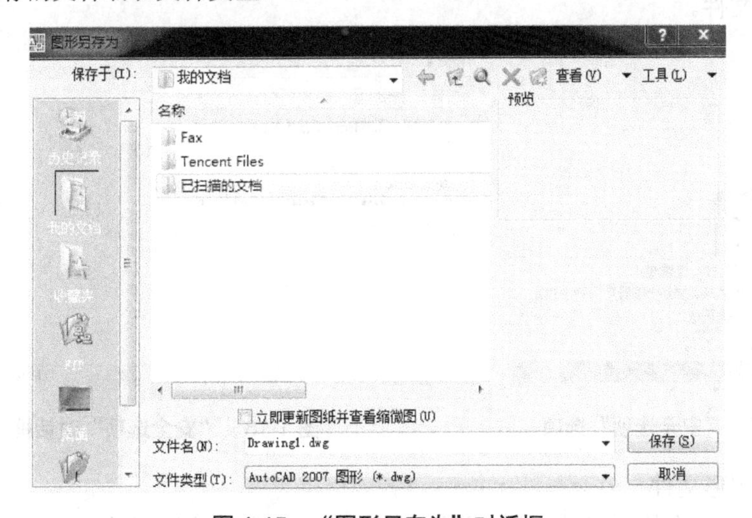

图 1-15　“图形另存为”对话框

在 AutoCAD 中，系统有自动保存的功能和加密保护图形文件的功能。

1）设置自动保存

通过执行“工具”→“选项”命令，弹出“选项”对话框，如图 1-16 所示，选择“打开和保存”选项卡，设定自动保存的时间间隔，建议时间间隔设置为 5～15 分钟，太短会大量占用系统资源，影响工作效率，太长则失去了自动保存的意义。

图 1-16　设置自动保存间隔

2）加密保护图形文件

当用户所绘制的图形文件不希望被他人看到或不为他人所用时，可以利用 AutoCAD 中的密码保护功能，对图形文件进行加密保存。在“图形另存为”对话框中单击“工具”按钮，然后在弹出的下拉列表中选择“安全选项”选项，如图 1-17 所示，此时 AutoCAD 系统会弹出“安全选项”的对话框，如图 1-18 所示，在“密码”选项卡中，根据提示输入密码，然后单击“确定”按钮，弹出“确定密码”对话框，并在“再次输入用于打开此图形的密码”文本框中输入确认密码，此时这个文件已经加密，当用户下次打开该文件时，系统就会提示用户输入密码，否则不能打开文件。

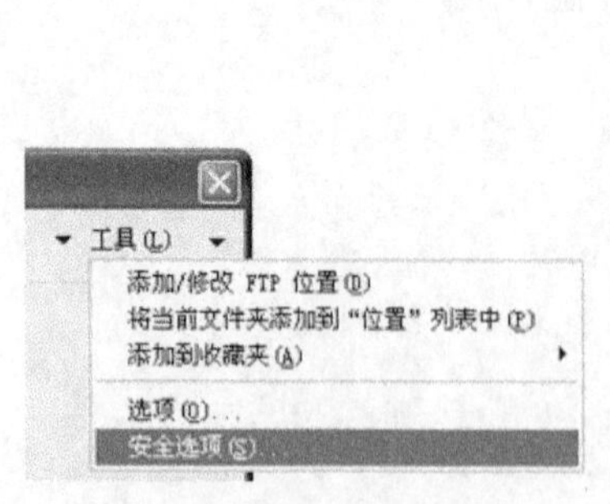

图 1-17　“安全选项”选项

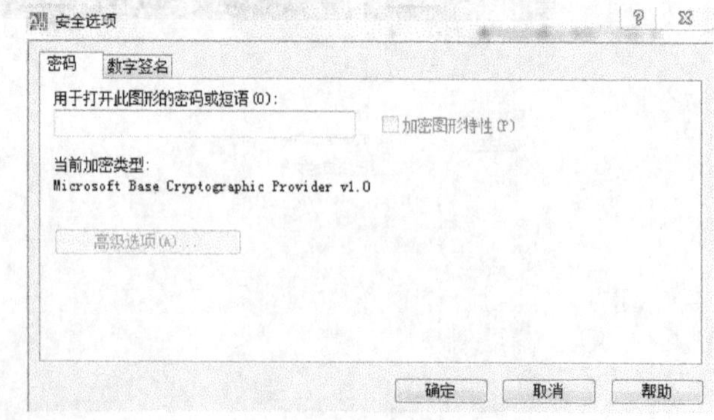

图 1-18　“安全选项”对话框

4．关闭图形文件

直接单击窗口中的按钮☒，可以关闭当前的图形文件，也可以执行“文件”→“关闭”

命令。

如果用户在输入关闭命令前已经保存了该图形文件，则系统直接执行关闭命令，如果没有保存，则系统会弹出警告对话框，如图 1-19 所示，提醒用户是否保存文件，单击“是”按钮或者直接按 Enter 键，可以保存当前的图形文件并将其关闭；单击“否”按钮，可以关闭当前文件但不会保存；如果单击“取消”按钮，则系统会取消关闭当前图形的命令。

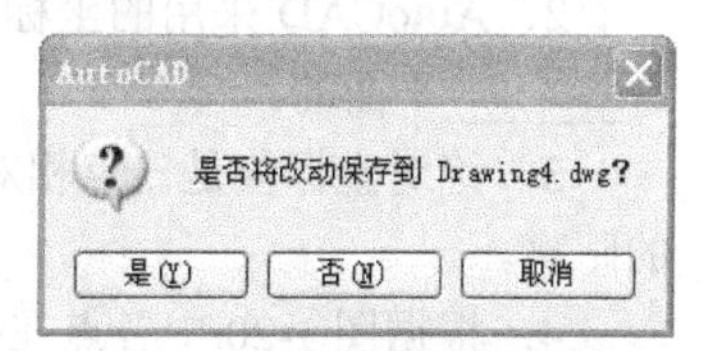

图 1-19　警告对话框

1.4　基本功能

经过多年的版本更新与改进，AutoCAD 2008 已经能够快速绘制图形对象，较好地支持用户完成产品设计。其主要功能体现在图形的绘制、编辑、注释与渲染等方面。

1．创建与编辑图形

在 AutoCAD 2008 中，系统提供了“绘图”菜单或工具栏中包含的各种二维和三维绘图工具，也提供了“修改”菜单或工具栏中包含的各种编辑工具，将两者结合起来，可以绘制各种简单的、复杂的二维图形，如一些机械零件图、一些建筑施工图等。

使用绘制三维图的工具，可以创建圆柱体、球体和长方体等或对一些二维图形进行拉伸、设置标高和厚度等操作，也可以轻松地转换为三维图形，再使用编辑工具可以快速创建各种各样的复杂三维图形。

2．图形文本注释

注释有文字注释和标注注释，AutoCAD 提供了多样的文字注释和完整的尺寸标注、编辑工具。用户可以通过文字注释对当前的图形对象进行进一步的解释与说明，并通过尺寸标注向图形中添加测量注释，使图形对象拥有可读性和可操作性。

3．渲染和观察三维图形

在 AutoCAD 中可以运用光源、雾化和材质等工具将模型渲染为具有真实感的图像，使图形对象更加形象直观。为了查看三维图形各方位的显示效果，系统提供了动态观察器等观察模型，可以让用户从各种角度观察当前的图形对象。此外，用户还可以设置漫游和飞行等方式来观察图形。

4．输出与打印图形

AutoCAD 2008 提供了图形输入与输出接口，不仅可以将绘制好的图形通过打印终端打印输出，还可以将其他应用程序中处理好的不同格式的图形导入 AutoCAD，或将 AutoCAD 图形以其他格式输出。

◎习　题

填空题

1．英文缩写 CAD 是________________的简称。AutoCAD 是美国________公司推出的供多种行业________和绘图使用的________，其英文全称为____________。

2．AutoCAD 采用的坐标系为__________，X 轴是_______，Y 轴是______，Z 轴是垂直于_______平面的。

3．绝对坐标值是一点相对于__________的距离，相对坐标值是一点相对于__________的距离。

4．根据图 1-20 中各点在坐标系中的位置，回答以下问题。

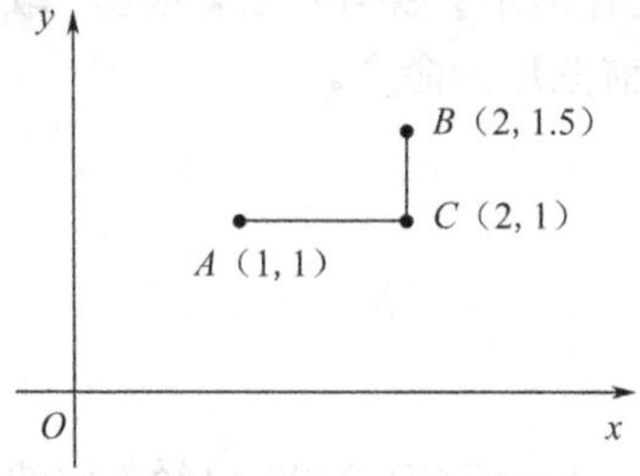

图 1-20 坐标系

① A 点的绝对坐标是__________，B 点的绝对坐标是__________，C 点的绝对坐标是__________。

② C 点相对于 A 点的坐标是____________，B 点相对于 C 点的坐标是____________。

③ 线段 AC 长______mm，线段 BC 长______mm。

5．在 AutoCAD 2008 用户界面的标题栏中，显示的［Drawing1.dwg］是__________，屏幕上常用的工具栏主要有_______、_______、_______、_______、_______、_______等。

6．打开或关闭工具栏的操作如下：鼠标______点击任一图标按钮，可弹出_______右键菜单，选中某选项即可打开。

7．绘制直线的方法：①______________；②______________；③______________。

8．AutoCAD 中命令的输入方式通常有以下三种：①__________；②__________；③__________。

9．当一个命令在执行时，可按_____键、________键或______________等终止执行。

10．重复上一个命令的操作是______________________________。

11．绘制 AutoCAD 图形的绘图单位是________，默认的 AutoCAD 2008 绘图界限是______图纸。

12．绘制 AutoCAD 图形时，用________命令显示图幅范围，若要使栅格范围充满整个屏幕，则操作是______回车，__________回车。

第2章 绘图基础知识

本章要点：

本章主要介绍 AutoCAD 2008 的基本绘图环境的设置以及基本的操作命令，通过本章的学习，使学生能够设置绘图环境，并对坐标系有一个系统的认识。

在使用 AutoCAD 绘制图形文件之时，为了提高绘图效率或者满足绘图要求，有时需要用户对绘图环境以及系统参数进行必要的设置和调整，如工具栏、绘图单位及绘图界限等。如果绘图要求差别不大，则可将设置好的文件保存为样板文件，以便于下次使用。

2.1 设置绘图环境

2.1.1 设置参数选项

用户可以利用“选项”对话框设置参数，该对话框主要用来设置图形显示、打开、打印和发布等参数；也可执行“工具”→“选项”命令，或者在命令提示行中直接输入“options”，弹出如图 2-1 所示的“选项”对话框。该对话框包括 10 个选项卡，各选项卡的具体设置如下。

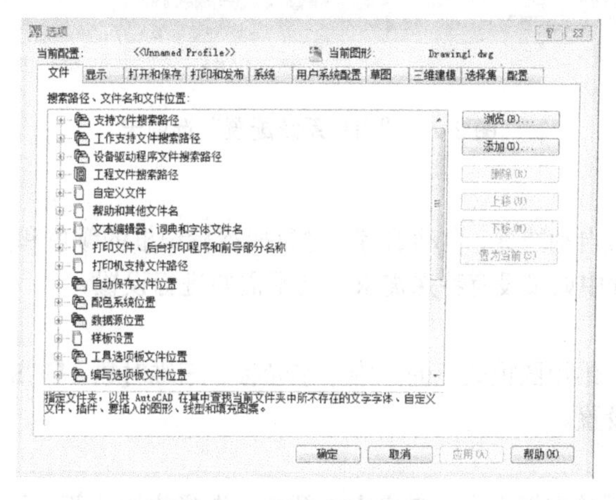

图 2-1 “选项”对话框

1．文件

该选项卡用于搜索支持文件、驱动程序文件、菜单文件和其他文件的路径，以及用户定义的一些设置。

2．显示

该选项卡用于设置窗口元素、布局元素、显示精度、显示性能、十字光标大小和参照编辑褪色度等显示属性。其中最常执行的操作为改变图形窗口颜色、字体等。显示精度的设置也常用到，如圆弧和圆的平滑度等。

3．打开和保存

该选项卡用于设置是否自动保存文件以及指定保存文件时的时间间隔，是否维护日志以及是否加载外部参照等。

4．打印和发布

该选项卡用于设置输出设备。默认情况下，输出设备为 Windows 打印机。

5．系统

该选项卡用于设置当前三维性能设置、是否显示 OLE 特性对话框、是否显示所有警告信息、设置定点设备、布局重生成、数据库链接等。

6．用户系统配置

该选项卡用于设置是否使用快捷菜单和对象的排序方式以及进行坐标数据输入的优先级设置。为了提高绘图的速度，避免重复使用相同命令，通常单击“自定义右键单击”按钮，如图 2-2 所示，在弹出的“自定义右键单击”对话框中进行设置。

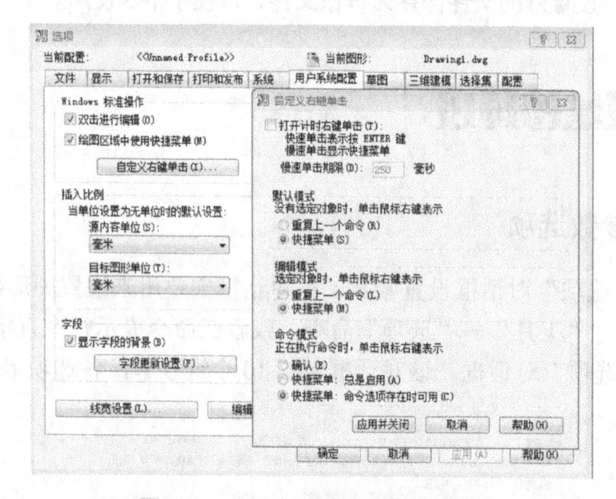

图 2-2 “用户系统配置”选项卡

7．草图

该选项卡可以设置自动捕捉、自动追踪、对象捕捉标记框的颜色和大小，以及靶框的大小。一般来说，在绘图过程中如果没有特殊需求，则不需要进行设置。

8．三维建模

该选项卡可以对三维绘图模式下的三维十字光标、三维对象、UCS 图标、动态输入光标和三维导航等选项进行设置。

9．选择集

该选项卡用于设置拾取框大小、夹点大小颜色、选择集模式等。

10. 配置

该选项卡主要用于实现新建系统配置文件、重命名系统配置文件以及删除系统配置文件等操作。

2.1.2 设置图形界限

图形界限就是 AutoCAD 绘图区域，相当于手工绘图时图纸的大小。设定合适的绘图界限，有利于确定图形绘制的大小、比例、图形之间的距离，有利于检查图形是否超出“图框”，便于打印和输出。

现实中的图纸一般有 5 种比较常见的规格（图 2-3 和表 2-1），分别是 A0（1189×841）、A1（841×594）、A2（594×420）、A3（420×297）、A4（297×210）。在 AutoCAD 2018 中绘制图形时，通常是按照 1∶1 的比例进行绘图的，所以用户在绘制施工图或者实物图时，需要参照实际尺寸来设置图形的界限。

表 2-1 常用的图纸尺寸 单位：mm

图纸代号		A0	A1	A2	A3	A4
尺寸	宽×长	841×1189	594×841	420×594	297×420	210×297
边框尺寸	C	10			5	
	A	25				

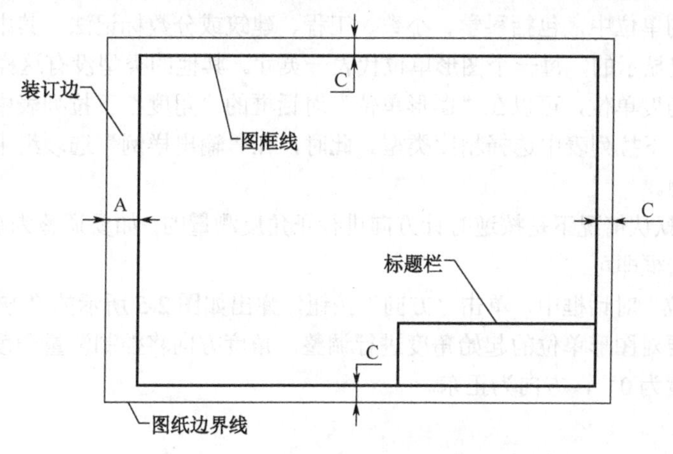

图 2-3 国家标准常用的图纸样式

设置图形界限有以下两种方法。

（1）执行“格式”→“图形界限”命令。

（2）直接输入命令：Limits。

启用设置“图形界限”命令后，命令提示行提示如下：

命令：_limits

重新设置模型空间界限：

指定左下角点或[开（ON）/关（OFF）] <0.0000，0.0000>：{编者备注——直接按回车键，则默认左下角位置的坐标为（0，0）}

指定右上角点<XXX，XXX>：{编者备注——输入右上角的坐标}

此时按回车键，即可确定图幅尺寸。在执行图形界限操作之前，如果启用状态栏中的“栅格”功能，则可以查看图限的设置效果，它确定的区域是可见栅格指示的区域。

【例 2-1】设置绘图界限为宽 594、高 420，并通过栅格显示该界限。

命令：'_limits　　　　　　　　　　　　// 启用“图形界限”命令

重新设置模型空间界限：

指定左下角点或 [开（ON）/关（OFF）]<0.0000，0.0000>:

/*按 Enter 键指定右上角点<420.0000，297.0000>：594，420

// 输入新的图形界限，单击绘图窗口内缩放工具栏中的全部缩放按钮，使整个图形界限显示在屏幕上*/

单击状态栏中的栅格按钮，栅格显示所设置的绘图区域。

2.1.3　设置图形单位

不同的单位其显示格式是不同的。AutoCAD 允许灵活更改工作单位，可以设定或选择角度类型、精度和方向。这样可以满足不同领域的设计人员的设计创作，以适应不同的工作需求。

启用“图形单位”命令有两种方法。

（1）执行“格式”→“单位”命令。

（2）直接输入命令：UNITS。

启用“图形单位”命令后，弹出如图 2-4 所示的“图形单位”对话框。在该对话框中分别设置图形长度、精度、角度，以及单位的显示格式和光源等参数。

在测量长度的单位中，包括科学、小数、工程、建筑或分数标记法。其中，工程与建筑类型是以英寸和英尺显示的，每一个图形单位代表一英寸。其他的类型没有这样的设定。

要设置一个角度单位，可以在“图形单位”对话框的“角度”下拉列表中选择一种角度类型，并在“精度”下拉列表中选择精度类型。此时，在“输出样例”选项组中显示了当前精度下的角度类型样例。

AutoCAD 在默认情况下是按逆时针方向进行正角度测量的，如要调整为顺时针方向，则选中“顺时针”复选框即可。

在“图形单位”对话框中，单击“方向”按钮，弹出如图 2-5 所示的“方向控制”对话框。可根据设计的需要对图形单位的起始角度进行调整。角度方向将控制测量角度的起点和测量方向，默认起点角度为 0°，方向为正东。

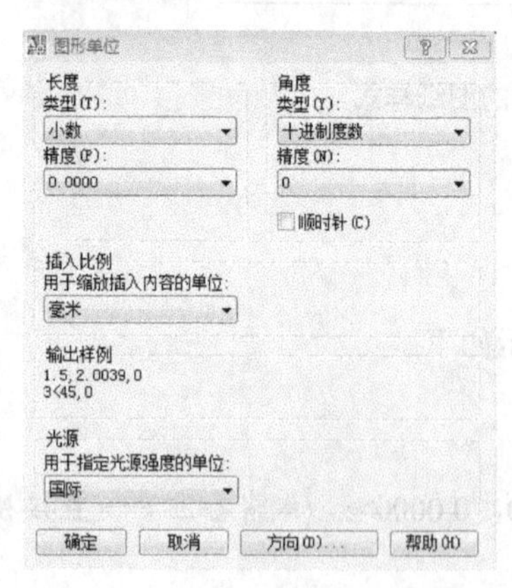

图 2-4　“图形单位”对话框

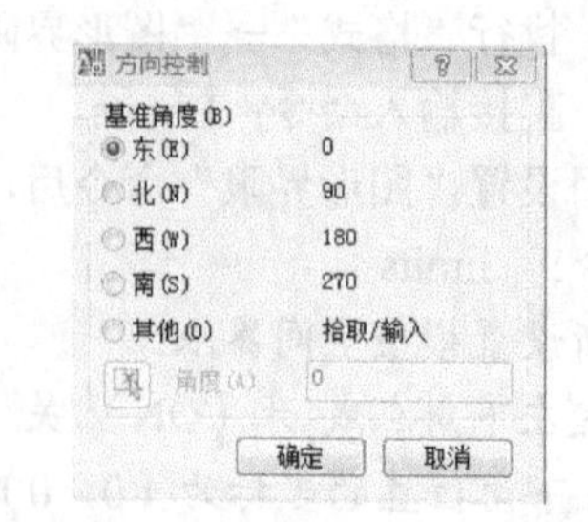

图 2-5　“方向控制”对话框

如果选中“其他”单选按钮，则可以单击“拾取角度”按钮，切换到图形窗口中选取两个点来确定基准角度的0° 方向。

【例 2-2】 设置图形单位，以如图 2-6 所示的 A 点到 B 点的直线方向为角度的基准角度。

执行“格式”→“单位”命令，弹出“图形单位”对话框；

单击“方向”按钮；

选中“其他”单选按钮；

单击“拾取角度”按钮；

单击 A 点，然后单击 B 点；

此时，“方向控制”对话框的“角度”文本框中将显示角度值 36，如图 2-6 所示；

单击“确定”按钮，依次关闭“方向控制”对话框和“图形单位”对话框。

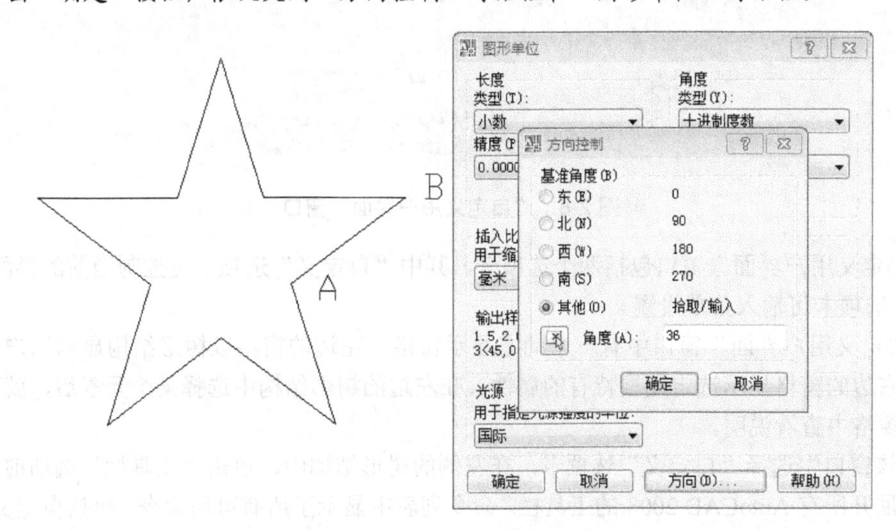

图 2-6　用于设定基准角度的图形和设置基准角度

2.1.4　设置工作空间

1．系统提供的工作空间

AutoCAD 2008 提供了“AutoCAD 经典”、“二维草图与注释”和“三维建模”三种工作空间模式，每种模式包括菜单栏、工具栏、工具选项板和状态栏等，便于初学用户快速熟悉操作环境，而对于熟悉该软件的用户而言，操作将更加方便。

在 AutoCAD 2008 操作界面中，可以选择屏幕顶部的“工作空间”选项，在打开的下拉列表中指定工作空间，如图 2-7 所示。

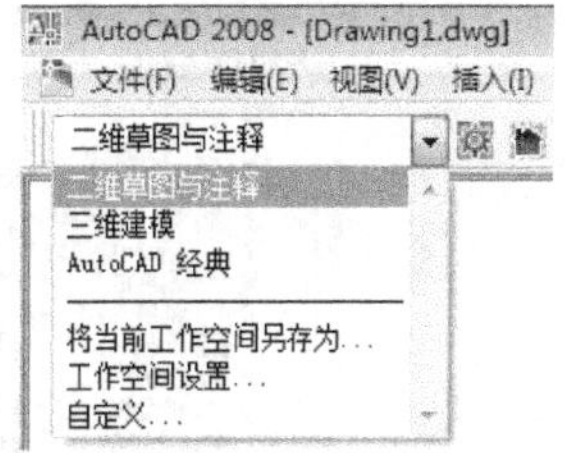

图 2-7　切换工作空间

2．自定义工作空间

在 AutoCAD 2008 中，包括了许多工具栏，每个工具栏由多个图标按钮组成，每个图标按钮又分别对应相应的命令。复杂的工具栏会对用户的工作效率带来一定的影响。为方便用户的独特绘图需求，用户在 AutoCAD 2008 中可以自定义工作空间来创建绘图环境，显示用户需要的工具栏、菜单栏和可固定的窗口，从而提高工作效率。

在 AutoCAD 2008 中文版中，执行“视图”→“工具栏”命令，可打开“自定义用户界面”窗口。或者执行“工具”→“自定义”→“界面”命令，也可以打开“自定义用户界面”窗口，如图 2-8 所示。

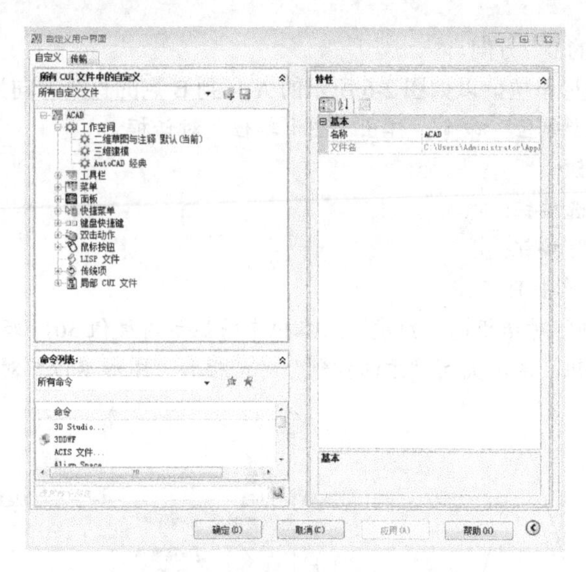

图 2-8 “自定义用户界面”窗口

“自定义用户界面”窗口包括两个选项卡，其中“自定义”选项卡可控制当前的界面设置；“传输”选项卡可输入菜单设置。

“自定义用户界面”窗口中有一个动态显示窗格。左边的窗格以树形结构显示用户界面元素，而右边的窗格显示选定元素特有的属性。在左边的树形结构中选择某个元素后，就可以在右边的窗格中查看说明。

在该窗口中选择“自定义”选项卡，在左侧的树形结构中，单击“工具栏”选项前面的按钮 ⊞，展开所有 AutoCAD 2008 的工具栏。命令列表中显示了所有可用命令，包括自定义的宏。用户可以查看和编辑关联的按钮图像和特性。

自定义工具栏可以在绘图区域中放置工具栏或调整工具栏大小，以获得最佳绘图效率或最大空间。另外，还可以创建和修改工具栏及弹出式工具栏，添加命令和控制元素，并创建和编辑工具栏按钮。

【例 2-3】创建“我的工作空间”，界面只显示绘图工具与修改工具，以增大绘图区域。

执行“工具”→“自定义”→“界面”命令，打开“自定义用户界面”窗口，右击“工作空间”节点，执行“新建工作空间”命令，然后重命名，如图 2-9 和图 2-10 所示。

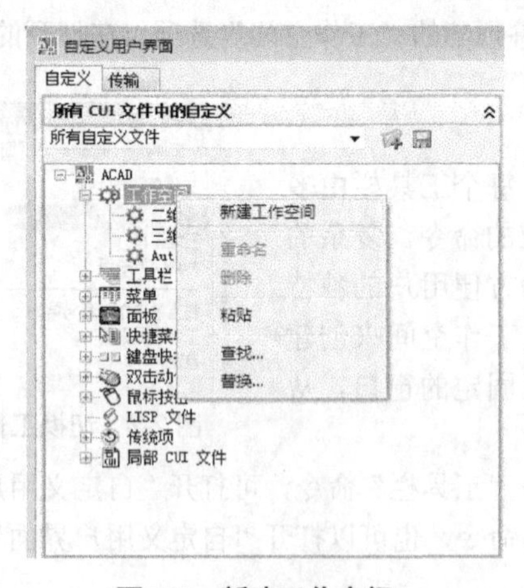

图 2-9 新建工作空间

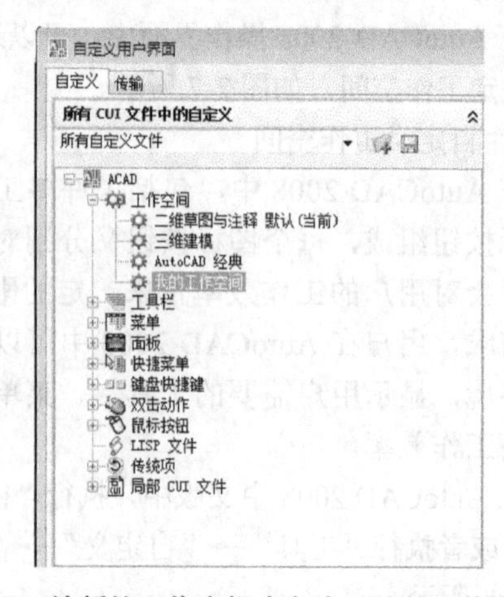

图 2-10 给新的工作空间命名为“我的工作空间”

选择“我的工作空间”节点，右边的工作空间内容将显示“我的工作空间”的构成，此时将左边的工具栏中的“绘图”工具和“修改”工具直接拖动到右边的工具栏中即可，如图 2-11 所示。

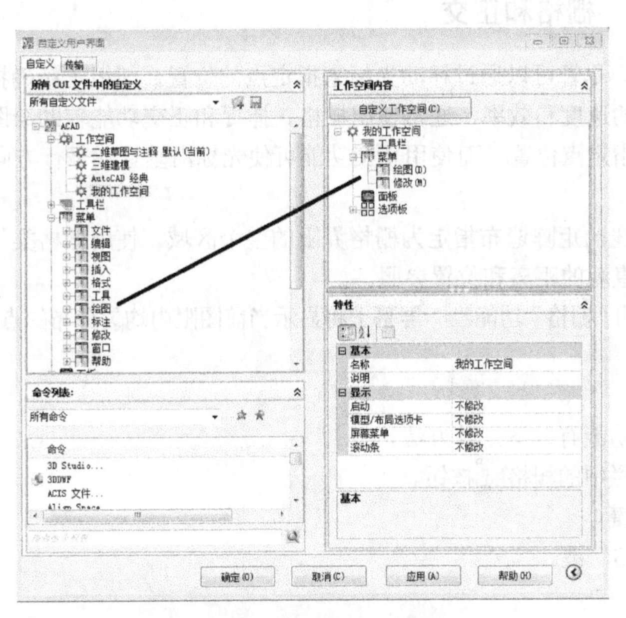

图 2-11 移动工具演示图

单击“应用”和“确定”按钮，退出“自定义用户界面”窗口，此时选择工作空间转换中的“我的工作空间”选项，即可进入此工作空间，如图 2-12 和图 2-13 所示。

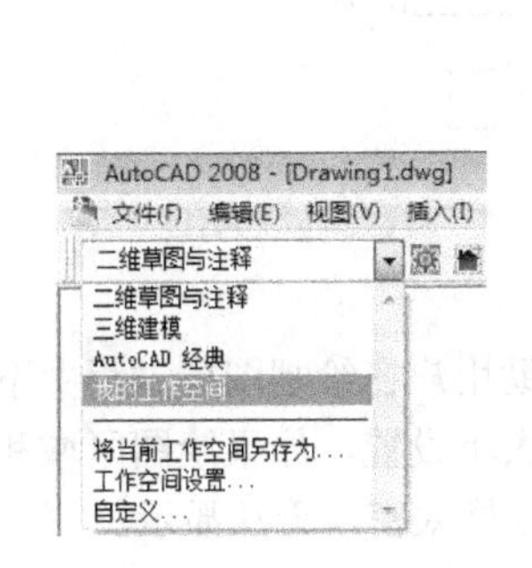

图 2-12 进入“我的工作空间”

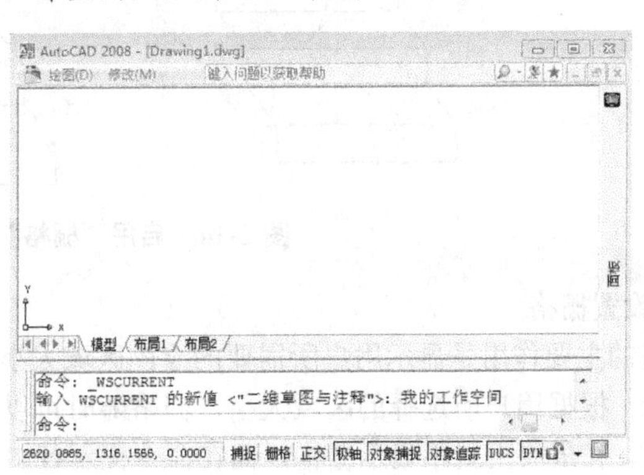

图 2-13 我的工作空间

可以发现，“我的工作空间”中除了绘图工具和修改工具之外，没有其他的工具栏，这样可以使绘图区域变大。当然，在实际使用的过程中，可以根据自己的需要来设置，案例中只是演示自定义的过程。

2.2 草图设置

在工程设计过程中，为了更精确地绘制图形，提高绘图的速度和准确性，需要启用捕捉、栅格、极轴追踪和动态输入等功能。这样既可以精确指定绘图位置，又能实时显示绘图状态，进而辅助设计者高效率绘图。

2.2.1 捕捉、栅格和正交

在绘制图形时，尽管可以通过移动光标来指定点的位置，却很难精确指定对象的某些特殊位置。为提高绘图的速度和效率，通常使用栅格、捕捉和正交功能辅助绘图。其中，使用栅格和捕捉功能可快速指定点位置，而使用正交功能可使光标沿垂直或平行方向移动。

1．栅格

栅格是指点或线的矩阵遍布指定为栅格界限的整个区域。使用栅格类似于在图形下放置一张坐标纸，以提供直观的距离和位置参照。

启用状态栏中的“栅格”功能，屏幕上将显示当前图限内均匀分布的点和线，效果如图 2-14 所示。

1）启用栅格

启用“栅格”功能有以下三种方法。

（1）单击状态栏中的栅格按钮。

（2）按“F7”键。

（3）按“Ctrl+G”键。

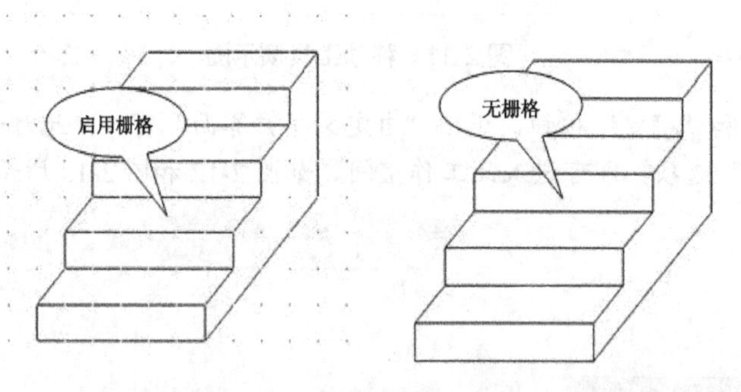

图 2-14　启用“栅格”功能

2）设置栅格

栅格的主要作用是显示用户所需要的绘图区域大小，帮助用户在绘制图样过程中不能超出绘图区域。根据用户所选择的区域大小，栅格随时可以进行大小设置，如果绘图区域和栅格大小不匹配，在屏幕上就不显示栅格，而在命令提示行中提示栅格太密，无法显示。

右击状态栏中的 栅格 按钮，弹出快捷菜单，如图 2-15 所示，执行“设置”命令，就可以弹出“草图设置”对话框，如图 2-16 所示。

在“草图设置”对话框中，选中“启用栅格”复选框，开启栅格的显示，反之，则取消栅格的显示。

要设置主栅格线的频率，可在对话框的“栅格 X 轴间距”和“栅格 Y 轴间距”文本框中输入间距值，从而控制主栅格线的频率，两轴间默认为间距相等，效果如图 2-16 所示。

该对话框的“栅格行为”选项组用于设置视觉样式下栅格线的显示样式（三维线框除外），各复选框的含义介绍如下。

（1）自适应栅格：用于可限制缩放时栅格的密度。

（2）允许以小于栅格间距的间距再拆分：能够以小于指定栅格间距的间距来拆分该栅格。

（3）显示超出界限的栅格：控制是否显示图限之外的栅格。

（4）跟随动态 UCS：跟随动态 UCS 的 XY 平面而改变栅格平面。

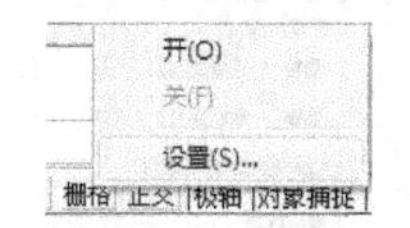

图 2-15　栅格设置

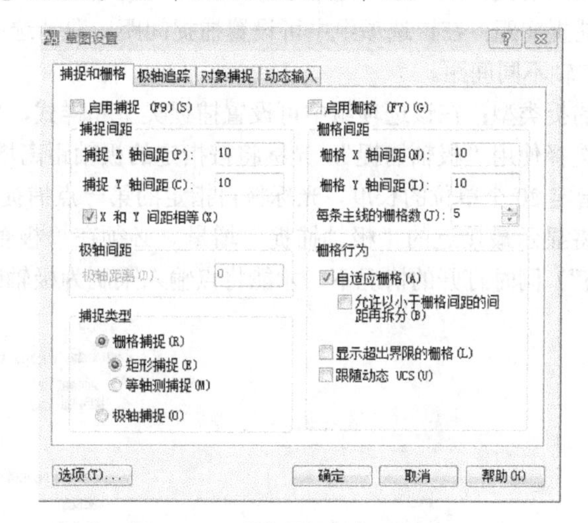

图 2-16　“草图设置”对话框

3）更改栅格角度

在绘图过程中如果需要沿特定的对齐或角度绘图，可以通过 UCS 坐标系来更改栅格角度。此旋转将十字光标在屏幕上重新对齐，以与新的角度匹配。

在命令提示行中输入 SNAPANG，可修改栅格角度。如图 2-17 所示为修改栅格角度为 45°，及其修改前后的对比。

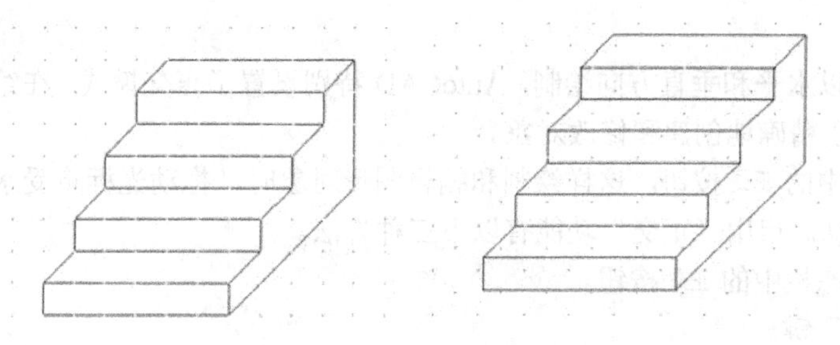

图 2-17　更改栅格角度

2．捕捉

捕捉模式用于限制十字光标，使其按照用户定义的间距移动。捕捉点在屏幕上是不可见的点，若启用捕捉功能，当用户在屏幕上移动鼠标时，十字交点就位于被锁定的捕捉点上。捕捉模式有助于使用箭头键或定点设备来精确定位点。

要执行捕捉操作，首先启用状态栏中的“捕捉”功能。

启用捕捉功能有以下三种方法。

（1）单击状态栏中的按钮。

（2）按“F9”键。

（3）按“Ctrl+B”键。

此时在屏幕上移动光标，该光标将沿着栅格点或线进行移动，效果如图 2-18 所示。

要设置捕捉方式，可在状态栏中的“捕捉”功能上右击，并在弹出的快捷菜单中执行“设置”命令，在弹出的对话框中可设置捕捉间距和捕捉类型等，以及执行在设置极轴捕捉时指定极轴间距等操作，效果如图 2-16 所示。该对话框中各选项的含义介绍如下。

（1）启用捕捉：选中该复选框，即可执行捕捉功能。

（2）捕捉间距：在该选项组中可设置捕捉间距。取消选中“X 和 Y 间距相等”复选框，可设置 X、Y 轴不同间距。

（3）捕捉类型：在该选项组中可设置捕捉类型和样式，包括“栅格捕捉”和“极轴捕捉”。

如果选择使用“极轴捕捉”，光标将按指定的极轴距离增量进行移动。例如，如图 2-19 所示，如果指定 20 个单位的长度，光标将自指定的第一点捕捉 20、40、80 长度等。移动光标时，工具提示将显示最接近的“极轴捕捉”增量。必须在“极轴追踪”和“捕捉”模式（设置为“PolarSnap”）同时打开的情况下，才能将点输入限制为极轴距离。

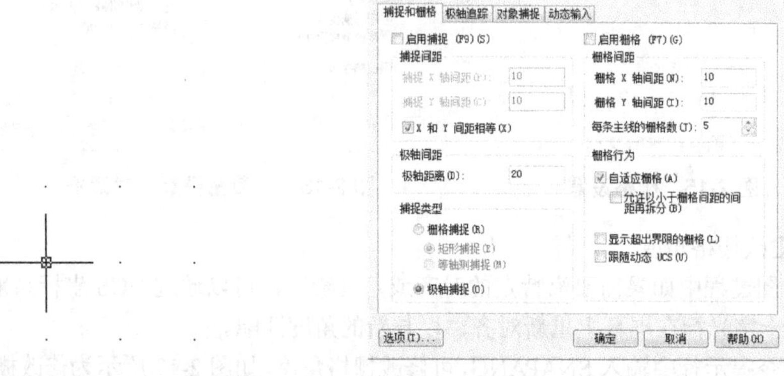

图 2-18　启用“捕捉”功能移动光标　　图 2-19　PolarSnap 捕捉类型设置

3．正交

为了使图线以水平和垂直方向绘制，AutoCAD 特别设置了正交模式。在绘图过程中使用正交功能，可以便于精确地创建和修改对象。

单击状态栏中的正交按钮，这样绘制和编辑图形对象时，拖动光标将受水平和垂直方向限制，无法随意拖动。启用“正交”功能有以下三种方法。

（1）单击状态栏中的正交按钮。

（2）按“F8”键。

（3）输入命令：ORTHO。

2.2.2　极轴追踪

通常，在绘图过程中需要在图形上捕捉一些特殊点（圆心、切点和中点等），以便执行更为复杂的图形操作。但是只凭借观察、捕捉和输入坐标等方式，并不能准确捕捉特殊点，这就需要使用对象捕捉和自动跟踪功能，快速捕捉或跟踪捕捉这些特殊点。

1．极轴追踪

极轴追踪是按事先的角度增量来追踪特征点的。该追踪功能通常是在指定一个点时，按预先设置的角度增量显示一条无限延伸的辅助线，这时就可以沿辅助线追踪获得光标点。在创建或修改对象时，可以使用该功能捕捉极轴角度对应的临时对齐路径。

在状态栏中的极轴按钮上右击，并在命令的快捷菜单中执行“设置”命令，即可在弹出的对话框中设置极轴追踪对应参数，效果如图 2-20 所示。

在该对话框的“增量角”下拉列表中选择系统预设的角度，即可设置新的极轴角；如果该下拉列表中的角度不能满足需要，则可选中“附加角”复选框，并单击“新建”按钮，在下列列表框中输入新的角度。如图 2-21 所示的新建附加角为 20°，绘制角度线将显示该附加角的极轴跟踪。

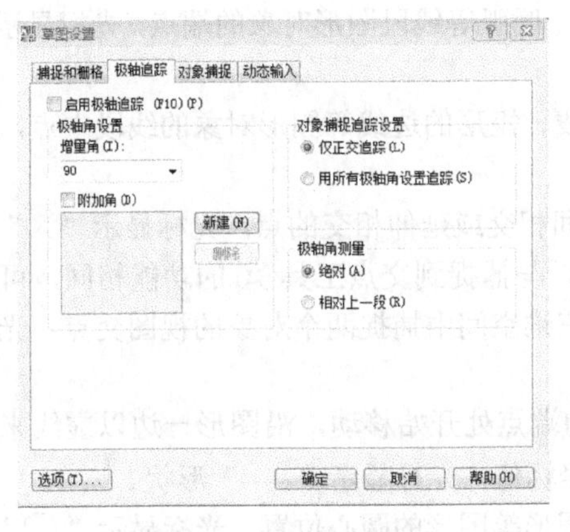

图 2-20　设置极轴追踪

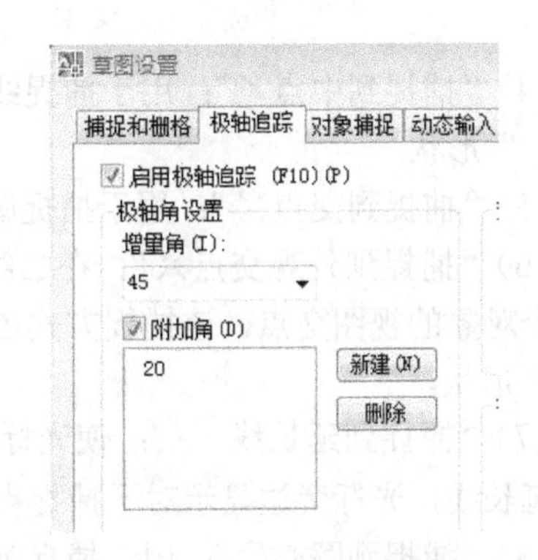

图 2-21　设置极轴追踪角度

此外，在“极轴角测量”选项组中可以设置极轴对齐角度的测量基准。其中，选中“绝对”单选按钮，可基于当前 UCS 坐标系确定极轴追踪角度；选中“相对上一段”单选按钮，可基于最后绘制的线段确定极轴追踪的角度。

2．对象捕捉追踪

对象捕捉追踪是按照与对象的某种特定关系进行追踪的。当不知道具体角度值但知道特定的关系时，就需要进行对象捕捉追踪。对象捕捉追踪按照对象捕捉设置，对这些捕捉点进行追踪。

在状态栏中的 对象捕捉 按钮上右击，并在弹出的快捷菜单中执行“设置”命令，即可在弹出的“草图设置”对话框中设置对象捕捉追踪对应参数。但要注意的是，对象捕捉追踪必须与对象捕捉同时工作，即在追踪对象捕捉到的点之前，必须先启用对象捕捉功能，效果如图 2-22 所示。

1）“对象捕捉”工具栏

右击窗口内的工具栏，在弹出的快捷菜单中执行“对象捕捉”命令，弹出“对象捕捉”工具栏，如图 2-23 所示。在绘图过程中，当要求用户指定点时，单击该工具栏中相应的特征点按钮，再去捕捉。

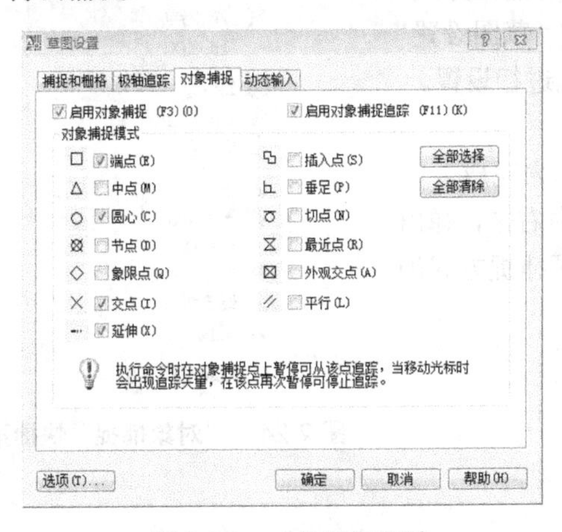

图 2-22　对象捕捉追踪

图 2-23　“对象捕捉”工具栏

在“对象捕捉”工具栏中，各个选项的意义如下。

（1）“临时追踪点⊷”：用于设置临时追踪点，使系统按照正交或者极轴的方式进行追踪。

（2）“捕捉自⌐”：选择一点，以所选的点为基准点，再输入需要点相对于此点的坐标值来确定另一点的捕捉方法。

（3）“捕捉到端点⁄”：用于捕捉线段、矩形、圆弧等线段图形对象的端点，光标显示“□”形状。

（4）“捕捉到中点⁄”：用于捕捉线段、弧线、矩形的边线等图形对象的线段中点，光标显示“△”形状。

（5）“捕捉到交点✕”：用于捕捉图形对象间相交或延伸相交的点，光标显示“×”形状。

（6）“捕捉到外观交点✕”：在二维空间中，与捕捉到交点工具✕的功能相同，可以捕捉到两个对象的视图交点，该捕捉方式还可以在三维空间中捕捉两个对象的视图交点，光标显示“⊠”形状。

（7）“捕捉到延长线----”：使光标从图形的端点处开始移动，沿图形一边以虚线来表示此边的延长线，光标旁边显示对于捕捉点的相对坐标值，光标显示“----”形状。

（8）“捕捉到圆心◎”：用于捕捉圆形、椭圆形等图形的圆心位置，光标显示“◎”形状。

（9）“捕捉到到象限点◈”：用于捕捉圆形、椭圆形等图形上象限点的位置，如0°、90°、180°、270°位置处的点，光标显示“◇”形状。

（10）“捕捉到切点◯”：用于捕捉圆形、圆弧、椭圆图形与其他图形相切的切点位置，光标显示“◯”形状。

（11）“捕捉到垂足⊥”：用于绘制垂线，即捕捉图形的垂足，光标显示“⊾”形状。

（12）“捕捉到平行线∥”：以一条线段为参照，绘制另一条与之平行的直线。在指定直线起始点后，单击捕捉直线按钮，移动光标到参照线段上，出现平行符号“//”，表示参照线段被选中，移动光标，与参照线平行的方向会出现一条虚线表示轴线，输入线段的长度值即可绘制出与参照线平行的一条直线段。

（13）“捕捉到插入点⧉”：用于捕捉属性、块或文字的插入点，光标显示“⧉”形状。

（14）“捕捉到节点∘”：用于捕捉使用点命令创建的点的对象，光标显示“⊠”形状。

（15）“无捕捉”：用于取消当前所选的临时捕捉方式。

（16）“对象捕捉设置”：单击此按钮，弹出“草图设置”对话框，可以启用自动捕捉功能，并对捕捉方式进行设置。

2）“对象捕捉”快捷菜单

使用临时对象捕捉方式还可以利用光标菜单来完成。

按住“Ctrl”或者“Shift”键，在绘图窗口中右击，弹出如图2-24所示的快捷菜单。在快捷菜单中列出了捕捉方式的命令，执行相应的捕捉命令即可完成捕捉操作。

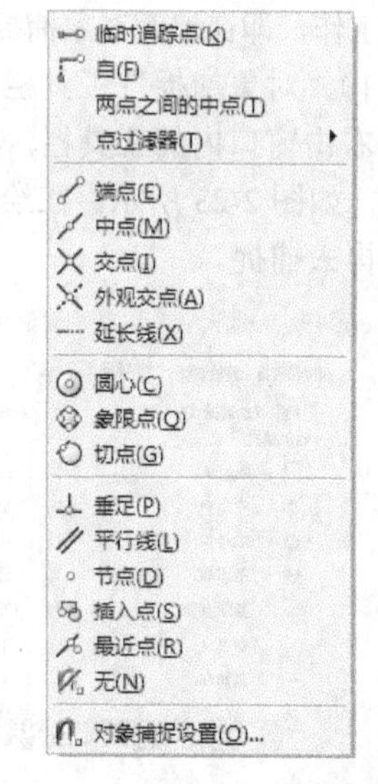

图2-24 “对象捕捉”快捷菜单

2.3 命令的使用

在AutoCAD 2008中，命令是AutoCAD绘制与编辑图形的核心。用户执行的每一个操作都需要启用相应的命令。因此，用户在学习本软件之前首先应该了解命令的类型与启用方法。菜单命令、工具按钮、命令和系统变量大多是相互对应的。用户可以通过执行某一菜单命令，或单击某个工具按钮，或在命令提示行中输入命令和系统变量来进行某操作。

1．使用鼠标执行命令

在绘图区中，鼠标指针通常显示为“十”字形状。当鼠标指针移到菜单命令、工具栏或对话框内时，会自动变成箭头形状。无论鼠标指针是“十”字形状，还是箭头形状，当单击时，都会执行相应的命令或动作。在 AutoCAD 2008 中，鼠标键有以下三种规则定义，分别是拾取键、回车键和弹出键。

1）拾取键

拾取键指的是鼠标左键，用于指定屏幕上的点，也被用于选择 Windows 对象、AutoCAD 对象、工具栏按钮和菜单命令等。

2）回车键

回车键指的是鼠标右键，相当于“Enter”键，用于结束当前使用的命令，此时系统会根据当前绘图状态而弹出不同的快捷菜单。

3）弹出键

按“Shift”键的同时右击，系统将会弹出一个快捷菜单，用于设置捕捉点的方法。对于三键鼠标，弹出键相当于鼠标中间的那个键。

2．使用键盘执行命令

在 AutoCAD 2008 中，大部分绘图、编辑功能需要通过键盘输入来完成。用户可以通过键盘键入命令和系统变量。此外，通过键盘还可以输入文本对象、数值参数、点的坐标，或进行参数的选择等。

3．使用命令提示行和文本窗口执行命令

在 AutoCAD 2008 中，默认情况下命令提示行是一个可固定的窗口，当然，也可以将其拖动到其他位置，用户可以在当前命令提示下输入命令、对象参数等内容。对大多数命令而言，命令提示行可以显示执行完的两条命令提示(也称为历史命令)，而对于一些输入命令，如 TIME、LIST 命令，则需要放大命令提示行或用 AutoCAD 2008 文本窗口才可以显示。

在命令提示行窗口中右击，将会弹出如图 2-25 所示的快捷菜单，通过该快捷菜单，用户可以执行最近使用过的几个命令、复制选择的文字或全部历史命令、粘贴文字，以及弹出“选项”对话框。

在命令提示行中还可以通过按“Backspace”或“Delete”键，删除命令提示行中的文字；也可以执行历史命令，然后执行“粘贴到命令提示行”命令，将其粘贴到命令提示行中。

AutoCAD 2008 文本窗口是一个浮动窗口，可以在其中输入命令或查看命令提示信息，以便查看执行的历史命令中。文本窗口中的内容是只读的，因此不能对其进行修改，但可以将它们复制并粘贴到命令提示行，以重复前面的操作。

默认情况下，文本窗口处于关闭状态，执行“视图”→“显示”→“文本窗口”命令，或按“F2”键，可以显示或隐藏文本窗口。在该窗口中，用户既可以使用“编辑”菜单中的命令，又可以执行最近使用过的命令、复制选定的文字等，如图 2-26 所示。

在文本窗口中，可以查看当前图形的全部历史命令。如果要浏览命令文字，则可以拖动窗口滚动条或按命令窗口浏览键，如“Home”键、“PageUp”键、“PageDown”键等。如果要复制文本到命令提示行中，可以选中需要的历史命令，在文本窗口中执行“编辑”→“粘贴到命令提示行中”命令，也可以右击，在弹出的快捷菜单中执行“粘贴到命令提示行”选项，即可将复制的内容粘贴到命令提示行中。

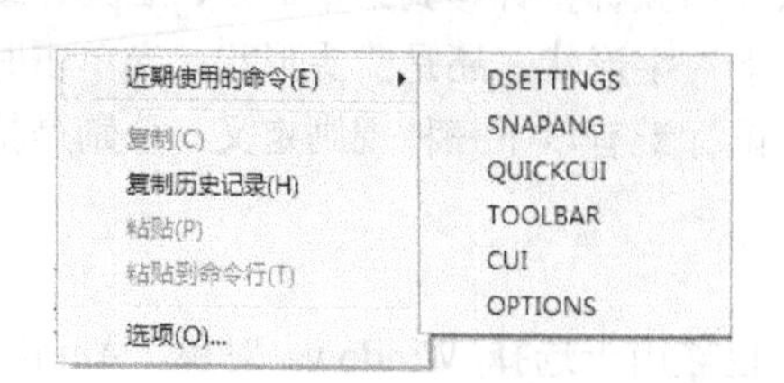

图 2-25　命令的快捷菜单

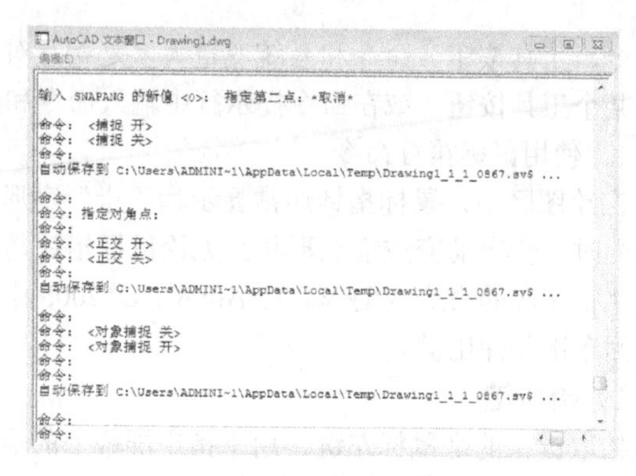

图 2-26　文本窗口

4．使用透明命令

在 AutoCAD 2008 中，透明命令指的是在执行其他命令过程中可以执行的命令。常用的透明命令多为修改图形设置的命令和绘制辅助工具的命令，如 SNAP、GRID、ZOOM 命令等。

如果要以透明的方式使用命令，则应在输入命令之前输入单引号“‘”。在命令提示行中，透明命令的提示前有一个双折号“>>”，完成透明命令后，将执行原命令。

例如，在绘制矩形时，需要打开点栅格并设置单位间隔，然后继续绘制矩形，如图 2-27 所示。

```
命令: _rectang
指定第一个角点或 [倒角(C)/标高(E)/圆角(F)/厚度(T)/宽度(W)]: 'grid

>>指定栅格间距(X) 或 [开(ON)/关(OFF)/捕捉(S)/主(M)/自适应(D)/界限(L)/跟随(F)/纵横向间距(A)] <10.0000>:
20

正在恢复执行 RECTANG 命令。

指定第一个角点或 [倒角(C)/标高(E)/圆角(F)/厚度(T)/宽度(W)]:
指定另一个角点或 [面积(A)/尺寸(D)/旋转(R)]:
```

图 2-27　透明命令演示

5．使用系统变量

在 AutoCAD 2008 中，系统变量用于控制某些功能和设计环境，它可以打开或关闭捕捉、栅格或正交等绘图模式，设置默认的填充图案，或存储当前图形和 AutoCAD 配置的有关信息。

系统变量通常为 6～10 个字符长的缩写名称。大多数系统变量带有简单的开关设置。例如，GRIDMODE 系统变量用于显示或关闭栅格，在命令提示行中输入 GRIDMODE 系统变量并按“Enter”键，此时，AutoCAD 提示如下。

命令：GRIDMODE

输入 GRIDMODE 的新值<0>：1

当在命令提示后输入 1 时，可以打开栅格；当输入 0 或直接按“Enter”键时，则关闭栅格。

此外，有的系统变量还用于存储数值或文字，甚至是改变系统的功能。如使用相切绘制圆，则只能是和圆或者直线相切，而不能与椭圆相切。此时，只要把 PELLIPSE 变量设为“1”，画出的椭圆就是由多线段组成的，即可进行相切操作。

命令：PELLIPSE

输入 PELLIPSE 的新值 <0>：1

自动保存到 C:\DOCUME~1\ADMINI~1\LOCALS~1\Temp\Drawing1_1_1_ 8467.sv$ ...

6．重复、撤销、重做与终止命令

在 AutoCAD 2008 中，用户可方便地重复执行同一命令，或撤销前面执行的一个或多个命令。此外，撤销前面执行的命令后，还可以通过重做来恢复前面撤销的命令。

1）重复命令

如果执行同一个命令，则用户可以通过以下三种方法重复执行命令。

（1）如果要重复执行上一条命令，可以直接按“Enter”键或“Space”键；或者在绘图区中右击，在弹出的快捷菜单中执行“重复”命令。

（2）如果要重复执行最近使用的 6 个命令中的某一个，则可以在命令提示行或文本窗口中右击，在弹出的快捷菜单中执行“近期使用的命令”子菜单中的命令，即最近使用的某个命令。

（3）如果要多次重复执行同一命令，则可以在命令提示行中输入 MULTIPLE 命令并按“Enter”键，在命令提示“输入要重复的命令名：”后输入需要重复执行的命令名并按“Enter”键，系统将重复执行该命令，直到用户按“Esc”键为止。

2）撤销命令

如果要撤销一个命令，则用户可以通过以下三种方法撤销已执行的命令：

（1）菜单：执行“编辑”→“放弃”命令。

（2）命令：在命令提示行中输入 UNDO 命令并按“Enter”键。

（3）工具栏：单击“标准”工具栏中的“撤销”按钮。

（4）快捷键：按“Ctrl+Z”组合键。

3）重做命令

如果要重做一个命令，则用户可以通过以下三种方法重做撤销的一个操作。

（1）菜单：执行“编辑”→“重做”命令。

（2）命令：在命令提示行中输入 REDO 命令并按“Enter”键。

（3）工具栏：单击“标准”工具栏中的“重做”按钮。

使用以上任意一种方法，都可以调用“重做”命令。

4）终止命令

如果用户想终止当前的操作，则用户可以随时按“Esc”键来终止当前执行的命令，因为这是 Windows 用于取消命令的标准键。

2.4 绘图显示控制

用户在使用 AutoCAD 绘图的过程中，因为屏幕的限制、绘图区域的转换或者其他的原因，需要随时控制图形的显示。

2.4.1 视图缩放

用户若要对图形中的某个区域的细节进行编辑，则可以对其进行放大以便于查看。可以通过放大和缩小操作来改变视图的比例，类似于使用相机进行缩放。在 AutoCAD 2008 环境中，有多种方法可以进行缩放视图操作，执行“视图”→“缩放”命令，在其子菜单中将显示缩放的许多方法，如图 2-28 所示。缩放只会改变视图的比例，而不会改变图形中对象的绝对大小。

除此之外，用户也可以在工具栏中单击“缩放”工具上的相应功能按钮之一，或者在命令提示行输入或动态输入“ZOOM”命令（快捷键“Z”）。

若用户执行“视图”→“缩放”→“窗口”命令，系统将提示如下信息：

命令: '_zoom

指定窗口的角点，输入比例因子（nX 或 nXP），或者[全部（A）/中心（C）/动态（D）/范围（E）/上一个（P）/比例（S）/窗口（W）/对象（O）] <实时>:

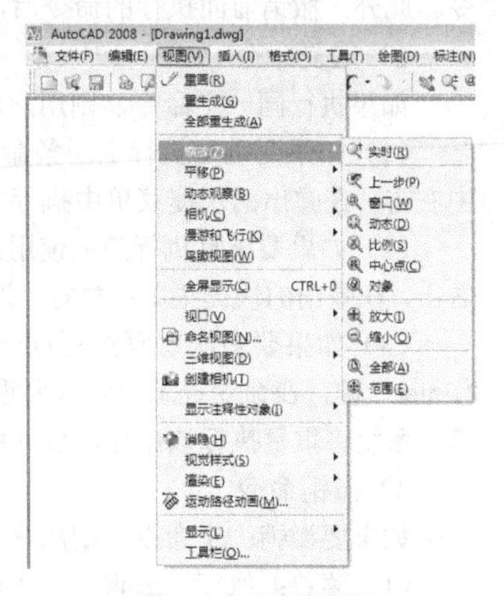

图 2-28 视图缩放

在该提示信息中给出了多个命令，各个命令的含义如下。

全部（A）：用于在当前视口显示整个图形，其大小取决于图限设置或者有效绘图区域，这是因为用户可能没有设置图限或有些图形超出了绘制区域。

中心点（C）：该命令要求确定一个中心点，然后给出缩放系数（后跟字母 X）或一个高度值。之后，AutoCAD 就缩放中心点区域的图形，并按缩放系数或高度值显示图形，所选的中心点将成为视口的中心点。如果保持中心点不变，而只想改变缩放系数或高度值，则在新的“指定中心点:”提示符下按“Enter”键即可。

动态（D）：该命令集成了平移命令或缩放命令中的“全部”和“窗口”命令的功能。使用时，系统将显示一个平移观察框，拖动它至适当位置并单击，将显示缩放观察框，并能够调整观察框的尺寸。随后，如果单击，系统将再次显示平移观察框。如果按“Enter”键或右击，系统将利用该观察框中的内容填充视口。

范围（E）：用于将图形在视口内最大限度地显示出来。

上一步（P）：用于恢复当前视口中上一次显示的图形，最多可以恢复 10 次。

比例（S）：用于将当前窗口中心作为中心点，并且依据输入的相关参数值进行缩放。

窗口（W）：用于缩放一个由两个角点所确定的矩形区域。

对象：选择需要缩放的对象。

2.4.2 平移视图

用户可以平移视图以重新确定其在绘图区域中的位置。用户可通过以下任意一种方法来启动平移视图。

菜单栏：执行“视图”→“平移”→“实时”命令，如图 2-29 所示。

工具栏：单击“标准”工具栏中的“实时平移”按钮。

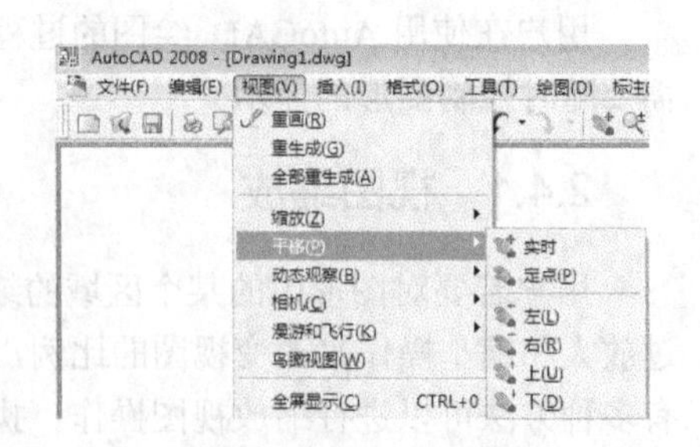

图 2-29 平移视图

命令提示行：在命令提示行中输入或动态输入“Pan”命令（快捷键“P”）。

如果通过执行“视图”→“平移”→“实时”命令来进行平移视图，则有很多选择。

当执行“实时”平移命令后，鼠标形状将变为手的形状，按住鼠标左键并进行拖动，即可对视图进行左右、上下移动操作，但视图的大小比例并没有改变。

执行“定点”平移命令后，系统会要求用户输入两个点，视图将按照两点之间的直线轨迹移动。

如果执行上下左右命令，则视图会向相应的方向移动。

2.4.3 重画与重生成

在绘图和编辑过程中，屏幕上常常留下对象的拾取标记，这些临时标记并不是图形中的对象，有时会使当前图形画面显得混乱，这时就可以使用 AutoCAD 的重画与重生成图形功能清除这些临时标记。

1. 重画

在 AutoCAD 中，使用“视图”→“重画”命令，系统将在显示内存中更新屏幕，消除临时标记。

2. 重生成

重生成与重画在本质上是不同的，利用“视图”→“重生成”命令可重生成屏幕，此时系统从磁盘中调用当前图形的数据，比“重画”命令执行速度慢，更新屏幕花费时间较长。在 AutoCAD 中，某些操作只有在使用“重生成”命令后才生效，如改变点的格式。如果一直使用某个命令修改编辑图形，但该图形似乎看不出发生了什么变化，此时可使用“重生成”命令更新屏幕显示。

2.5 使用坐标系

当在绘图过程中精确定位某个对象时，必须以某个坐标系作为参照，以便精确拾取点的位置。通过 AutoCAD 的坐标系可以提供精确绘制图形的方法，可以按照非常高的精度标准，准确地设计并绘制图形。

2.5.1 坐标系的种类

在 AutoCAD 中，坐标（x，y）是表示点的最基本方法。坐标系分为世界坐标系（WCS）和用户坐标系（UCS）。两种坐标系下都可以通过坐标（x，y）来精确定位点。

AutoCAD 2008 默认的坐标系是世界坐标系（WCS），它以绘图界限的左下角为原点（0，0，0），包含 X、Y 和 Z 坐标轴，如图 2-30 所示。其中，X 轴是水平的，且正方向水平向右；Y 轴是垂直的，且正方向垂直向上；Z 轴是垂直于 XY 平面的，且正方向垂直于屏幕指向用户。

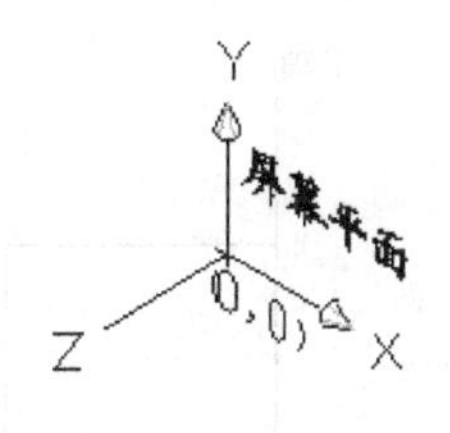

图 2-30 WCS 坐标系

WCS 坐标轴的交汇处显示“口”形标记，如图 2-30 所示。但坐标原点并不在坐标系的交汇点，而位于图形窗口的左下角，所有的位移都是相对于原点计算的。但是在 AutoCAD 中，为了能够更好地辅助绘图，经常需要修改坐标系的原点和方向，这时世界坐标系将变为用户坐标系。UCS 的原点以及 X 轴、Y 轴、Z 轴方向都可以移动及旋转，甚至可以依赖于图形中某个特定的对象。尽管用户坐标系中 3 个轴之间仍然互相垂直，但是在方向及位置上都更灵活。另外，UCS 没有“口”形标记。图 2-31 与图 2-32 展示了两种坐标系的区别。

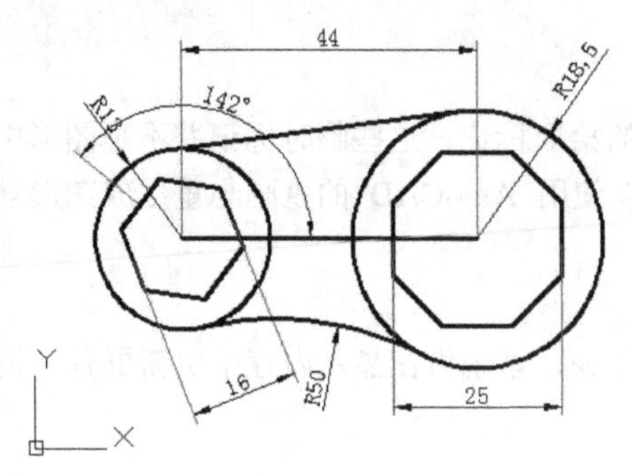

图 2-31　WCS 坐标系默认情况下原点在左下角

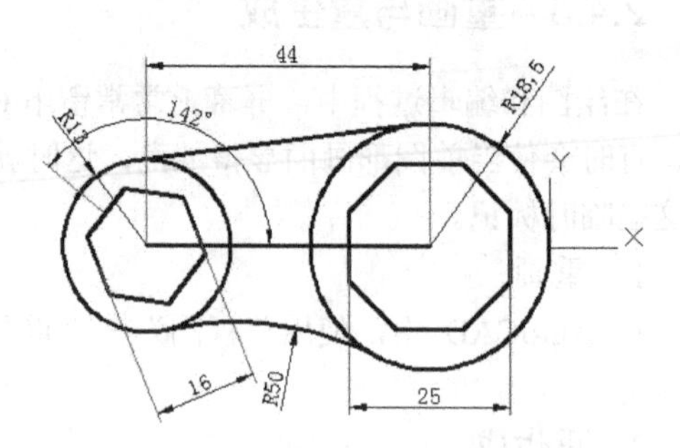

图 2-32　用户坐标系的原点

2.5.2　坐标的表示方法

一般来说，在 AutoCAD 2008 中，点的坐标可以使用直角坐标与极坐标两种方法表示，具体解释如下。

1．直角坐标系

直角坐标系又称笛卡儿坐标系，由一个原点（坐标为（0，0））和两个通过原点的、相互垂直的坐标轴构成。其中，水平方向的坐标轴为 *X* 轴，以向右为其正方向；垂直方向的坐标轴为 *Y* 轴，以向上为其正方向。平面上任何一点 *P* 都可以由 *X* 轴和 *Y* 轴的坐标所定义，即用一对坐标值（*x*，*y*）来定义一个点。可以使用分数、小数或科学记数等形式表示点的 *X* 轴、*Y* 轴、*Z* 坐标值，坐标间用逗号隔开，例如，点（6，8）在直角坐标系中可表示为图 2-33。

2．极坐标系

极坐标系是由一个极点和一个极轴构成的，如图 2-34 所示，极轴的方向为水平向右。平面上任何一点 *P* 都可以由该点到极点的连线长度 *L*（*L* 必须大于零）和连线与极轴的交角 α（极角，逆时针方向为正）所定义，即长度<角度。

例如，某点的极坐标为（5<30），可以表示为图 2-34。

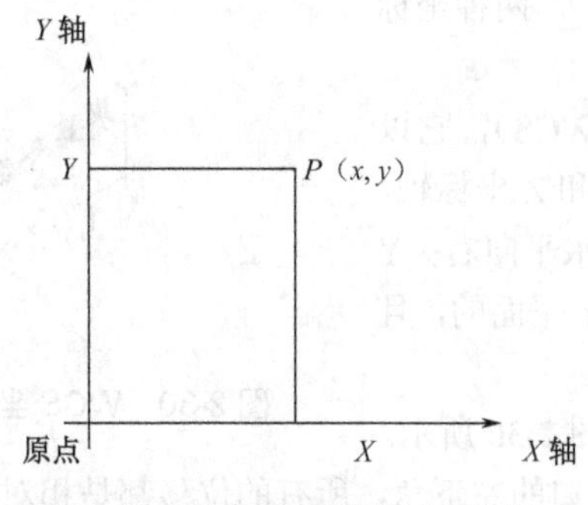

图 2-33　直角坐标系点（6，8）

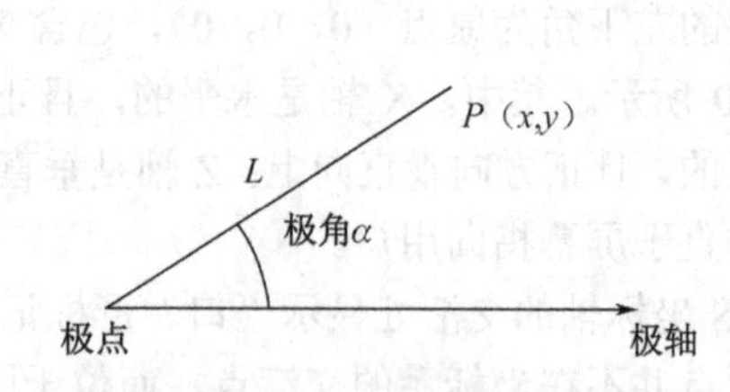

图 2-34　直角坐标系点（5<30）

但是在有些情况下，由于条件的限制，用户需要直接通过点与点之间的相对位移来绘制图形，而不想指定每个点的绝对坐标。为此，AutoCAD 提供了使用相对坐标的办法。所谓相对坐标，就是一个点与相对另一个点的相对位移值，在 AutoCAD 中相对坐标用“@”标识，即在绝对坐标表达方式前加上“@”的符号。

例如，某一直线的起点坐标为（10，10）、终点坐标为（20，10），则终点相对于起点的坐标为（@10，0），用相对极坐标表示应为（@10<0）。

2.5.3 坐标的显示

当用户的光标在绘图区域中移动时，在屏幕底部状态栏中显示当前光标所处位置的坐标值，该坐标值有三种显示状态，如图 2-35 所示。

（1）绝对坐标状态：显示光标所在位置的坐标。

（2）相对极坐标状态：在相对于前一点来指定第二点时可使用此状态。

（3）关闭状态：颜色变为灰色，并“冻结”关闭时所显示的坐标值。

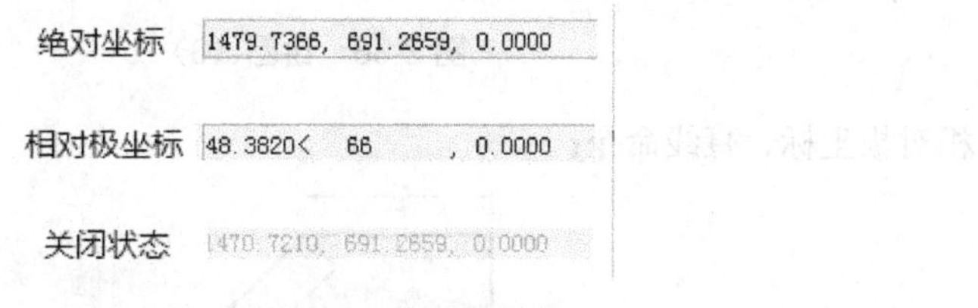

图 2-35 坐标值的三种显示状态

◎习 题

按要求绘制图 2-36～图 2-47 所示图形。

1．直角坐标、直线命令：

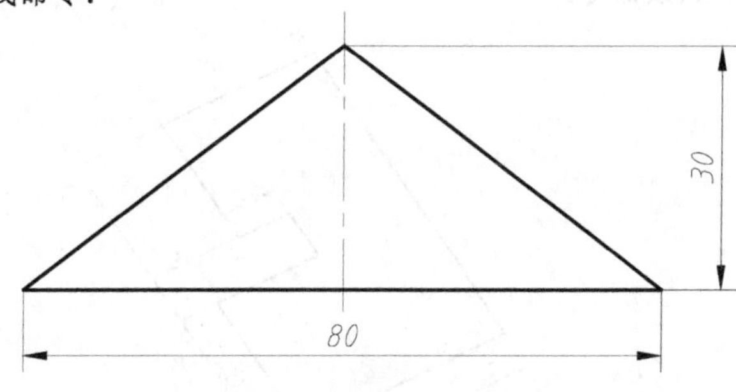

图 2-36 绘图（1）

2．直角坐标、直线命令：

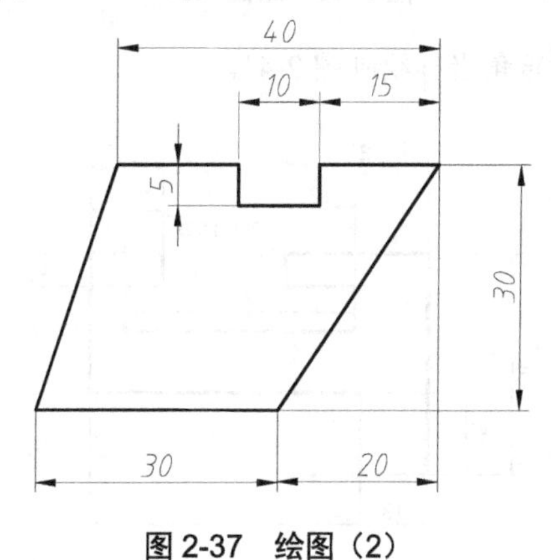

图 2-37 绘图（2）

3．相对极坐标、直线命令：

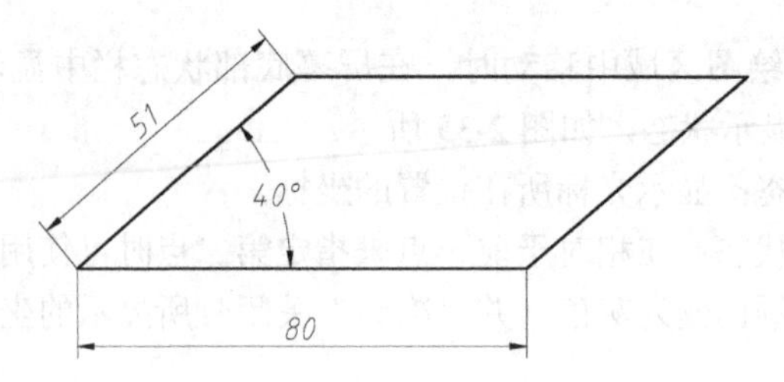

图 2-38　绘图（3）

4．相对极坐标、直线命令：

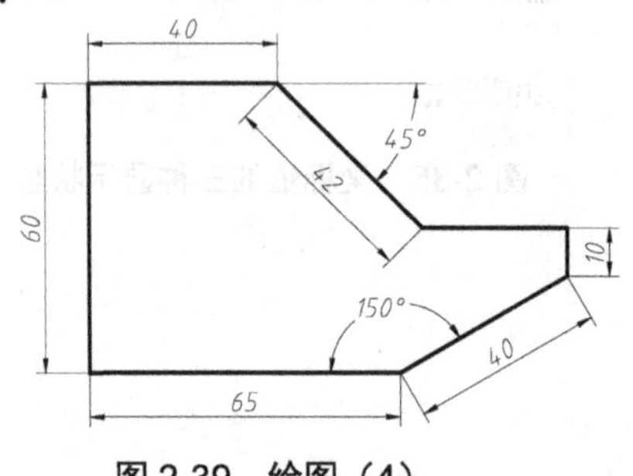

图 2-39　绘图（4）

5．相对极坐标、直线命令：

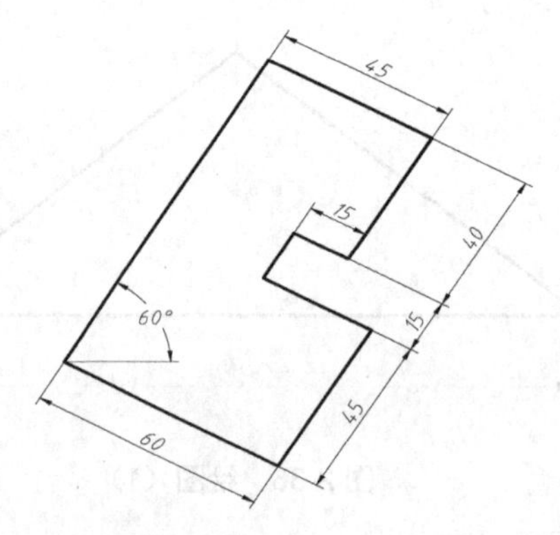

图 2-40　绘图（5）

6．利用点的绝对或相对直角坐标绘制图 2-41。

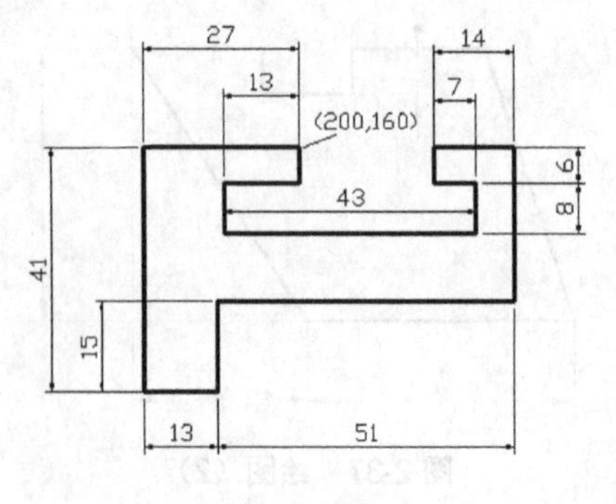

图 2-41　绘图（6）

7．利用点的绝对或相对直角坐标绘制图 2-42。

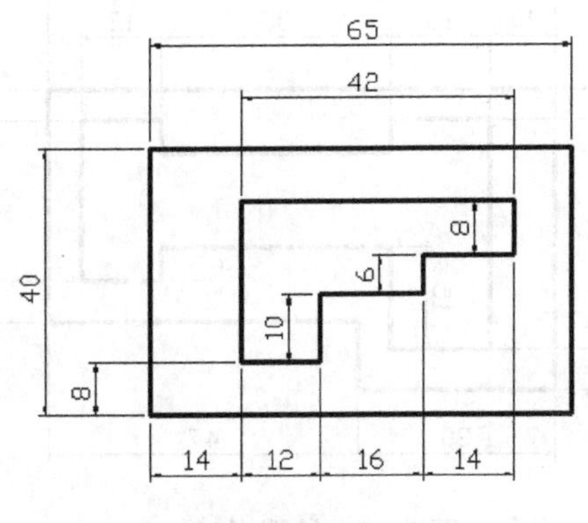

图 2-42　绘图（7）

8．利用点的绝对或相对直角坐标绘制图 2-43。

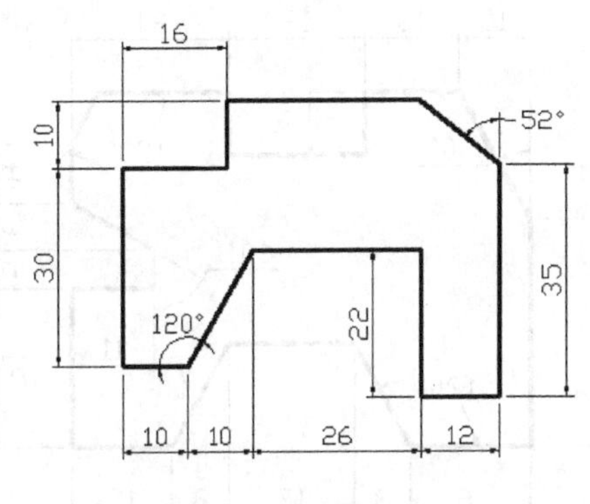

图 2-43　绘图（8）

9．利用点的绝对或相对直角坐标绘制图 2-44。

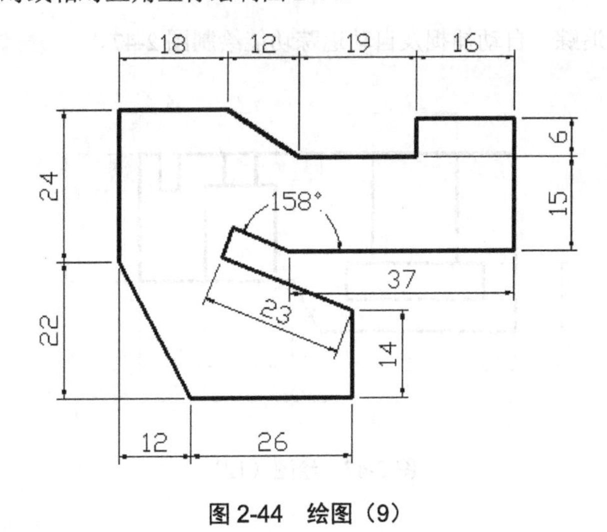

图 2-44　绘图（9）

10．利用正交功能绘制图 2-45。

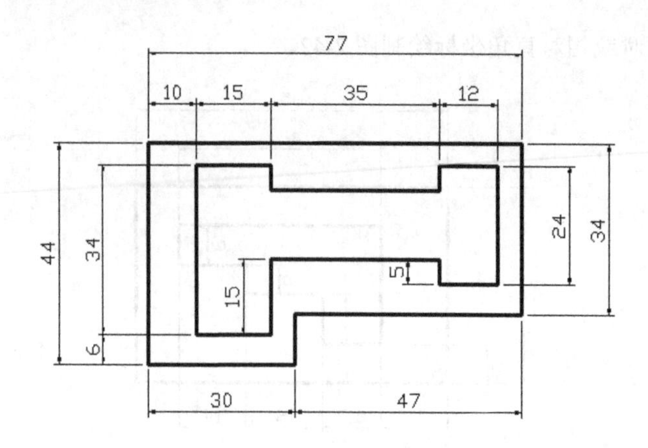

图 2-45　绘图（10）

11．设定极坐标追踪角度为 30°，画出图 2-46。

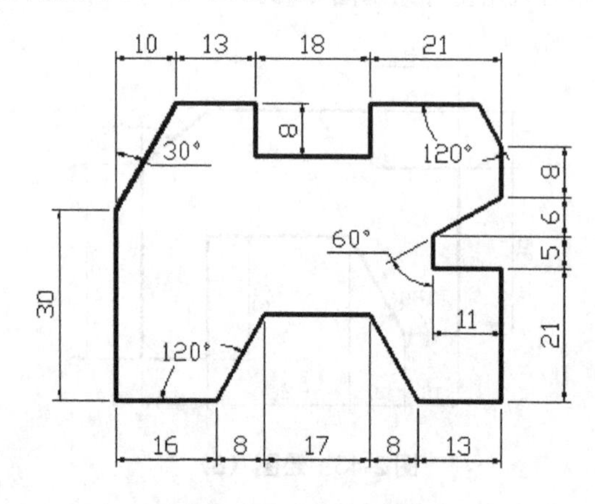

图 2-46　绘图（11）

12．利用极坐标追踪、自动捕捉及自动追踪功能绘制图 2-47。

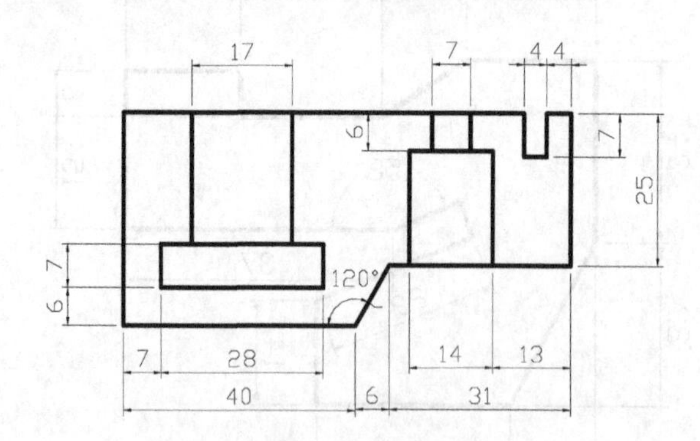

图 2-47　绘图（12）

第3章

绘制平面图形

本章要点：

本章主要介绍 AutoCAD 2008 最基本的绘图命令，通过本章的学习，要求学生能够熟练掌握圆、椭圆及正多边形等基本图形的绘制方法，熟悉面域的作用及图案填充的技巧。

3.1 点的绘制

点是图样中的最基本元素，在 AutoCAD 2008 中，可以绘制点的对象作为绘图的参考点或者辅助的工具。

3.1.1 绘制点

启用绘制“点”的功能有以下三种方法，如图 3-1 所示。

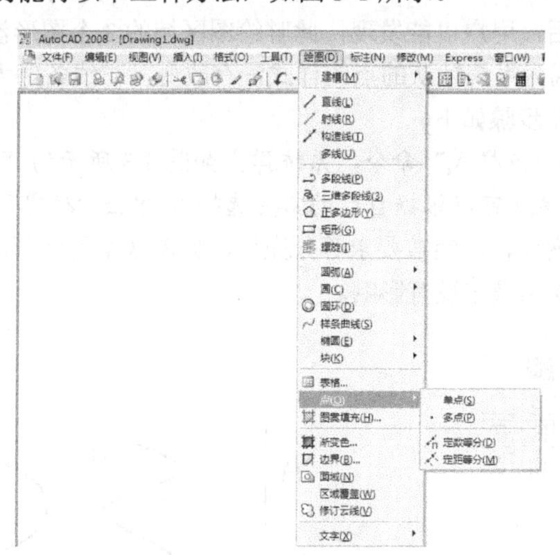

图 3-1 点的绘制

（1）执行“绘图”→“点”→“单点”命令。

（2）单击标准工具栏中的“点”按钮 。

（3）输入命令：PO（POINT）。

利用以上任意一种方法即可启用“点”的功能，但是需要注意的是，如果是单击工具栏中的“点”按钮，将默认启用多点功能。

3.1.2 绘制等分点

1．定数等分

在绘图过程中，经常需要将直线或一个对象等分成几部分，以完成图形的绘制，这就需要用点的定数等分来完成。

启用“点的定数等分”功能，执行“绘图”→“点”→“定数等分”命令，在所选择的对象上绘制等分点。

【例 3-1】绘制如图 3-2 所示定数等分点。对直线 A、样条曲线 B 和椭圆 C 分别进行 3、5、7 等分。

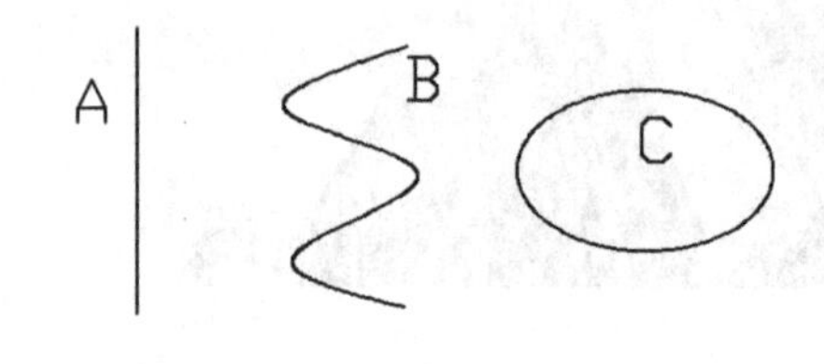

图 3-2 定数等分点的绘制

① 对直线 A 进行 3 等分。

命令：_divide　　　　//执行定数等分命令

选择要定数等分的对象：　　　　//选择要进行等分的直线

输入线段数目或[块（B）]：3　　　　//输入等分数目

② 对样条曲线 B 进行 5 等分。

命令：_divide　　　　//执行定数等分命令

选择要定数等分的对象：　　　　//选择要进行等分的样条曲线

输入线段数目或[块（B）]：5　　　　//输入等分数目

③ 对椭圆 C 进行 7 等分。

命令：_divide　　　　//执行定数等分命令

选择要定数等分的对象：　　　　//选择要进行等分的椭圆

输入线段数目或[块（B）]：7　　　　//输入等分数目

所有的命令结束以后，用户可能发现，此时绘图区域的 3 个图形没有任何变化，是不是操作错误呢？不是，这是因为系统默认的点的样式没有改变，与线条融为一体，所以看不出来。

设置点的样式的操作步骤如下。

① 执行“格式”→“点样式”命令，系统弹出如图 3-3 所示的“点样式”对话框。

② 选择第 4 个点样式（可以根据自己的需要选择），单击“确定”按钮，点样式设置完毕。

此时图形就会发生变化，已经按要求等分完毕，如图 3-4 所示。用户也可以在等分之前对点样式进行设置，这对绘图操作没有影响。

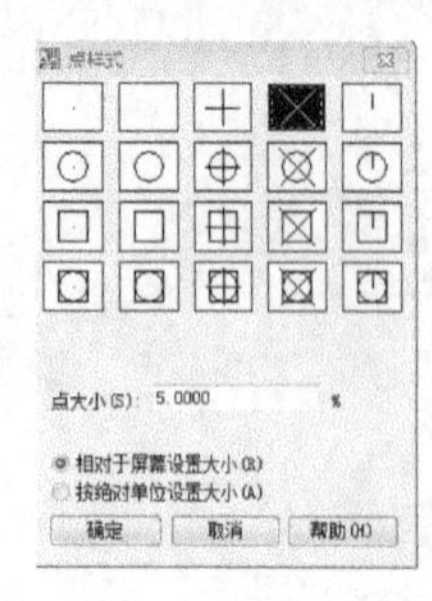

图 3-3 设置点样式

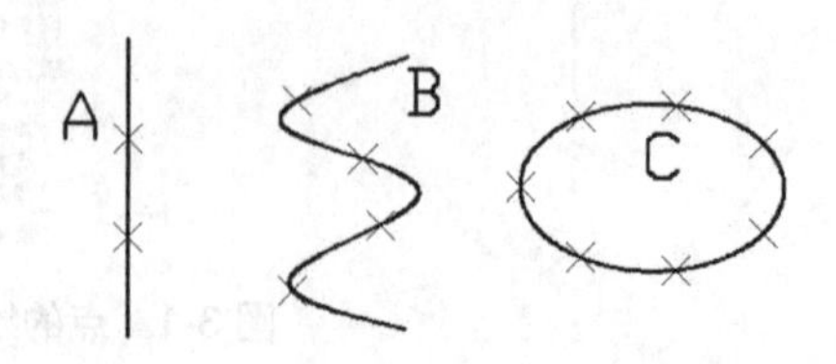

图 3-4 设置点样式之后的定数等分图

2．定距等分

定距等分就是对一条直线或者其他对象按指定的距离等分，一般可作为回吐的辅助工具。

启用“点的定距等分”功能，执行“绘图”→“点”→“定距等分”命令，在所选择的对象上绘制等分点。

【例 3-2】绘制如图 3-5 所示的等分点，把长度为 90 的直线按照每 20 一段进行定距等分。

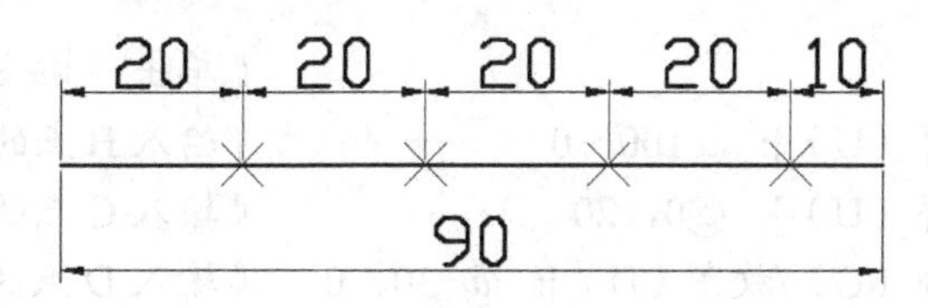

图 3-5　定距等分图

```
命令：_measure                                  // 执行定距等分命令
选择要定距等分的对象：                          // 选择要进行等分的直线
指定线段长度或[块（B）]：20                     // 输入指定的间距
```

提 示

如果所分对象的总长不能被指定间距整除，则肯定会剩下一段距离。为什么图 3-5 进行定距等分剩下的一段在最右边，而不是在最左边呢？其实这在 AutoCAD 中并没有规定，而是在系统中提示“选择要定距等分的对象”时，默认选择对象点处较近的端点作为起始位置。除直线外，定距等分的对象可以是圆弧、多段线和样条曲线等。

3.2 绘制直线、构造线

3.2.1 绘制直线

“直线”是各种绘图中最常用、最简单的一类图形对象，只要指定了起点和终点即可绘制一条直线。在 AutoCAD 中，可以用二维坐标（x，y）或三维坐标（x，y，z）来指定端点，也可以混合使用二维坐标和三维坐标。如果输入二维坐标，则 AutoCAD 将会以当前的高度作为 Z 轴坐标值，默认值为 0。

1．利用坐标绘制直线

如果直线的端点坐标已知，即可用前面所述的坐标表示方法来绘制直线。

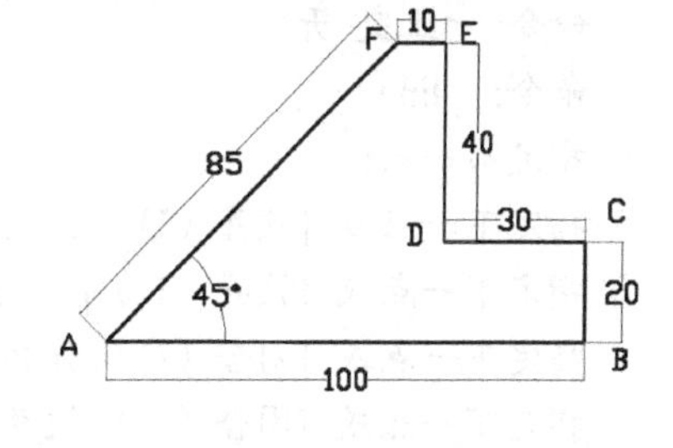

图 3-6　平面图形

【例 3-3】绘制如图 3-6 所示的平面图。

① 利用绝对直角坐标绘制。

```
命令：_line 指定
第一点：0，0                                    // 单击按钮，确定 A 的位置
指定下一点或 [放弃（U）]：100，0                // 输入 B 点的绝对直角坐标
指定下一点或 [放弃（U）]：100，20               // 输入 C 点的绝对直角坐标
```

指定下一点或 [闭合（C）/放弃（U）]: 70，20　　// 输入 D 点的绝对直角坐标
指定下一点或 [闭合（C）/放弃（U）]: 70，60　　// 输入 E 点的绝对直角坐标
指定下一点或 [闭合（C）/放弃（U）]: 60，60　　// 输入 F 点的绝对直角坐标
指定下一点或 [闭合（C）/放弃（U）]: c　// 输入“C”并执行闭合命令，按“Enter”键

② 利用相对直角坐标绘制。

命令: _line
指定第一点:　　// 单击按钮，任意指定 A 的位置
指定下一点或 [放弃（U）]: @100，0　　// 输入 B 点的相对直角坐标
指定下一点或 [放弃（U）]: @0，20　　// 输入 C 点的相对直角坐标
指定下一点或 [闭合（C）/放弃（U）]: @-30，0　　// 输入 D 点的相对直角坐标
指定下一点或 [闭合（C）/放弃（U）]: @0，40　　// 输入 E 点的相对直角坐标
指定下一点或 [闭合（C）/放弃（U）]: @-10，0　　// 输入 F 点的相对直角坐标
指定下一点或 [闭合（C）/放弃（U）]: c　// 输入“C”并执行闭合命令，按“Enter”键

③ 利用相对极坐标绘制。

命令: _line
指定第一点:　　// 单击按钮，任意指定 A 的位置
指定下一点或 [放弃（U）]: @100<0　　// 输入 B 点的相对直角坐标
指定下一点或 [放弃（U）]: @20<90　　// 输入 C 点的相对直角坐标
指定下一点或 [闭合（C）/放弃（U）]: @30<180　　// 输入 D 点的相对直角坐标
指定下一点或 [闭合（C）/放弃（U）]: @40<90　　// 输入 E 点的相对直角坐标
指定下一点或 [闭合（C）/放弃（U）]: @10<180　　// 输入 F 点的相对直角坐标
指定下一点或 [闭合（C）/放弃（U）]: c　// 输入“C”并执行闭合命令，按“Enter”键

由于绝对极坐标需要知道各点与原点连线与 X 轴正方向的夹角，此图中条件不足，因此，不能用绝对极坐标来绘制。

2．使用鼠标绘制直线

启用绘制“直线”命令，用鼠标在绘图区域内单击一点作为线段的起点，移动鼠标，在用户需要的位置再单击，或者用鼠标控制方向，直接输入距离，这样都可以画出用户所需的直线。

仍以图 3-6 为例，绘制过程如下：

命令: <正交 开>　　// 打开正交，使方向固定
命令: _line
指定第一点:　　// 单击按钮，任意指定 A 的位置
指定下一点或 [放弃（U）]: 100　　// 输入 B 点相对 A 点的直线距离
指定下一点或 [放弃（U）]: 20　　// 输入 C 点相对 B 点的直线距离
指定下一点或 [闭合（C）/放弃（U）]: 30　　// 输入 D 点相对 C 点的直线距离
指定下一点或 [闭合（C）/放弃（U）]: 40　　// 输入 E 点相对 D 点的直线距离
指定下一点或 [闭合（C）/放弃（U）]: 10　　// 输入 F 点相对 E 点的直线距离
指定下一点或 [闭合（C）/放弃（U）]: c　// 输入“C”并执行闭合命令，按“Enter”键

【例 3-4】用鼠标绘制如图 3-7 所示的平面图，其中 AB=BC=CD。

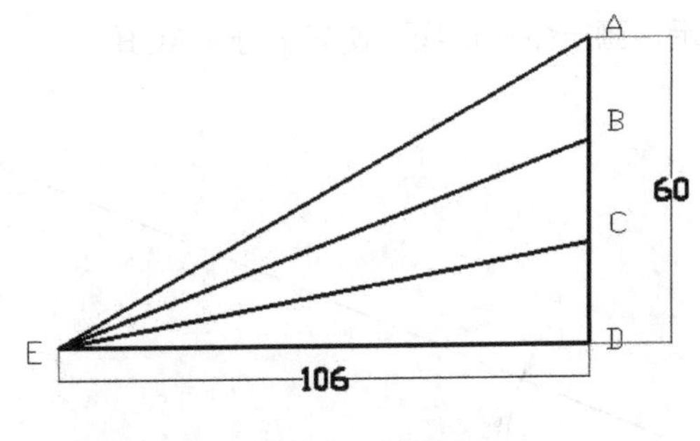

图 3-7 平面图

命令: <正交 开> // 打开正交，使方向固定
命令: _line
指定第一点: // 单击 按钮，任意指定 E 的位置
指定下一点或 [放弃（U）]: 106 // 输入 D 点相对 E 点的直线距离
指定下一点或 [放弃（U）]: 60 // 输入 A 点相对 D 点的直线距离
指定下一点或 [闭合（C）/放弃（U）]: c // 输入“C”并执行闭合命令，按“Enter”键

命令: _divide // 执行定数等分命令
选择要定数等分的对象: // 选择要进行等分的直线 AD
输入线段数目或 [块（B）]: 3 // 输入等分数目
（此时可以更改点样式，使 B、C 两点显示，然后关闭正交。）
命令: _line
指定第一点: // 选择 B 点
指定下一点或 [放弃（U）]: // 选择 E 点
指定下一点或 [放弃（U）]: // 选择 C 点
指定下一点或 [闭合（C）/放弃（U）]: // 按“Enter”键结束命令

3.2.2 绘制构造线

构造线是两端无限长的直线，一般不作为图形的构成元素，只是作为绘图过程中的辅助参考线。

绘制通过两个指定点的构造线的方法如下：单击“绘图”工具栏里的“构造线”按钮，命令提示行窗口提示“指定点或 [水平（H）/垂直（V）/角度（A）/二等分（B）/偏移（O）]:”，单击指定的第一个点，命令提示行窗口提示“指定通过点:”，单击另一个指定的点并右击，或者按“Enter”键结束命令，一条通过这两个点的构造线就画好了。

当命令提示行窗口提示“指定点或 [水平（H）/垂直（V）/角度（A）/二等分（B）/偏移（O）]:”的时候，[水平（H）/垂直（V）]比较好理解，如果输入“a”并按“Enter”键，命令提示行窗口接着提示“输入构造线的角度（0）或 [参照（R）]:”，输入角度数值并按“Enter”键，命令提示行窗口又提示“指定通过点:”，单击指定点并右击，一条通过该指定点，并与 x 轴成指定角度的构造线就绘制出来了。

如果命令提示行窗口提示“_xline 指定点或 [水平（H）/垂直（V）/角度（A）/二等分（B）/偏移（O）]:”的时候输入“o”并按“Enter”键，即可在距离已有直线或构造线指定尺寸的地方绘制一条与它平行的构造线。

【例 3-5】如图 3-8 所示，画一条构造线，使其平分∠AOB。

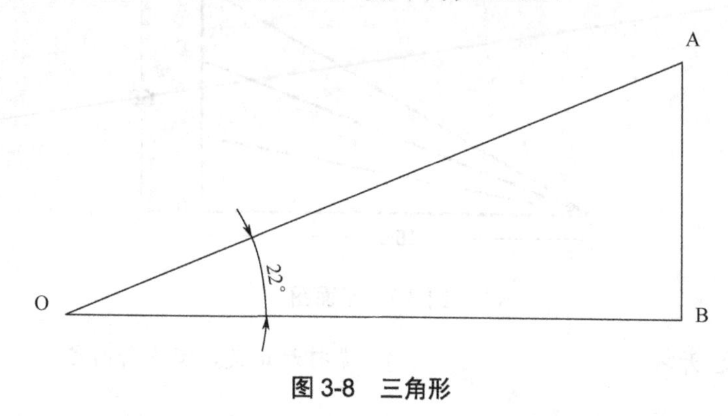

图 3-8　三角形

命令: _xline
指定点或[水平（H）/垂直（V）/角度（A）/二等分（B）/偏移（O）]: b
　　　　　　　　　　　　　　　// 单击构造线按钮，选择 b，然后按 “Enter” 键
指定角的顶点:　　　　　　　　　// 单击 O 点
指定角的起点:　　　　　　　　　// 单击 B 点
指定角的端点:　　　　　　　　　// 单击 A 点
指定角的端点:　　　　　　　　　// 按 “Enter” 键结束命令

画出的图如图 3-9 所示。

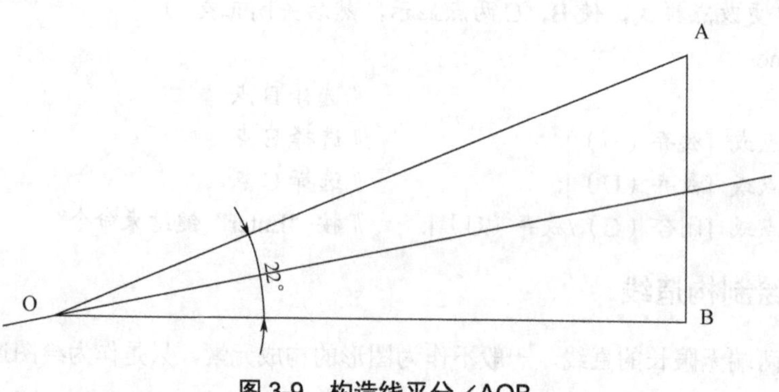

图 3-9　构造线平分∠AOB

3.3 绘制圆与椭圆

在 AutoCAD 2008 中，圆、圆弧、椭圆、椭圆弧与圆环等都属于曲线，绘制的过程比较复杂，绘制的方法也比较多。

3.3.1 绘制圆

启用绘制“圆”功能有以下三种方法。

（1）执行“绘图”→“圆”命令，如图 3-10 所示。
（2）单击绘图工具栏中的“圆”按钮⊙。
（3）输入命令：C（Circle）。

启用“圆”的功能后，命令提示行提示：

命令：_circle

指定圆的圆心或[三点（3P）/两点（2P）/相切、相切、半径（T）]:

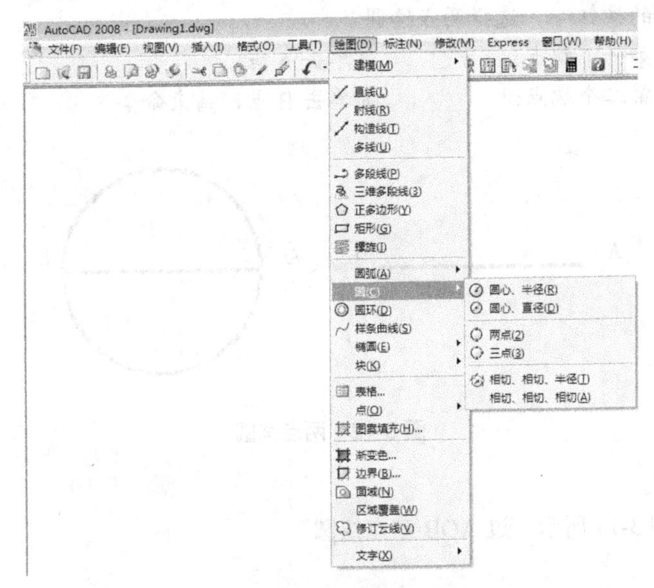

图 3-10　绘制圆的菜单命令

下面逐一介绍五种绘制圆的方法。

（1）圆心和半径（或者直径）画圆。

【例 3-6】绘制如图 3-11 所示半径为 22 的圆。

操作步骤如下：

命令：_circle

指定圆的圆心或[三点（3P）/两点（2P）/相切、相切、半径（T）]:

// 单击绘制圆的按钮，在绘图窗口中选定圆心位置

指定圆的半径或[直径（D）]：22　　// 输入半径值，按“Enter”键

（如果采用直径画圆，此时输入 D，按“Enter”键，然后输入直径值，再按“Enter”键结束命令。）

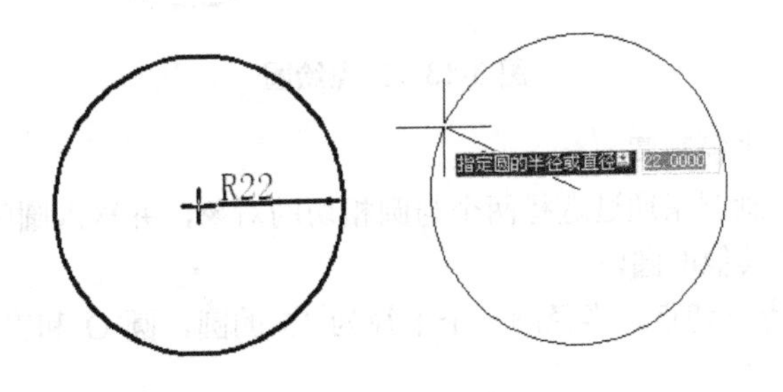

图 3-11　圆心半径画圆

（2）两点画圆。

两点画圆默认两点是圆直径的两个端点。

【例 3-7】如图 3-12 所示，过 AB 两点绘圆。

命令: _circle

指定圆的圆心或 [三点（3P）/两点（2P）/切点、切点、半径（T）]: 2p

// 单击绘制圆的按钮，选择两点绘圆

指定圆直径的第一个端点: // 单击 A 点

指定圆直径的第二个端点: // 单击 B 点，结束命令

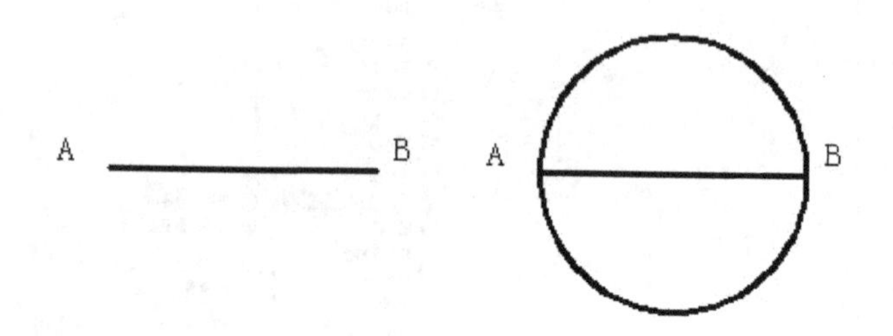

图 3-12 两点画圆

（3）三点画圆。

【例 3-8】如图 3-13 所示，过 AOB 三点绘圆。

命令: _circle

指定圆的圆心或 [三点（3P）/两点（2P）/切点、切点、半径（T）]: 3p

// 单击绘制圆的按钮，选择三点绘圆

指定圆上的第一个端点: // 单击 A 点

指定圆上的第二个端点: // 单击 O 点

指定圆上的第三个端点: // 单击 B 点，结束命令

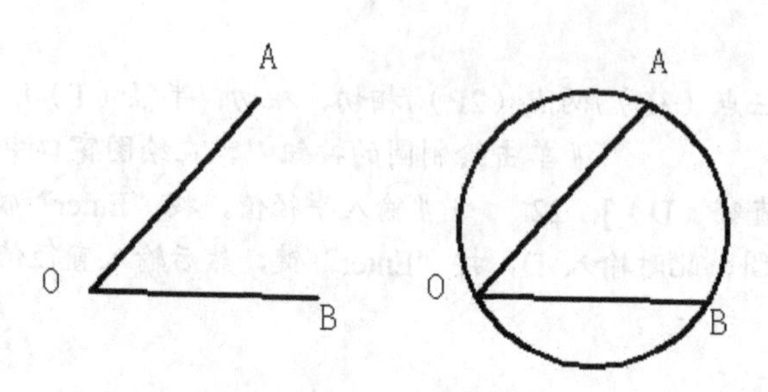

图 3-13 三点绘圆

（4）切点、切点、半径画圆。

切点、切点、半径画圆指通过选择两个与圆相切的对象，并输入圆的半径画圆。但是相切的对象一般是直线或者其他的圆。

【例 3-9】利用切点、切点、半径画一个半径为 15 的圆，圆 O 和直线 L 相切，如图 3-14 所示。

命令: _circle

指定圆的圆心或 [三点（3P）/两点（2P）/切点、切点、半径（T）]: T

// 单击绘制圆的按钮，选择切点、切点、半径绘圆

指定对象与圆的第一个切点: // 单击圆 O 上的一点

指定对象与圆的第二个切点:　　　　　// 单击直线 L 上的一点
指定圆的半径 <22.0000>:　15　　　　// 输入圆的半径

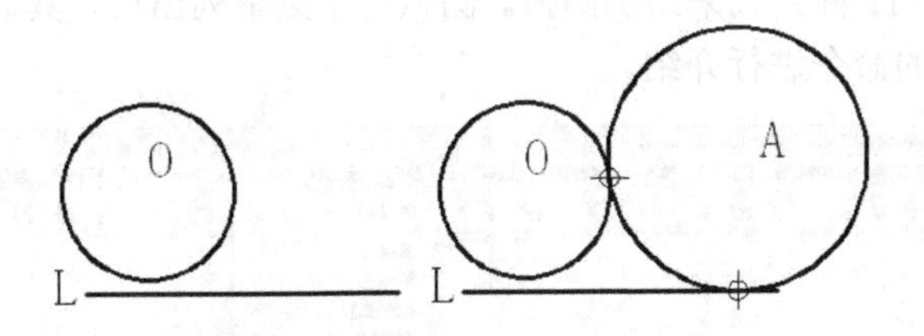

图 3-14　切点、切点、半径画圆

需要注意的是，在切点、切点、半径画圆绘图中，切点的选择很重要，用户要大致判断切点的位置，如果相差太大，则绘制出来的图也不符合要求，如图 3-14 所示，如果选择靠左边的切点，也会出现如图 3-15 所示的情况。

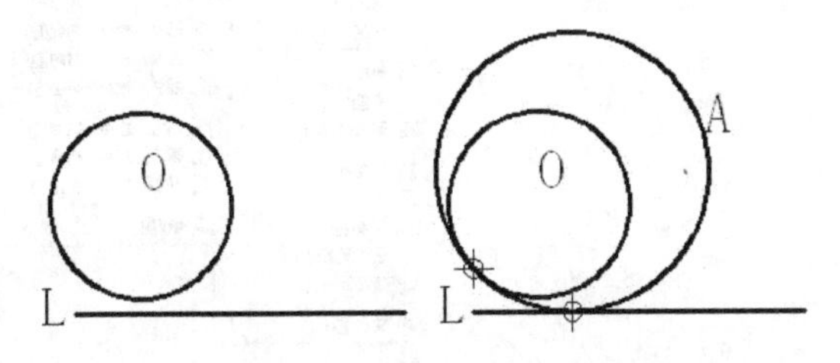

图 3-15　切点、切点、半径画圆的切点选择

（5）相切、相切、相切画圆。

【例 3-10】已知如图 3-16 的三个小圆，画出与三个小圆均外切的圆。

命令: _circle

指定圆的圆心或 [三点（3P）/两点（2P）/切点、切点、半径（T）]:　_3p 指定圆上的第一个点: _tan 到

// 启用相切、相切、相切绘圆功能，单击第一个切点

指定圆上的第二个点: _tan 到　　　　// 单击第二个切点

指定圆上的第三个点: _tan 到　　　　// 单击第三个切点

（如果没有限定条件，相切、相切、相切画圆就会有很多选择，切点不同，相切圆也不同。）

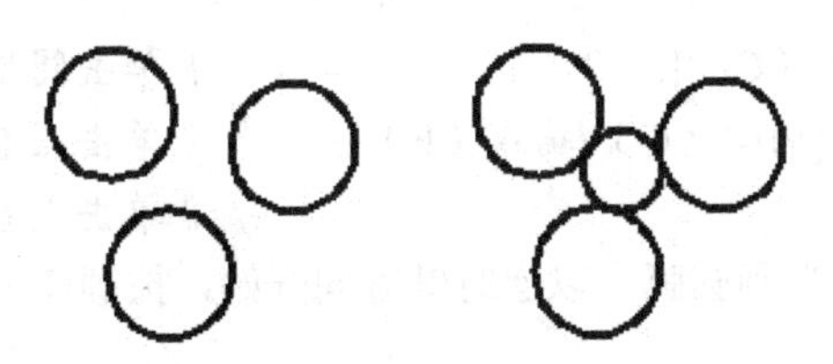

图 3-16　相切、相切、相切画圆

3.3.2　绘制圆弧

启用绘制“圆弧”功能有以下三种方法。

（1）执行“绘图”→“圆弧”命令。

（2）单击绘图工具栏中的“圆弧”按钮。

（3）输入命令：A（Arc）。

AutoCAD 提供了 11 种方式来绘制圆弧。圆弧的子菜单列出后，其显示如图 3-17 所示。现通过案例对几种常用的命令进行介绍。

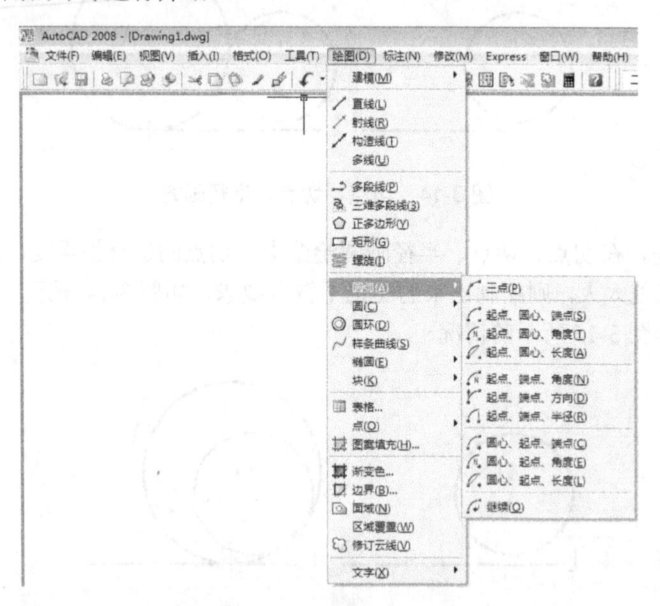

图 3-17 “圆弧”子菜单

① “三点”画圆弧：默认的绘制方法，以圆弧的起点、圆弧上的一点、端点画圆弧。

【例 3-11】如图 3-18 所示，已知 A、B、C 三点，绘制圆弧 ABC。

图 3-18 三点绘制圆弧

命令：_arc

指定圆弧的起点或[圆心（C）]: // 单击圆弧按钮，单击点 A

指定圆弧的第二个点或[圆心（C）/端点（E）]: // 单击点 B

指定圆弧的端点: // 单击点 C，按“Enter”键

②“起点、圆心、端点”画圆弧：以逆时针方向开始，按顺序分别单击起点、圆心、端点来绘制圆弧。

③“起点、圆心、角度”画圆弧：以逆时针方向开始，按顺序分别单击起点、圆心，再输入角度值来绘制圆弧。

④“起点、圆心、长度”画圆弧：以逆时针方向开始，按顺序分别单击起点、圆心，再输入圆弧的长度值来绘制圆弧。

⑤“起点、端点、角度”画圆弧：以逆时针方向开始，按顺序分别单击起点、端点，再输入圆弧的角度值来绘制圆弧。

⑥“起点、端点、方向”画圆弧：通过起点、端点、方向，使用定点设备绘制圆弧。向起点和端点的上方移动光标，将绘制出凸的圆弧；向下移动光标将绘制出凹的圆弧。

⑦“起点、端点、半径”画圆弧：通过起点、端点和半径绘制圆弧。可以输入长度，或通过顺时针或逆时针移动定点设备并单击确定一段距离来指定半径。

⑧“圆心、起点、端点”画圆弧：以逆时针方向开始，按顺序分别单击圆心、起点、端点来绘制圆弧。

⑨“圆心、起点、角度”画圆弧：按顺序分别单击圆心、起点，再输入圆弧的角度值来绘制圆弧。

⑩“圆心、起点、长度”画圆弧：按顺序分别单击圆心、起点，再输入圆弧的长度值来绘制圆弧。

⑪ 如果执行最后的“继续”命令，系统将默认以最后一次绘制的线段或者圆弧过程中确定的最后一点作为新圆弧的起点，以最后所绘方向或者圆弧终止点处的切线方向作为新圆弧在起始点处的切线方向，再指定一点，即可绘制出一个圆弧。

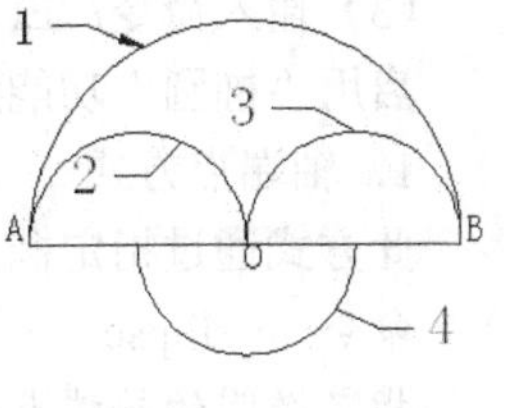

图 3-19　复杂圆弧

【例 3-12】如图 3-19 所示，用几种不同的方法绘制圆弧。

操作步骤如下：

① 绘制直线 AB。

② 绘制圆弧 1（起点、圆心、角度）。

命令：a　　// 输入圆弧命令
ARC 指定圆弧的起点或 [圆心（C）]:　　// 单击 A 点
指定圆弧的第二个点或 [圆心（C）/端点（E）]:　c　　// 选择圆心
指定圆弧的圆心:　　// 选择 O 点
指定圆弧的端点或 [角度（A）/弦长（L）]:　a　　// 选择输入角度
指定包含角: -180　　// 顺时针绘图，角度取负值

③ 绘制圆弧 2（起点、端点、方向）。

命令：a　　// 输入圆弧命令
ARC 指定圆弧的起点或 [圆心（C）]:　　// 单击 A 点
指定圆弧的第二个点或 [圆心（C）/端点（E）]:　e　　// 第二点未知，输入 E
指定圆弧的端点:　　// 单击直线 AB 的中点 O
指定圆弧的圆心或 [角度（A）/方向（D）/半径（R）]: d　　// 选择圆弧的方向，输入 D
指定圆弧的起点切向:（打开正交）　　// 圆弧在 A 点的切线方向垂直 AB，方向向上，在 AB 线的上面单击

④ 绘制圆弧 3（起点、端点、角度）。

命令：a　　// 输入圆弧命令
ARC 指定圆弧的起点或 [圆心（C）]:　　// 单击 B 点
指定圆弧的第二个点或 [圆心（C）/端点（E）]:　e　　// 第二点未知，输入 E
指定圆弧的端点:　　// 单击直线 AB 的中点 O
指定圆弧的圆心或 [角度（A）/方向（D）/半径（R）]: a　　// 选择圆弧的角度，输入 A
指定包含角: 180　　// 逆时针绘图，角度取正值

⑤ 绘制圆弧 4（圆心、起点、端点）。

命令：a　　// 输入圆弧命令

ARC 指定圆弧的起点或 [圆心（C）]: c //选择圆心
指定圆弧的圆心: //单击直线 AB 的中点 O
指定圆弧的起点: //单击圆弧 2 的圆心
指定圆弧的端点或 [角度（A）/弦长（L）]: //单击圆弧 3 的圆心

3.3.3 绘制椭圆

AutoCAD 中启用绘制“椭圆”功能有以下三种方法。

（1）执行“绘图”→“椭圆”命令。

（2）单击绘图工具栏中的“椭圆”按钮。

（3）输入命令：El（Ellipse）。

启用“椭圆”功能后，可以用以下三种方式来绘制椭圆。

1．轴端点方式

此方式通过指定椭圆的 3 个轴端点来绘制椭圆，结果如图 3-20 所示。

命令: _ellipse //输入命令
指定椭圆的轴端点或 [圆弧（A）/中心点（C）]: //指定长轴 a 点
指定轴的另一个端点: //指定长轴另一个端点 b
指定另一条半轴长度或 [旋转（R）]: //指定 c 点确定短轴长度

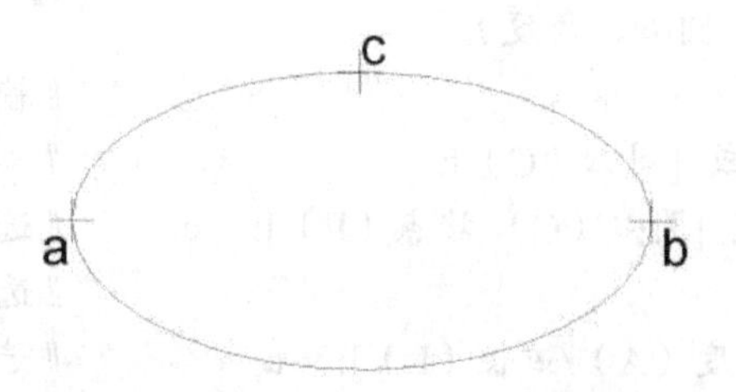

图 3-20 轴端点方式绘制椭圆

2．中心点方式

此方式通过指定椭圆中心和长、短轴的一端点来绘制椭圆，如图 3-21 所示。

命令: _ellipse //输入命令
指定椭圆的轴端点或 [圆弧（A）/中心点（C）]: c //输入“C”
指定椭圆的中心点: //指定中心点 o
指定轴的端点: //指定长轴端点 a
指定另一条半轴长度或 [旋转（R）]: //指定短轴端点 c

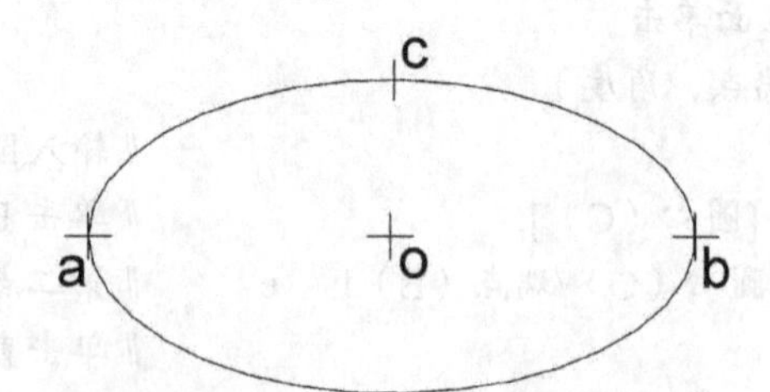

图 3-21 中心点方式绘制椭圆

3．旋转角方式

此方式通过指定旋转角来绘制椭圆。旋转角是指其中一轴相对于另一轴的旋转角度，当旋转角度为 0 时，将画成一个圆；当旋转角度大于 89.4 时，命令无效，如图 3-22 所示。

命令：_ellipse　　//输入命令
指定椭圆的轴端点或 [圆弧（A）/中心点（C）]：　　//指定长轴端点 a
指定轴的另一个端点：　　//指定长轴另一端点 b
指定另一条半轴长度或 [旋转（R）]：r　　//输入“R”
指定绕长轴旋转的角度：45　　//输入“45”

图 3-22　旋转角方式绘制椭圆

3.3.4　绘制椭圆弧

绘制椭圆弧的方法与绘制椭圆相似，首先确定椭圆的长轴和短轴，然后输入椭圆弧的起始角和终止角即可。

启用绘制“椭圆弧”功能有以下两种方法。

（1）执行“绘图”→“椭圆”→“椭圆弧”命令。

（2）单击绘图工具栏中的“椭圆弧”按钮。

【例 3-13】画出如图 3-23 所示的椭圆弧。

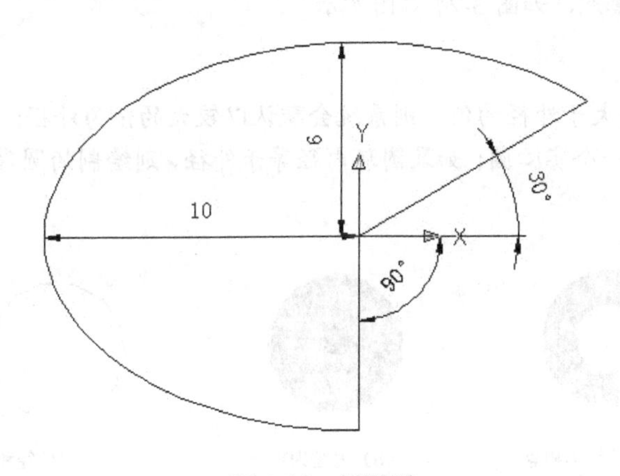

图 3-23　椭圆弧

命令：_ellipse　　//输入命令
指定椭圆的轴端点或 [圆弧（A）/中心点（C）]：_a
指定椭圆弧的轴端点或 [中心点（C）]：　　//指定右边端点
指定轴的另一个端点：20　　//长轴为 20
指定另一条半轴长度或 [旋转（R）]：6　　//短轴为 12
指定起始角度或 [参数（P）]：30　　//输入起始角度
指定终止角度或 [参数（P）/包含角度（I）]：270　　//输入终止角度

3.3.5 绘制圆环

AutoCAD 还为用户提供了绘制圆环的工具，执行“绘图”→“圆环”命令，或者直接输入命令_donut，即可开始绘制图形。

【例 3-14】画一个内径为 8、外径为 12 的圆环，如图 3-24 所示。

命令：_donut // 输入命令
指定圆环的内径 <10.0000>：8 // 输入内径 8
指定圆环的外径 <12.0000>：12 // 输入外径 12
指定圆环的中心点或 <退出>： // 任意指定一点为圆环中心
指定圆环的中心点或 <退出>： // 按“Enter”键退出

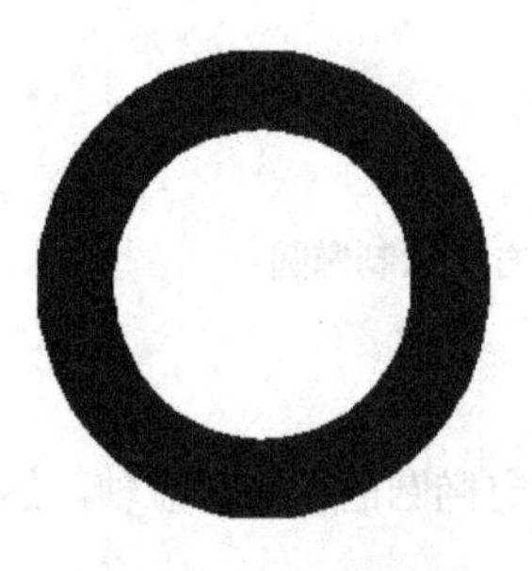
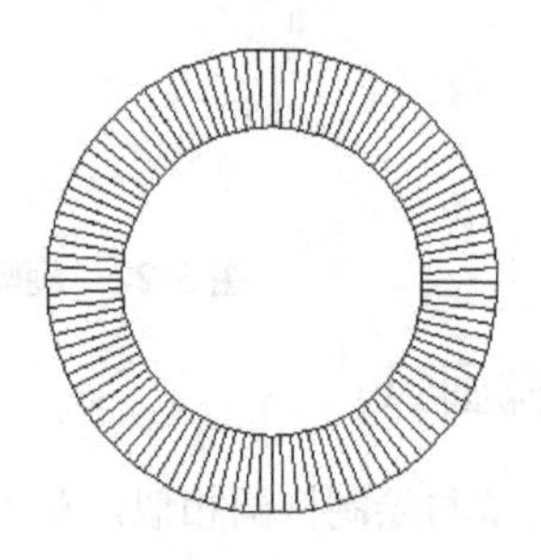

图 3-24 填充的圆环（左）与不填充的圆环（右）

此时圆环内部被黑色填充，用户可以改变其填充的颜色，也可以选择不填充，命令如下：

命令：fill // 输入命令
输入模式 [开（ON）/关（OFF）] <开>：off
// 输入 off，关闭填充，如图 3-24 右图所示

提 示

如果输入的内径值大于外径的值，则系统会默认以较大的值为外径；如果输入的内径值为 0，外径值大于 0，则为一个实心圆；如果圆环内径等于外径，则绘制的圆环为一个圆，如图 3-25 所示。

（a）内外径不相等

（b）内径为零

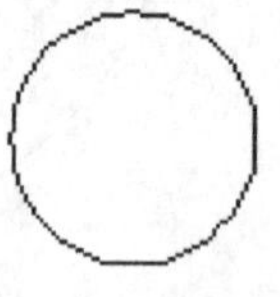
（c）内外径相等

图 3-25 圆环与内径的关系

3.4 绘制矩形与正多边形

3.4.1 绘制矩形

矩形是图形绘制的常见元素之一。启动绘制矩形功能后，只需先后确定矩形对角线上的两

个点便可绘制。可以通过十字鼠标指针直接在屏幕上点取，也可输入坐标。选择这两个点时没有顺序，用户可以从左到右选取，也可以从右到左选取。

启用绘制“矩形”功能有三种方法。

（1）执行“绘图”→“矩形”命令。

（2）单击绘图工具栏中的“矩形”按钮□。

（3）输入命令：Rectang。

启用“矩形”功能后，命令提示行提示如下：

指定第一个角点或[倒角（C）/标高（E）/圆角（F）/厚度（T）/宽度（W）]:

其中，“指定第一个角点”与“指定另一个角点”的意思是定义矩形的两个角点；“倒角（C）”可以设定倒角距离并绘制带倒角的矩形；“标高（E）”指的是矩形的高度；“圆角（F）”就是绘制带圆角的矩形；“厚度（T）”指的是矩形的厚度；“宽度（W）”指的是矩形的线宽，具体如图3-26所示。

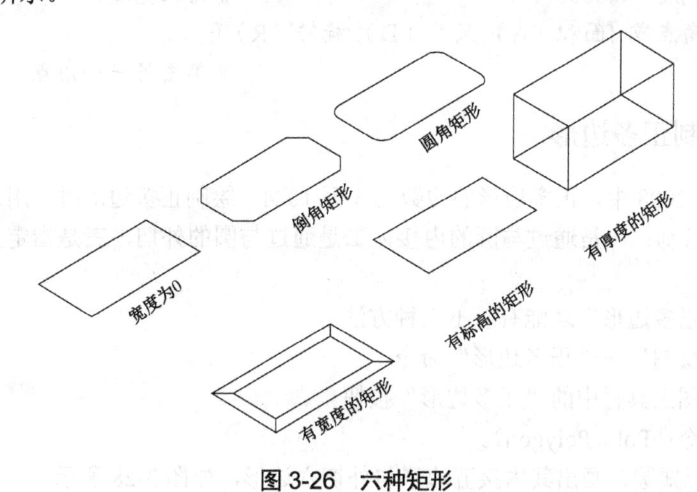

图3-26 六种矩形

【例3-15】画一个标高为5、厚度为6、圆角半径为1、大小为10×5的矩形，如图3-27所示。

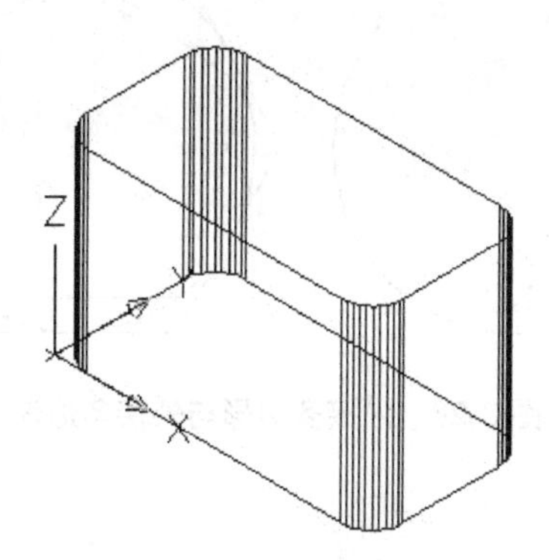

图3-27 带标高、厚度的圆角矩形

命令: _rectang //输入命令

指定第一个角点或 [倒角（C）/标高（E）/圆角（F）/厚度（T）/宽度（W）]: e //输入标高命令

指定矩形的标高 <0.0000>: 5 //输入标高

指定第一个角点或 [倒角（C）/标高（E）/圆角（F）/厚度（T）/宽度（W）]：t
// 输入厚度命令
指定矩形的厚度 <0.0000>：6 // 输入厚度
指定第一个角点或 [倒角（C）/标高（E）/圆角（F）/厚度（T）/宽度（W）]：f
// 输入圆角命令
指定矩形的圆角半径 <0.0000>：1 // 输入圆角半径
指定第一个角点或 [倒角（C）/标高（E）/圆角（F）/厚度（T）/宽度（W）]：
// 单击任意一点
指定另一个角点或 [面积（A）/尺寸（D）/旋转（R）]：d
// 输入尺寸
指定矩形的长度 <0.0000>：10 // 输入长度
指定矩形的宽度 <0.0000>：5 // 输入宽度
指定另一个角点或 [面积（A）/尺寸（D）/旋转（R）]：
// 单击另一个角点

3.4.2 绘制正多边形

在 AutoCAD 2008 中，正多边形的边数为 3 至 1024。绘制正多边形时，用户可以使用以下三种方式之一来绘制：一是通过与圆的内接，二是通过与圆的外切，三是指定正多边形某边的端点。

启用绘制"正多边形"功能有以下三种方法。

（1）执行"绘图"→"正多边形"命令。

（2）单击绘图工具栏中的"正多边形"按钮⬠。

（3）输入命令：Pol（Polygon）。

【例 3-16】已知圆，画出其内接五边形与外切六边形，如图 3-28 所示。

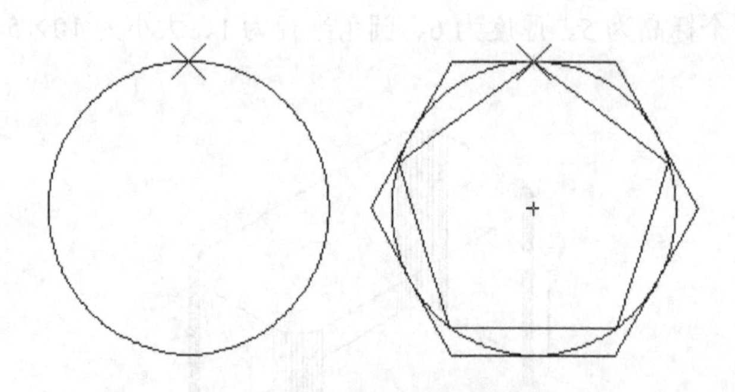

图 3-28 内接多边形与外接多边形

命令：_polygon
输入边的数目<4>：5 // 输入边数 5
指定正多边形的中心点或 [边（E）]： // 捕捉圆心
输入选项 [内接于圆（I）/外切于圆（C）] <I>： // 选择内接于圆
指定圆的半径： // 捕捉上面的象限点
命令：_polygon
输入边的数目<5>：6 // 输入边数 6

指定正多边形的中心点或 [边（E）]: // 捕捉圆心
输入选项 [内接于圆（I）/外切于圆（C）] <I>: c // 选择外切于圆
指定圆的半径: // 捕捉上面的象限点

【例 3-17】已知直线 AB，以其为底边，画正五边形，如图 3-29 所示。

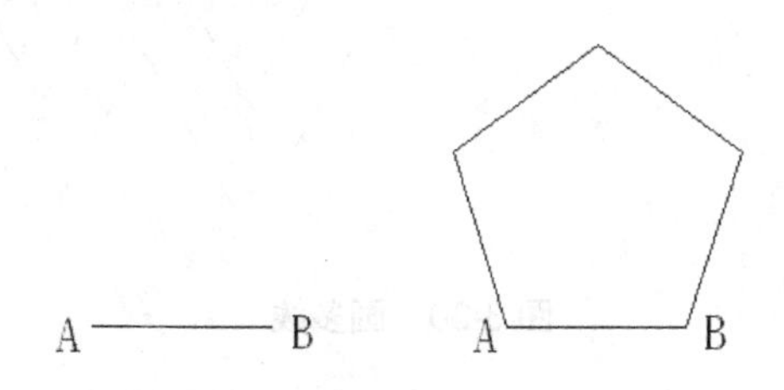

图 3-29 正五边形

命令: _polygon
输入边的数目<6>: 5 // 输入边数 5
指定正多边形的中心点或 [边（E）]: E // 选择边，输入 E
指定边的第一个端点:
指定边的第二个端点: // 单击 A 点，然后单击 B 点

3.5 绘制与编辑多线

3.5.1 绘制多线

多线是由两条或者两条以上的多条平行线组合而成的，用户可以调整间距和平行线的数目，多线常用于绘制墙体或者电子线路等平行线对象。

启用绘制“多线”有以下两种方法。

（1）执行“绘图”→“多线”命令。

（2）输入命令：Ml（Mline）。

启用“多线”功能后，命令提示行提示如下：

命令: _mline
当前设置: 对正=上，比例 = 20.00，样式 = STANDARD
指定起点或 [对正（J）/比例（S）/样式（ST）]:

在当前的提示信息中，当前设置显示当前多线的设置属性，说明对正方式为上，比例为 20.00，多线样式为标准型（STANDARD）。

“对正（J）”: 用于设置多线的对正方式（输入 J 后，系统会提示“输入对正类型 [上（T）/无（Z）/下（B）] <上>:”）。多线的对正方式有三种：上、无、下。其中，“上对正”是指多线顶端的直线将随着光标进行移动，其对正点位于多线最顶端直线的端点上；“无对正”是指绘制多线时，多线中间的直线将随着光标进行移动，其对正点位于多线的中间；“下对正”是指绘制多线时，多线最底端直线将随着光标进行移动，其对正点位于多线最底端直线的端点上。

“比例（S）”: 用于设置多线的比例，即指定多线宽度相对于定义宽度的比例因子，该比例不影响线型的外观。

“样式（ST)”：用于选择和定义多线的样式，系统默认的样式为 STANDARD。

【例 3-18】已知 A、B、C、D、E 五个点，绘制如图 3-30 所示的多线。

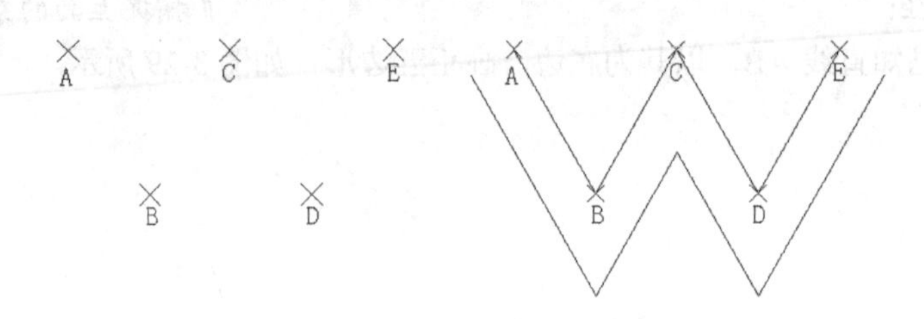

图 3-30　画多线

命令：_mline　　// 启用绘制“多线”功能
当前设置：对正 =上，比例=20.00，样式=STANDARD
指定起点或 [对正（J）/比例（S）/样式（ST）]:　　// 单击 A 点位置
指定下一点:　　// 单击 B 点位置
指定下一点或 [放弃（U）]:　　// 单击 C 点位置
指定下一点或 [闭合（C）/放弃（U）]:　　// 单击 D 点位置
指定下一点或 [闭合（C）/放弃（U）]:　　// 单击 E 点位置
指定下一点或 [闭合（C）/放弃（U）]:　　// 按“Enter”键

3.5.2　设置多线样式

用户可以根据自己的需求设置多线样式，启用“多线样式”功能有以下两种方法。

（1）执行“格式”→“多线样式”命令。

（2）输入命令：Mlstyle

启用“多线样式”功能后，系统将弹出如图 3-31 所示的“多线样式”对话框，用户可以选择新建多线样式，也可以修改某一样式中多线中线条的数量、线条的颜色和线型、直线间的距离以及多线封口的形式。

（1）“样式”列表框：用于显示所有已定义的多线样式。选中样式名称，单击“置为当前”按钮，即可将已定义的多线样式作为当前的多线样式。

（2）“说明”选项组：显示对当前多线样式的说明。

（3）“置为当前”按钮：将以“样式”列表框中选中的多线样式作为当前使用的多线样式。

（4）“修改”按钮：用于修改在“样式”列表框中选中的多线样式。

（5）“重命名”按钮：用于更改在“样式”列表框中选中的多线样式。

（6）“删除”按钮：用于删除列表框中选中的多线样式。但是默认的样式“STANDARD”、当前多线样式或正在使用的多线样式不能被删除。

（7）“加载”按钮：用于加载已定义的多线样式。单击该按钮，弹出“加载多线样式”对话框，如图 3-32 所示。从中可以选择“多线样式”中的样式或从文件中加载多线样式。

（8）“保存”按钮：用于将当前的多线样式保存到多线文件中。

（9）“新建”按钮：用于新建多线样式。单击该按钮，系统将弹出如图 3-33 所示的“创建新的多线样式”对话框，通过该对话框可以新建多线样式。

在“新样式名”文本框中输入所要创建新的多线样式的名称——“电子线路”，系统将弹出如图 3-34 所示的“新建多线样式：我的多线样式”对话框。下面详细介绍该对话框中的各个选项与按钮的功能。

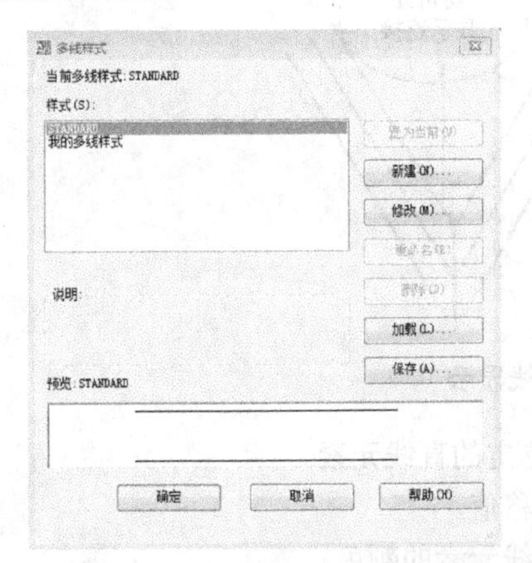

图 3-31 “多线样式”对话框

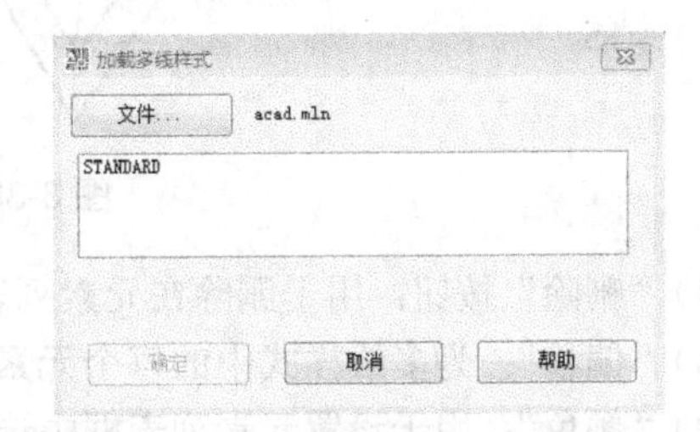

图 3-32 “加载多线样式”对话框

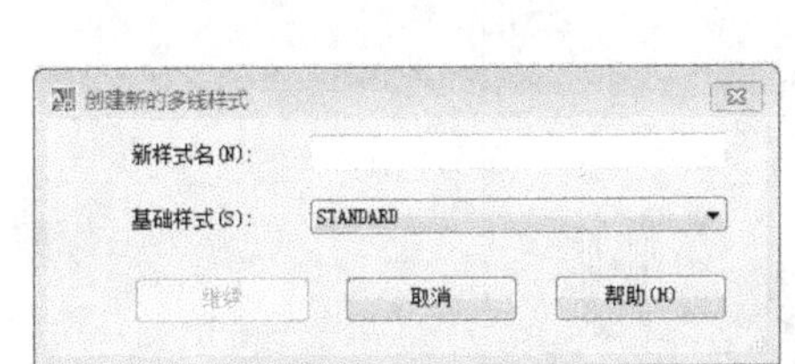

图 3-33 “创建新的多线样式”对话框

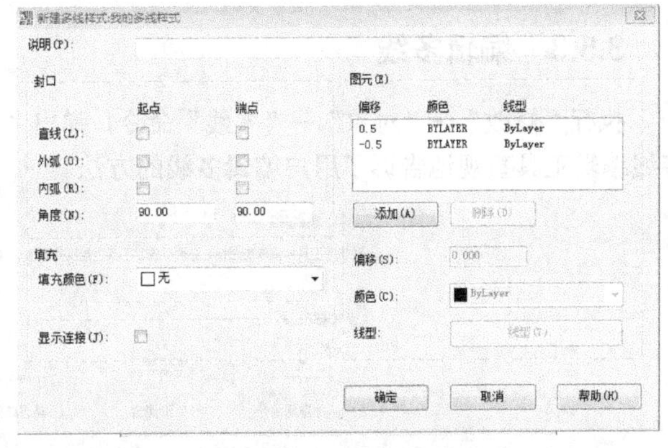

图 3-34 “新建多线样式：我的多线样式”对话框

（1）“说明”文本框：对所定义的多线样式进行说明，其文本不能超过 256 个字符。

（2）“封口”选项组：该选项组中的直线、外弧、内弧复选框以及角度数值框分别用于设置多线的封口为直线、外弧、内弧和角度形状，如图 3-35 所示。

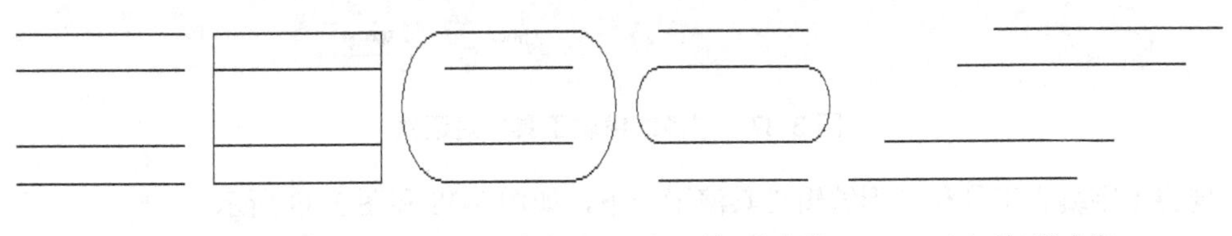

（A）默认状态　（b）封口为直线　（c）封口为外弧　（d）封口为内弧　（e）封口为角度

图 3-35 多线的封口形式

（3）“填充”选项组：用于设置填充的颜色，用户设置好颜色后，绘制多线会自动填充设置的颜色。

（4）“显示连接”：用于选择是否在多线的拐角处显示连接线，若选中该复选框，则多线如图 3-36 所示。

（5）“图元”选项组：用于显示多线中线条的偏移量、线条的颜色、线型设置。

（6）“添加”按钮：用于添加一条新线，其间距可在“偏移”文本框中输入。

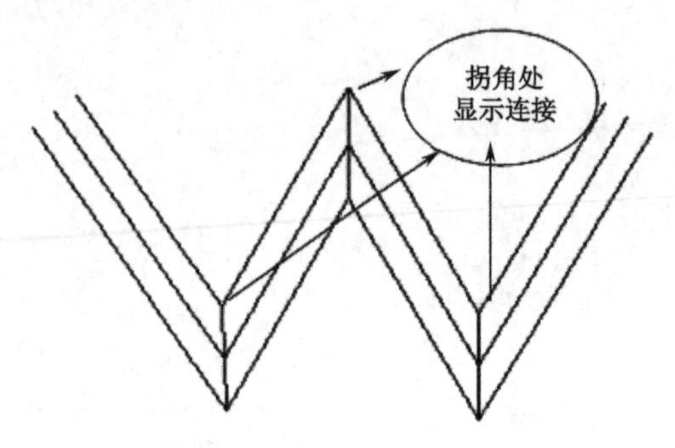

图 3-36　连接线显示

（7）“删除”按钮：用于删除在元素列表框中选定的直线元素。

（8）“偏移”：为多线样式中的每个元素指定偏移值。

（9）“颜色”：用于设置元素列表框中选定的直线元素的颜色。

（10）“线型”：用于设置元素列表框中选定的直线元素的线型。

3.5.3　编辑多线

执行“修改”→“对象”→“多线”命令，弹出“多线编辑工具”对话框，如图 3-37 所示。多线编辑工具直观地告诉了用户编辑多线的方法。

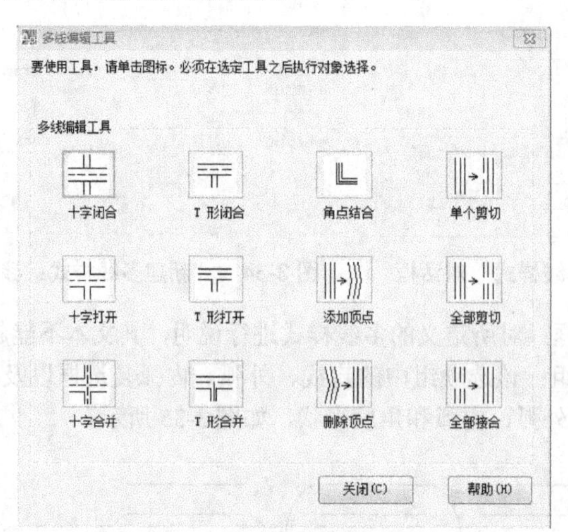

图 3-37　“多线编辑工具”对话框

现将十字编辑工具和 T 形编辑工具演示一下，如图 3-38 和图 3-39 所示。

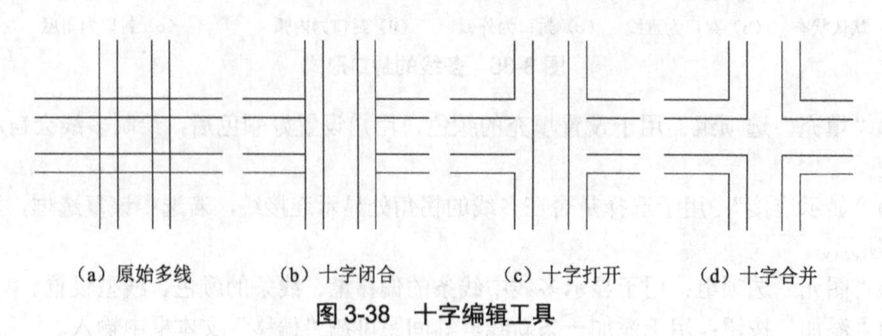

（a）原始多线　（b）十字闭合　（c）十字打开　（d）十字合并

图 3-38　十字编辑工具

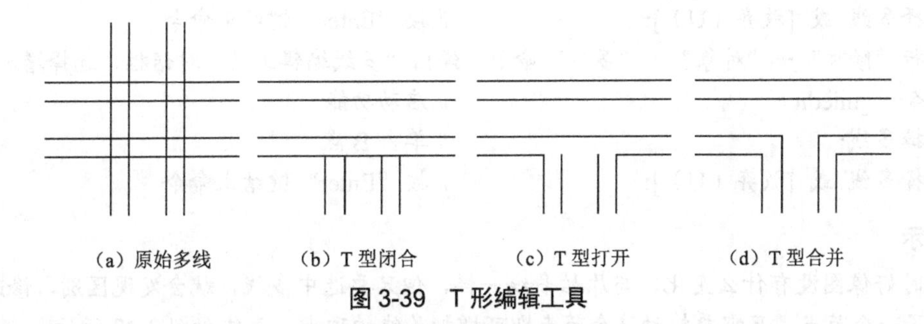

图 3-39 T 形编辑工具

如果选择单个进行剪切，则需要选择多线上的某一个线条的两个点。如图 3-40 所示，原始多线的右边线上有 A、B 两点，以此为例，操作如下。

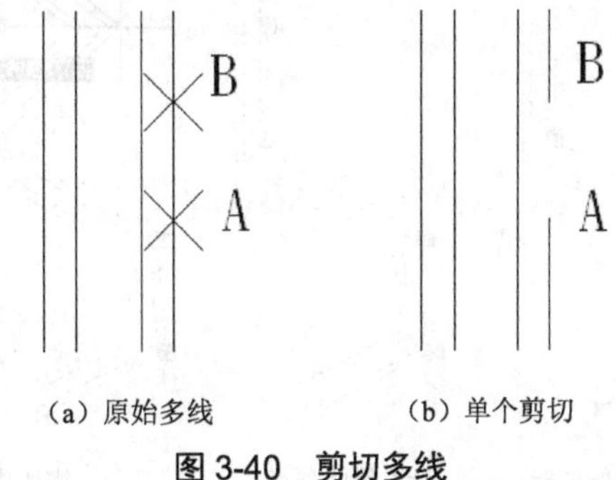

图 3-40 剪切多线

命令: _mledit　　　　　　　　　　　　　　// 启动单个剪切功能
选择多线:　　　　　　　　　　　　　　　　// 单击 A 点
选择第二个点:　　　　　　　　　　　　　　// 单击 B 点
选择多线 或 [放弃（U）]:　　　　　　　　// 按"Enter"键结束命令

添加顶点与删除顶点在多线的修改中也较常见，如图 3-41 所示，原始多线上有 A、B 两点，现要求删除 A 点的顶点，在 B 点增加一个顶点。

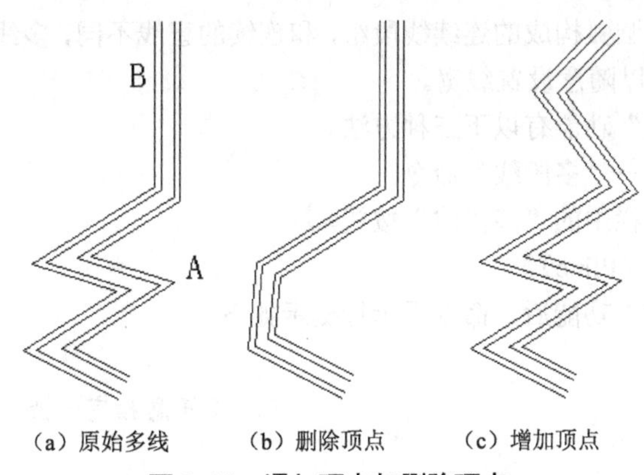

图 3-41 添加顶点与删除顶点

执行"修改"→"对象"→"多线"命令，弹出"多线编辑工具"对话框，选择删除顶点。

命令: _mledit　　　　　　　　　　　　　　// 启动功能
选择多线:　　　　　　　　　　　　　　　　// 单击 A 点

选择多线 或 [放弃（U）]: // 按“Enter”键结束命令

执行“修改”→“对象”→“多线”命令，弹出“多线编辑工具”对话框，选择增加顶点。

命令: _mledit // 启动功能

选择多线: // 单击B点

选择多线 或 [放弃（U）]: // 按“Enter”键结束命令

提 示

此时好像图没有什么变化，与原始多线一样，但只要选中多线，就会发现区别，修改后的多线多了一个节点，只需要拖动这个节点即可增加多线的顶点，具体如图 3-42 所示。

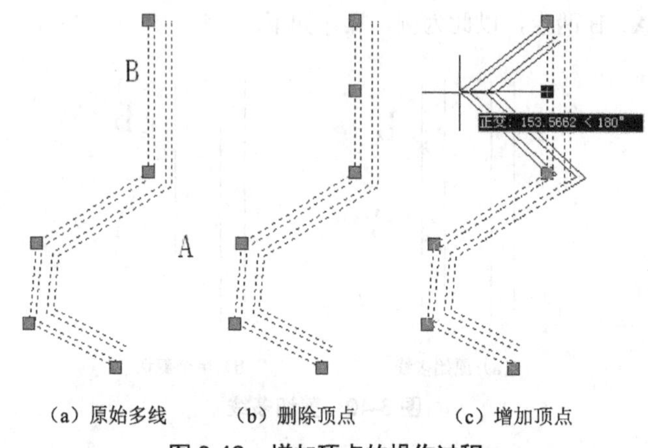

（a）原始多线　（b）删除顶点　（c）增加顶点

图 3-42　增加顶点的操作过程

3.6　绘制与编辑多段线

3.6.1　绘制多段线

多段线是由线段和圆弧构成的连续线段组，和连续的直线不同，多线是一个单独图形对象。在绘制过程中，用户可以随意设置线宽。

启用绘制“多段线”功能有以下三种方法。

（1）执行“绘图”→“多段线”命令。

（2）单击绘图工具栏中的“多段线”按钮。

（3）输入命令：Pl（Pline）。

启用绘制“多段线”功能后，命令提示行提示如下：

命令: _pline

指定起点: （任意指定一点）

当前线宽为 0.0000

指定下一个点或[圆弧（A）/半宽（H）/长度（L）/放弃（U）/宽度（W）]:

接下来逐一解释各命令的意思。

（1）“指定下一个点”：该选项为默认选项。指定多段线的下一点，生成一段直线。此时又有命令提示行提示“指定下一点或 [圆弧（A）/闭合（C）/半宽（H）/长度（L）/放弃（U）/

宽度（W）]：”可以继续输入下一点，连续不断地重复操作。直接按“Enter”键，结束命令。

（2）“圆弧（A）”：用于绘制圆弧并添加到多段线中。绘制的圆弧与上一线段相切。

（3）“半宽（H）”：用于指定从有宽度的多段线线段的中心到其一边的宽度，起点半宽将成为默认的端点半宽，端点半宽在再次修改半宽之前将作为所有后续线段的统一半宽，宽线线段的起点和端点位于宽线的中心。

（4）“长度（L）”：在与前一段相同的角度方向上绘制指定长度的直线段。如果前一线段为圆弧，AutoCAD 将绘制与该弧线段相切的新线段。

（5）“放弃（U）”：删除最近一次添加到多段线上的弧线段或直线段。

（6）“宽度（W）”：用于指定下一条直线段或弧线段的宽度。与半宽的设置方法相同，可以分别指定起始点与终止点的宽度，可以绘制箭头图形或者其他变化宽度的多段线。

在绘制多线过程中，特别是在绘制直线与圆弧的时候，还有很多其他的命令可以选择，如下所示。

（1）“闭合（C）”：从当前位置到多段线的起始点绘制一条直线段用以闭合多段线。

（2）“角度（A）”：指定圆弧线段从起始点开始的包含角。输入正值将按逆时针方向创建弧线段，输入负值将按顺时针方向创建弧线段。

（3）“方向（D）”：用于指定弧线段的起始方向。绘制过程中可以单击来确定圆弧的弦方向。

（4）“直线（L）”：用于退出绘制圆弧选项，返回绘制直线的初始提示。

（5）“半径（R）”：用于指定弧线段的半径。

（6）“第二点选项”：用于指定三点圆弧的第二点和端点。

【例 3-19】绘制如图 3-43 所示的多段线。

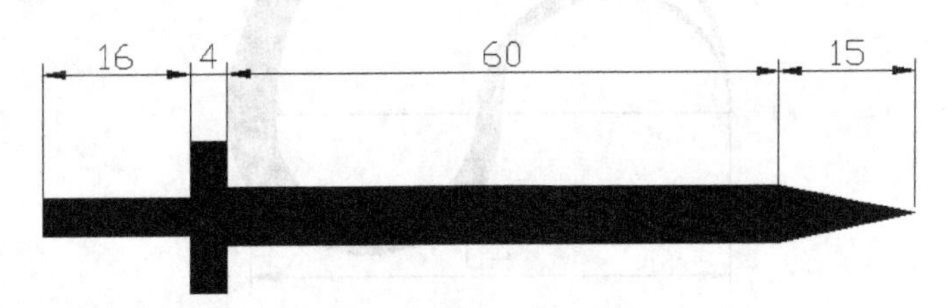

图 3-43 剑形多段线

命令：_pline　　// 启动多段线功能

指定起点：　　// 指定一点

当前线宽为 0.0000

指定下一个点或 [圆弧（A）/半宽（H）/长度（L）/放弃（U）/宽度（W）]： w

// 设定线宽

指定起点宽度 <0.0000>：　<正交 开> 4　　// 设定起点线宽

指定端点宽度 <4.0000>： 4　　// 设定端点线宽

指定下一个点或 [圆弧（A）/半宽（H）/长度（L）/放弃（U）/宽度（W）]： 16

// 正交打开，光标向右，输入剑柄长度

指定下一点或 [圆弧（A）/闭合（C）/半宽（H）/长度（L）/放弃（U）/宽度（W）]： w

// 设定线宽

指定起点宽度 <4.0000>： 16　　// 设定起点线宽

指定端点宽度 <16.0000>： 16　　// 设定端点线宽

指定下一点或 [圆弧（A）/闭合（C）/半宽（H）/长度（L）/放弃（U）/宽度（W）]： 4

//设定第二段长度

指定下一点或 [圆弧（A）/闭合（C）/半宽（H）/长度（L）/放弃（U）/宽度（W）]: w

//设定线宽

指定起点宽度 <16.0000>: 6 //设定起点线宽

指定端点宽度 <6.0000>: 6 //设定端点线宽

指定下一点或 [圆弧（A）/闭合（C）/半宽（H）/长度（L）/放弃（U）/宽度（W）]: 60

//设定剑身长度

指定下一点或 [圆弧（A）/闭合（C）/半宽（H）/长度（L）/放弃（U）/宽度（W）]: w

//设定线宽

指定起点宽度 <6.0000>: 6 //设定起点线宽

指定端点宽度 <6.0000>: 0 //设定端点线宽

指定下一点或 [圆弧（A）/闭合（C）/半宽（H）/长度（L）/放弃（U）/宽度（W）]: 15

//设定剑尖长度

指定下一点或 [圆弧（A）/闭合（C）/半宽（H）/长度（L）/放弃（U）/宽度（W）]:

//按“Enter”键结束命令

【例 3-20】绘制如图 3-44 所示的多段线。

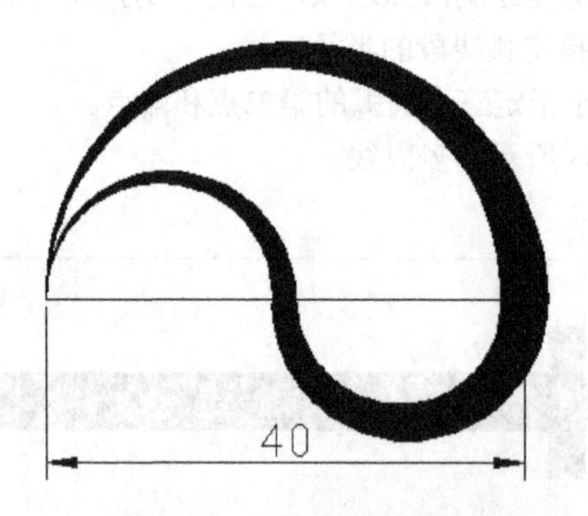

图 3-44 “逗号”多段线

命令: _pline //启动多段线功能

指定起点: //单击直线左端点

当前线宽为 4.0000

指定下一个点或 [圆弧（A）/半宽（H）/长度（L）/放弃（U）/宽度（W）]: w

//设置宽度

指定起点宽度 <4.0000>: 0 //设置起始宽度为 0

指定端点宽度 <0.0000>: 4 //设置端点宽度为 4

指定下一个点或 [圆弧（A）/半宽（H）/长度（L）/放弃（U）/宽度（W）]: a

//选择圆弧

指定圆弧的端点或[角度（A）/圆心（CE）/方向（D）/半宽（H）/直线（L）/半径（R）/第二个点（S）/放弃（U）/宽度（W）]: ce //选择指定圆心的方式

指定圆弧的圆心: //捕捉直线中点

指定圆弧的端点或 [角度（A）/长度（L）]: a //设置角度

指定包含角: -180 //顺时针，所以输入-180

指定圆弧的端点或[角度（A）/圆心（CE）/闭合（CL）/方向（D）/半宽（H）/直线（L）/半径（R）/第二个点（S）/放弃（U）/宽度（W）]: w //设置宽度

指定起点宽度 <4.0000>: //起始宽度默认为4

指定端点宽度 <4.0000>: 2 //设置端点宽度为2

指定圆弧的端点或[角度（A）/圆心（CE）/闭合（CL）/方向（D）/半宽（H）/直线（L）/半径（R）/第二个点（S）/放弃（U）/宽度（W）]: //捕捉直线中点

指定圆弧的端点或[角度（A）/圆心（CE）/闭合（CL）/方向（D）/半宽（H）/直线（L）/半径（R）/第二个点（S）/放弃（U）/宽度（W）]: w //设置宽度

指定起点宽度 <2.0000>: //设置起始宽度为2

指定端点宽度 <2.0000>: 0 //设置端点宽度为0

指定圆弧的端点或[角度（A）/圆心（CE）/闭合（CL）/方向（D）/半宽（H）/直线（L）/半径（R）/第二个点（S）/放弃（U）/宽度（W）]: //捕捉直线左侧端点

指定圆弧的端点或[角度（A）/圆心（CE）/闭合（CL）/方向（D）/半宽（H）/直线（L）/半径（R）/第二个点（S）/放弃（U）/宽度（W）]: //按“Enter”键结束命令

3.6.2 编辑多段线

执行“修改”→“对象”→“多段线”命令，或者在修改面板中单击“编辑多段线”按钮，即可编辑多段线。

命令: _pedit

选择多段线或 [多条（M）]: //单击一条多段线，然后命令提示行将出现以下提示信息

输入选项 [闭合（C）/合并（J）/宽度（W）/编辑顶点（E）/拟合（F）/样条曲线（S）/非曲线化（D）/线型生成（L）/反转（R）/放弃（U）]:

//如果选择多条多段线，则命令提示行出现以下提示信息

命令: _pedit

选择多段线或 [多条（M）]: m

选择对象:

指定对角点: 找到3个

输入选项[闭合（C）/打开（O）/合并（J）/宽度（W）/拟合（F）/样条曲线（S）/非曲线化（D）/线型生成（L）/反转（R）/放弃（U）]:

现将常用的命令介绍如下。

“闭合C”: 使多段线闭合，自动将多段线的最后一段（直线或者圆弧均可）与起始多段线的起点相连，如图3-45所示。

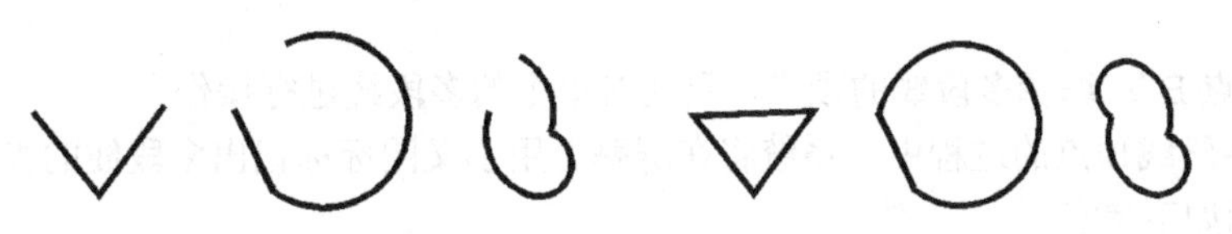

（a）闭合前 （b）闭合后

图3-45 闭合多段线

命令: _pedit

选择多段线或 [多条（M）]: m //输入编辑命令，选择多条

选择对象:

指定对角点: 找到 3 个　　　　　　　　// 选择三个多段线

选择对象:　　　　　　　　　　　　　// 按“Enter”键确定选择

输入选项 [闭合（C）/打开（O）/合并（J）/宽度（W）/拟合（F）/样条曲线（S）/非曲线化（D）/线型生成（L）/反转（R）/放弃（U）]: c

// 输入 C，按“Enter”键确定选择

“合并 J”：将形式上首尾相连的直线、圆弧、多段线连在一起，形成一条多段线。如果编辑的是直线或者圆弧，系统将提示输入合并多段线的允许距离。

【例 3-21】如图 3-46 所示，其左图是由 4 条直线和两个圆弧构成的小鸟头图案，要求将其转换成多段线。

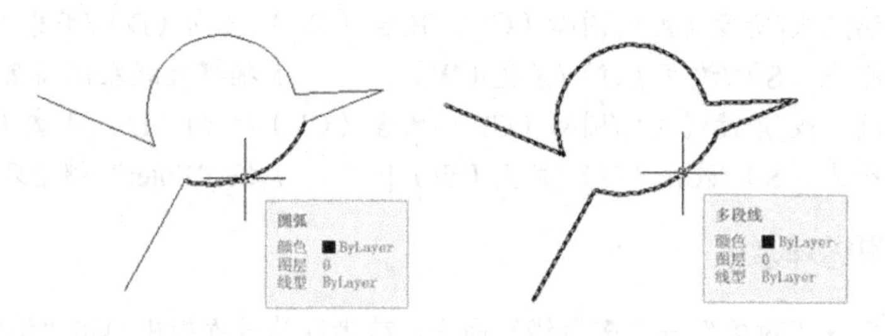

图 3-46　小鸟头图案

命令: _pedit

选择多段线或 [多条（M）]:　m　　　　　// 输入编辑命令，选择多条

选择对象: 指定对角点: 找到 6 个　　　　// 全选如图 3-46 所示的左图

选择对象:　　　　　　　　　　　　　　// 按“Enter”键确定选择

是否将直线、圆弧和样条曲线转换为多段线? [是（Y）/否（N）]? <Y>

// 按“Enter”键确定选择，转换成多段线

输入选项 [闭合（C）/打开（O）/合并（J）/宽度（W）/拟合（F）/样条曲线（S）/非曲线化（D）/线型生成（L）/反转（R）/放弃（U）]:　j　　　// 输入 J，选择合并操作

合并类型 = 延伸

输入模糊距离或 [合并类型（J）] <0.0000>:　　　// 提示输入合并多段线的允许距离

多段线已增加 5 条线段

输入选项 [闭合（C）/打开（O）/合并（J）/宽度（W）/拟合（F）/样条曲线（S）/非曲线化（D）/线型生成（L）/反转（R）/放弃（U）]:　　　// 按“Enter”键结束命令

“宽度 W”：重新设置所编辑的多段线的宽度，输入新的宽度后，所选的多段线均变成新的宽度。

“编辑顶点 E”：编辑多段线的顶点，只能对单个的多段线进行操作。

在编辑多段线顶点的过程中，系统将在屏幕上用小叉图标标记出多段线的当前编辑点，命令提示行提示如下信息:

输入顶点编辑选项

[下一个（N）/上一个（P）/打断（B）/插入（I）/移动（M）/重生成（R）/拉直（S）/切向（T）/宽度（W）/退出（X）] <N>:

“拟合 F”：采用双圆弧曲线拟合多段线的拐角，如图 3-47 所示。

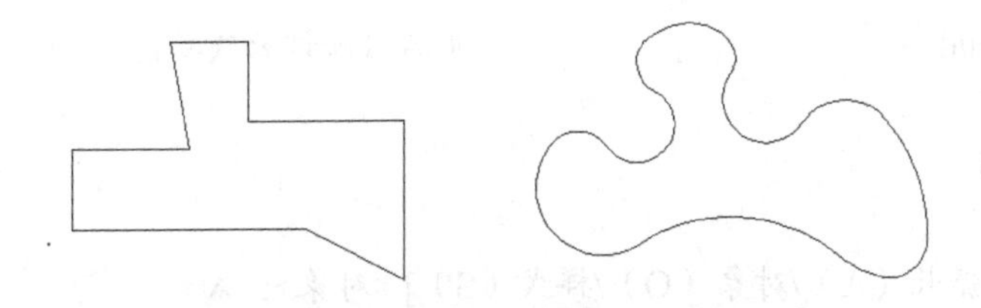

图 3-47 用曲线拟合多段线的前后效果

"样条曲线 S"：指用样条曲线来拟合多段线，如图 3-48 所示。

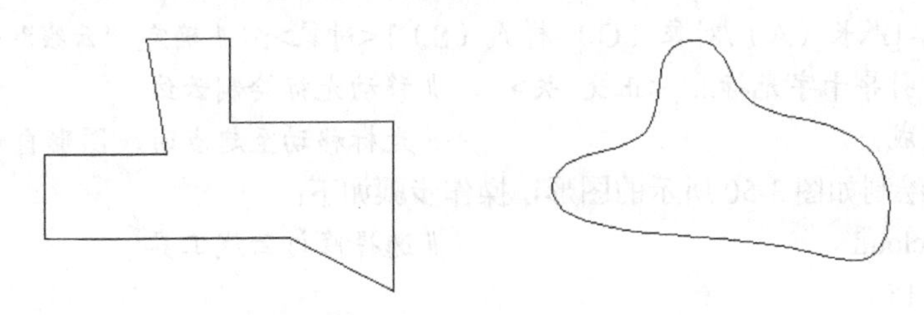

图 3-48 用样条曲线拟合多段线的前后效果

3.7 绘制修订云线

"云线"可以用来标记图形，以便进一步地检查和更改，这样可以提高用户的工作效率。云状线是由连续的圆弧组成的多段线，其弧长的最大值和最小值可以分别进行设定。

启用绘制"云线"功能有以下三种方法。

（1）执行"绘图"→"修订云线"命令。

（2）单击绘图工具栏中的"云线"按钮。

（3）输入命令：Revcloud。

启用"云线"功能后，命令提示行将给出如下提示：

命令：_revcloud

最小弧长：15

最大弧长：15

样式：普通

指定起点或[弧长（A）/对象（O）/样式（S）]<对象>:

"弧长（A）"：用于设置基本圆弧弧长的最大值和最小值，其中弧长的最大值不能大于其最小值的 3 倍。

"对象（O）"：用于将其他闭合对象如圆、矩形、闭合多段线等，转化为"云线"图形，并控制"云线"中弧线的方向。

"样式（S）"：用于选择"云线"图形效果为普通或手绘。

图 3-49 画云线

【例 3-22】绘制如图 3-49 所示的云线。

命令：_revcloud　　　　　　　　　　　// 启用修订云线功能
最小弧长：15
最大弧长：15
样式：普通
指定起点或 [弧长（A）/对象（O）/样式（S）] <对象>：A
　　　　　　　　　　　　　　　　　　// 输入 A，选择弧长选项，按“Enter”键
指定最小弧长 <15>：15　　　　　　　// 输入最小弧长值
指定最大弧长 <15>：20　　　　　　　// 输入最大弧长值
指定起点或 [弧长（A）/对象（O）/样式（S）] <对象>：// 确定“云线”起始点
沿云线路径引导十字光标... <正交 关>　　// 移动光标绘制云线
修订云线完成。　　　　　　　　　　　// 光标移动至起点时，图形自动闭合

【例 3-23】绘制如图 3-50 所示的图形，操作步骤如下：

命令：_revcloud　　　　　　　　　　　// 选择修订云线工具
最小弧长：15
最大弧长：20
样式：普通
指定起点或 [弧长（A）/对象（O）/样式（S）] <对象>：O
　　　　　　　　　　　　　　　　　　// 输入 O，选择对象选项，按“Enter”键
选择对象：　　　　　　　　　　　　　// 拾取正五边形
反转方向[是（Y）/否（N）] <否>：Y　　// 输入 Y 表示图形 c，输入 N 表示图形 b
修订云线完成。　　　　　　　　　　　// 按“Enter”键

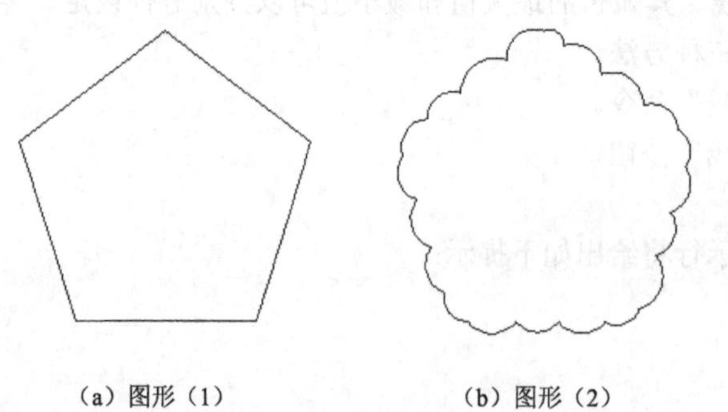

（a）图形（1）　　（b）图形（2）

（c）图形（3）

图 3-50　修订云线

3.8　面域的创建

3.8.1　创建面域

面域可以看作一张没有厚度的纸，有边界、有界内的平面，即一个有边界的平面区域，在 AutoCAD 2008 中，面域既可以是由圆、椭圆、多边形等封闭的图形转变而成的，也可以是由圆弧、直线多段线、椭圆弧以及样条曲线等组成的封闭区间。

创建面域的方式有以下几种。

（1）执行“绘图”→“面域”命令，然后选择对象，即可创建面域，如图 3-51 所示。

命令：_region
选择对象：找到 1 个
选择对象：
已提取 1 个环。
已创建 1 个面域。

（2）执行“绘图”→“边界”命令，弹出“边界创建”对话框，在“对象类型”下拉列表中选择“面域”选项，然后单击“确定”，如图 3-52 所示。

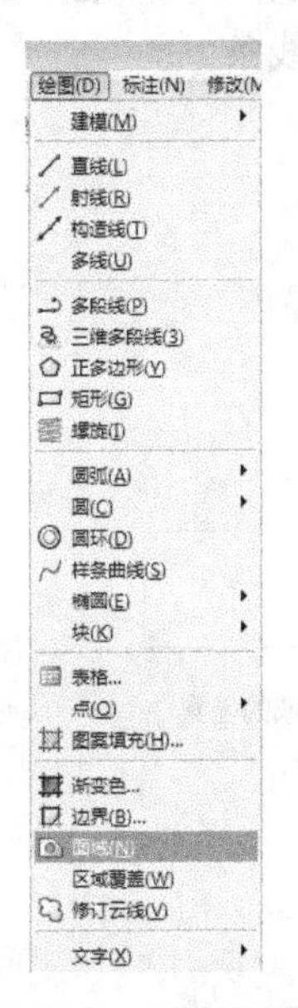

图 3-51　创建面域

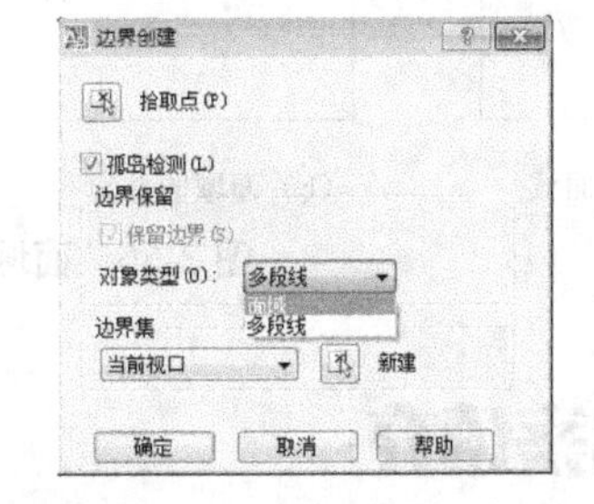

图 3-52　“边界创建”对话框

【例 3-24】将如图 3-53 所示的圆转化成面域。

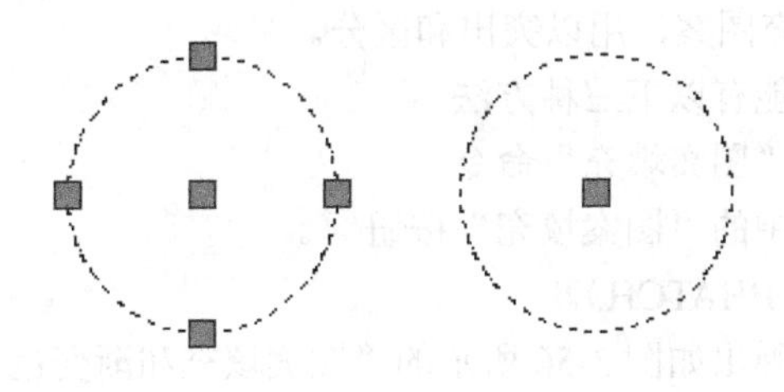

图 3-53　圆与面域都被选中时的区别

命令：_boundary　　// 边界创建命令
拾取内部点：正在选择所有对象...　　// 单击圆内任意一点
正在选择所有可见对象...
正在分析所选数据...
正在分析内部孤岛...
拾取内部点：　　// 按“Enter”键结束命令
已提取 1 个环。
已创建 1 个面域。
BOUNDARY 已创建 1 个面域。

在边界填充过程中，如果选择的图形不是闭合的，则系统会警告提示边界定义错误，未能找到有效的图案填充边界，如图 3-54 所示。

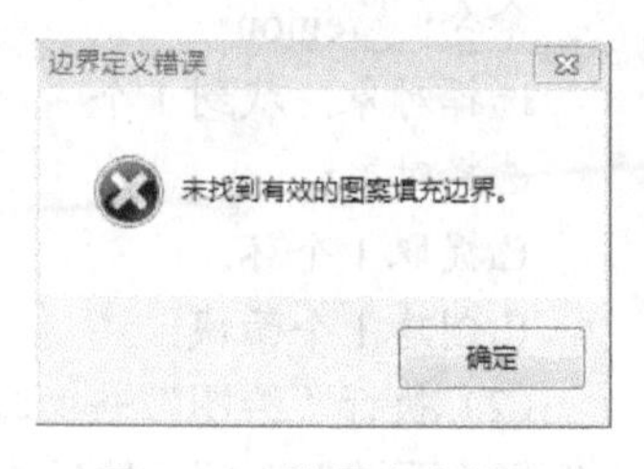

图 3-54　边界定义错误

3.8.2　布尔运算

布尔运算就是一种数学逻辑运算，在 AutoCAD 2008 中，用户可以对面域执行“并集”、“差集”、“交集”三种布尔运算，以提高绘图效率。布尔运算对三维实体也适用，但普通的线条图像无法使用布尔运算。

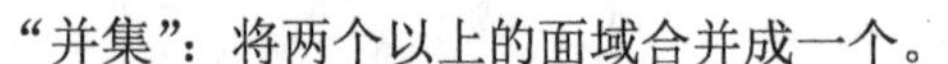

“并集”：将两个以上的面域合并成一个。

“差集”：用一个面域减去另一个面域。

“交集”：两个面域的重复部分。

各种运算结果如图 3-55 所示。

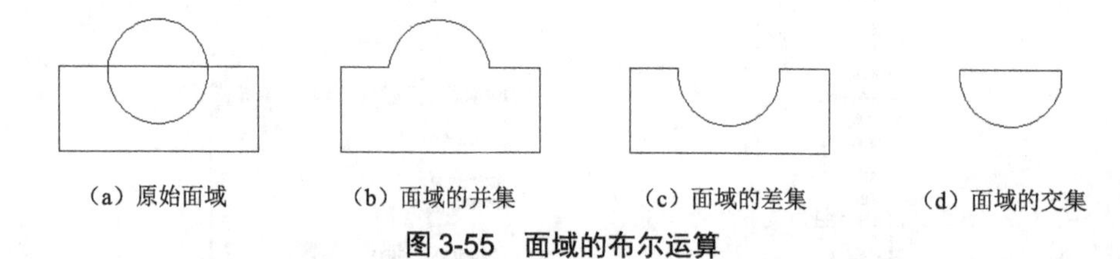

（a）原始面域　（b）面域的并集　（c）面域的差集　（d）面域的交集

图 3-55　面域的布尔运算

3.9　图案填充

图案填充就是用某种图案充满图形中的指定封闭区域。在建筑图纸和机械图纸上，需要在剖视图、断面图上绘制填充图案，用以突出和区分。

启用“图案填充”功能有以下三种方法。

（1）执行“绘图”→“图案填充”命令。

（2）单击绘图工具栏中的“图案填充”按钮。

（3）输入命令：BH（BHATCH）。

启用功能后，系统将弹出如图 3-56 所示的“图案填充和渐变色”对话框。

下面对“图案填充和渐变色”对话框的各项设置加以讲解。

1．类型和图案

“类型”下拉列表：用于确定填充图案的类型。

①“预定义”是指图案已经在 ACAD.pat 中定义好了。

此时，“图案”下拉列表可用，单击其右侧的按钮，弹出“填充图案选项板”对话框，如图 3-57 所示。

各选项的意义如下。

“ANSI”选项卡：用于显示系统附带的所有 ANSI 标准图案。

“ISO”选项卡：用于显示系统附带的所有 ISO 标准图案。

“其他预定义”选项卡：用于显示所有其他样式的图案。

“自定义”选项卡：用于显示所有已添加的自定义图案。

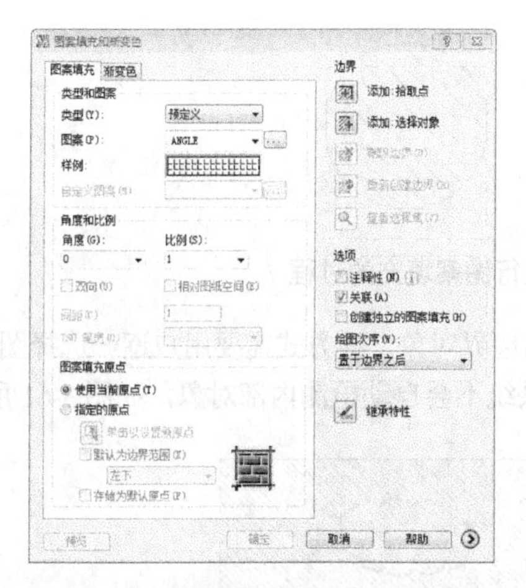

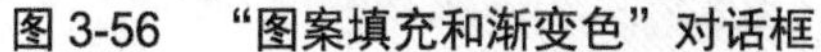

图 3-56 “图案填充和渐变色”对话框

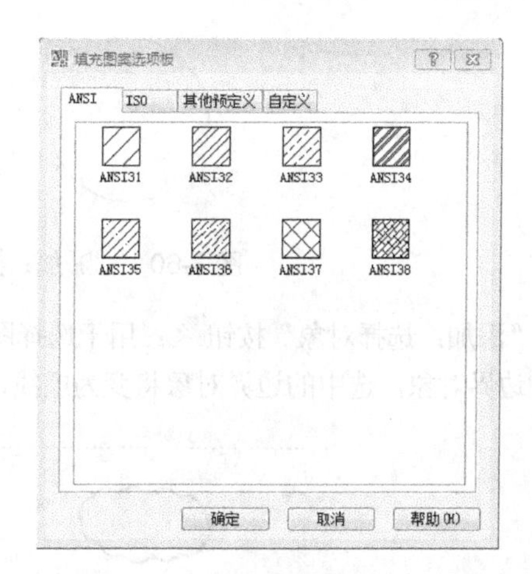

图 3-57 “填充图案选项板”对话框

用户选中某个填充图案后，直接单击“确定”按钮即可。

②“用户定义”使用当前线型定义的图案。

③“自定义”指定义在除 ACAD.pat 外的其他文件中的图案。

2．角度和比例

“角度”下拉列表用于选择预定义填充图案的角度，用户也可在此处输入其他角度值，如图 3-58 所示。

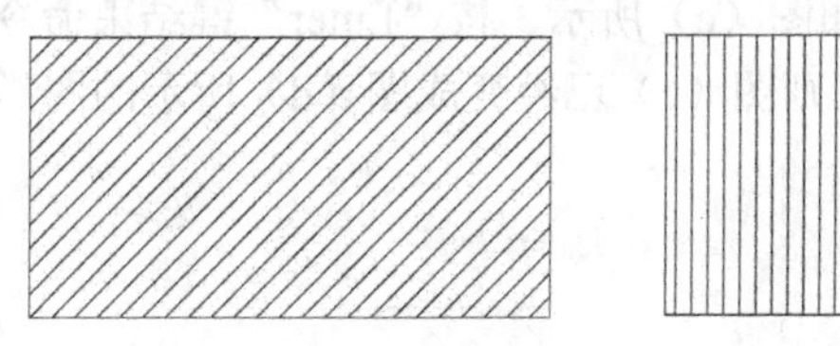

（a）角度为 0° 时　　（b）角度为 45° 时

图 3-58 填充角度设置示例

在“图案填充”选项卡中，“比例”下拉列表用于指定放大或缩小预定义或自定义图案，用户也可在此处输入其他缩放比例值，如图 3-59 所示。

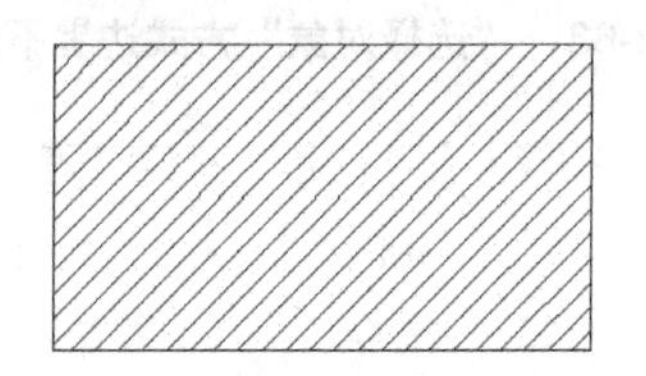

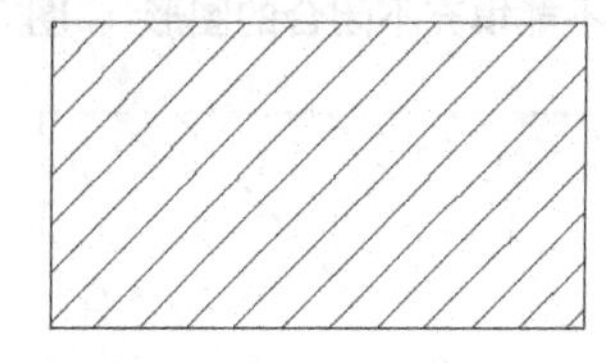

（a）比例为 1 时　　（b）比例为 2 时

图 3-59 填充比例设置示例

3．边界

“添加：拾取点”按钮：用于根据图中现有的对象确定填充区域的边界，对象必须构成一个闭合区域。单击该按钮，系统将暂时关闭“图案填充和渐变色”对话框，系统提示用户在封闭区域内拾取一个点。此时就可以在闭合区域内单击，系统自动以虚线形式显示用户选中的边界，并进行填充，如图 3-60 所示。

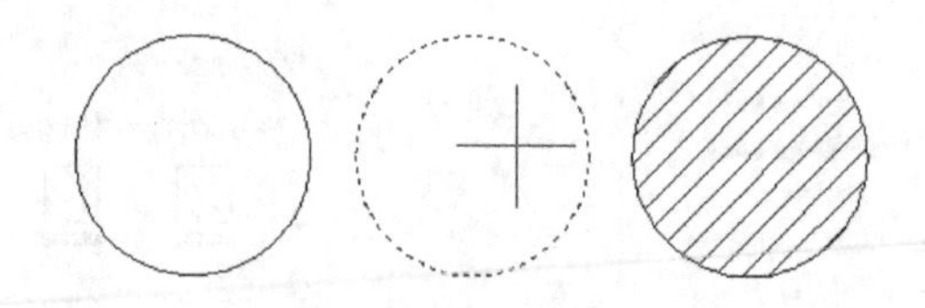

图 3-60 “添加：拾取点”进行图案填充的过程

“添加：选择对象”按钮：用于选择图案填充的边界对象，该方式需要用户逐一选择图案填充的边界对象，选中的边界对象将变为虚线，此时，系统不会自动检测内部对象，如图 3-61 所示。

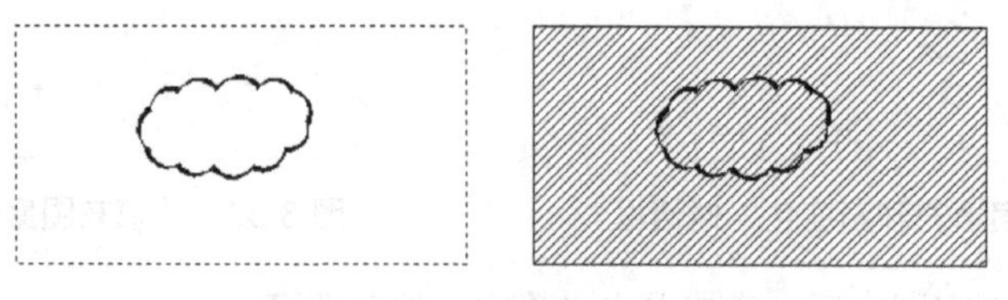

图 3-61 选中对象与填充效果

对于一些不闭合的图形来说，用拾取点的方式不能填充，而用选择对象来填充是可以的，如图 3-62 和图 3-63 所示。

“删除边界”按钮：用于从边界定义中删除以前添加的任何对象，如图 3-64 所示。图（a）为已填充的图形，双击填充图案，如图（b）所示，返回“图案填充编辑”对话框，单击“删除边界”按钮，选中左边的小圆，如图（c）所示，按“Enter”键结束命令，单击“确定”按钮，退出“图案填充编辑”对话框，则图（a）已经变成图（d）所示的图形。

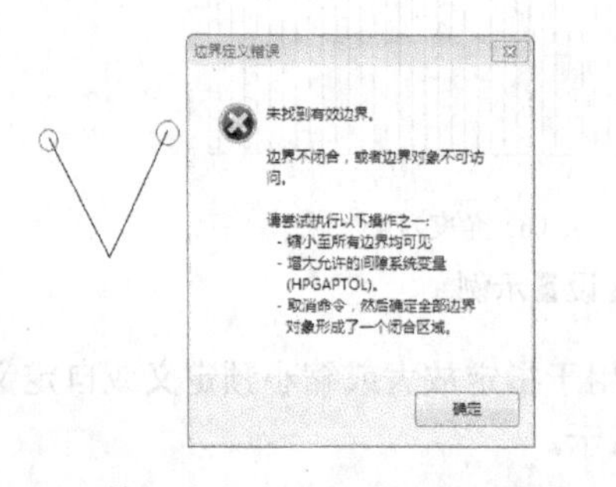

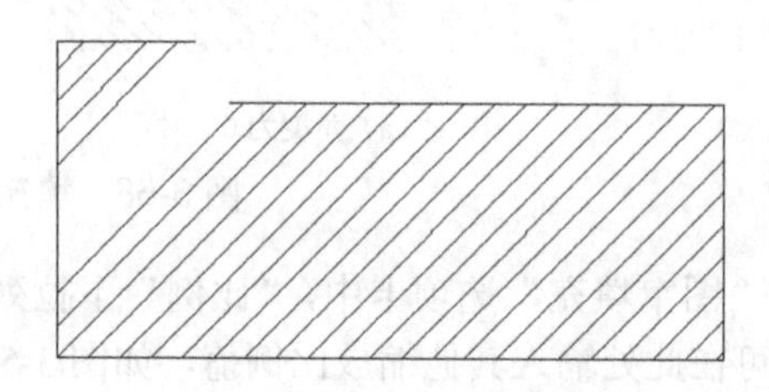

图 3-62 拾取点不能填充不闭合的图形　图 3-63 “选择对象”方式边界不封闭的填充结果

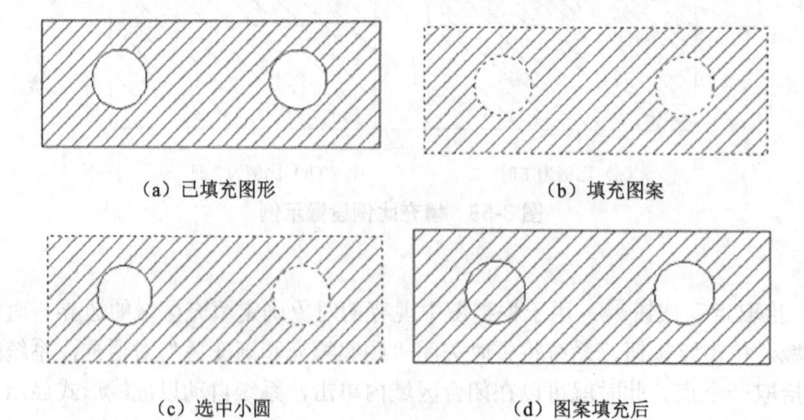

（a）已填充图形　（b）填充图案

（c）选中小圆　（d）图案填充后

图 3-64 删除图案填充边界

“重新创建边界”按钮：围绕选定的图形边界或填充对象创建多段线或面域，并使其与图案填充对象相关联（可选）。如果未定义图案填充，则此按钮不可用。

4．选项

“注释性”：通常用于注释图形的对象。

“关联”：用于创建关联图案填充。关联图案是指图案与边界相连接，当用户修改边界时，填充图案将自动更新，图 3-65 显示了拖动五边形的一个顶点时，关联与不关联的区别。

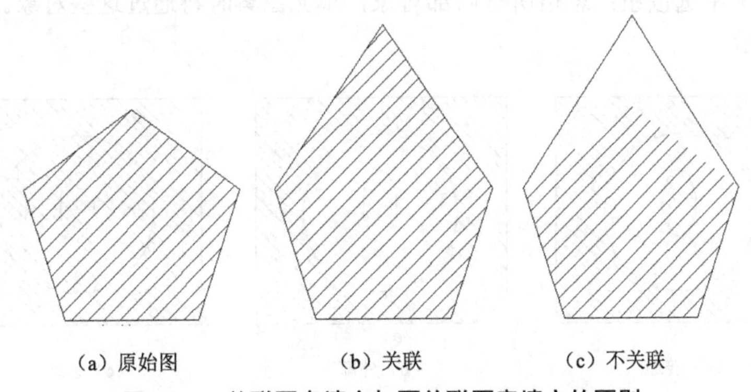

（a）原始图　　（b）关联　　（c）不关联

图 3-65　关联图案填充与不关联图案填充的区别

“创建独立的图案填充”复选框：用于控制当指定了几个独立的闭合边界时，是创建单个图案填充对象，还是创建多个图案填充对象。

“绘图次序”选项组：用于指定图案填充的绘图顺序，图案填充可以放在所有其他对象之后、所有其他对象之前、图案填充边界之后或图案填充边界之前。

“继承特性”按钮：用指定图案的填充特性填充到指定的边界。单击“继承特性”按钮，并选择某个已绘制的图案，系统即可将该图案的特性填充到当前填充区域中。

5．孤岛的控制

在“图案填充和渐变色”对话框中，单击“更多”按钮，展开其他选项，此时对话框如图 3-66 所示。

图 3-66　展开的对话框

（1）“弧岛”选项组。

① “普通”单选按钮：从外部边界向内填充。如果系统遇到一个内部弧岛，它将停止进行图案填充，直到遇到该弧岛的另一个弧岛。其填充效果如图 3-67（a）所示。

② “外部”单选按钮：从外部边界向内填充。如果系统遇到内部弧岛，它将停止图案填充。此单选按钮只对结构的最外层进行图案填充，而图案内部保留空白。其填充效果如图 3-67（b）所示。

③ “忽略”单选按钮：忽略所有内部对象，填充图案时将通过这些对象。其填充效果如图 3-67（c）所示。

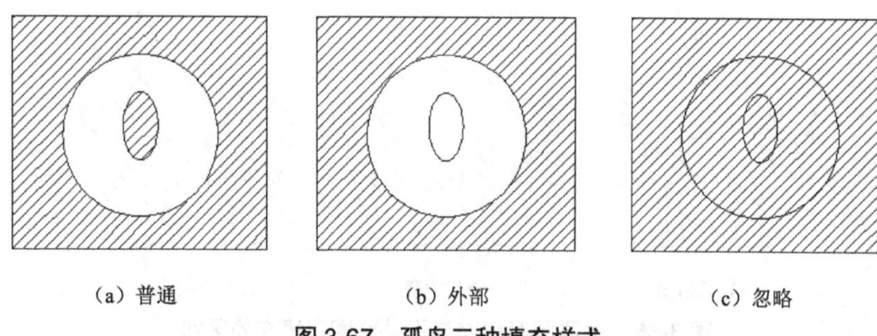

（a）普通　　（b）外部　　（c）忽略

图 3-67　孤岛三种填充样式

（2）“边界保留”选项组：在“边界保留”选项组中，指定是否将边界保留为对象，并确定应用于这些对象的对象类型。

（3）“边界集”选项组：在“边界集”选项组中，定义当从指定点定义边界时要分析的对象集。当使用“选择对象”定义边界时，选定的边界集无效。“新建”按钮用于提示用户选择定义边界集的对象。

（4）“允许的间隙”选项组：在“允许的间隙”选项组中，设置将对象用作图案填充边界时可以忽略的最大间隙。默认值为 0，此值指定对象必须是封闭区域而没有间隙。公差是按图形单位输入一个值（从 0 到 700），以设置将对象用作图案填充边界时可以忽略的最大间隙。任何小于等于指定值的间隙都将被忽略，并将边界视为封闭。

（5）“继承选项”选项组：使用其创建图案填充时，这些设置将控制图案填充原点的位置。“使用当前原点”是指使用当前的图案填充原点的设置。“使用源图案填充的原点”是指使用源图案填充的图案填充原点。

6．渐变色填充

在“图案填充和渐变色”对话框中，还有“渐变色”选项卡，填充图案为渐变色。也可以直接单击标准工具栏中的“渐变色填充”按钮来启动，界面如图 3-68 所示。

在“渐变色”选项卡中，用户可以选用从较深的着色到较浅色调平滑过渡的单色填充，也可选择两种颜色混合，默认的颜色为蓝色，但是用户可以单击颜色按钮，系统弹出如图 3-69 所示的对话框，从中可以选择系统所提供的索引颜色、真彩色或配色系统颜色。

“居中”复选框：用于指定对称的渐变配置。如果选中该复选框，渐变填充将朝左上方变化，创建光源在对象左边的图案。

“角度”文本框：用于指定渐变色的角度。此文本框与指定给图案填充的角度互不影响。

7．编辑图案填充

如果对绘制完的填充图案不满意，则可以通过“编辑图案填充”随时进行修改。启用“编辑图案填充”功能有几种方法，最常用的是在需要更改的填充区域双击，即可弹出“图案填充编辑”对话框。也可以执行“修改”→“对象”→“图案填充”命令；还可以调出“修改Ⅱ”工具栏，单击“编辑图案填充”按钮或者输入命令 HATCHEDIT。

在弹出的“图案填充编辑”对话框中，有许多选项都以灰色显示，表示不能选择或不可编辑。修改完成后，单击“预览”按钮进行预览，最后单击“确定”按钮，确定图案填充的编辑，如图 3-70 所示。

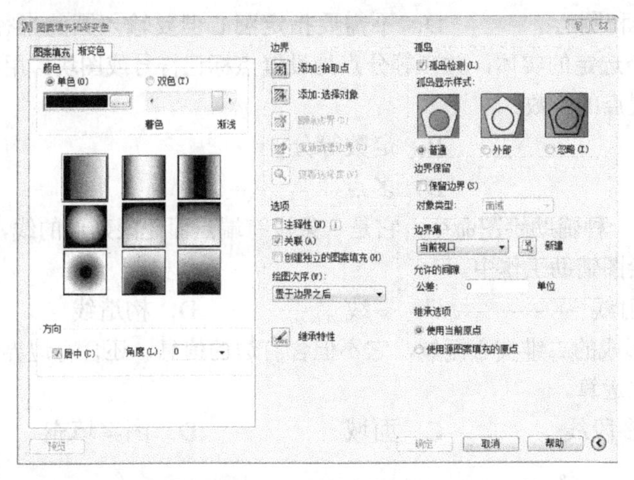

图 3-68 “渐变色”选项卡

图 3-69 “选择颜色”对话框

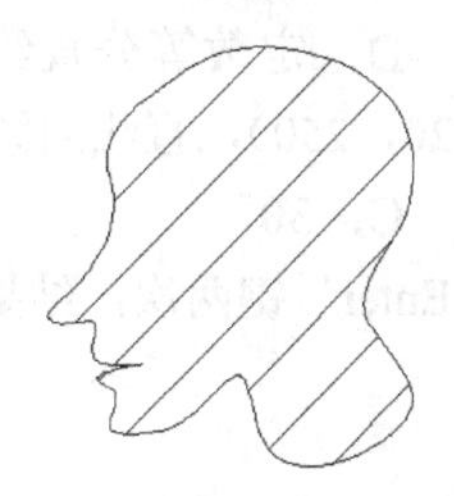

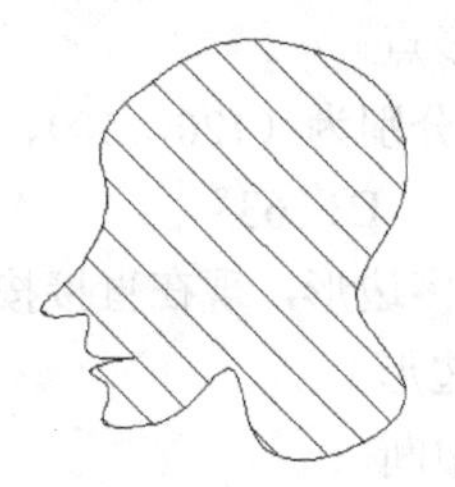

（a）图案填充编辑前　（b）图案填充编辑后

图 3-70 图案填充编辑图例

◎习 题

一、选择题

1．在 AutoCAD 中，系统提供了（　　）条命令来绘制圆弧。

A．9　　B．11　　C．6

2．如果起点为（5，5），要画出与 X 轴正方向成 30 度夹角、长度为 50 的直线段，则应输入（　　）。

A．50，30　　B．@30，50　　C．@50<30　　D．30，50

3．以下不可绘制圆形的线条的命令是（　　）。

A．ELLIPSE　　B．POLYGON　　C．ARC　　D．CIRCLE

4．下面不能绘制三角形的命令是（　　）。

A．LINE　　B．RECTANG　　C．POLYGON　　D．PLINE

5．可以使用（　）命令来设置多线样式和编辑多线。

A．MLSTYLE，MLINE　　B．MLSTYLE，MLEDIT

C．MLEDIT，MLSTYLE　　D．MLEDIT，MLINE

6．应用相切、相切、相切方式画圆时，（　）。

A．相切的对象必须是直线　　B．从子菜单中激活画圆命令

C．不需要指定圆的半径和圆心　　D．不需要指定圆心但要输入圆的半径

7．（　　）命令用于等分一个选定的实体，并在等分点处设置点标记符号或图块。用户输入的数值是等分段数，而不是设置点的个数。

A．定距等分　　B．定数等分

C．单点　　D．多点

8．（　　）是 AutoCAD 中另一种辅助绘图命令，它是一条没有端点而无限延伸的线，它经常用于建筑设计和机械设计的绘图辅助工作中。

A．样条曲线　　B．射线　　C．多线　　D．构造线

9．（　　）是由封闭图形所形成的二维实心区域，它不但含有边的信息，还含有边界内的信息，用户可以对其进行各种布尔运算。

A．块　　B．多段线　　C．面域　　D．图案填充

10．使用 Point 命令不可以（　　）。

A．等分角　　B．定距等分直线、圆弧或曲线

C．绘制单点或多点　　D．定数等分直线、圆弧或曲线

11．直线的端点坐标分别为（120，50）、（220，250），直线的倾角为（　　）。

A．45°　　B．63°　　C．30°　　D．80°

12．刚刚绘制了一个多边形，现在直接按“Enter”键两次，结果是（　　）。

A．开始绘制多边形

B．多边形命令中断

C．指定正多边形的中心点或[边（E）]

D．Polygon 输入边的数目<n>

13．弦长为 50，包角为 150° 的圆弧可以有（　　）个。

A．1　　B．2　　C．3　　D．4

14．在 AutoCAD 中绘制圆弧的方法一共有（　　）种。

A．7　　B．9　　C．11　　D．13

15．两圆相距 100，半径分别为 30 和 50，两圆的公切圆半径为 120，则这样的圆有（　　）个。

A．2　　B．4　　C．8　　D．6

16．绘制一个四个倒角距离为 10 的矩形，首先要（　　）。

A．给定第一角点

B．绘制距离为 10 的倒角

C．选择“倒角（C）”选项，设定为 10

D．选择“圆角（F）”选项，设定圆角为 10

17．与边长为 60 的正六边形相内切的圆的半径为（　　）。

A．45.50　　B．51.96　　C．61.15　　D．57.73

18. 图形元素圆弧有（　　）个特征点。

A．2　　B．3　　C．5　　D．7

19. 在 AutoCAD 中可以打开或者关闭的可见元素不包括（　　）。

A．快速文字的打开和关闭　　B．图案填充的打开和关闭

C．线宽的打开和关闭　　D．填充的打开和关闭

20. 多段线与直线的区别是（　　）。

A．前者绘制的线可以设置线宽，后者没有线宽

B．前者既能绘制独立图形对象又能绘制一个整体，后者只能绘制一个整体

C．前者绘制的是一个整体，后者绘制的线的每一段都是独立的图形对象

D．前者只能绘制直线，后者还可以绘制圆弧

21. 多段线的命令是（　　）。

A．MLine　　B．SLine　　C．PLine　　D．Line

22. 多线对象最多由（　　）条平行线构成。

A．10　　B．12　　C．24　　D．16

23. 绘制直线，起点坐标为（57，79），直线长度为 173，与 X 轴正向的夹角为 71°。将线 5 等分，从起点开始的第一个等分点的坐标为（　　）。

A．X = 113.3233，Y = 242.5747　　B．X = 79.7336，Y = 145.0233

C．X = 90.7940，Y = 177.1448　　D．X = 68.2647，Y = 111.7149

24. 绘制直线，起点坐标为（57，79），直线长度为 173，与 X 轴正向的夹角为 71°，其第二个端点的坐标为（　　）。

A．X = 110.3237，Y = 242.5747　　B．X = 113.3233，Y = 242.5747

C．X = 220.5747，Y = 135.3233　　D．X = 113.3233，Y = 135.3233

25. 以同一点作为正五边形的中心，圆的半径为 50，分别用 I 和 C 方式画的正五边形的间距为（　　）。

A．15.3200　　B．9.5500　　C．7.4300　　D．12.7600

26. 下列对象无法采用定数等分的是（　　）。

A．直线、圆弧　　B．样条曲线、圆

C．多线、椭圆弧　　D．椭圆、多段线

27. 绘制圆环时，若将内径指定为 0，则会（　　）。

A．绘制一个线宽为 0 的圆　　B．绘制一个实心圆

C．提示重新输入数值　　D．提示错误，退出该命令

28. 已知一长度为 500 的直线，使用“定距等分”命令，若希望一次性绘制 7 个点对象，则输入的线段长度不能是（　　）。

A．60　　B．63　　C．66　　D．69

29. 绘制一四个角为 R5 圆角的矩形，命令启动后，应先（　　）。

A．指定第一个角点

B．绘制 R5 圆角

C．选择“倒角（C）”选项，设定为 5

D．选择“圆角（F）”选项，设定圆角为 5

30. 填充选择边界出现红色圆圈是（　　）。

A．绘制的圆没有删除　　B．检测到点样式为圆的端点

C．检测到无效的图案填充边界　　D．程序出错重新启动可以解决

31．非关联的填充图案，（　　）对边界使用夹点拖动编辑。

A．可以　　B．不可以

C．当边界是一个对象的时候可以　　D．当公差间隙等于零的时候可以

32．关于区域覆盖说法错误的是（　　）。

A．使用区域覆盖对象可以在现有对象上生成一个空白区域，用于添加注释或详细的屏蔽信息

B．可以隐藏区域覆盖的边界

C．可以将多段线转换成区域覆盖对象

D．如果使用多段线创建区域覆盖对象，则多段线必须闭合，只包括直线段且宽度为零

33．用 DIVIDE 命令等分一条线段时，该线段上不显示等分点，可能的原因是（　　）。

A．线段太长不可被等分

B．线段太短不可被等分

C．由于点样式设置不当看不到等分点

D．线段存在弧度不可被等分

34．在 AutoCAD 2008 中，进行移动操作时，选择一个图形对象圆，圆心为（70，-60），给定“位移（D）”选项，然后给定坐标（-50，-20），则现在圆心位置为（　　）。

A．（120，-40）　　B．（-120，40）

C．（-50，-20）　　D．（20，-80）

35．直线命令“Line”一次能画一条直线，（　　）。

A．同时也能画连续的多段直线，但不能画圆弧

B．也能同时画连续的多段直线，还能画圆弧

C．也能同时画连续的多段直线，但不能形成封闭的线框

D．但不能同时画连续的多段直线

36．刚刚结束绘制一直线，现在连续按“Enter”键两次，结果是（　　）。

A．直线命令中断

B．以圆弧端点为起点绘制直线

C．以直线端点为起点绘制直线

D．以圆心为起点绘制直线

37．半径为 65、弦长为 110 的圆弧可以做出（　　）个。

A．0　　B．1　　C．2　　D．3

38．两圆相距 150，半径分别为 45 和 75，两圆的公切圆半径为 180，则这样的圆有（　　）个。

A．2　　B．4　　C．6　　D．8

39．多段线绘制的线与直线绘制的线不同之处是（　　）。

A．前者绘制的线，每一段都是独立的图形对象，后者是一个整体

B．前者绘制的线可以设置线宽，后者没有线宽

C．前者绘制的线是一个整体，后者绘制的线的每一段都是独立的图形对象

D．前者只能绘制直线，后者还可以绘制圆弧

40．多段线命令不可以（　　）。

A．绘制由不同宽度的直线或圆弧所组成的连续线段

B．闭合多段线

C．绘制首尾不同宽度的线

D．绘制样条线

41．使用多段线命令绘制具有宽度的线段，在利用将其炸开后，其线型宽度为（　　）。

A．不变

B．多段线中设置的线宽消失

C．细实线

D．“格式”→“线宽”中设置的线宽

42．下列关于矩形的说法错误的是（　　）。

A．矩形可以进行倒圆、倒角

B．已知面积和一条边长度可以绘制矩形

C．根据矩形的周长就可以绘制矩形

D．矩形是复杂实体，是多段线

43．若要中断任何正在执行的命令，可以按（　　）。

A．“Esc”键

B．“Space”键

C．回车键

D．鼠标右键

44．对象编组后，（　　）。

A．不可以对组中的各成员（即图形对象）进行单独编辑

B．如果编组为可选择编组，组将作为一个对象进行编辑

C．不可以再次向组中添加或删除图形对象

D．组名是不可以更改的

二、简答题

1．在进行图案填充时，关联图案与不关联图案的区别是什么？

2．绘制圆弧时，角度正负的不同，绘制出的圆弧有何不同？

3．直线、圆弧、圆和椭圆的夹点分布有何不同？

4．根据“起点、端点、半径”方法如何绘制大半个圆弧？

5．可以按指定长度将对象等分吗？哪段与指定长度不符？

6．可以控制点的显示样式和大小吗？

7．绘制与三个对象相切的圆，如何激活命令？可以通过键盘输入实现吗？

8．怎样绘制已知圆的内接正多边形？

9．可以根据矩形面积绘制矩形吗？可以绘制与 x 轴成一定角度的矩形吗？可以绘制带圆角的矩形吗？

三、绘图题

按要求绘制如图 3-71～图 3-93 所示图形。

1．圆、点的定数等分、延伸、修剪：

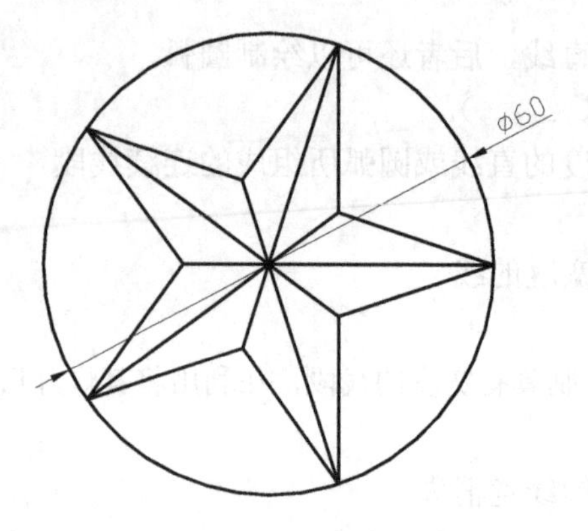

图 3-71　绘制（1）

2．点的定数等分、相对极坐标、延伸、修剪：

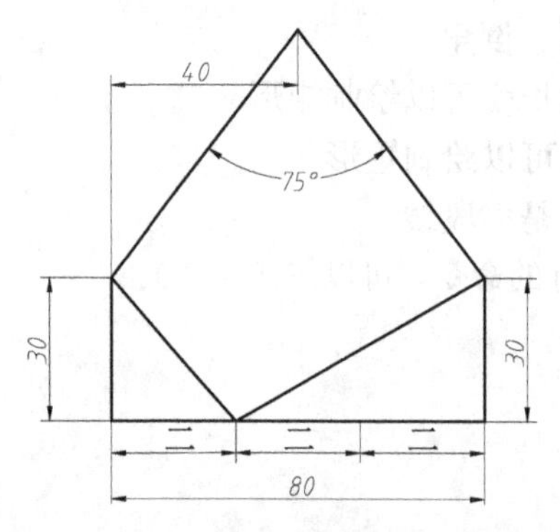

图 3-72　绘制（2）

3．正多边形、圆：

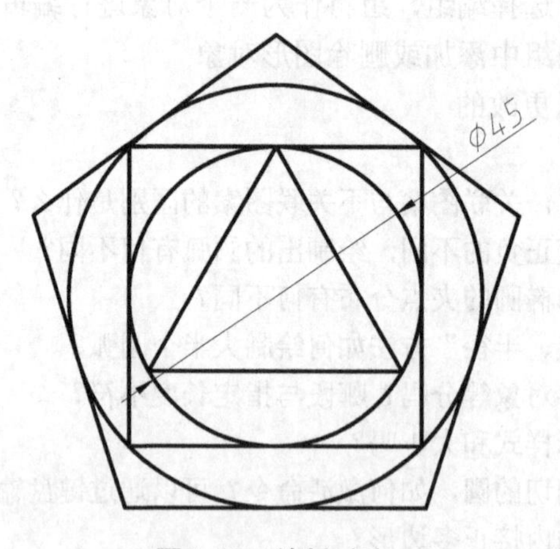

图 3-73　绘制（3）

4．正多边形、圆：

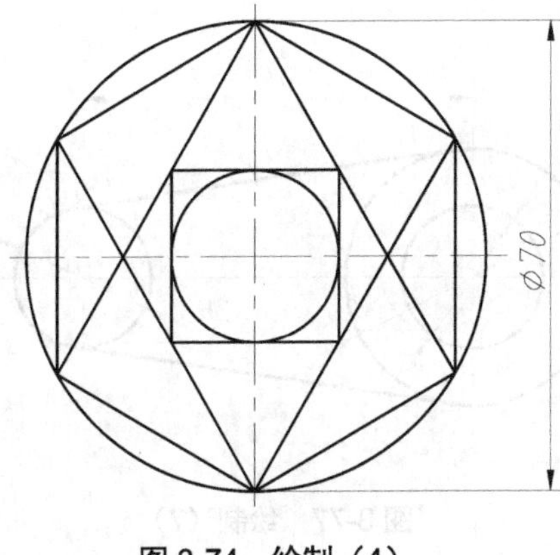

图 3-74　绘制（4）

5．圆、多段线：

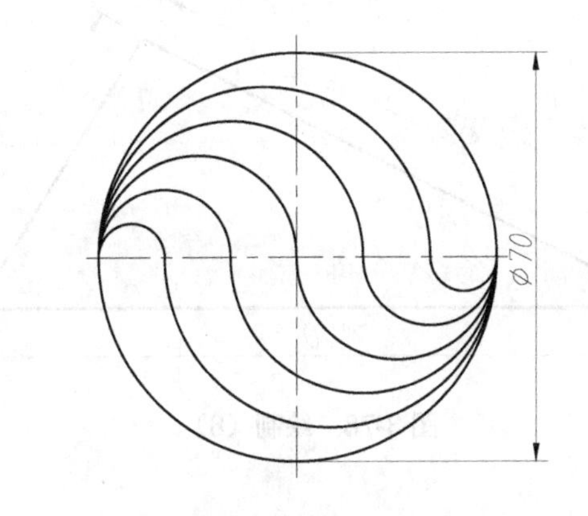

图 3-75　绘制（5）

6．点的定数等分、圆、多段线：

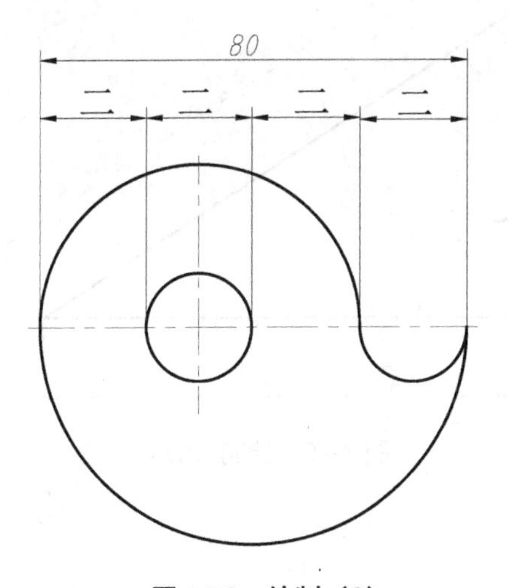

图 3-76　绘制（6）

7．圆、对象捕捉：

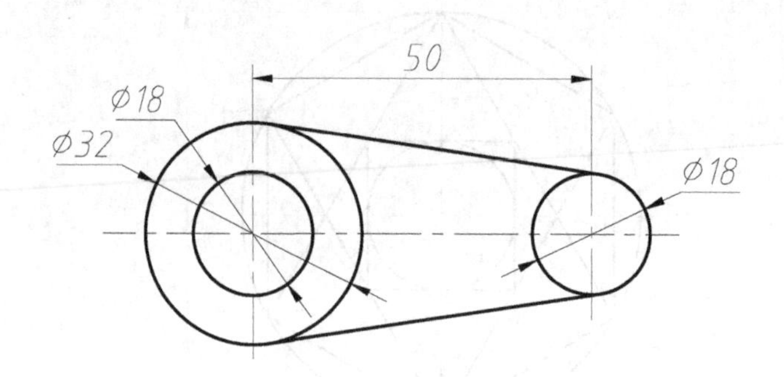

图 3-77　绘制（7）

8．圆：

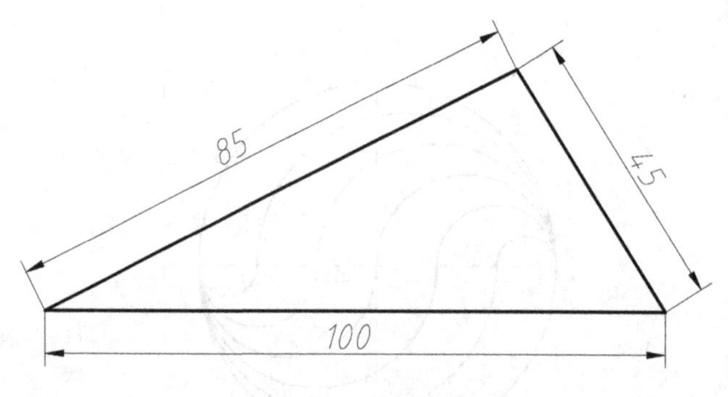

图 3-78　绘制（8）

9．圆：

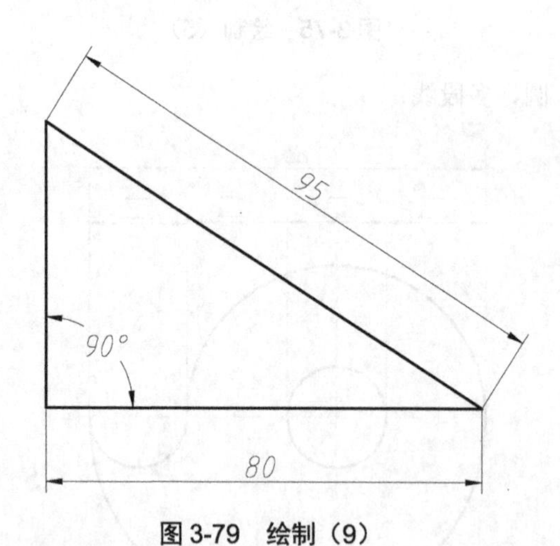

图 3-79　绘制（9）

10．圆：

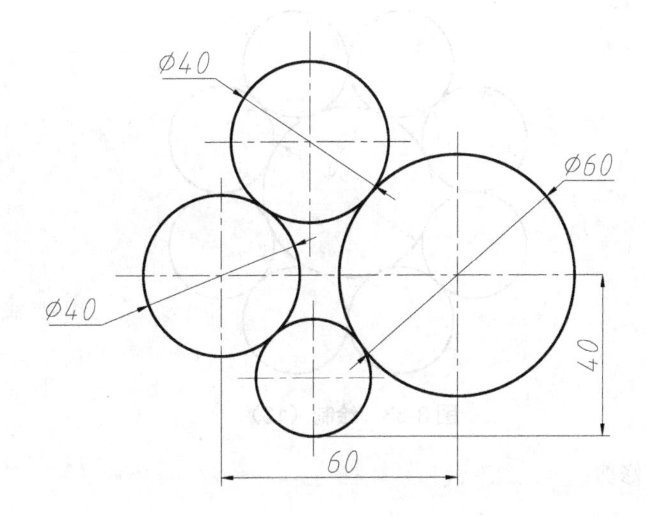

图 3-80　绘制（10）

11．相对极坐标、圆、延伸、修剪：

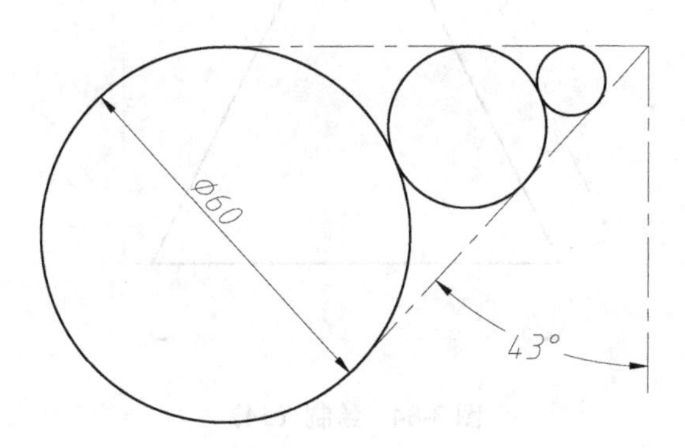

图 3-81　绘制（11）

12．圆：

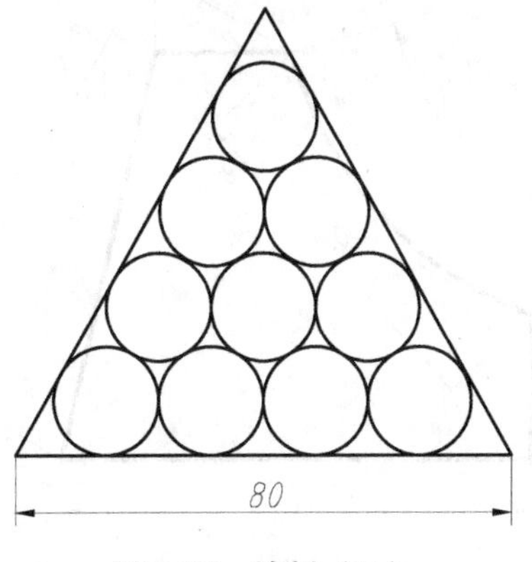

图 3-82　绘制（12）

13．圆：

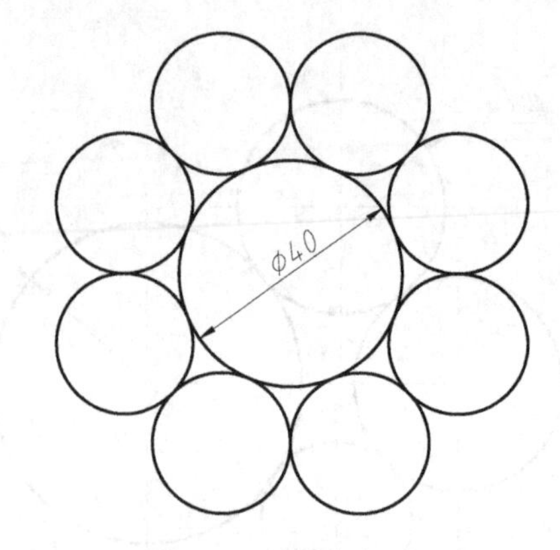

图 3-83　绘制（13）

14. 圆、延伸、修剪：

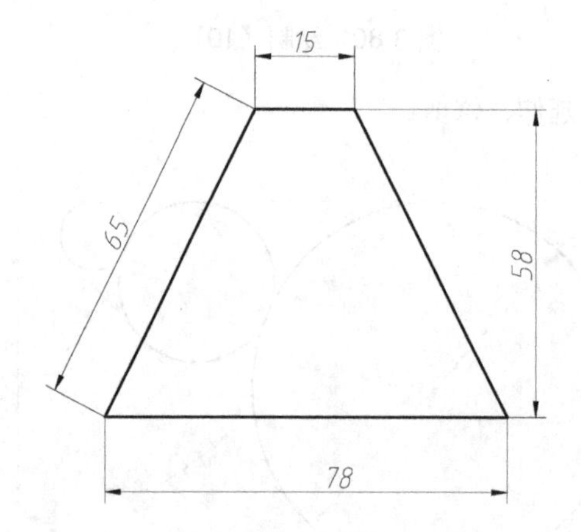

图 3-84　绘制（14）

15. 圆、圆弧：

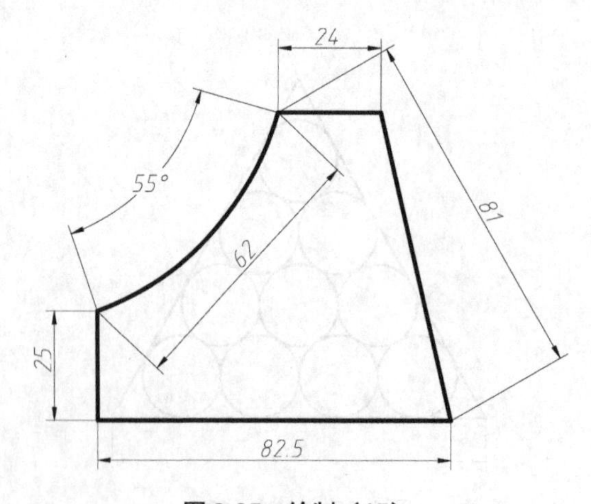

图 3-85　绘制（15）

16. 圆、圆弧、修剪：

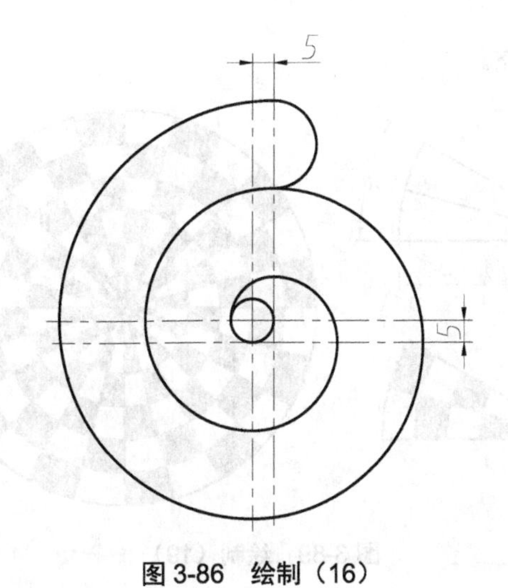

图 3-86 绘制（16）

17. 圆弧（起点、终点、半径）：

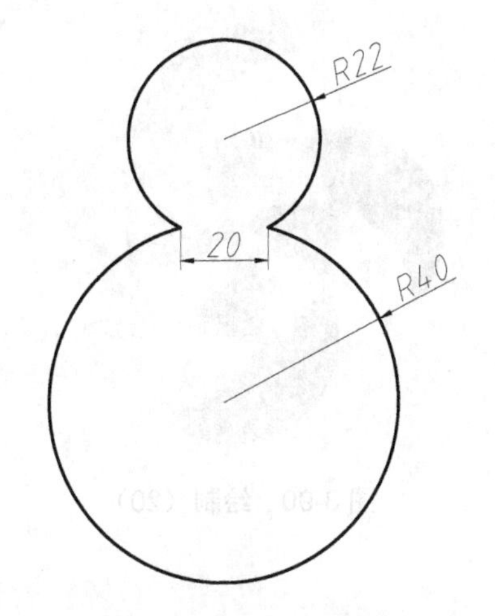

图 3-87 绘制（17）

18. 圆、点的定数等分，圆弧（起点、端点、半径）：

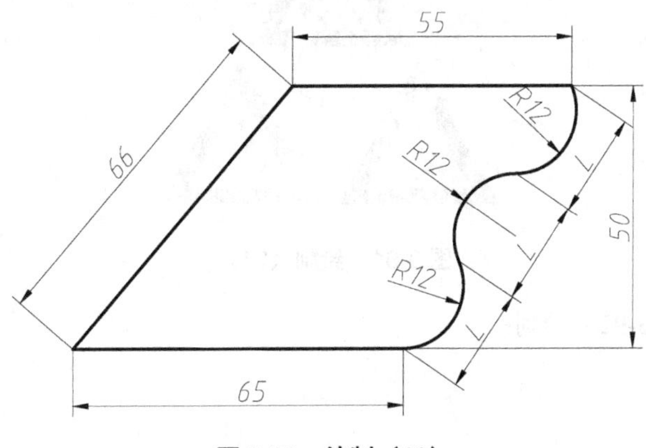

图 3-88 绘制（18）

19．绘制图 3-89 并填充。

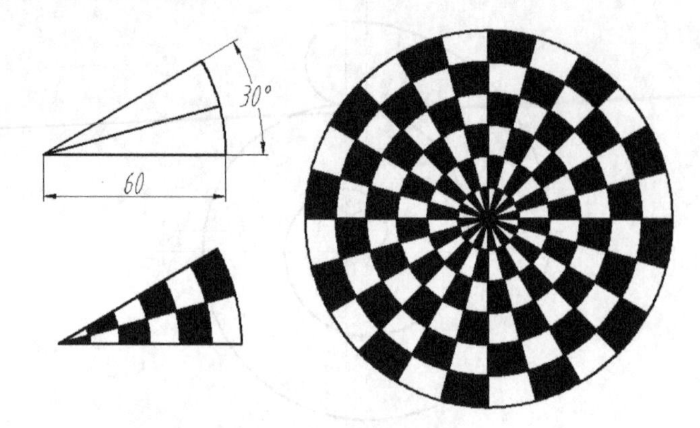

图 3-89　绘制（19）

20．绘制图 3-90 并填充：

图 3-90　绘制（20）

21．绘制下图并填充：

图 3-91　绘制（21）

22．轴测图（图 3-92）绘制：

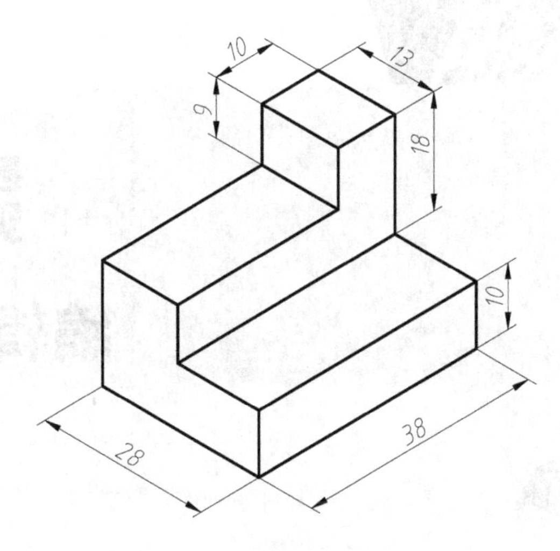

图 3-92　绘制（22）

23．轴测图（图 3-93）绘制：

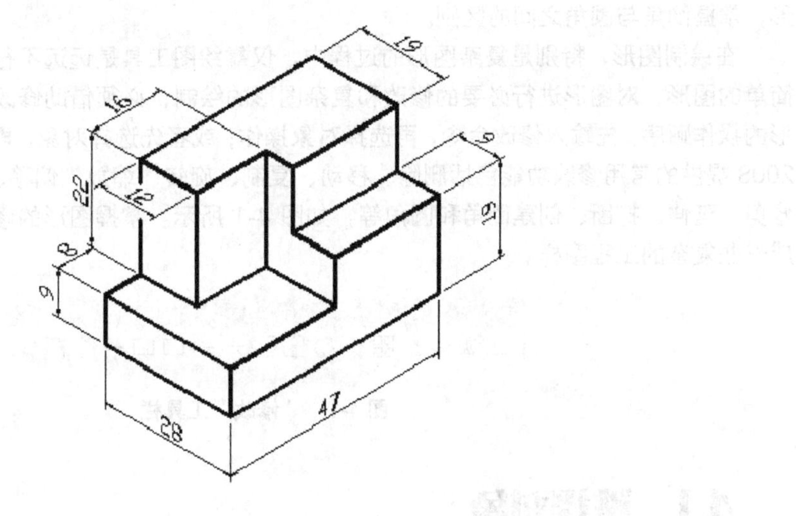

图 3-93　绘制（23）

第4章 编辑图形对象

本章要点：

本章主要介绍 AutoCAD 2008 的编辑命令，通过本章的学习，要求学生能够熟练掌握删除、移动、旋转、对齐、复制、阵列、偏移以及镜像等编辑命令，熟悉如何使用夹点编辑图形，掌握倒角与圆角之间的区别。

在绘制图形，特别是复杂图形的过程中，仅靠绘图工具是远远不行的，那只能绘制一些简单的图形，对图形进行必要的修改和复杂图形的绘制，必须借助修改图形的工具。修改图形的操作顺序：先输入修改命令，再选择对象操作；或者先选择对象，再输入命令。AutoCAD 2008 提供的常用修改功能包括删除、移动、复制、旋转、缩放、偏移、镜像、阵列、拉伸、修剪、延伸、打断、创建倒角和圆角等，如图 4-1 所示。掌握图形的修改命令，可以快速完成一些复杂的工程图样。

图 4-1 “修改”工具栏

4.1 选择对象

在编辑图形之前，首先需要进行选择图形对象的操作，每当用户执行修改命令时，系统通常提示“选择对象:”，而 AutoCAD 2008 为用户提供了多种选择对象的方式，对于不同图形、不同位置的对象可使用不同的选择方式，这样可提高绘图的工作效率。当选择了对象之后，AutoCAD 2008 用虚像显示它们以醒目。每次选定对象后，“选择对象:”提示会重复出现，直至按“Enter”键或右击才能结束选择。

4.1.1 选择对象的方法

1．直接单击

这是一种默认选择方式，当提示“选择对象:”时，移动光标，当光标压住所选择的对象时单击，该对象变为虚线表示被选中，如图 4-2 所示，如果还要选择其他图形，则可以继续单击其他对象。

如果先启用了某个修改命令，例如，执行“删除”命令，十字光标变成一个小方框，这个小方框叫作“拾取框”。在命令提示行中出现“选择对象：”时，用“拾取框”单击所要选择的对象即可将其选中，被选中的对象以虚线显示，如图 4-3 所示。如果需要连续选择多个图形元素，则可以继续单击需要选择的图形。

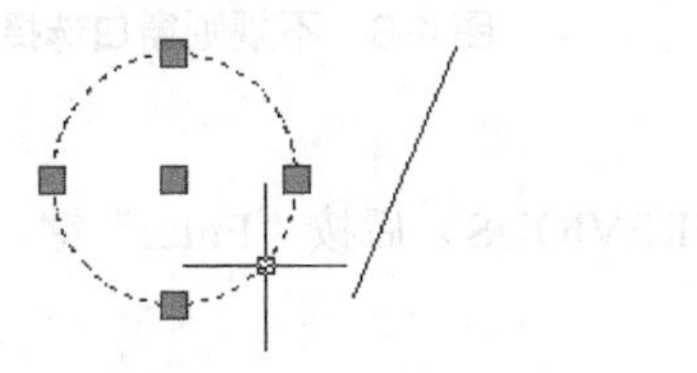

图 4-2 单击选择对象

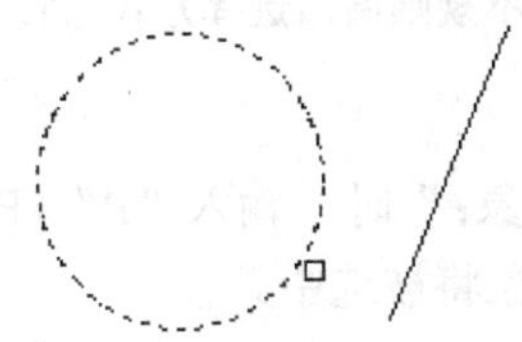

图 4-3 拾取框选择对象

2．全部方式

当用户执行“修改”命令时，系统会提示“选择对象：”，输入“ALL”后按“Enter”键，即可选中绘图区中的所有对象。下面以“删除”命令为例进行介绍。

```
命令: _erase            // 单击工具栏中的“删除”按钮，执行删除命令
选择对象: all           // 输入“all”，选择全部对象
找到 4 个
选择对象:               // 按“Enter”键，结束命令，所有图形均被删除
```

3．窗口方式

用户可以用窗口的方式来选择图形对象，当系统提示“选择对象：”时，或者在执行修改命令之前，用光标指定窗口的一点，然后移动鼠标，再单击另一点即可确定一个矩形窗口。这个矩形窗口可以选中图形对象。但是需要注意的是，如果在白色的背景下，光标从左向右移动来确定矩形，则窗口区域呈淡蓝色，完全处在窗口内的对象被选中；如果光标从右向左移动来确定矩形，则窗口区域呈淡绿色，完全处在窗口内的对象和与窗口相交的对象均被选中，如图 4-4 所示。

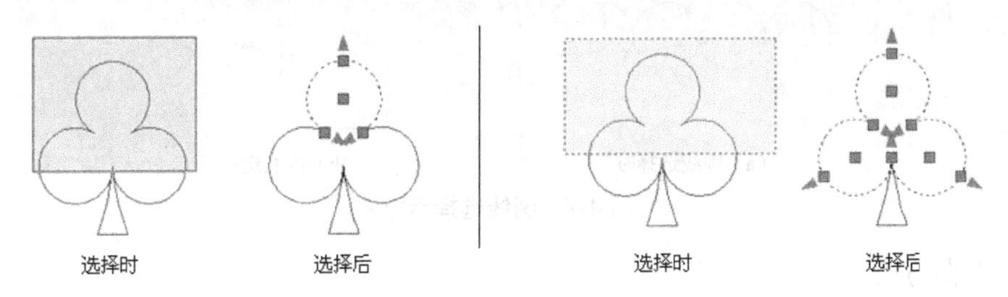

（a）从左向右选择　　（b）从右向左选择

图 4-4 窗口选择与窗交选择

4．不规则窗口方式

当提示“选择对象：”时，输入“WP”后按“Enter”键，然后依次输入第一角点、第二角点…绘制出一个不规则的多边形窗口，全部位于该窗口内的对象即被选中，如图 4-5 所示。

如果在提示“选择对象：”时，输入“CP”后按“Enter”键，然后依次输入第一角点、第二角点……绘制出一个不规则的多边形窗口，全部位于该窗口内的对象和与窗口相交的对象都会被选中，如图 4-6 所示。

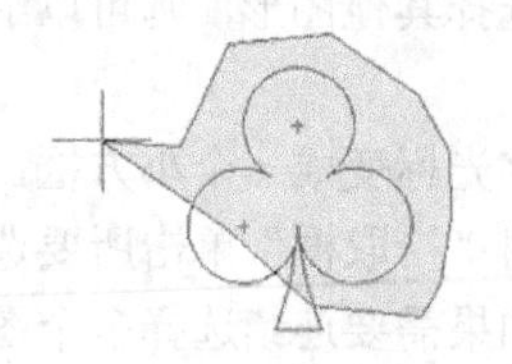

（a）选择时　　（b）选择后

图 4-5　不规则窗口选择方式（1）

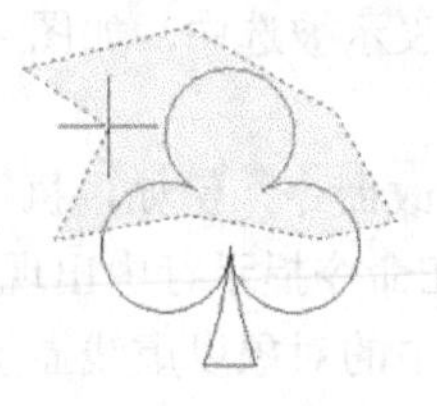
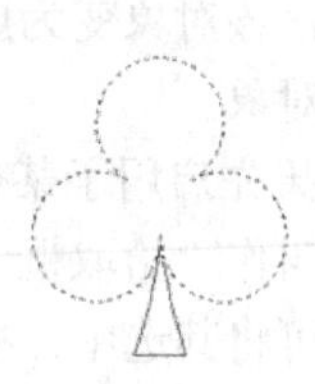

（a）选择时　　（b）选择后

图 4-6　不规则窗口选择方式（2）

5．上次方式

当提示“选择对象：”时，输入“P”（PREVIOUS）后按“Enter”键，在当前操作之前的操作中所设定好的对象将被选中。

6．最后方式

当提示“选择对象：”时，输入“L”（LAST）后按“Enter”键，将选中最后绘制的对象。

7．围线方式

当系统提示“选择对象:”时，输入“F”（FENCE）后按“Enter”键，系统提示如下，如图 4-7 所示。

命令：_copy

选择对象：f

指定第一个栏选点：

指定下一个栏选点或 [放弃（U）]:

指定下一个栏选点或 [放弃（U）]:

……

找到 5 个

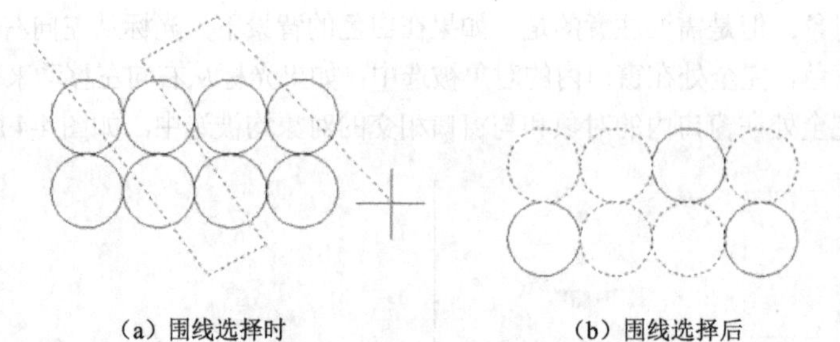

（a）围线选择时　　（b）围线选择后

图 4-7　围线选择示意图

8．扣除方式

在已经加入到选择集的情况下，再在“选择对象：”提示下，输入“R”（REMOVE）后按“Enter”键，进入扣除方式。在提示“扣除对象”时，可以选择扣除对象，将其移出选择集。

9．返回方式

在扣除方式下输入“A”（ADD）后按“Enter”键，然后提示“选择对象”，即返回到了加入方式。

10．取消

在提示“选择对象”时，输入“U”（UNDO）后按 Enter 键，可以消除最后选择的对象。

4.1.2 快速选择对象

在绘制一些较为复杂的图形中，肯定有一些对象具有共同的属性，如颜色、线型、线宽或者图层相同，如果需要对这些具有共同属性的对象进行编辑，使用“快速选择”功能，可以快速将指定类型的对象选中。启用“快速选择”功能有以下四种方法。

（1）执行“工具”→“快速选择”命令。

（2）使用快捷菜单，在绘图窗口内右击，并在弹出的快捷菜单中执行“快速选择”命令。

（3）在“实用程序”面板中单击“快速选择”按钮。

（4）输入命令：Qselect。

当启用“快速选择”功能后，系统弹出如图 4-8 所示的“快速选择”对话框，通过该对话框可以快速选择所需的图形元素。该对话框中的各部分具体含义如下。

①“应用到”下拉列表框：选择过滤条件应用的范围，可以应用到整个图形。

② “选择对象”：单击按钮，窗口切换到绘图窗口，可以根据当前的过滤条件来选择对象，选择完毕后，按“Enter”键返回到“快速选择”对话框中。此时，系统自动在“应用到”下拉列表中选择“当前选择”。

③ “对象类型”下拉列表：在下拉列表中设置选择对象的类型。

④ “特性”列表框：用于为过滤指定对象特性。

⑤ “运算符”下拉列表：用于控制过滤器的范围。

⑥ “值”下拉列表：用于过滤指定特定值。

⑦ “包括在新选择集中”：选择符合条件的对象构成一个选择集。

⑧ “排除在新选择集之外”：选择不符合条件的对象构成一个选择集。

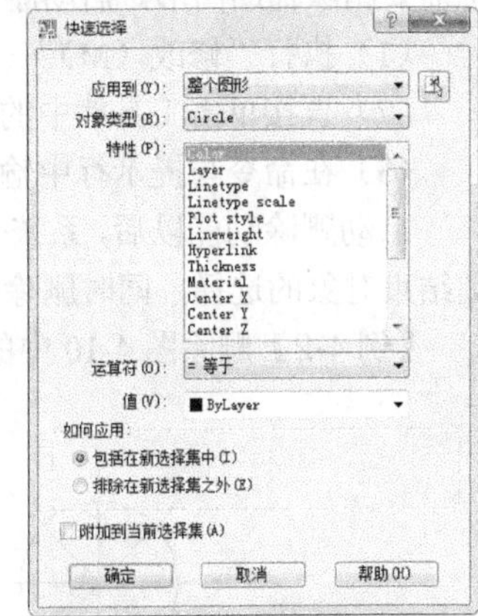

图 4-8 “快速选择”对话框

⑨ “附加到当前选择集”复选框：将所选择的对象添加到当前选择集中。

【例 4-1】用快速选择将图 4-9 中半径为 25 的圆弧全部选中。

① 在“实用程序”面板中单击“快速选择”按钮，弹出“快速选择”对话框。

② 在“对象类型”下拉列表中选择“圆弧”选项。

③ 在“特性”列表框中选择“半径”选项。

④ 将“运算符”设置为“=等于”。

⑤ 在“值”文本框中输入 25。

⑥ 单击“确定”按钮，回到绘图界面。

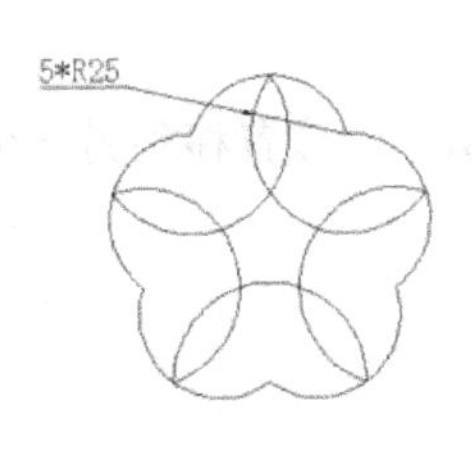

（a）原始图

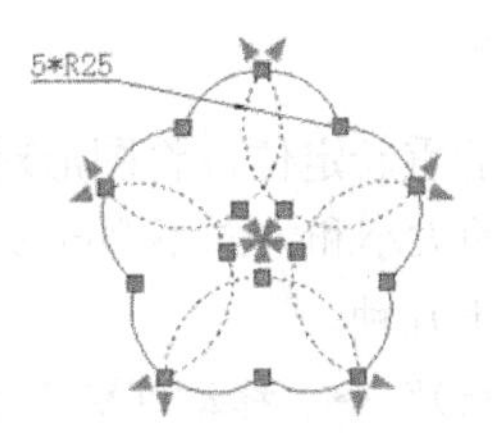

（b）执行快速选择操作后

图 4-9 快速选择示例

4.1.3 取消选择

要取消所选择的对象，有以下两种方法。

（1）按“ESC”键。

（2）在绘图窗口内右击，在弹出的快捷菜单中执行“全部不选”命令。

4.2 删除、移动、旋转与对齐

4.2.1 删除对象

删除命令在 AutoCAD 中是常用的命令之一，在绘制复杂图形的过程中需要添加辅助图形，也需要删除辅助图形。启动删除功能有以下几种方法。

（1）执行“修改（M）”→“删除（E）”命令。

（2）直接单击工具栏中的“删除”按钮。

（3）在命令与提示行中输入删除命令：erase。

启动删除功能以后，系统会提示用户“选择对象:”，选中对象后，按“Enter”键或者“Space”键结束对象的选择，同时删除了所选的对象。

【例 4-2】删除图 4-10 中的圆。

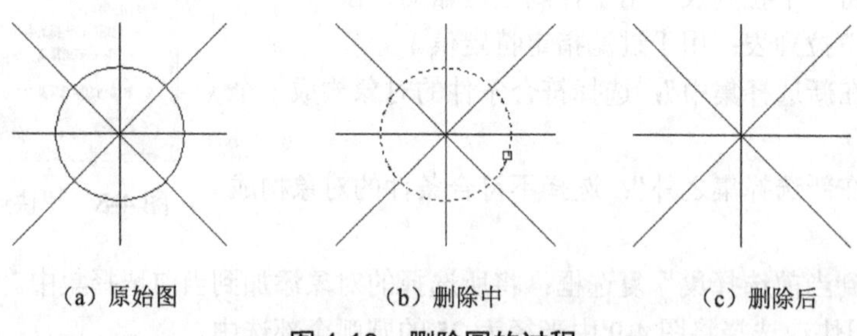

（a）原始图 （b）删除中 （c）删除后

图 4-10 删除圆的过程

命令: _erase //单击工具栏中的“删除”按钮，用拾取框单击圆

选择对象: 找到 1 个

选择对象: //按“Enter”键结束命令，删除圆

在实际绘图过程中，还可以选择要删除的对象，在绘图区域中右击，然后执行“删除”命令。或者选择要删除的对象后直接按“Delete”键进行删除，以提高绘图速度。

4.2.2 移动对象

移动对象是对对象的重新定位，将图形对象从一个位置移到另一个指定的位置，在移动对象的过程中，图形对象的大小和方向不会改变。

启动移动功能有以下几种。

（1）执行“修改（M）”→“移动（V）”命令。

（2）单击工具栏中的“移动”按钮。

（3）命令条目：move。

（4）快捷菜单：选择要移动的对象，并在绘图区域中右击，执行“移动”命令。

在启动“移动”功能，选择移动的对象以后，系统提示“指定基点或 [位移（D）] <位移>:”，如果输入“d”，则位移是相对于图形对象现在的位置，如果选择基点位移，则图形对象是相对于基点的位移。例如，如果将基点指定为 6，-8，然后在下一个提示下按“Enter”键，则对象将从当前位置沿 X 轴正方向移动 6 个单位，沿 Y 轴负方向移动 8 个单位。

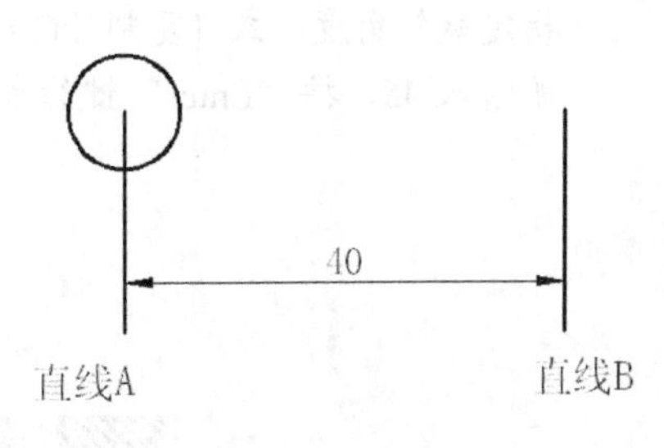

图 4-11 移动图形

【例 4-3】将图 4-11 中的圆从直线 A 的顶端移至直线 B 的顶端。

① 直接位移法。

命令: _move // 启动移动功能，单击圆
选择对象: 找到 1 个
选择对象: // 按“Enter”键，确定选择
指定基点或 [位移（D）] <位移>: d // 选择位移
指定位移 <100.0000, 100.0000, 0.0000>: 40，0
// 输入相对坐标，按“Enter”键结束命令

② 按基点移动法。

命令: _move // 启动移动功能，单击圆
选择对象: 找到 1 个
选择对象: // 按“Enter”键，确定选择
指定基点或 [位移（D）] <位移>:
指定第二个点或 <使用第一个点作为位移>:
// 选择圆心作为基点，在直线 B 的端点单击，结束移动命令

4.2.3 旋转对象

旋转是将图形对象围绕某个基点转动一定的角度。启动旋转的方式有以下几种。

（1）执行“修改（M）”→“旋转（R）”命令。

（2）单击工具栏中的“旋转”按钮。

（3）在命令提示行中直接输入命令 rotate。

还可以使用快捷菜单，选择要旋转的对象，在绘图区域中右击，执行“旋转”命令。

启动旋转功能以后，系统会提示“UCS 当前的正角方向：ANGDIR=逆时针 ANGBASE=0”，意思是告诉用户，当前正角度方向为逆时针，零角度方向与 X 轴正方向相同，夹角为零。旋转有三种形式，接下来用例子来说明。

1．直接输入角度。

【例 4-4】将图 4-12 中的门打开 45°。

命令: _rotate // 启动旋转功能
UCS 当前的正角方向: ANGDIR=逆时针 ANGBASE=0
选择对象:
指定对角点: 找到 3 个 // 选择旋转对象“门”
选择对象: // 按“Enter”键，确定选择
指定基点: // 单击“门”的左下角

指定旋转角度，或 [复制（C）/参照（R）] <340>:　45

// 输入 45，按 "Enter" 键结束命令

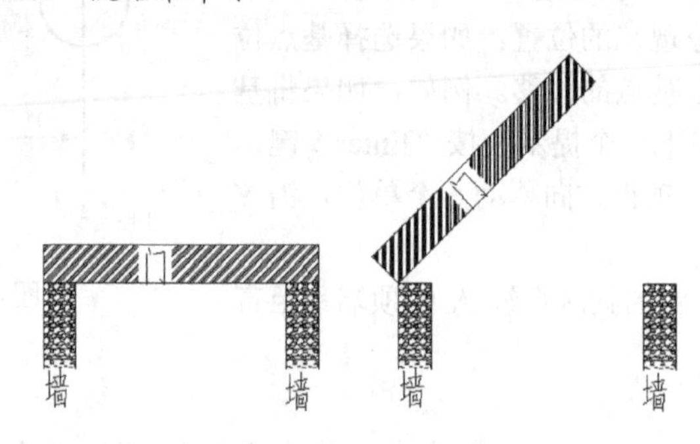

图 4-12　门的旋转示意图

2．参照旋转

【例 4-5】将图 4-13（a）中的矩形经过旋转变成图（b）的形式，再将图（b）中的矩形经过旋转变成图（c）的形式。

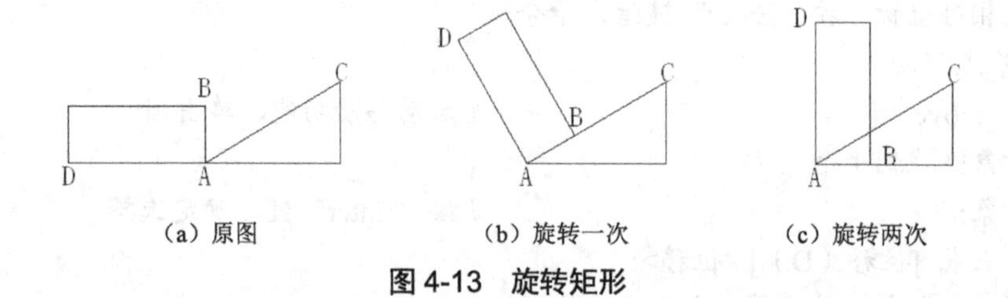

（a）原图　（b）旋转一次　（c）旋转两次

图 4-13　旋转矩形

① 将图形对象旋转到给定的位置，角度未知。

命令: _rotate　// 启动旋转功能

UCS 当前的正角方向:　ANGDIR=逆时针　ANGBASE=0　// 提示当前的相关设置

选择对象: 找到 1 个　// 选择矩形

选择对象:　// 按 "Enter" 键结束选择

指定基点:　// 选择 A 点

指定旋转角度，或 [复制（C）/参照（R）]:　R　// 未知角度，选择参照

指定参照角 <0>:　// 捕捉矩形的 A 点

指定第二点:　// 捕捉矩形的 B 点

指定新角度或 [点（P）] <0>:　// 捕捉三角形的 C 点

② 将图形对象旋转到给定的位置，角度已知。

命令: _rotate　// 启动旋转功能

UCS 当前的正角方向:　ANGDIR=逆时针　ANGBASE=0　// 提示当前的相关设置

选择对象:　找到 1 个　// 选择矩形

选择对象:　// 按 "Enter" 键结束选择

指定基点:　// 选择 A 点

指定旋转角度，或 [复制（C）/参照（R）]:　R　// 未知角度，选择参照

指定参照角 <0>:　// 捕捉矩形的 A 点

指定第二点:　// 捕捉矩形的 D 点

指定新角度或 [点（P）] <30>: 90 // AD 与 X 轴夹角为 90°

3．复制旋转

顾名思义，复制旋转就是将原始图复制然后旋转到指定的位置，而原始图保持不变，与旋转后的图构成一幅新图。

【例 4-6】将图 4-14 中的图（a）经过旋转变成图（b）。

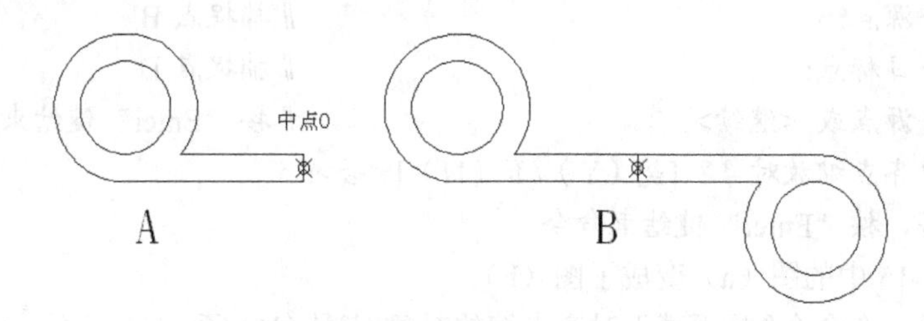

图 4-14 复制旋转示意图

命令: _rotate // 启动旋转功能
UCS 当前的正角方向: ANGDIR=逆时针 ANGBASE=0 // 提示当前的相关设置
选择对象:
指定对角点: 找到 3 个 // 选择整个图（a）
选择对象: // 按 "Enter" 键结束选择
指定基点: // 捕捉中点 O
指定旋转角度，或 [复制（C）/参照（R）] <180>: c // 输入复制命令
旋转一组选定对象。
指定旋转角度，或 [复制（C）/参照（R）] <180>: // 输入旋转角度

4.2.4 对齐对象

对齐对象实际上在三维对象的编辑中比较常用，但其在二维对象上也是适用的。可以通过移动、旋转或倾斜对象来使该对象与另一个对象对齐。

启用对齐的方式有以下几种。

（1）执行"修改"→"三维操作"→"对齐"命令。

（2）在命令提示行中直接输入命令 ALIGN。

下面通过示例来演示二维图形的对齐操作。

【例 4-7】将图 4-15 中的图（a）经过对齐变成图（b）和图（c）。

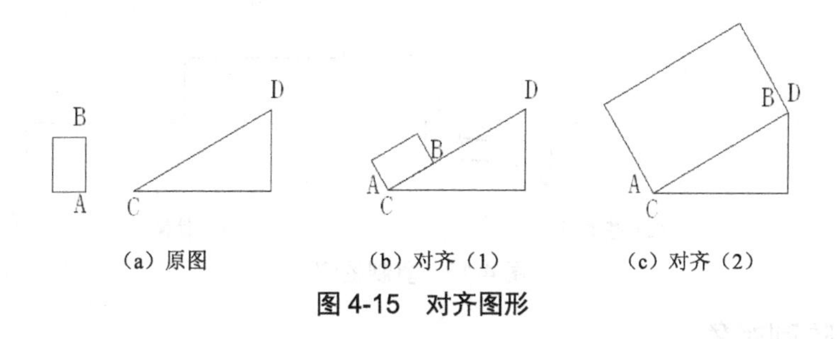

图 4-15 对齐图形

命令：align // 启动对齐功能
选择对象：找到 1 个 // 选择矩形
选择对象： // 按“Enter”键结束选择
指定第一个源点： // 捕捉点 A
指定第一个目标点： // 捕捉点 C
指定第二个源点： // 捕捉点 B
指定第二个目标点： // 捕捉点 D
指定第三个源点或 <继续>： // 按“Enter”键结束选择
是否基于对齐点缩放对象？[是（Y）/否（N）]<否>：
// 默认为否，按“Enter”键结束命令

此时，图 4-15 中的图（a）变成了图（b）。

如果在最后一个命令“是否基于对齐点缩放对象？[是（Y）/否（N）]<否>：”中选择是（Y），然后按“Enter”键结束命令，图（a）就会变成图形（c）。

4.3 复制、阵列、偏移与镜像

4.3.1 复制对象

复制对象是指在绘图的过程中，如果有多个相同的图形元素，绘制好一个后，就可以采用复制移动的方式绘制其他部分，直接粘贴到指定位置，提高绘图效率。

启用复制功能有以下几种方式。

（1）工具栏：单击 按钮。

（2）菜单栏：执行“修改”→“复制”命令。

（3）命令提示行：输入 COPY 命令。

（4）快捷菜单：选择要复制的对象，在绘图区域中右击，执行“复制选择”命令。

复制分为单个复制与多重复制，系统默认的为多重复制。如图 4-16（b）所示的楼梯图形就可以通过复制图 4-16（a）来绘制。

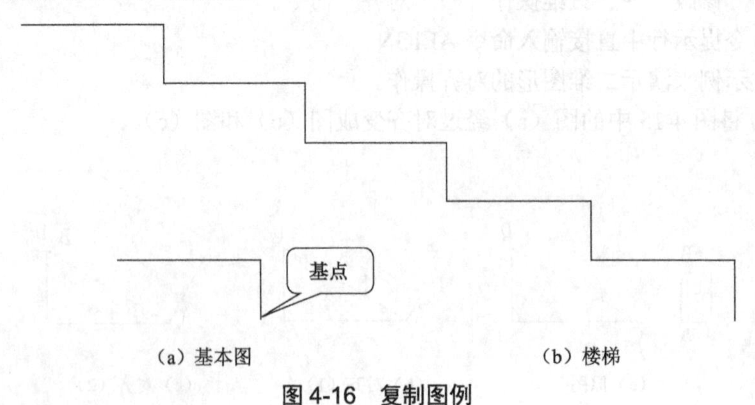

（a）基本图 （b）楼梯

图 4-16 复制图例

4.3.2 阵列对象

在 AutoCAD 2008 中，阵列分为矩形阵列和环形阵列两种，如图 4-17 所示，主要用于绘制

分布规则的图形。一般是先绘制好阵列对象，再在“阵列”对话框中填入相应的参数值，用光标拾取对象后，单击“确定”按钮即可。

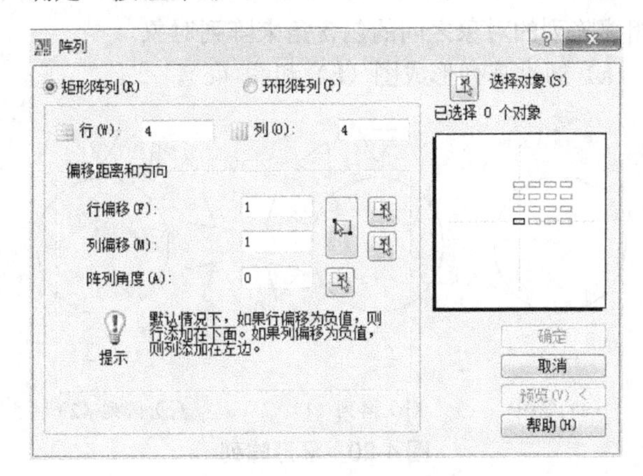

图 4-17 “阵列”对话框

1．矩形阵列

矩形阵列是系统默认的选项，对于矩形阵列来说，主要是控制行和列的数目以及它们之间的距离。因此，如何设置行间距与列间距必须搞清楚，如图 4-18 所示，想让行与行之间的空隙为 5，就必须将行间距设为 15（加上自身的高度 10），想让列与列之间的空隙为 5，就必须将列间距设为 25（加上自身的宽度 20）。

阵列的角度可以自行设定，也可捕捉拾取，如图 4-19 所示为 30° 的阵列角度，可以发现，阵列中图形对象的个体并没有旋转，但是每一行都以左下角的矩形（阵列对象）为基点，旋转了 30° 。

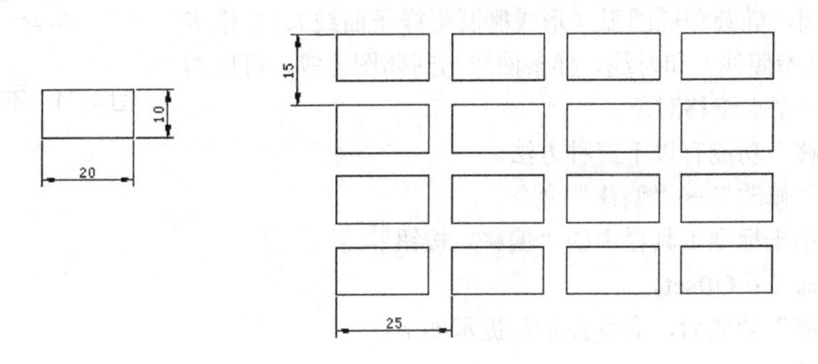

图 4-18 行间距与列间距演示图

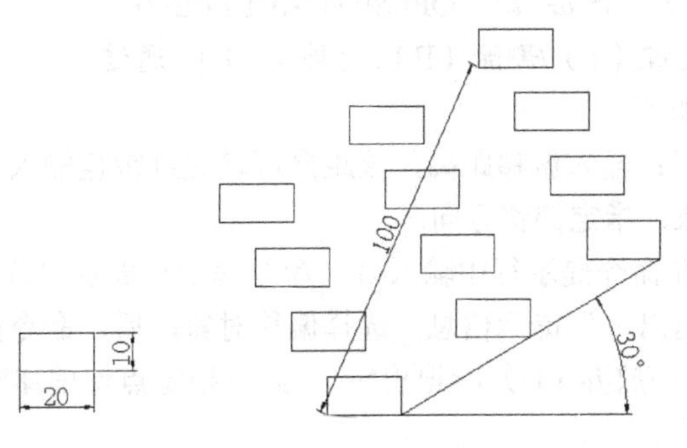

图 4-19 30° 的阵列

2. 环形阵列

环形阵列主是要确定阵列中心，然后通过设定阵列的对象数目、阵列中第一个与最后一个对象之间的包含角、相邻阵列的对象之间的包含角来阵列对象。

将图 4-20 中的图（a）通过阵列形成图（b）和图（c）。

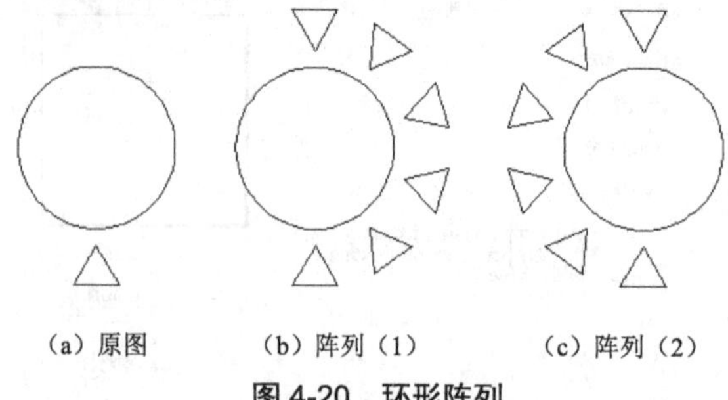

（a）原图　　（b）阵列（1）　　（c）阵列（2）

图 4-20　环形阵列

绘制图 4-20（c）的过程与完成图 4-20（b）基本一样，只是在输入填充角度数值时，输入的角度为-180，因为是按顺时针进行阵列的。

但是有的读者可能发现，每次环形阵列，阵列的对象都围绕中心点旋转了一定的角度，那么如果不旋转，始终保持阵列对象的方向，如何绘制呢？

思考：如何绘制图 4-21 的图形？

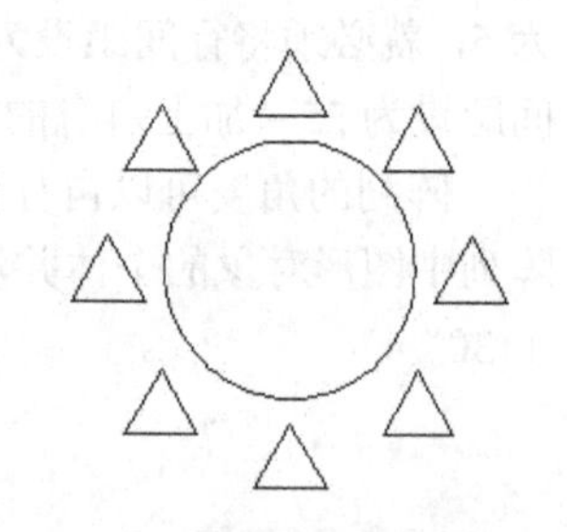

图 4-21　不旋转的环形阵列

4.3.3　偏移对象

偏移就是在绘图过程中，将某单一对象复制到另外一个指定的位置，偏移时根据偏移距离会重新计算其大小。偏移对象可以是直线、圆弧、圆、椭圆和椭圆弧（形成椭圆形样条曲线）、二维多段线、构造线（参照线）和射线、样条曲线与封闭图形等。可以指定距离或通过一个点偏移对象。

启用“偏移”功能有以下三种方法。

（1）执行“修改”→“偏移”命令。

（2）直接单击标准工具栏中的“偏移”按钮。

（3）输入命令：Offset。

启用“偏移”功能后，命令提示行提示如下：

命令: _offset

当前设置: 删除源=否　图层=源　OFFSETGAPTYPE=0

指定偏移距离或 [通过（T）/删除（E）/图层（L）] <通过>:

其中，各参数介绍如下。

① “指定偏移距离”：输入偏移距离，该距离可以通过键盘输入，也可以通过点取两点来确定，然后选定偏移对象，指定偏移方向。

② “通过（T）”：在命令提示行中输入 T，命令提示行提示“选择要偏移的对象，或 [退出（E）/放弃（U）] <退出>：”提示信息，选择偏移对象以后，命令提示行提示“指定通过点或 [退出（E）/多个（M）/放弃（U）] <退出>：”，此时指定点使偏移对象复制过来或者输入 M 选择偏移多次。

③ “删除（E）”：在命令提示行中输入 E，命令提示行会提示用户“要在偏移后删除源对象吗？[是（Y）/否（N）] <否>：”默认为否，如果选择 Y，则偏移后；原偏移对象将不再存在，如果选择 N，则相当于将偏移对象复制到指定位置。

④ “图层（L）”：在命令提示行中输入 L，则系统会提示用户输入偏移对象的图层选项。

【例 4-8】将如图 4-22 所示的图通过指定距离偏移来使其完整。

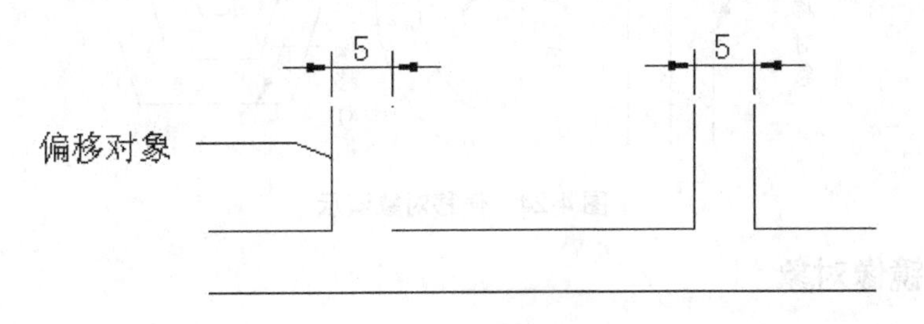

图 4-22 指定距离偏移

命令：_offset // 启用偏移功能
当前设置： 删除源=否 图层=源 OFFSETGAPTYPE=0
指定偏移距离或 [通过（T）/删除（E）/图层（L）] <0.0000>： 5 // 输入偏移距离
选择要偏移的对象，或 [退出（E）/放弃（U）] <退出>： // 选中偏移对象
指定要偏移的那一侧上的点，或 [退出（E）/多个（M）/放弃（U）] <退出>：
// 向右侧单击
选择要偏移的对象，或 [退出（E）/放弃（U）] <退出>： // 按“Enter”键结束命令

【例 4-9】将如图 4-23 所示的图通过指定点偏移来使其完整。

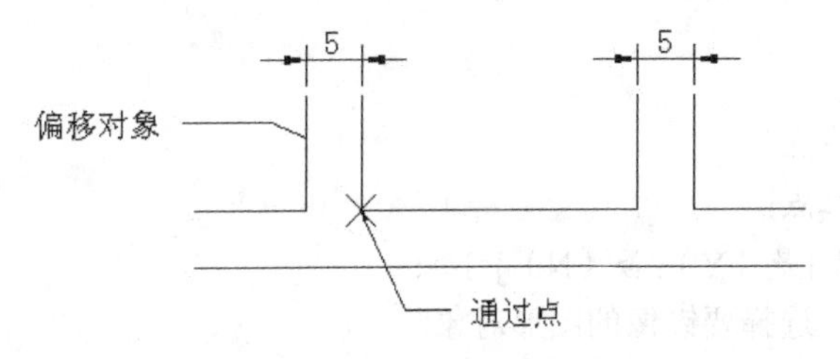

图 4-23 通过点偏移

命令：_offset // 启用偏移功能
当前设置： 删除源=否 图层=源 OFFSETGAPTYPE=0
指定偏移距离或 [通过（T）/删除（E）/图层（L）] <5.0000>： t
// 执行通过点命令
选择要偏移的对象，或 [退出（E）/放弃（U）] <退出>： // 选中偏移对象
指定通过点或 [退出（E）/多个（M）/放弃（U）] <退出>： // 单击通过点
选择要偏移的对象，或 [退出（E）/放弃（U）] <退出>： // 按“Enter”键结束命令

由上述示例可以发现，偏移直线不会改变其大小，但是对于有些图形来说，创建了形状与选定对象的形状平行的新对象。如偏移圆或圆弧可以创建更大或更小的圆或圆弧，这取决于向哪一侧偏移，如图 4-24 所示。

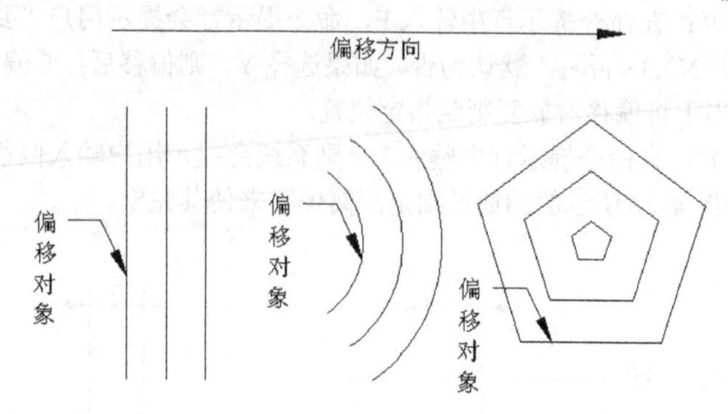

图 4-24　偏移对象演示

4.3.4　镜像对象

镜像对创建对称的对象非常有用，因为可以快速地绘制半个对象，然后将其镜像，立刻生成另外的一半，而不必绘制整个对象。因此，镜像功能在 AutoCAD 绘图过程中经常用到，无论是机械图还是建筑图纸，对称的部分还是比较多的。使用镜像就可以大大提高绘图效率，同时，有些图形在绘制过程中需要用镜像功能作为绘图的辅助工具。

启用“镜像”功能有以下三种方法。

（1）执行“修改”→“镜像”命令。

（2）直接单击标准工具栏中的“镜像”按钮。

（3）输入命令：Mirror

启用“镜像”功能后，命令提示行提示如下：

命令：_mirror

选择对象：

选择对象：

指定镜像线的第一点：

指定镜像线的第二点：

要删除源对象吗？[是（Y）/否（N）]<N>:

① “选择对象”：选择要镜像的图形对象

② “指定镜像线的第一点”：两点确定镜像轴线，单击第一点。

③ “指定镜像线的第二点”：两点确定镜像轴线，单击第二点。

④ “是否删除源对象？[是（Y）/否（N）]<N>”：Y 指删除原对象，N 指不删除原对象。

【例 4-10】将如图 4-25（a）所示的图形通过镜像变成图 4-25（b）。

命令：_mirror

选择对象：

指定对角点：找到 7 个

选择对象：

指定镜像线的第一点：

指定镜像线的第二点：

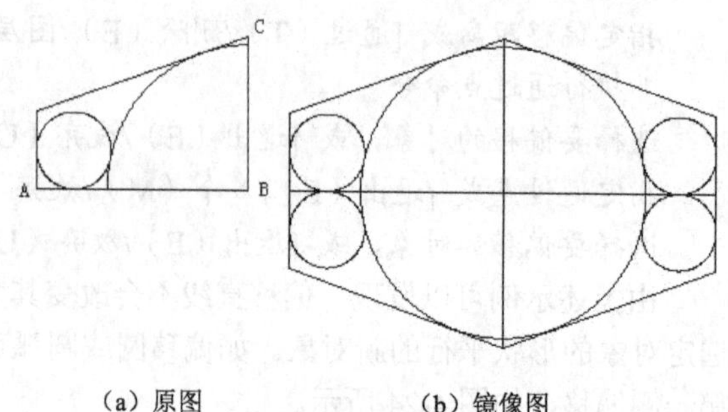

图 4-25　镜像图例

要删除源对象吗？[是（Y）/否（N）]<N>:
命令：_mirror
选择对象:
指定对角点：找到 14 个
选择对象:
指定镜像线的第一点:
指定镜像线的第二点:
要删除源对象吗？[是（Y）/否（N）]<N>:
命令：_mirror　　　　　　　　　　　　　　// 启用镜像功能
选择对象:
指定对角点：找到 7 个　　　　　　　　　　// 利用窗口选择中线以上的对象
选择对象:　　　　　　　　　　　　　　　　// 按“Enter”键
指定镜像线的第一点:　　　　　　　　　　　// 单击轴线上的点 A
指定镜像线的第二点:　　　　　　　　　　　// 单击轴线上的点 B
要删除源对象吗？[是（Y）/否（N）]<N>:　// 按“Enter”键
命令：_mirror　　　　　　　　　　　　　　// 选择镜像工具
选择对象：指定对角点：找到 14 个
// 利用窗口选择刚镜像前后图形对象
选择对象:　　　　　　　　　　　　　　　　// 按“Enter”键
指定镜像线的第一点:　　　　　　　　　　　// 单击轴线上的点 B 点
指定镜像线的第二点:　　　　　　　　　　　// 单击轴线 C
要删除源对象吗？[是（Y）/否（N）]<N>:　// 按“Enter”键完成

在 AutoCAD 2008 中，对于文字，要通过 MIRRTEXT 变量来控制是否使文字和其他的对象一样被镜像。如果将 MIRRTEXT 的值设为 0，则不论怎样镜像，文字不受影响，方向仍然不变，是可读的。如果将 MIRRTEXT 的值设为 1，文字和其他的对象一样被镜像，变得不可读。如图 4-26 所示，AB 为镜像线，图（a）为 MIRRTEXT 的值设为 0 时的镜像结果，图（b）为 MIRRTEXT 的值设为 1 时的镜像结果。

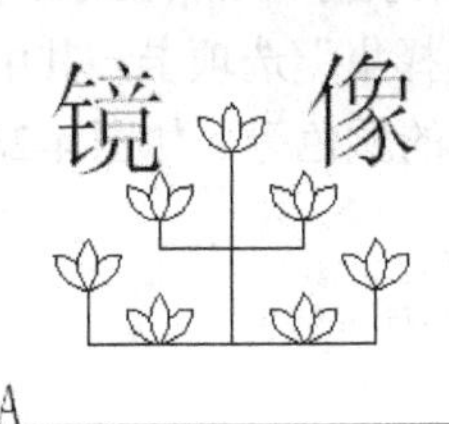

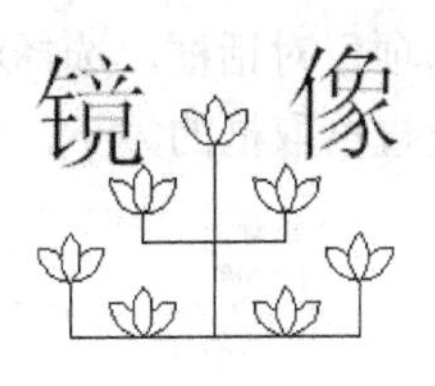

A　B

镜 像

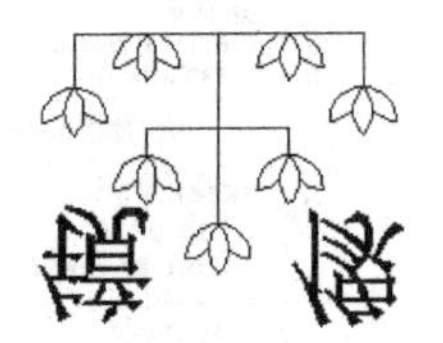

（a）MIRRTEXT=0　　（b）MIRRTEXT=1

图 4-26　两种 MIRRTEXT 变量的镜像效果

4.4 使用夹点编辑

在 AutoCAD 2008 中，当用户选择了某个对象后，对象的控制点上将出现一些小的蓝色正方形框，这些正方形框被称为对象的夹点。夹点是一些实心的小方框，使用定点设备指定对象时，对象关键点上将出现夹点。当光标经过夹点时，AutoCAD 2008 自动将光标与夹点精确对齐，单击可选中夹点，并可拖动这些夹点进行移动、镜像、旋转、比例缩放、拉伸和复制等操作。一些常见的图形夹点如图 4-27 所示。

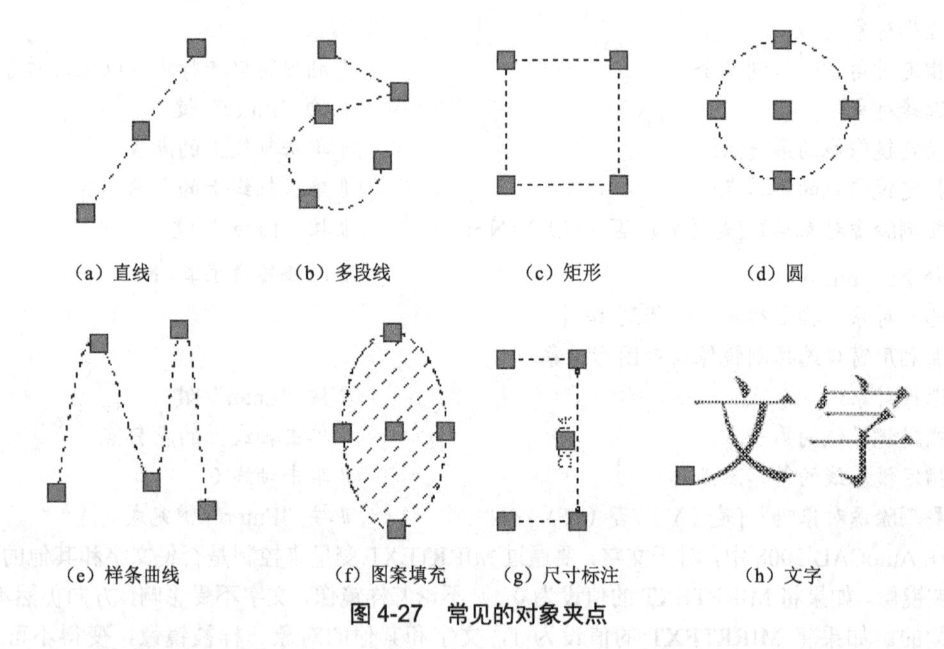

（a）直线　（b）多段线　（c）矩形　（d）圆

（e）样条曲线　（f）图案填充　（g）尺寸标注　（h）文字

图 4-27　常见的对象夹点

4.4.1 控制夹点的显示

AutoCAD 2008 还允许用户根据自己的喜好和要求来设置夹点的显示。执行“工具”→“选项”命令，弹出“选项”对话框，选择对话框中的“选择集”选项卡，其中包含了与夹点有关的选项，用户可以设置拾取框的大小、夹点大小、夹点的颜色等，如图 4-28 所示。

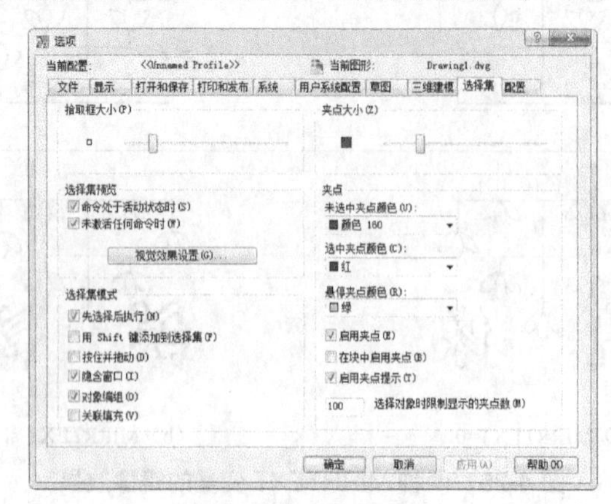

图 4-28　夹点设置

4.4.2 移动

移动不会改变对象的大小和方向，主要是位置上的改变，利用夹点编辑可以移动对象。确定基点以后右击，执行“移动（M）”命令，或者直接输入MO，即可将图形对象移动到指定位置，如图4-29所示。

【例4-11】如图4-29所示，使用夹点编辑的方式将五边形移动到线段的端点A上。

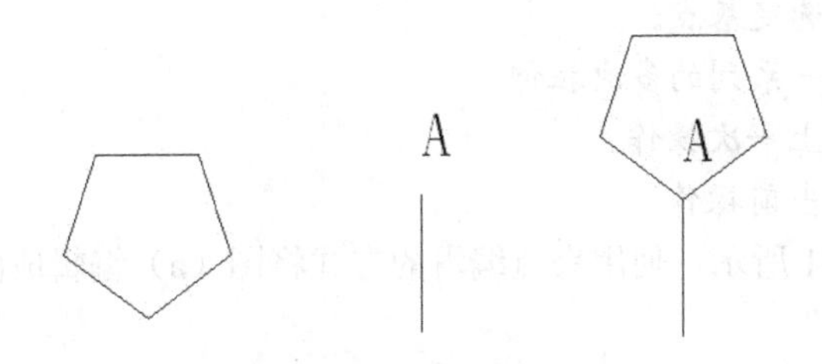

图4-29 夹点移动图形

** 拉伸 ** // 单击五边形，选择基点
指定拉伸点或 [基点（B）/复制（C）/放弃（U）/退出（X）]: mo // 输入mo
** 移动 **
指定移动点或 [基点（B）/复制（C）/放弃（U）/退出（X）]: // 单击点A

对于一些图形来说，如果有夹点正好处于图形的中心点上，则可以直接单击拖动，且可以复制多个。

【例4-12】如图4-30所示，使用夹点编辑的方式将圆o复制并移动到线段的端点ABC上。

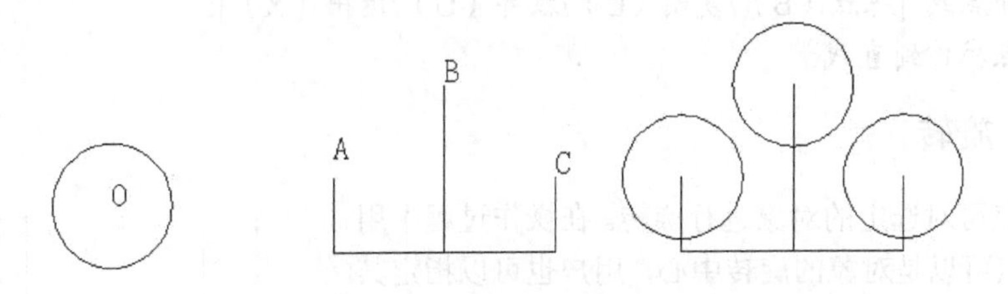

图4-30 夹点复制移动图形

命令: // 单击圆o
** 拉伸 ** // 单击圆心夹点
指定拉伸点或 [基点（B）/复制（C）/放弃（U）/退出（X）]: c
// 输入c进行复制，按“Enter”键
** 拉伸（多重）**
指定拉伸点或 [基点（B）/复制（C）/放弃（U）/退出（X）]: // 捕捉单击“A”
** 拉伸（多重）**
指定拉伸点或 [基点（B）/复制（C）/放弃（U）/退出（X）]: // 捕捉单击“B”
** 拉伸（多重）**
指定拉伸点或 [基点（B）/复制（C）/放弃（U）/退出（X）]: // 捕捉单击“C”
** 拉伸（多重）**
指定拉伸点或 [基点（B）/复制（C）/放弃（U）/退出（X）]:
// 按“Enter”键结束命令

4.4.3 拉伸

在没有输入任何命令的状态下，选中图形对象，然后单击其中某一个夹点，进入编辑状态。此时，AutoCAD 2008 默认将这个基点作为拉伸的基点，系统提示：

** 拉伸 **

指定拉伸点或 [基点（B）/复制（C）/放弃（U）/退出（X）]:

“基点（B）”: 重新选定基点。

“复制（C）”: 允许一系列的多次拉伸。

“放弃（U）”: 取消上一次操作。

“退出（X）”: 退出当前操作。

【例 4-13】如图 4-31 所示，使用夹点编辑的方式将图（a）编辑成图（b）。

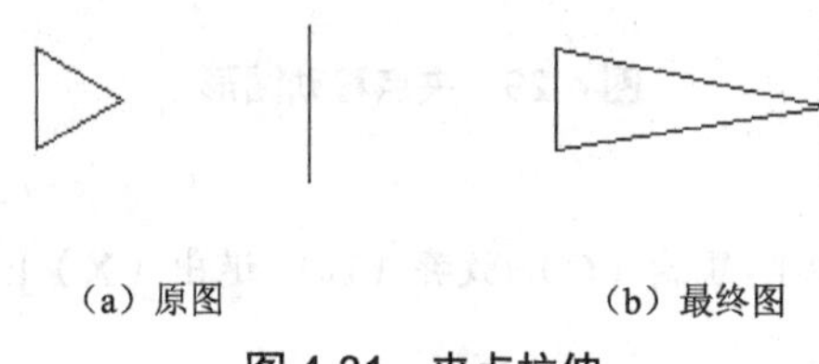

（a）原图　　（b）最终图

图 4-31　夹点拉伸

命令:　　// 单击三角形

命令:　　// 单击三角形右顶点的夹点

** 拉伸 **

指定拉伸点或 [基点（B）/复制（C）/放弃（U）/退出（X）]:

// 将夹点拉伸到直线

4.4.4 旋转

利用夹点可对选定的对象进行旋转。在操作过程中用户选中的夹点可以是对象的旋转中心，用户也可以指定其他点作为旋转中心。

在夹点编辑的状态下，确定基点后，在命令提示行中输入 RO，进入旋转模式。

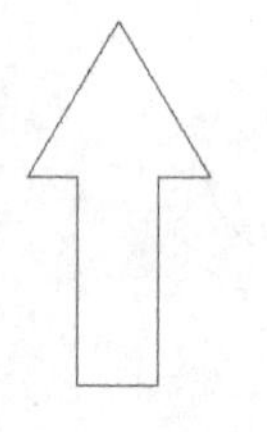

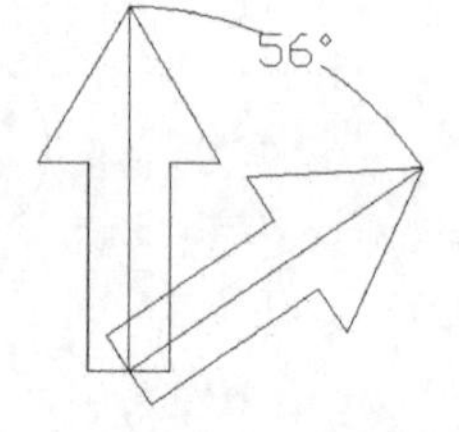

（a）原图　　（b）最终图

图 4-32　夹点编辑旋转图形

【例 4-14】如图 4-32 所示，使用夹点编辑的方式将图（a）编辑成图（b）。

命令:　　// 单击箭头

命令:

// 以底边中点为基点

** 拉伸 **

指定拉伸点或 [基点（B）/复制（C）/放弃（U）/退出（X）]:　ro

// 执行旋转命令

** 旋转 **

指定旋转角度或 [基点（B）/复制（C）/放弃（U）/参照（R）/退出（X）]:　c

// 执行复制命令

** 旋转（多重）**
指定旋转角度或 [基点（B）/复制（C）/放弃（U）/参照（R）/退出（X）]: -56
// 输入旋转角度
** 旋转（多重）**
指定旋转角度或 [基点（B）/复制（C）/放弃（U）/参照（R）/退出（X）]:
// 按“Enter”键确定
命令: *取消*
// 按“Esc”键退出选择

4.4.5 缩放

在夹点编辑的状态下，确定基点后，在命令提示行中输入SC，进入缩放模式。此时系统提示：
命令:
命令:
** 拉伸 **
指定拉伸点或 [基点（B）/复制（C）/放弃（U）/退出（X）]: sc
** 比例缩放 **
指定比例因子或 [基点（B）/复制（C）/放弃（U）/参照（R）/退出（X）]:
当比例因子大于0且小于1时，缩小原对象；如果大于1，则按比例因子放大对象。

4.4.6 镜像

在夹点编辑的状态下，确定基点后，在命令提示行中输入MI，进入镜像模式。此时系统提示：
命令:
命令:
** 拉伸 **
指定拉伸点或 [基点（B）/复制（C）/放弃（U）/退出（X）]: MI
** 镜像 **
指定第二点或 [基点（B）/复制（C）/放弃（U）/退出（X）]:
【例4-15】如图4-33所示，使用夹点编辑的方式将图（b）编辑成图（b）。

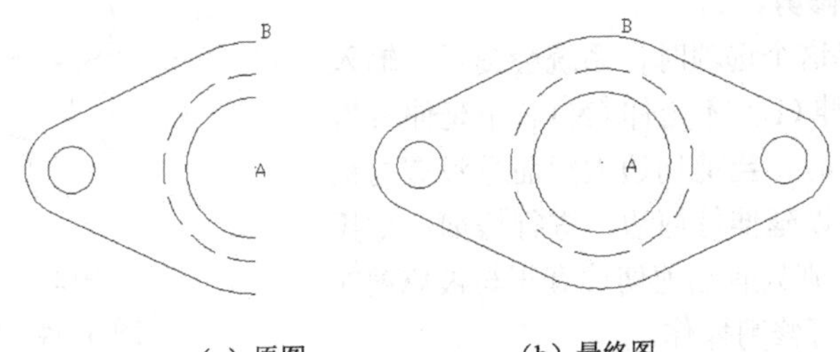

（a）原图　　（b）最终图

图4-33　夹点编辑镜像图形

命令:
指定对角点:　　// 全选左图
命令:　　// 单击点A
** 拉伸 **

指定拉伸点或 [基点（B）/复制（C）/放弃（U）/退出（X）]:　MI　// 执行镜像命令
** 镜像 **
指定第二点或 [基点（B）/复制（C）/放弃（U）/退出（X）]:　C　// 执行复制命令
** 镜像（多重）**
指定第二点或 [基点（B）/复制（C）/放弃（U）/退出（X）]:　// 单击镜像轴上的 B 点
** 镜像（多重）**
指定第二点或 [基点（B）/复制（C）/放弃（U）/退出（X）]:　// 按"Enter"键确定
命令: *取消*　// 按"Esc"键退出选择

4.5 修改对象

4.5.1 修剪对象

在绘制复杂一点的图时，会有大量的辅助线和辅助图形，需要对图形进行进一步的修剪，以去掉多余的线条。启动修剪功能有以下几种方式。

（1）执行"修改"→"修剪"命令。

（2）直接单击标准工具栏中的"修剪"按钮。

（3）输入命令：Tr（Trim）。

启用"修剪"功能后，命令提示行提示如下：

命令: _trim
当前设置: 投影=UCS，边=无
选择剪切边...
选择对象或 <全部选择>:　//直接按"Enter"键，则所有对象为剪切边
选择对象:
选择要修剪的对象，或按住 Shift 键选择要延伸的对象，或[栏选（F）/窗交（C）/投影（P）/边（E）/删除（R）/放弃（U）]:

"投影（P）"：可以指定执行修剪的空间，主要应用于三维空间的对象修剪。

"边（E）"：选择这个选项时，系统会提示"输入隐含边延伸模式 [延伸（E）/不延伸（N）]<不延伸>:"，当选择"延伸（E）"时，当剪切边太短而且没有与被修剪对象相交时，可以延伸修剪边，进行修剪；如果选择"不延伸（N）"，则只有当剪切边真正与被修剪对象相交时，才可以进行修剪操作。

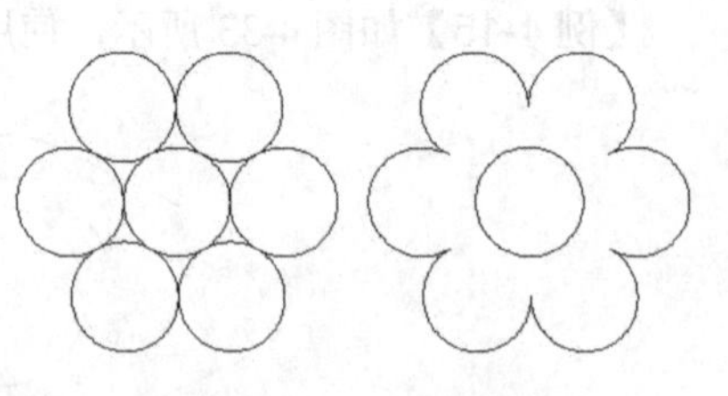

（a）原图　（b）最终图

图 4-34　修剪图形对象

【例 4-16】如图 4-34 所示，将图（a）修剪成图（b）。

命令: _trim　// 启动修剪功能
当前设置: 投影=UCS，边=无
选择剪切边...
选择对象或<全部选择>: 找到 1 个　// 依次选择外围的圆
选择对象: 找到 1 个，总计 2 个　// 依次选择外围的圆

选择对象：找到 1 个，总计 3 个　　　　　　　　　　　　　　　// 依次选择外围的圆
选择对象：找到 1 个，总计 4 个　　　　　　　　　　　　　　　// 依次选择外围的圆
选择对象：找到 1 个，总计 5 个　　　　　　　　　　　　　　　// 依次选择外围的圆
选择对象：找到 1 个，总计 6 个　　　　　　　　　　　　　　　// 依次选择外围的圆
选择对象：　　　　　　　　　　　　　　　　　　　　　　　　　// 按"Enter"键确认选择
选择要修剪的对象，或按住 Shift 键选择要延伸的对象，或
[栏选（F）/窗交（C）/投影（P）/边（E）/删除（R）/放弃（U）]:
// 依次选择与内圆相切的圆弧
选择要修剪的对象，或按住 Shift 键选择要延伸的对象，或
[栏选（F）/窗交（C）/投影（P）/边（E）/删除（R）/放弃（U）]:
// 依次选择与内圆相切的圆弧
选择要修剪的对象，或按住 Shift 键选择要延伸的对象，或
[栏选（F）/窗交（C）/投影（P）/边（E）/删除（R）/放弃（U）]:
// 依次选择与内圆相切的圆弧
选择要修剪的对象，或按住 Shift 键选择要延伸的对象，或
[栏选（F）/窗交（C）/投影（P）/边（E）/删除（R）/放弃（U）]:
// 依次选择与内圆相切的圆弧
选择要修剪的对象，或按住 Shift 键选择要延伸的对象，或
[栏选（F）/窗交（C）/投影（P）/边（E）/删除（R）/放弃（U）]:
// 依次选择与内圆相切的圆弧
选择要修剪的对象，或按住 Shift 键选择要延伸的对象，或
[栏选（F）/窗交（C）/投影（P）/边（E）/删除（R）/放弃（U）]:
// 依次选择与内圆相切的圆弧
选择要修剪的对象，或按住 Shift 键选择要延伸的对象，或
[栏选（F）/窗交（C）/投影（P）/边（E）/删除（R）/放弃（U）]:
// 按"Enter"键结束命令

4.5.2 延伸对象

延伸命令可以拉长对象，使对象与其他对象的边相接，使其精确地位于其他对象之间。

启用"延伸"功能有以下三种方法。

（1）执行"修改"→"延伸"命令。

（2）直接单击标准工具栏上的"延伸"按钮。

（3）输入命令：Ex（Extend）。

要延伸对象，请首先选择边界，即让对象延伸到什么位置，按"Enter"键确认，然后选择要延伸的对象即可。如果要将所有对象用做边界，请在首次出现"选择对象："提示时按"Enter"键。

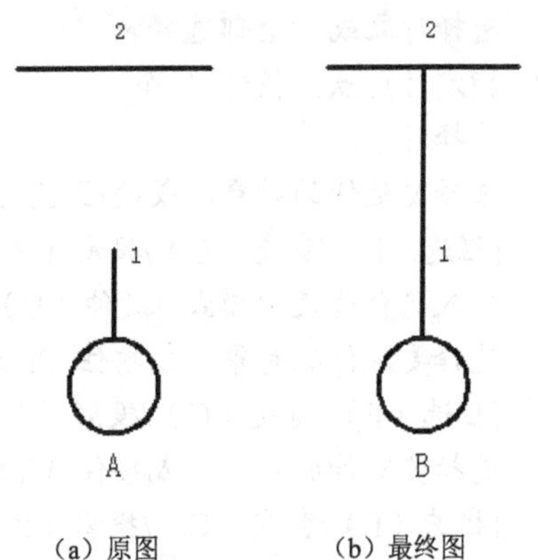

图 4-35　延伸图形展示

【例 4-17】如图 4-35 所示，将图（a）中的线段 1 延长至线段 2 处，完成后如图（b）所示。

命令: _extend　　　　　　　　　　　　　　　　　　　// 启动延伸功能
当前设置: 投影=UCS，边=无
选择边界的边...
选择对象或 <全部选择>:
指定对角点: 找到 1 个　　// 选择线段 2 作为边界
选择对象:　　　　　　　　　　　　　　　　　　　// 按"Enter"键确定选择
选择要延伸的对象，或按住 Shift 键选择要修剪的对象，或
[栏选（F）/窗交（C）/投影（P）/边（E）/放弃（U）]: // 选择延伸目标线段 1
选择要延伸的对象，或按住 Shift 键选择要修剪的对象，或
[栏选（F）/窗交（C）/投影（P）/边（E）/放弃（U）]: // 按"Enter"键结束命令

在延伸对象的过程中，经常会出现对象即使延伸后也与边界无交点的情况，此时直接延伸对象不能操作成功，可以选择按"边（E）"的模式延伸，输入"E"并按"Enter"键后，提示输入隐含边延伸模式"[延伸（E）/不延伸（N）] <不延伸>:"，在输入模式后，指定隐含边可否延伸。如果选择了延伸，则当该边界和延伸的对象没有显示交点时，同样可延伸到隐含的交点处。如果选择了不延伸，则当该边界和延伸的对象没有显示的交点时，无法延伸。

【例 4-18】如图 4-36 所示，将图（a）中的线段 a 延长至线段 b 处，完成后如图（b）所示。

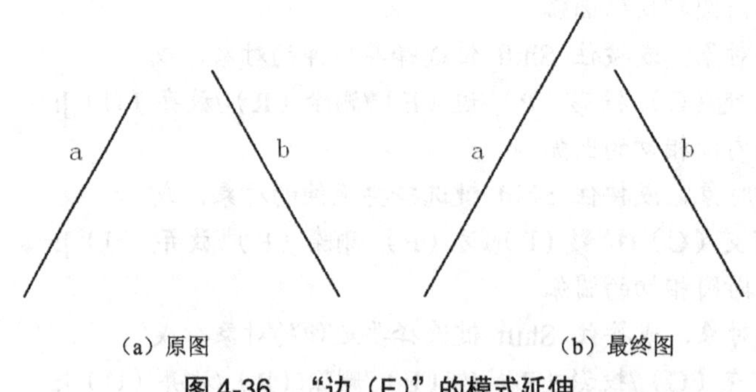

（a）原图　　　　（b）最终图

图 4-36 "边（E）"的模式延伸

命令: _extend　　　　　　　　　　　　　　　　　　　// 启动延伸功能
当前设置: 投影=UCS，边=无
选择边界的边...
选择对象或 <全部选择>:
指定对角点: 找到 1 个　　　　　　　　　　　　　// 选择线段 2 作为边界
选择对象:　　　　　　　　　　　　　　　　　　　// 按"Enter"键确定选择
选择要延伸的对象，或按住 Shift 键选择要修剪的对象，或
[栏选（F）/窗交（C）/投影（P）/边（E）/放弃（U）]:　e　// 按边的模式延伸
输入隐含边延伸模式 [延伸（E）/不延伸（N）] <不延伸>:　e　// 选择延伸
选择要延伸的对象，或按住 Shift 键选择要修剪的对象，或
[栏选（F）/窗交（C）/投影（P）/边（E）/放弃（U）]:　　　// 选择延伸对象线段 a
选择要延伸的对象，或按住 Shift 键选择要修剪的对象，或
[栏选（F）/窗交（C）/投影（P）/边（E）/放弃（U）]: // 按"Enter"键结束命令

4.5.3 缩放对象

缩放对象就是放大或缩小选定对象，用户可以使用该命令让图形对象按照自己要求的大小

呈现，缩放前与缩放后的对象大小发生了改变，但是图形之间的比例（如长与宽）保持不变。这与图像显示中的“缩放”（ZOOM）有着本质的区别，“缩放”（ZOOM）命令只是改变了图形对象在屏幕上显示的大小，图形本身并没有任何的变化。

启用“缩放”功能有以下三种方法。

（1）执行“修改”→“缩放”命令。

（2）直接单击标准工具栏中的“缩放”按钮。

（3）输入命令：Sc（Scale）。

启用“缩放”功能后，命令提示行提示如下：

命令：_scale　　　　　　　　　　　　　　　// 启动缩放功能
选择对象：找到 1 个　　　　　　　　　　　　// 选择要缩放的对象
选择对象:　　　　　　　　　　　　　　　　 // 按“Enter”键确定选择
指定基点:　　　　　　　　　　　　　　　　 // 指定缩放的中心
指定比例因子或 [复制（C）/参照（R）] <1.0000>:

此时指定“缩放”比例因子即可完成对对象的缩放。其中，各选项意义如下。

“比例因子”：按指定的比例放大选定对象的尺寸。大于 1 的比例因子使对象放大，介于 0 和 1 之间的比例因子使对象缩小；还可以拖动光标使对象变大或变小，如图 4-37 所示。

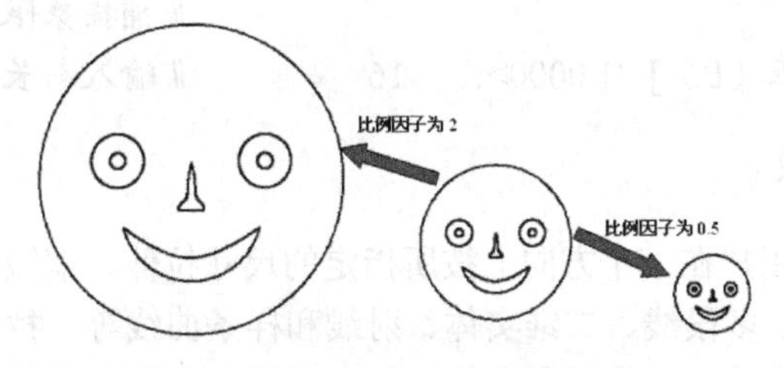

图 4-37　输入比例因子缩放图形

“复制”：原图形对象不变，创建缩放的选定对象的副本。

【例 4-19】如图 4-38 所示，将图（a）中的圆以象限点 A 为基点，复制缩放 0.5 倍，完成后如图（b）所示。

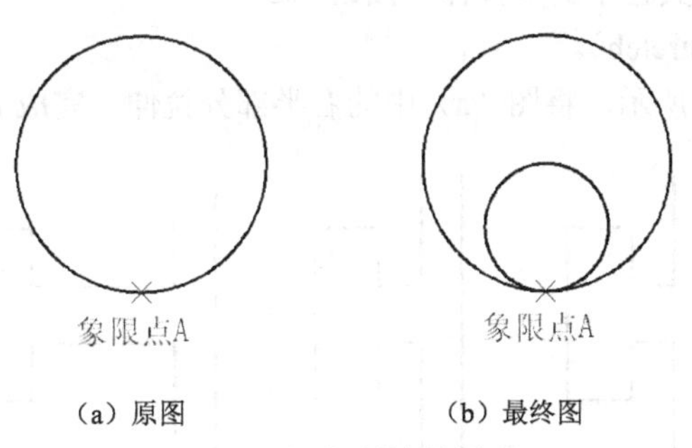

图 4-38　复制缩放图形

命令：_scale　　　　　　　　　　　　　　　// 启动缩放功能
选择对象：找到 1 个　　　　　　　　　　　　// 选择圆
选择对象:　　　　　　　　　　　　　　　　 // 按“Enter”键确定选择
指定基点:　　　　　　　　　　　　　　　　 // 捕捉 A 点
指定比例因子或 [复制（C）/参照（R）] <0.5000>:　C　　// 输入复制命令

缩放一组选定对象。

指定比例因子或 [复制（C）/参照（R）] <0.5000>:　0.5　// 输入比例因子

"参照"：按参照长度（缩放选定对象的起始长度）和指定的新长度（选定对象缩放到的最终长度）缩放所选对象。

【例 4-20】如图 4-39 所示，将图（a）中的圆以圆心为基点，参照缩放至直径为 16，完成后如图（b）所示。

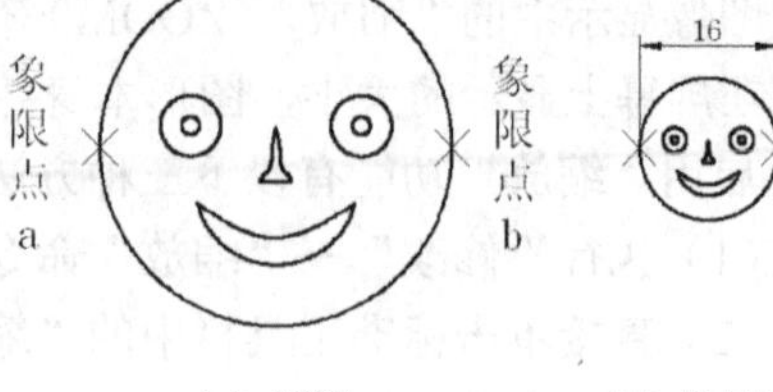

（a）原图　（b）最终图

图 4-39　参照缩放图形

命令：_scale　// 启动缩放功能
选择对象:
指定对角点：找到 13 个　// 选择圆及圆内的图形
选择对象:　// 按"Enter"键确定选择
指定基点:　// 捕捉大圆圆心
指定比例因子或 [复制（C）/参照（R）] <0.5000>:　r　// 圆的尺寸未知，选择参照
指定参照长度 <1.0000>:　// 捕捉象限点 a
指定第二点:　// 捕捉象限点 b
指定新的长度或 [点（P）] <1.0000>:　16　// 输入新长度

4.5.4　拉伸对象

拉伸对象可以满足用户在一个方向上按所指定的尺寸拉伸、缩短对象。可进行拉伸的对象有圆弧、椭圆弧、直线、多段线、二维实体、射线和样条曲线等。拉伸命令是通过改变端点位置来拉伸或缩短图形对象的，编辑过程中将拉伸交叉窗口部分包围的对象，完全包含在交叉窗口中的对象或单独选定的对象将会被移动，其他图形对象间的几何关系将保持不变。

启用"拉伸"功能有以下三种方法。

（1）执行"修改"→"拉伸"命令。

（2）直接单击标准工具栏中的"拉伸"按钮。

（3）输入命令：S（Stretch）。

【例 4-21】如图 4-40 所示，将图（a）中的右半部分拉伸，完成后如图（b）所示。

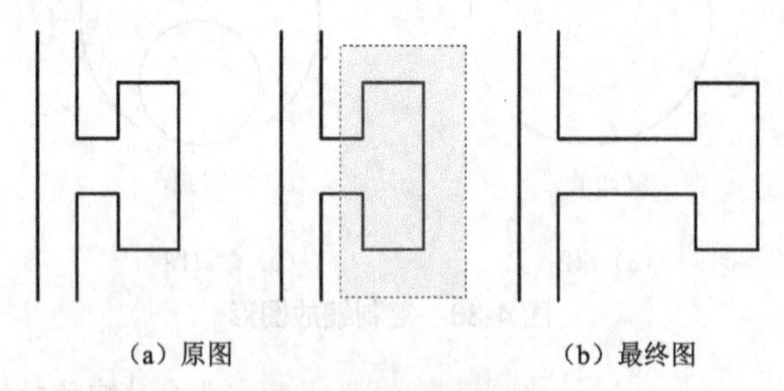

（a）原图　（b）最终图

图 4-40　拉伸示意图

命令：_stretch　// 启动拉伸功能
以交叉窗口或交叉多边形选择要拉伸的对象...
选择对象:

指定对角点：找到 3 个 // 选择拉伸对象
选择对象: // 按"Enter"键确定选择
指定基点或 [位移（D）] <位移>: // 在框选区域任选一点作为基点
指定第二个点或 <使用第一个点作为位移>: // 拉伸到指定位置

4.6 倒角、圆角、打断、合并与分解

4.6.1 倒角

倒角命令在绘图中是常用的命令之一，无论是建筑制图还是机械制图，都需要经常绘制倒角的图形。

启用"倒直角"功能有以下三种方法。

（1）执行"修改"→"倒直角"命令。

（2）直接单击标准工具栏中的"倒直角"按钮⌈。

（3）输入命令：CHA（Chamfer）。

启用"倒直角"功能后，命令提示行提示如下：

命令: _chamfer

（"修剪"模式）当前倒角距离 1 = 0.0000，距离 2 = 0.0000

选择第一条直线或 [放弃（U）/多段线（P）/距离（D）/角度（A）/修剪（T）/方式（E）/多个（M）]:

"放弃（U）"：用于撤销刚刚执行的倒角操作。

"多段线（P）"：用于对多段线的顶点处相交的线段倒直角，但是如果有的多段线长度小于倒直角距离，则不对这些线段进行倒直角。

"距离（D）"：用于设置倒直角的尺寸。

"角度（A）"：通过设置第一条线的倒直角距离以及第二条线的角度来进行倒直角。

"修剪（T）"：用于控制倒直角操作是否修剪对象。

"方式（E）"：用于控制倒直角的方式，是通过设置倒直角的两个距离还是通过设置一个距离和角度的方式来创建倒直角。

"多个（M）"：用于重复对多个对象集进行倒直角操作。

【例 4-22】如图 4-41 所示，对图（a）中的矩形倒直角，倒角距离分别是 15 与 10，完成后如图（b）所示。

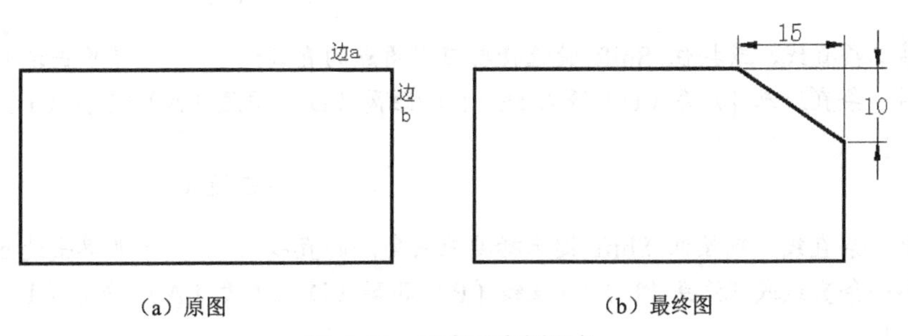

（a）原图 （b）最终图

图 4-41 设定距离倒直角

命令: _chamfer //启动倒角功能
("修剪"模式)当前倒角距离 1 = 0.0000, 距离 2 = 0.0000
选择第一条直线或 [放弃(U)/多段线(P)/距离(D)/角度(A)/修剪(T)/方式(E)/多个(M)]: d //设定倒角距离
指定第一个倒角距离 <0.0000>: 15 //输入第一个倒角距离
指定第二个倒角距离 <0.0000>: 10 //输入第二个倒角距离
选择第一条直线或 [放弃(U)/多段线(P)/距离(D)/角度(A)/修剪(T)/方式(E)/多个(M)]:
//单击边 a
选择第二条直线, 或按住 Shift 键选择要应用角点的直线: //单击边 b
命令: *取消* //按"Esc"键退出命令

【例 4-23】如图 4-42 所示，对图（a）中的矩形倒直角，倒角距离为 10，夹角为 30°，完成后如图（b）所示。

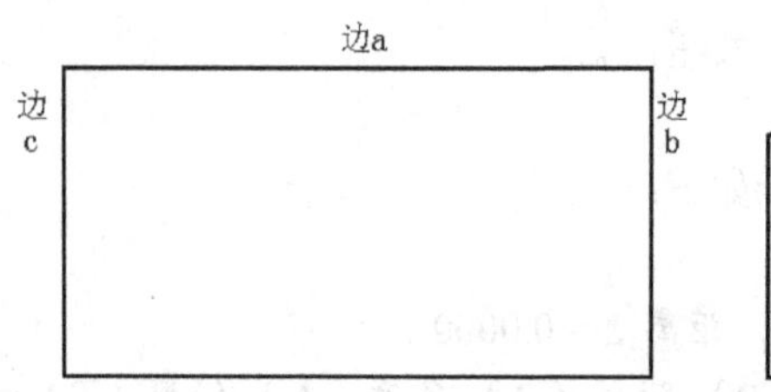

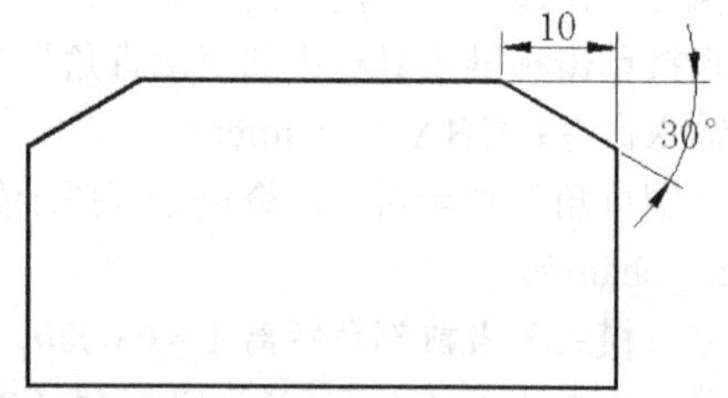

图 4-42 设定距离与角度倒直角

命令: _chamfer //启动倒角功能
("修剪"模式)当前倒角距离 1 = 0.0000, 距离 2 = 0.0000
选择第一条直线或 [放弃(U)/多段线(P)/距离(D)/角度(A)/修剪(T)/方式(E)/多个(M)]: a //选择角度的方式
指定第一条直线的倒角长度 <0.0000>: 10 //输入倒角距离
指定第一条直线的倒角角度 <0>: 30 //输入倒角的角度
选择第一条直线或 [放弃(U)/多段线(P)/距离(D)/角度(A)/修剪(T)/方式(E)/多个(M)]: m //选择多个重复倒角
选择第一条直线或 [放弃(U)/多段线(P)/距离(D)/角度(A)/修剪(T)/方式(E)/多个(M)]:
//单击边 a
选择第二条直线, 或按住 Shift 键选择要应用角点的直线: //单击边 b
选择第一条直线或 [放弃(U)/多段线(P)/距离(D)/角度(A)/修剪(T)/方式(E)/多个(M)]:
//单击边 a
选择第二条直线, 或按住 Shift 键选择要应用角点的直线: //单击边 c
选择第一条直线或 [放弃(U)/多段线(P)/距离(D)/角度(A)/修剪(T)/方式(E)/多个(M)]:
//按"Enter"键结束命令

【例 4-24】如图 4-43 所示，对图（a）中的图形倒直角，倒角距离分别为 0 与 10，完成后如图（b）和图（c）所示。

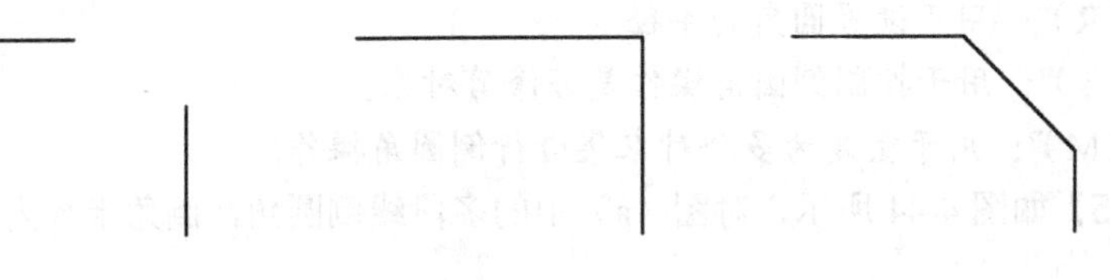

（a）原始图形　　（b）倒角距离为 0　　（c）倒角距离为 10

图 4-43　不相交的直线倒角

命令：_chamfer　　　　// 启动倒角功能

（“修剪”模式）当前倒角距离 1 = 0.0000，距离 2 = 0.0000

选择第一条直线或 [放弃（U）/多段线（P）/距离（D）/角度（A）/修剪（T）/方式（E）/多个（M）]：　d　　　　// 选择输入倒角距离

指定第一个倒角距离 <0.0000>：　0　　　　// 输入第一个倒角距离 0

指定第二个倒角距离 <0.0000>：　0　　　　// 输入第二个倒角距离 0

选择第一条直线或 [放弃（U）/多段线（P）/距离（D）/角度（A）/修剪（T）/方式（E）/多个（M）]：

// 单击水平直线

选择第二条直线，或按住 Shift 键选择要应用角点的直线：　　　　// 单击竖直直线

命令：_chamfer　　　　// 启动倒角功能

（“修剪”模式）当前倒角距离 1 = 0.0000，距离 2 = 0.0000

选择第一条直线或 [放弃（U）/多段线（P）/距离（D）/角度（A）/修剪（T）/方式（E）/多个（M）]：　d　　　　// 选择输入倒角距离

指定第一个倒角距离 <0.0000>：　10　　　　// 输入第一个倒角距离 10

指定第二个倒角距离 <0.0000>：　10　　　　// 输入第二个倒角距离 10

选择第一条直线或 [放弃（U）/多段线（P）/距离（D）/角度（A）/修剪（T）/方式（E）/多个（M）]：

// 单击水平直线

选择第二条直线，或按住 Shift 键选择要应用角点的直线：　　　　// 单击竖直直线

4.6.2　圆角

倒圆角是将两个图形对象以光滑的圆弧连接，将其绘制成光滑的过渡圆弧线。

启用“倒圆角”功能有以下三种方法。

（1）执行“修改”→“倒圆角”菜单命令。

（2）直接单击标准工具栏中的“倒圆角”按钮。

（3）输入命令：F（Fillet）。

启用“倒圆角”功能后，命令提示行提示如下：

命令：_fillet

当前设置：模式=修剪，半径=0.0000

选择第一个对象或 [放弃（U）/多段线（P）/半径（R）/修剪（T）/多个（M）]：

“放弃（U）”：用于撤销刚刚执行的倒角操作。

“多段线（P）”：用于在多段线的每个顶点处进行倒圆角。可以使整个多段线的圆角相同，如果多段线的距离小于圆角的距离，则不被倒圆角。

“半径（R）”：用于设置圆角的半径。

“修剪（T）”：用于控制倒圆角操作是否修剪对象。

“多个（M）”：用于重复为多个对象集进行倒圆角操作。

【例 4-25】如图 4-44 所示，对图（a）中的多段线倒圆角，倒角半径为 8，如图（b）所示。

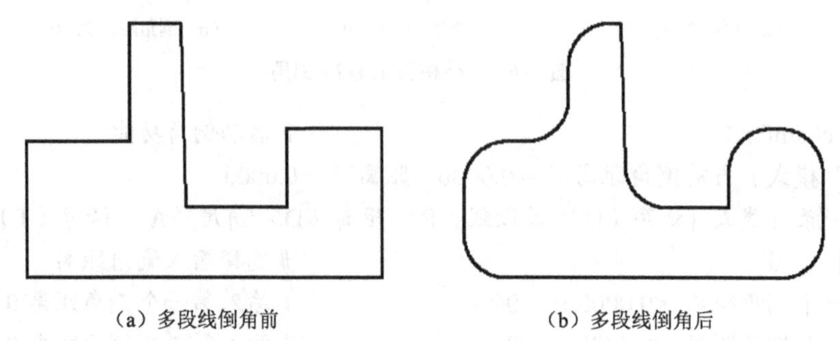

（a）多段线倒角前　　（b）多段线倒角后

图 4-44　多段线倒圆角

命令：_fillet　　// 启动倒圆角功能
当前设置：模式 = 修剪，半径 = 0.0000
选择第一个对象或 [放弃（U）/多段线（P）/半径（R）/修剪（T）/多个（M）]：r
// 选择半径
指定圆角半径 <0.0000>：8　　// 输入半径
选择第一个对象或 [放弃（U）/多段线（P）/半径（R）/修剪（T）/多个（M）]：p
// 选择多段线
选择二维多段线：　　// 单击多段线
8 条直线已被圆角
1 条太短　　// 显示被倒圆角线段数量

【例 4-26】如图 4-45 所示，对图（a）中的直线倒圆角，倒角半径为 10，如图（b）所示。

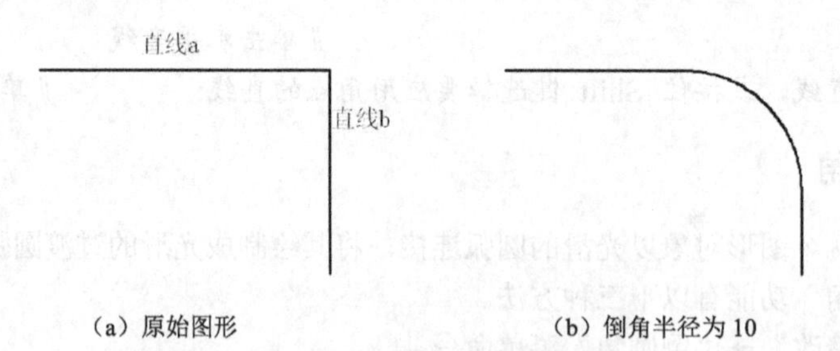

（a）原始图形　　（b）倒角半径为 10

图 4-45　设置半径倒圆角

命令：_fillet　　// 启动倒圆角功能
当前设置：　模式 = 修剪，半径 = 0.0000
选择第一个对象或 [放弃（U）/多段线（P）/半径（R）/修剪（T）/多个（M）]：r
// 选择半径
指定圆角半径 <0.0000>：10　　// 输入半径
选择第一个对象或 [放弃（U）/多段线（P）/半径（R）/修剪（T）/多个（M）]：

// 选择直线 a

选择第二个对象，或按住 Shift 键选择要应用角点的对象： // 选择直线 b

修剪与不修剪之间的区别在于是否保留原来的倒角对象，如图 4-46 所示。

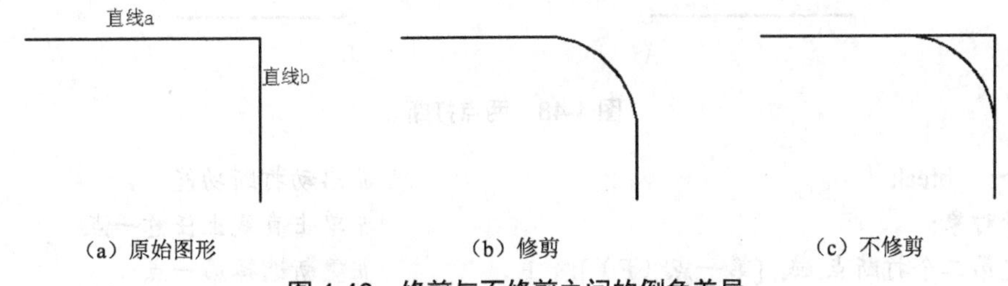

（a）原始图形　（b）修剪　（c）不修剪

图 4-46　修剪与不修剪之间的倒角差异

在倒圆角的过程中，需要注意选择倒角对象的位置，特别是在圆之间和圆弧之间，可以有多个圆角存在。选择不同的位置，就会有不同的倒角结果，如图 4-47 所示。

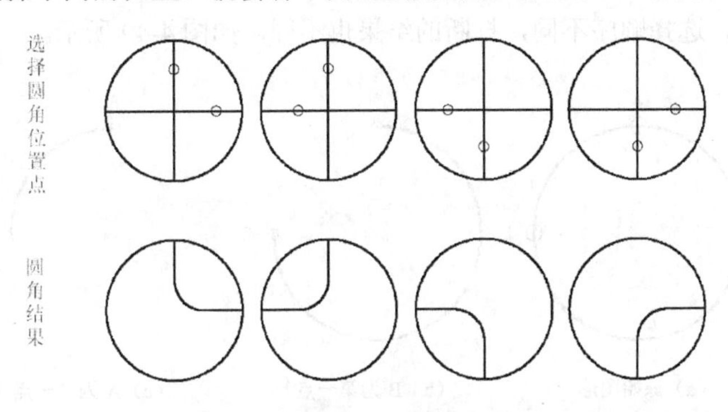

图 4-47　选择不同位置的倒角差异

4.6.3　打断

打断是在绘图过程中将图形对象从某个地方一分为二或者删去一段，从而完成绘图目标。AutoCAD 2008 中提供了两种打断命令，分别是“打断”和“打断于点”，可以进行打断操作的对象包括直线、圆、圆弧、多段线、椭圆、样条曲线等。

1．打断

打断：在指定的两个点将图形对象打断，并将两点之间的图形删除。单击标准工具栏中的“打断”按钮即可启动打断功能。

启用“打断”功能后，命令提示行提示如下：

命令: _break

选择对象:

指定第二个打断点 或 [第一点（F）]:

这里 AutoCAD2008 默认选择对象时单击的一点是第一个打断点，如果用户希望重新选择第一个点，则可以输入“F”。

【例 4-27】将图 4-48 中的直线沿 A、B 两点打断。

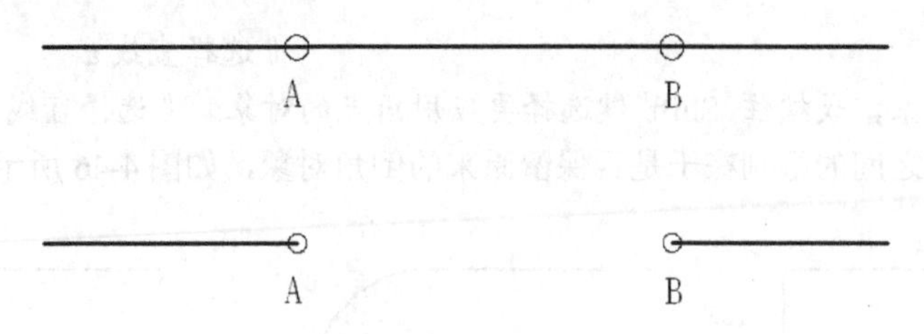

图 4-48　两点打断

命令：_break　　// 启动打断功能
选择对象：　　// 单击直线上任意一点
指定第二个打断点 或 [第一点（F）]：F　　// 重新选择第一点
指定第一个打断点：　　// 单击点 A
指定第二个打断点：　　// 单击点 B

在执行打断命令的过程中需要注意的是捕捉打断点的先后问题，如果是打断一个圆，要注意顺序构成的方向，选择顺序不同，打断的结果也不同，如图 4-49 所示。

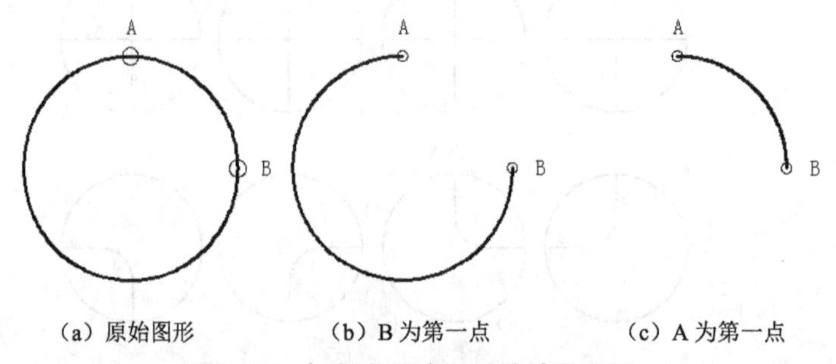

（a）原始图形　（b）B 为第一点　（c）A 为第一点

图 4-49　打断点顺序不同的结果展示

2．打断于点

打断于点与打断不同，打断于点是将图形对象从打断点一分为二，启用“打断于点”功能的方法是直接单击标准工具栏中的“打断于点”按钮。

【例 4-28】将图 4-50 中的圆弧 AB 打断于点 O。

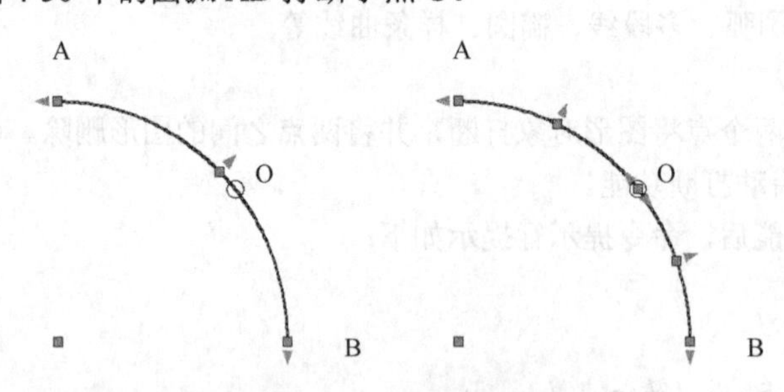

图 4-50　打断于点演示图

命令：_break
选择对象：　　// 单击“打断于点”按钮，单击圆弧
指定第二个打断点 或 [第一点（F）]：_f
指定第一个打断点：　　// 在圆弧上单击点 O
指定第二个打断点：@　　// 按“Enter”键结束命令

4.6.4 合并与分解

1．合并

合并命令是将相似的对象合并成一个完整的对象。合并的对象可以是直线、多段线、圆弧、椭圆弧和样条曲线等。

启用“合并”功能有以下三种方法。

（1）执行“修改”→“合并”命令。

（2）直接单击标准工具栏中的“合并”按钮。

（3）输入命令：J（Join）。

【例 4-29】将图 4-51 中的直线 A 与直线 B 合并成一条直线。

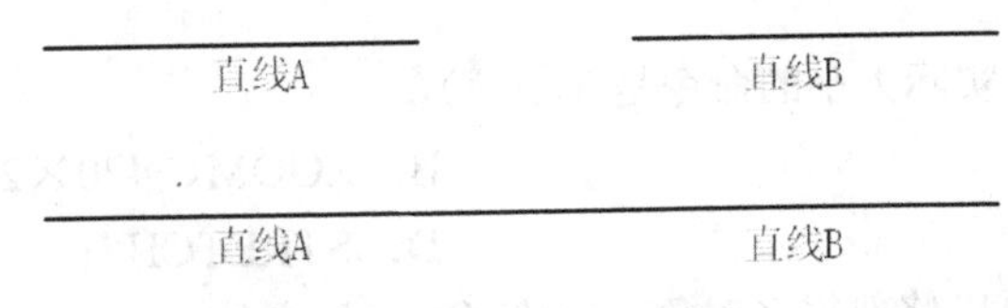

图 4-51　合并直线

命令：_join		
选择源对象：		// 启用合并功能，单击直线 A
选择要合并到源的直线：	找到 1 个	// 单击直线 B
选择要合并到源的直线：		// 按“Enter”键确定选择
已将 1 条直线合并到源		// 合并成一条直线

提示

“选择源对象”并没有固定哪个是源对象，可以任意选择合并对象的其中一个作为源对象。

如果合并的对象是圆弧或者椭圆弧，当系统提示“选择圆弧，以合并到源或进行 [闭合（L）]:”时，如果输入 L，圆、椭圆这样的封闭图形就会成为闭合图形。

2．分解

分解命令可以分解多段线、标注、图案填充或块参照等复合对象，将其转换为单个的元素。例如，分解多段线将其分为简单的线段和圆弧。

启用“分解”功能有以下三种方法。

（1）执行“修改（M）”→“分解（X）”命令。

（2）单击工具栏中的“分解”按钮。

（3）在命令提示行中直接输入命令：explode。

【例 4-30】将图 4-52（a）中的矩形分解成 4 条直线。

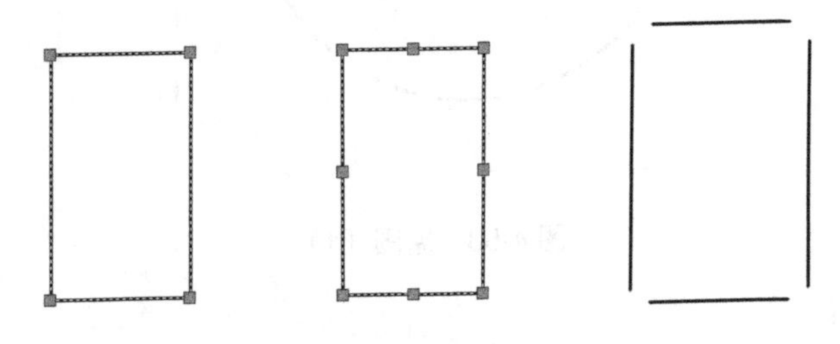

（a）原图　（b）首尾相接的四条直线　（c）分解为四条直线

图 4-52　分解示意图

命令：_explode　　　　　　　　　　// 单击“分解工具”按钮
选择对象：找到 1 个　　　　　　　// 选择四边形
选择对象：　　　　　　　　　　　// 按“Enter”键结束命令

此时四边形已经变成首尾相接的四条直线，如图 4-52（b）所示，可以直接将四条直线拉开，如图 4-52（c）所示。

◎习　题

一、选择题

1．按比例改变图形实际大小的命令是（　　）。

A．OFFSET　　B．ZOOM、420×297
C．SCALE　　D．STRETCH

2．修剪命令 trim 可以修剪很多对象，但除（　　）之外。

A．圆弧、圆、椭圆弧　　B．直线、开放的二维和三维多段线
C．多线 mLine　　D．射线、构造线和样条曲线

3．对象（　　）执行“倒角”命令无效。

A．多段线　　B．直线　　C．构造线　　D．弧

4．下列对象执行“偏移”命令后，大小和形状保持不变的是（　　）。

A．圆弧　　B．直线　　C．椭圆　　D．圆

5．一组同心圆可由一个已画好的圆用（　　）命令来实现。

A．STRETCH　　B．OFFSET　　C．EXTEND　　D．MOVE

二、绘图题

按要求绘制如图 4-53～图 4-74 所示图形。

1．矩形、缩放：

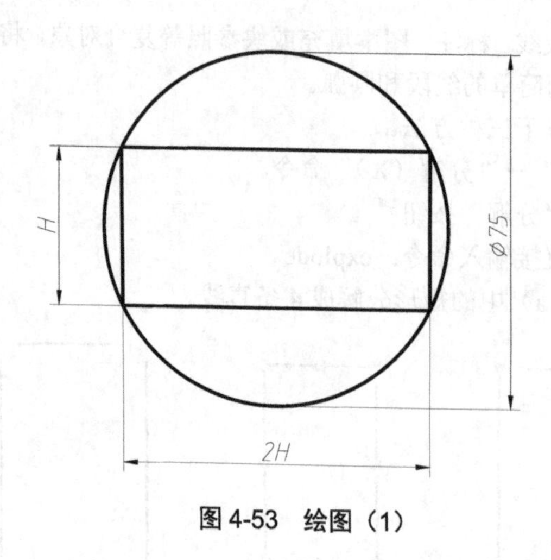

图 4-53　绘图（1）

2．旋转、缩放：

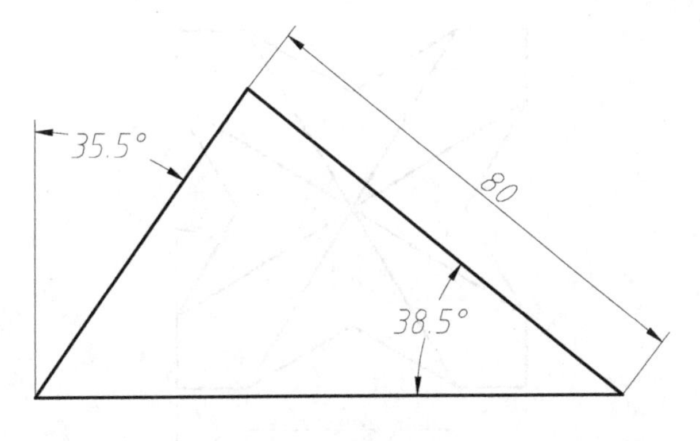

图 4-54 绘图（2）

3．阵列、修剪：

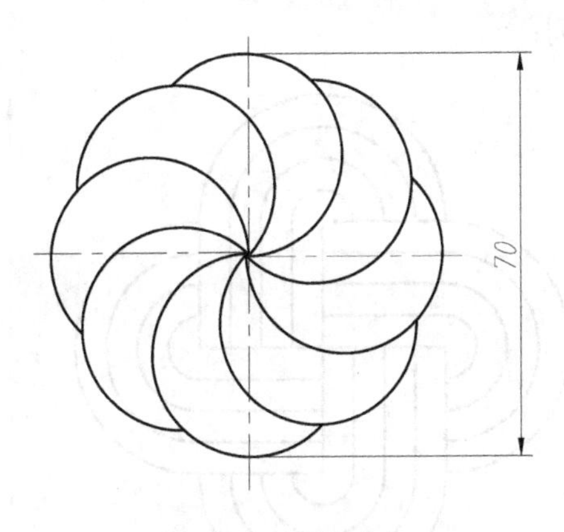

图 4-55 绘图（3）

4．阵列、修剪：

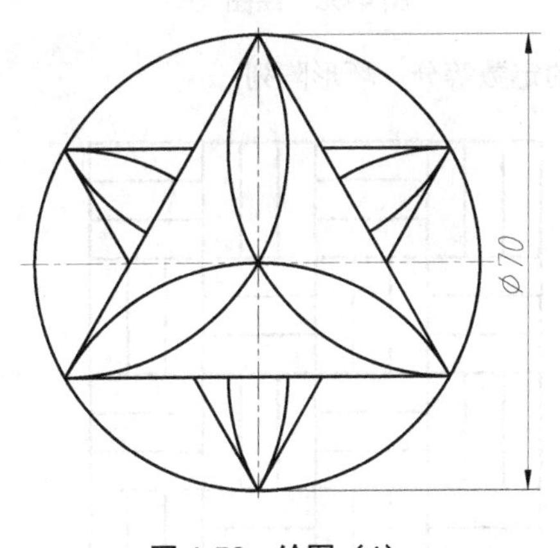

图 4-56 绘图（4）

5．相对极坐标、修剪、阵列：

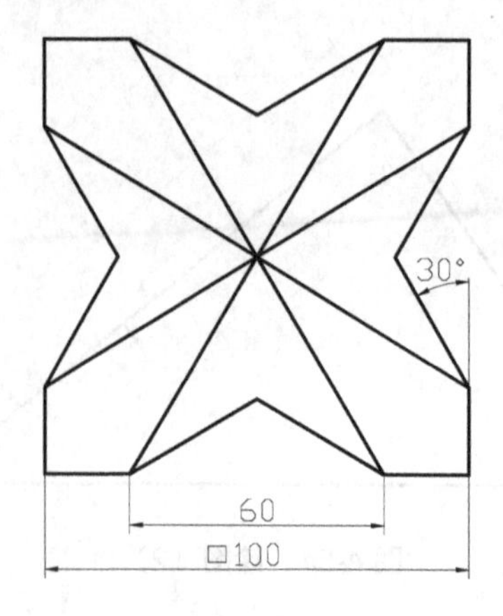

图 4-57　绘图（5）

6．多段线、偏移、阵列：

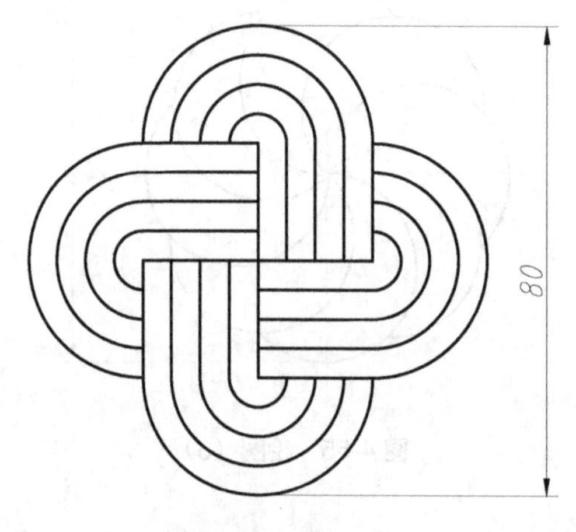

图 4-58　绘图（6）

7．正方形、分解、点的定数等分、环形阵列：

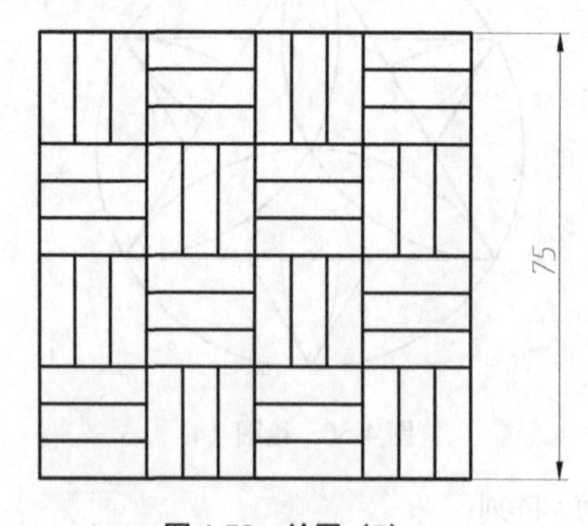

图 4-59　绘图（7）

8．矩形、圆、修剪、阵列：

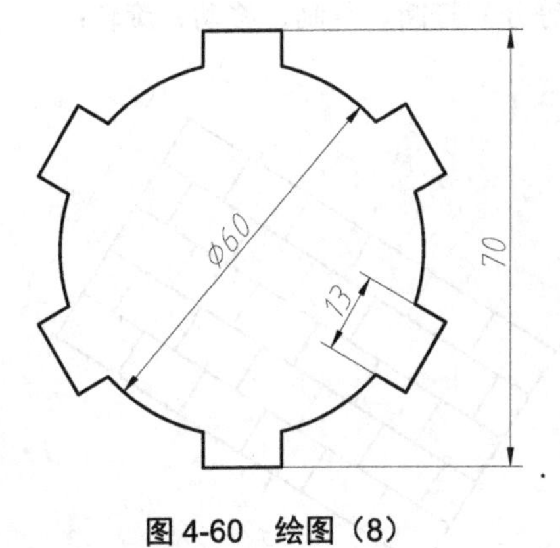

图 4-60 绘图（8）

9．圆 16 等分或圆外切八边形、阵列：

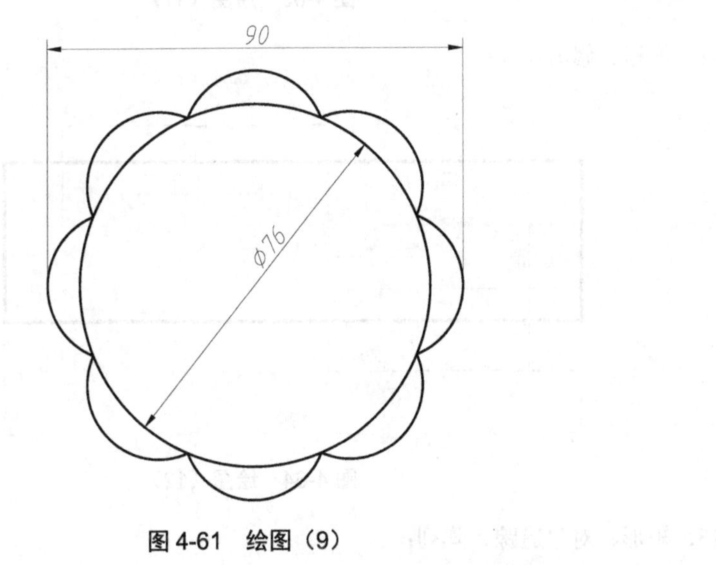

图 4-61 绘图（9）

10．正方形、偏移：

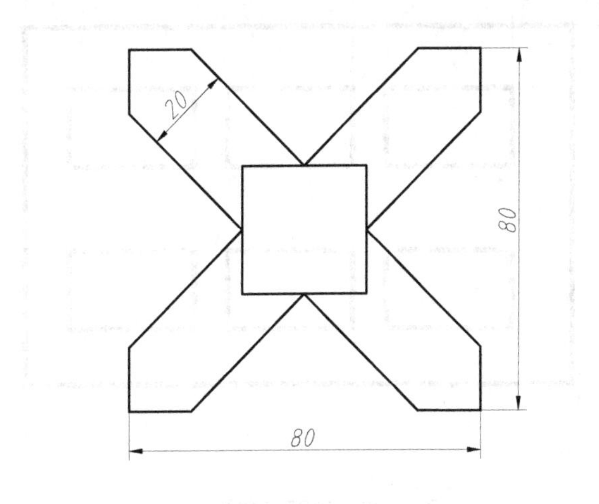

图 4-62 绘图（10）

11．长方形、点（定数等分）打断、复制、移动、旋转：

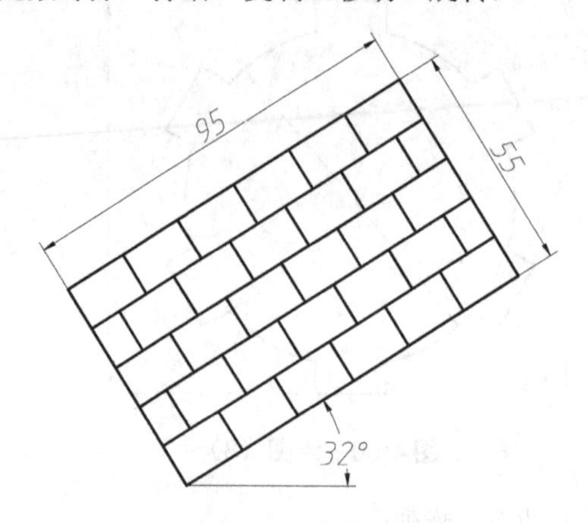

图 4-63 绘图（11）

12．偏移、修剪：

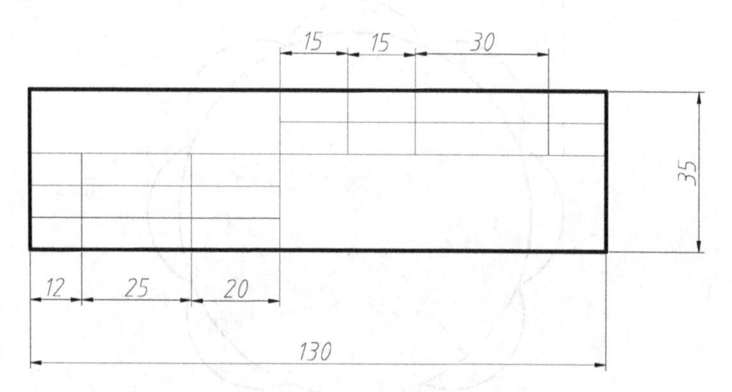

图 4-64 绘图（12）

13．矩形、对象追踪、阵列：

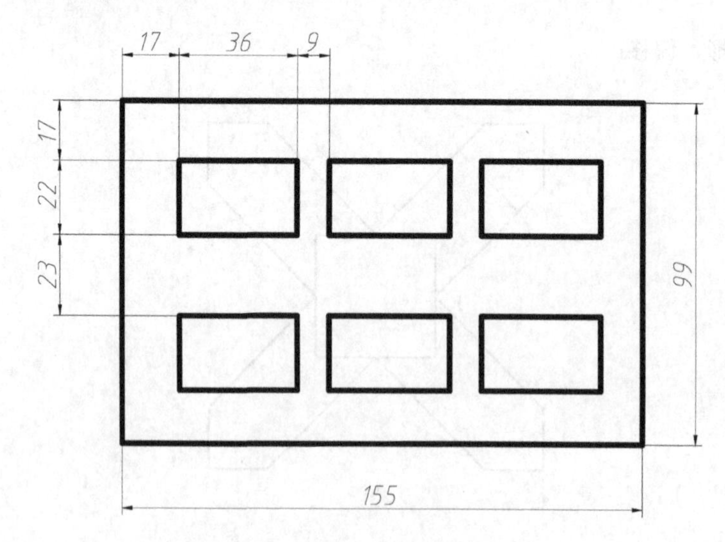

图 4-65 绘图（13）

14．矩形、对象追踪、阵列：

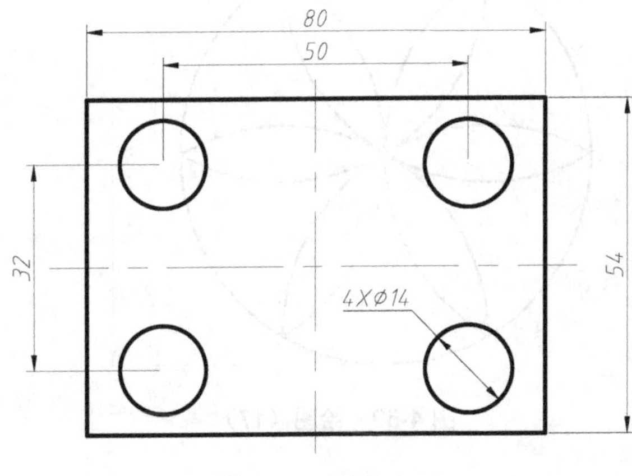

图 4-66　绘图（14）

15．修建、复制：

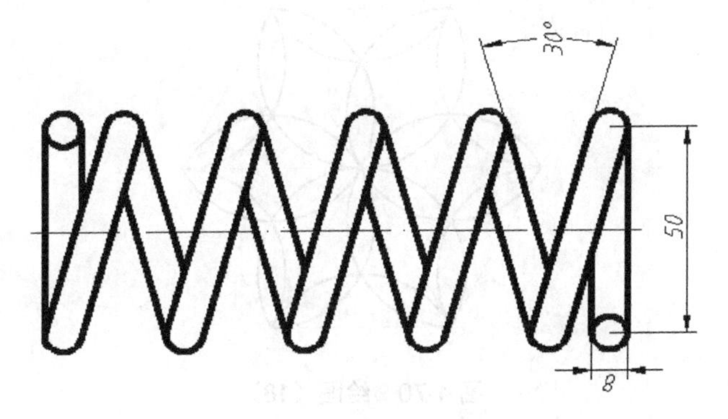

图 4-67　绘图（15）

16．点的定数等分、多段线、延伸、偏移、倒圆角、修剪：

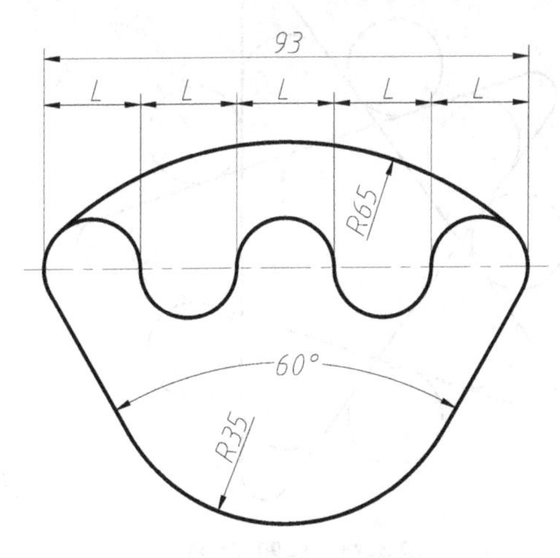

图 4-68　绘图（16）

17．阵列：

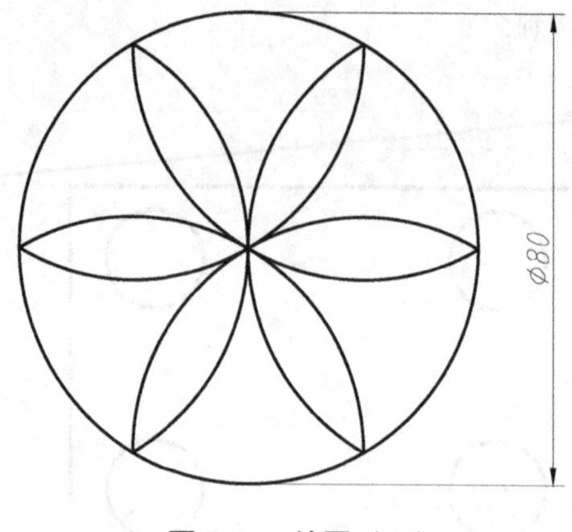

图 4-69 绘图（17）

18．阵列：

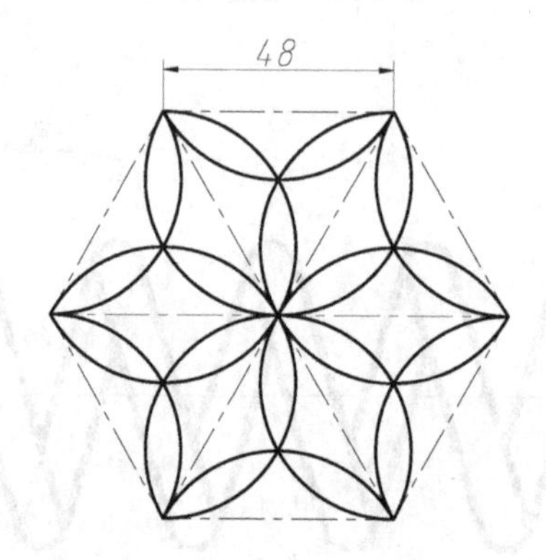

图 4-70 绘图（18）

19．正五边形、缩放、圆角、圆：

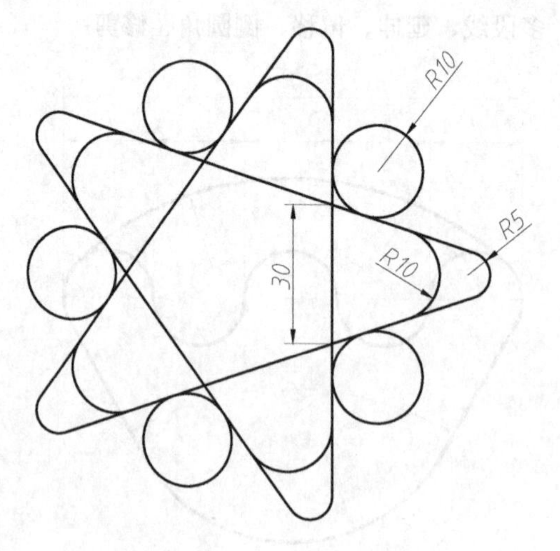

图 4-71 绘图（19）

20．正方形、镜像、偏移、阵列：

图 4-72 绘图（20）

21．圆、修剪、偏移、阵列：

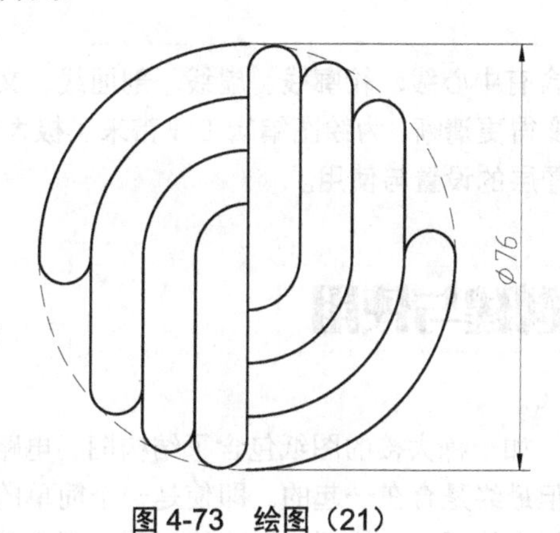

图 4-73 绘图（21）

22．正三角形、镜像、缩放：

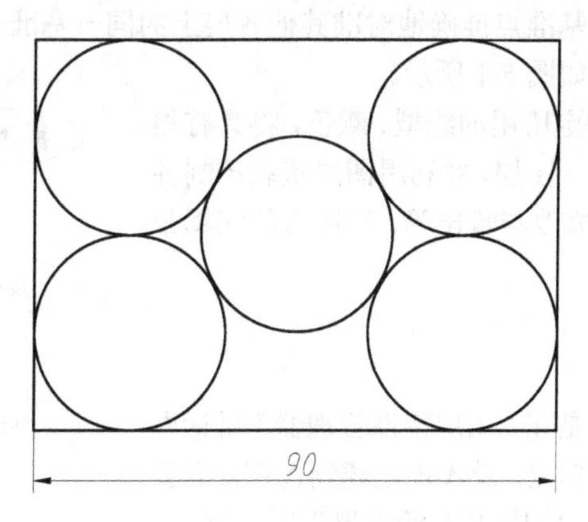

图 4-74 绘图（22）

第5章 图层的使用与管理

本章要点：

一张完整的图纸可能含有中心线、轮廓线、虚线、剖面线、文字说明及标题栏等，图层的引入使这些复杂的部分变得更清晰，为绘图编辑工作带来了极大的方便，通过本章的学习，要求学生能够熟练地掌握图层的设置与使用。

5.1 图层的创建与使用

图层其实是一个概念，如一栋大楼的图纸包含了结构图、电路图、水暖结构图等，每种图都有不同的设计和要求，但最终是合在一起的。即使是一个简单的机械图，为了绘图方便，也可以将其分为粗实线层、细实线层、虚线层、标注线层等，再将其合在一起。因此，可以把图层想象为一张没有厚度的透明纸，各层之间完全对齐，他们有相同的坐标、图形界限及显示时的缩放倍数，一层上的某一基准点准确地对准其他各层上的同一基准点。这些图层叠放在一起就构成了一幅完整的图形，如图5-1所示。

用户可以给每一图层指定所用的线型、颜色，将具有相同线型和颜色的对象放在同一图层，并利用图层状态控制各种图形信息是否显示、能否修改与输出等，给图形的编辑带来了很大的方便。

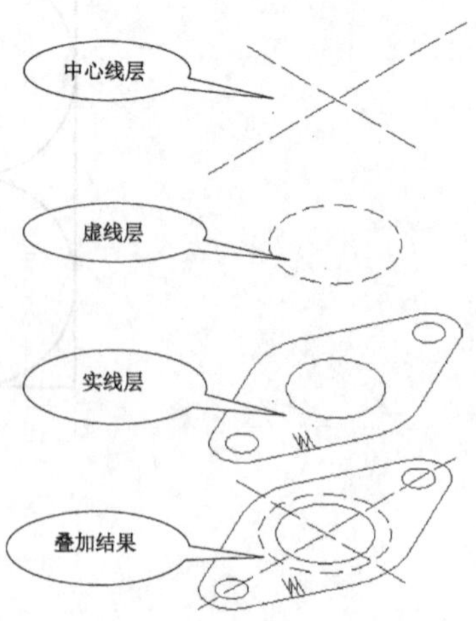

图5-1 图层与图形之间的关系

5.1.1 创建新图层

图层的管理、设置大都是在“图层特性管理器”对话框中完成的，要想利用图层的功能，就不能创建新图层。而要想创建新图层，必须先启用“图层特性管理器”对话框。

打开“图层特性管理器”对话框有以下三种方法。

（1）“格式”→“图层”命令。

（2）单击工具栏中的“图层特性管理器”按钮。

（3）输入命令：LAYER。

执行命令后，系统弹出“图层特性管理器”对话框，如图5-2所示。默认情况下，AutoCAD 2008自动创建一个名为“0”的图层，无法删除或重命名图层0。该图层有两种用途：一是确保每个图形至少包括一个图层；二是提供与块中的控制颜色相关的特殊图层。

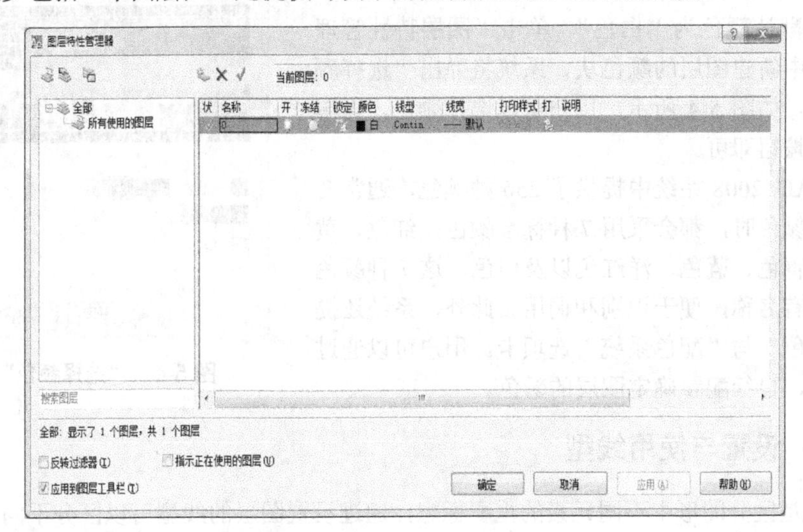

图5-2 “图层特性管理器”对话框

此时，单击“图层特性管理器”对话框中的“新建图层”按钮，图层列表框中将出现一个名称为“图层1”的新图层，并且带蓝色背景显示，如图5-3所示。此时直接在名称栏中输入“图层”的名称，按“Enter”键，即可确定新图层的名称。但需要注意的是，图层名最多可以包含255个字符（双字节字符或由字母和数字组成的字符），包括字母、数字、空格和几种特殊字符。图层名不能包含类似<、>、/、\、“、:、;、?、*、|、=、‘等字符。单击“冻结的新图层视口”按钮，也可以创建一个新图层，只是该图层在所有的视口中都被冻结。

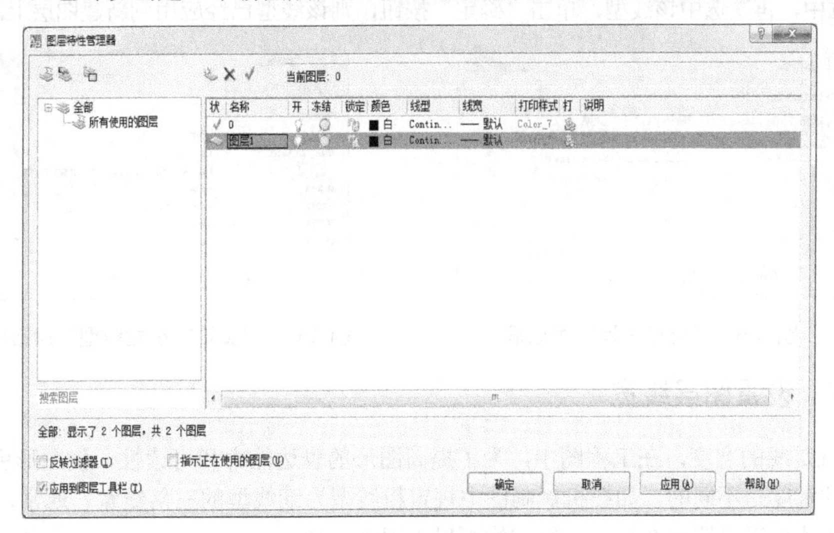

图5-3 新建图层

5.1.2 设置图层颜色

图形对象的不同组件、不同区域有着不同的功能，为了区分各个图层，在绘制图形时，可以通过设置图层的颜色来区分不同种类的图形对象，使每个图层都拥有自己的颜色，这样在绘制复杂图形时就很容易区分图形的各个部分，提高绘图效率。

图层的默认颜色为“白色”，单击“图层特性管理器”对话框中新建图层的颜色块，系统将弹出“选择颜色”对话框，如图 5-4 所示，用户可以选择颜色，再单击“确定”按钮即可。

AutoCAD 2008 系统中提供了 256 种颜色，通常在设置图层的颜色时，都会采用 7 种标准颜色：红色、黄色、绿色、青色、蓝色、洋红色以及白色。这 7 种颜色区别较大又有名称，便于识别和调用。此外，系统还提供了“真彩色”与“配色系统”选项卡。用户可以通过颜色的组合，自行配置确定图层的颜色。

图 5-4 “选择颜色”对话框

5.1.3 设置与使用线型

线型也是区分图形中不同元素的重要标志，通过设置图层的线型可以区分不同对象所代表的含义和作用，如用点画线来绘制图形的中心线，用虚线来绘制图形中的不可见部分的轮廓线等。系统默认的线型为连续线型“Continuous”，如果用户想改变线型，则可以在图层列表框中单击相应的线型名，如“Continuous”，在弹出的“选择线型”对话框中选中要选择的线型，如“CENTER”，单击“确定”按钮，就可以选中点画线，如图 5-5 所示。

如果“选择线型”对话框中“已加载的线型”列表框中依然没有我们需要的线型，如想要用虚线，则可以单击“加载”按钮，弹出“加载或重载线型”对话框，如图 5-6 所示，从当前线型库中选择需要加载的线型（如 BATTING），单击“确定”按钮。此时，该线型已经被加载到了“选择线型”对话框中，再次选中该线型，单击“确定”按钮，则该线型已经应用到新建图层上。

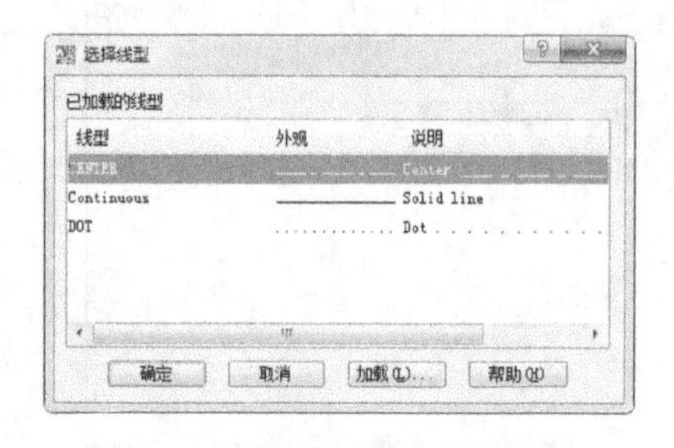

图 5-5 “选择线型”对话框

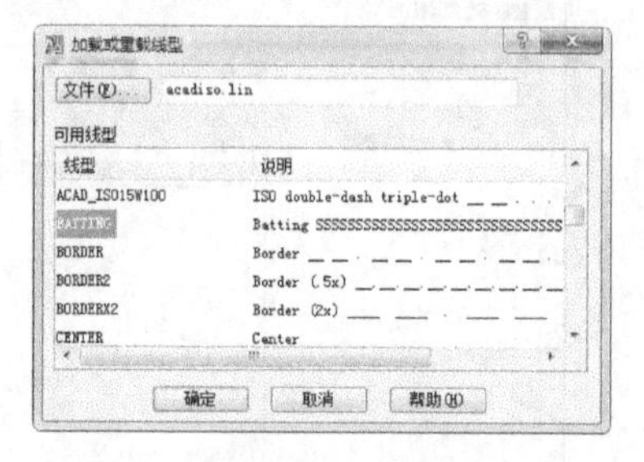

图 5-6 “加载或重载线型”对话框

5.1.4 设置图层线宽

线宽就是线的宽度，在工程图中，为了提高图形的表达能力和可读性，使图形更加清晰，不同线型的宽度是不同的，如在机械制图中规定粗线型为细线型的三倍线宽，通常，在 A4 图纸中，粗实线可以设置为 0.3mm，细实线可以设置为 0.13mm。

设置线宽时，可以直接单击“图层特性管理器”对话框中的新建图层的线宽块，系统将弹出“线宽”的对话框，如图 5-7 所示，用户可以上下拖动滑块，单击需要的线宽，再单击“确定”按钮即可。

此外，用户也可以执行“格式”→“线宽”命令，如图 5-8 所示，以弹出“线宽设置”对话框，对线的单位、是否显示线宽以及线宽的比例进行设置，使图形中的线宽按要求显示，如图5-9所示。

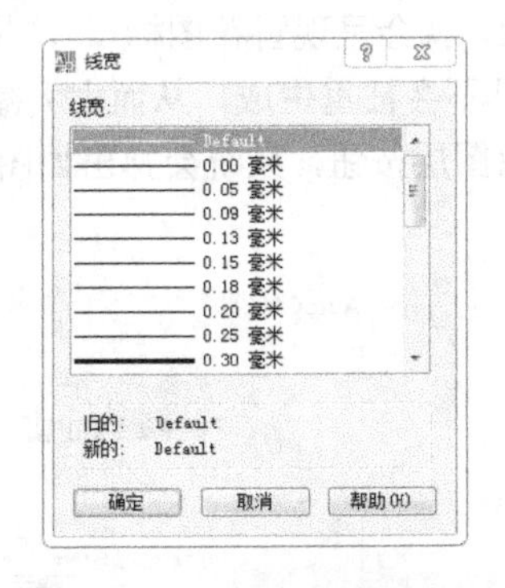

图5-7 “线宽”对话框

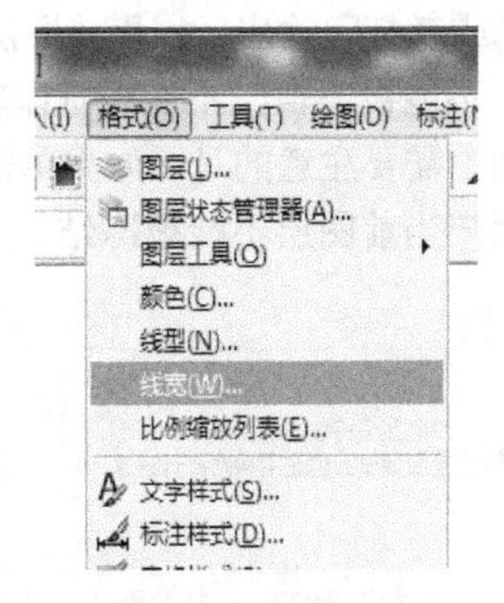

图5-8 线宽设置

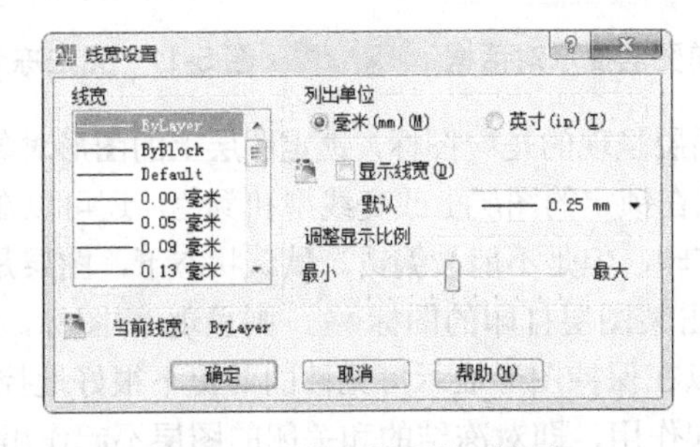

图5-9 “线宽设置”对话框

“列出单位”：用于设置线宽的单位，可以是毫米，也可以设置为英寸。

“显示线宽”：用于控制图形是否按真实宽度显示线宽，也可以单击状态栏中的线宽按钮来控制显示或者关闭线宽。

“默认”：用于设置默认的线宽值，即关闭显示线宽后，系统显示的线宽。

“调整显示比例”：用于调节线宽显示的比例，通过调整滑块，可以将线宽显示的比例调大或者缩小。

5.2 管理图层

图层全部建立完以后，在绘图过程中，仍需要对图层进行进一步的管理，如图层的切换、重命名图层、删除图层以及图层的过滤等。

5.2.1 设置图层的状态

一般来说，一个复杂的工程图可能有几十个甚至上百个图层，包含着大量的信息，用户可以通过控制图层状态，使图形的绘制、编辑等工作变得更加方便快捷。图层状态主要包括打开与关闭、冻结与解冻、锁定与解锁、打印与不打印等。

“打开与关闭”：当图层为打开状态时，该图层呈现图标，此时可以观察与编辑该图层上的内容；如果该图层是关闭的，则会呈现图标，此时该图层的内容是隐藏的、不可见的，而且不能编辑，不能打印输出，但是该图层仍然参加图形的运算。如果关闭当前层，则会弹出如

图 5-10 所示的提示对话框，要求用户确定是否关闭当前层。

“冻结与解冻”：当图层为解冻状态时，呈现的是小太阳图标，此时图层上的对象是可见的，可以被编辑或者打印输出；如果该图层是冻结的，就会呈现雪花图标，此时该图层上的对象全部隐藏，不能被编辑，不能被打印输出，而且不会被重生成，从而大大减少了复杂图形的重生成的时间。需要注意的是，如果单击冻结当前图层按钮，系统会弹出如图 5-11 所示的对话框，来提醒用户当前图层不能被冻结。

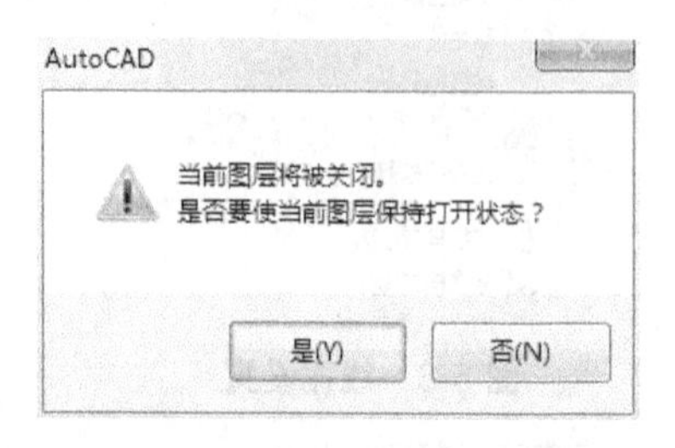

图 5-10　关闭当前图层提示对话框

图 5-11　无法冻结当前图层提示对话框

“锁定与解锁”：锁定图层呈现的是图标，锁定图层上的图形对象是可见的，用户可以在锁定图层上绘制图形，也可以在锁定的图层上改变线型和颜色，还可以在锁定的图层上使用查询命令和对象捕捉功能，可以打印，但是不能被编辑。默认状态下，图层是解锁的，呈现图标。

“打印与不打印”：单击某图层打印的图标，则呈现图标，表明该图层不会被打印，这种打印特性的设置就可以在保持图形显示可见性的前提下很好地控制该图层是否被打印。但是该功能只对可见的图层起作用，即对冻结的和关闭的图层不起作用。

5.2.2　切换当前层

系统默认的当前层为“0”图层，当用户准备在某个图层上绘图时，需要将该图层置为当前层。

1. 通过“图层特性管理器”对话框来设置

在“图层特性管理器”对话框中，在图层列表框中选择要设置为当前图层的图层，然后双击状态栏中的图标，或者双击状态栏中的名称，或单击“置为当前”按钮，使状态栏的图标变为当前图层图标，也可以右击要设置为当前图层的图层，执行“置为当前”命令，如图 5-12 所示。选择图层 3 为当前层，然后关闭对话框，在图层列表框中会显示当前图层的设置。

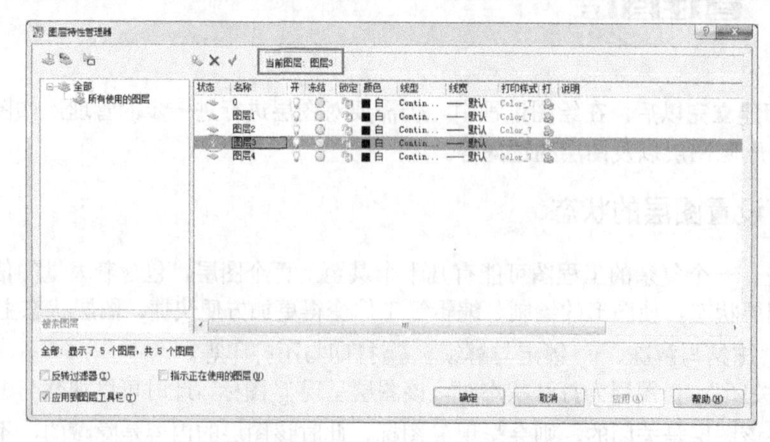

图 5-12　利用“图层特性管理器”对话框设置当前图层

2．通过图层工具栏来设置

在绘图界面单击图层工具栏中的下拉按钮，直接选择要设置为当前图层的图层即可，如图 5-13 所示，把“图层 4”设为当前图层。

图 5-13 设置当前图层

3．通过选定对象所在的图层来设置

在绘图窗口中，选择已经设置图层的对象，然后在“图层”工具栏中单击“将对象的图层设为当前图层”按钮，则该对象所在图层即可成为当前图层。

5.2.3 删除图层

当一个图形文件有太多的图层时，文件会比较大，因此，如果有些图层不需要，就可以删除它，方法是在“图层特征管理器”对话框中选中该图层后，单击“删除图层”按钮×，或者右击该图层，执行“删除图层”命令即可。

需要注意的是，在 AutoCAD 2008 中，只有没有被选定（即不处于工作状态）的空图层可以删除，有些图层是不能被直接删除的。

（1）0 图层和 defpoints 图层。（0 图层是 AutoCAD 的保留图层，defpoints 是和尺寸标注有关的参数图层，若做了尺寸标注，则此图层自动出现。）

（2）当前图层（也即处于当前工作状态的图层，即使是空图层，也不能删除）。

（3）依赖外部参照的图层（外部参照是 AutoCAD 绘制编辑过程中用不同方法调用了不属于本图的元素如插入外部图块、插入链接的图、表格、说明等）。

（4）包含对象的图层（也即含有绘制元素的图层，如了各种图线、文字、标注等）。

5.2.4 过滤图层组

1．特性过滤器

当绘制的图形对象比较复杂，或者一个文件里含有多张图纸时，图形对象中会有大量的图层，在切换图层绘制图形对象的过程中总会花费大量的时间去寻找需要的图层。为了节省时间，可以根据层的特征或特性对层进行分组，将具有某种共同特点的层过滤出来，如通过状态过滤、用层名过滤、用颜色和线型过滤等。

如图 5-14 所示，共有 33 个图层，要想寻找需要的那个图层是不容易的，可以新建一个特性过滤器，设置好条件，寻找图层就显得很容易了。

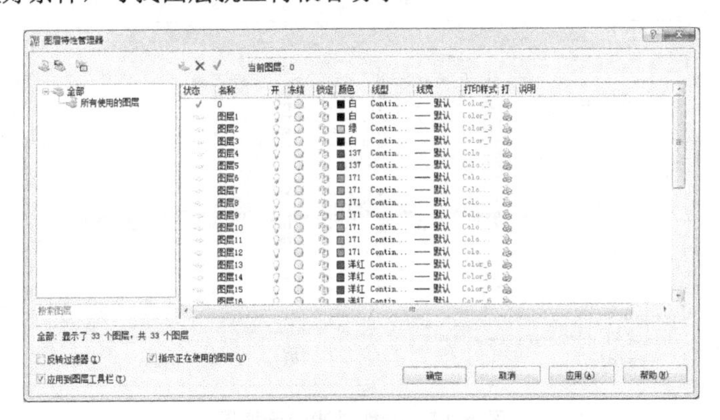

图 5-14 多图层展示

单击“图层特性管理器”对话框左上方的“新特性过滤器”按钮，此时系统弹出如图 5-15 所示的“图层过滤器特性”对话框。

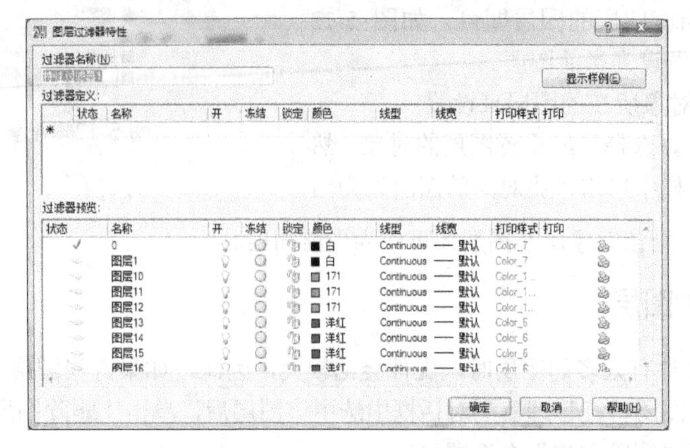

图 5-15 “图层过滤器特性”对话框

可以在“过滤器名称”文本框中直接输入过滤器的名称，如绿色图层，以便在设置多个过滤器的情况下方便寻找。此时单击颜色区域，将颜色设定为绿色，则所有绿色的图层都会显示，其他的图层将不显示，如图 5-16 所示。单击“确定”按钮，一个“绿色图层”过滤器就设置完毕了，如图 5-17 所示。如果选中“反转过滤器”复选框，则所有颜色为绿色的图层均不显示。

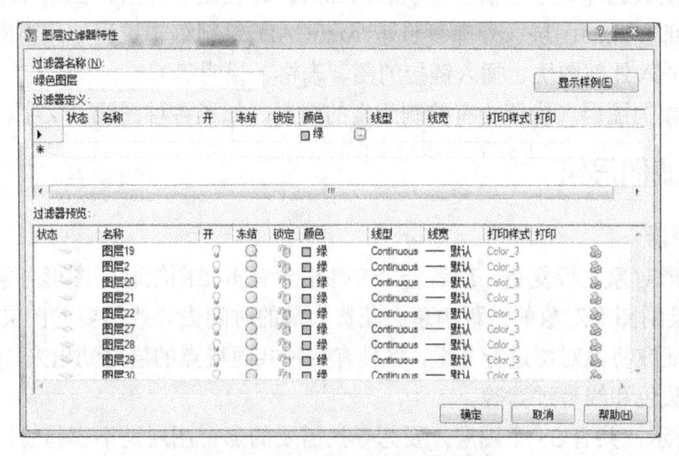

图 5-16 设置特性过滤器示意图

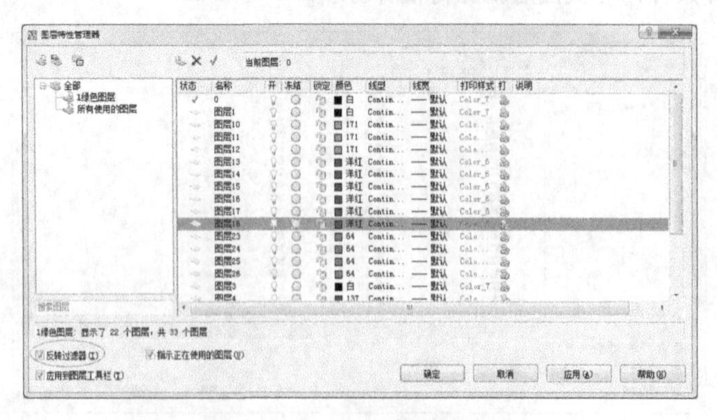

图 5-17 特性过滤器示意图

2．新建组过滤器

在 AutoCAD 2008 中，还可以通过“新组过滤器”来过滤图层。可在“图层特性管理器”对话框中单击“新组过滤器”按钮，并在对话框左侧过滤器树状列表中添加一个“组过滤器1”（也可以根据需要命名组过滤器，如“饰品组过滤器”）。在过滤器树中单击“所有使用的图层”节点或其他过滤器，显示对应的图层信息，然后将需要分组过滤的图层拖动到创建的“饰品组过滤器”上即可。

此外，还可以通过图形对象来将图形对象所在的图层放入“饰品组过滤器”之中。如图 5-18 所示，右击“饰品组过滤器”节点，执行“选择图层”→“添加”命令。

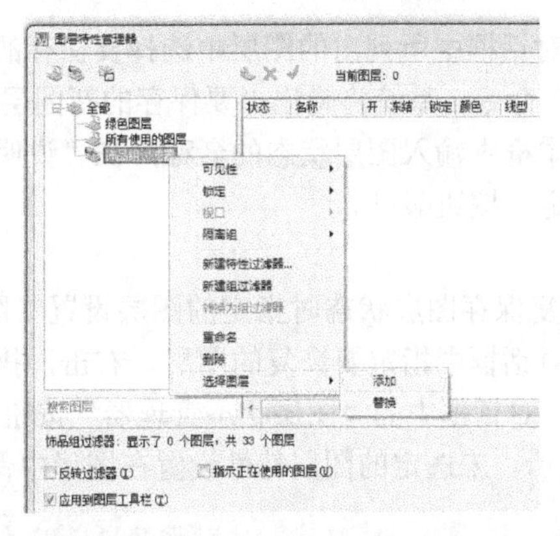

图 5-18　通过图形对象选择组过滤器组成图层

此时光标变成拾取框，系统提示如下：

将选定对象的图层添加到过滤器中...：找到 1 个

// 单击图形中的任意对象，该对象所属的图层就加入了“饰品组过滤器”

将选定对象的图层添加到过滤器中...：找到 1 个，总计 2 个　// 单击第 2 个对象

将选定对象的图层添加到过滤器中...：找到 1 个，总计 3 个　// 单击第 3 个对象

将选定对象的图层添加到过滤器中...：找到 1 个，总计 4 个　// 单击第 4 个对象

将选定对象的图层添加到过滤器中...：找到 1 个，总计 5 个　// 单击第 5 个对象

将选定对象的图层添加到过滤器中...：找到 1 个，总计 6 个　// 单击第 6 个对象

将选定对象的图层添加到过滤器中...：　// 按“Enter”键结束选择

此时“饰品组过滤器”的图层组成已经选定，如图 5-19 所示。

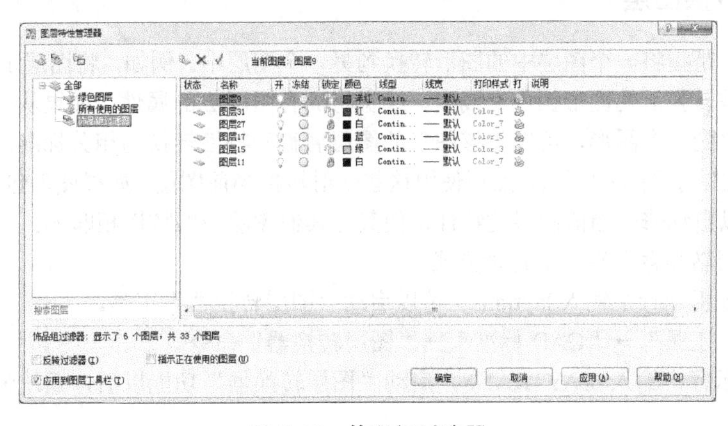

图 5-19　饰品组过滤器

5.2.5 保存与恢复图层状态

在绘图过程中，如果在更改了某个图层之后又希望回到初始状态，或者在完成图形不同阶段或打印过程中需要返回到所有图层的特定设置，保存图层设置会带来很大的方便。图层设置包括图层状态（如打开、冻结、锁定、打印和在新视口中自动冻结）以及图层特性（如颜色、线型、线宽和打印样式）。在命名图层状态中，可以选择要在以后恢复的图层状态和图层特性。例如，可以选择只恢复图形中图层的“冻结/解冻”设置，而忽略所有其他设置。恢复该命名图层状态时，除是冻结还是解冻每个图层之外，所有其他设置均保持当前设置。

1．保存图层状态

在“图层特性管理器”对话框中所列出的图层中选择要保存的图层，右击，在弹出的快捷菜单中执行“保存图层状态”命令，系统将弹出“要保存的新图层状态”对话框，如图 5-20 所示。在“新图层状态名”文本框中输入图层状态的名称，在“说明”文本框中输入与图层相关的简要说明文字，单击“确定”按钮即可。

2．恢复图层状态

恢复图层状态时，将恢复保存图层状态时指定的图层设置（图层状态和图层特性）。用户可以在“图层特性管理器”对话框中指定要恢复的图层，右击，执行“恢复图层状态”命令，或者单击“图层特性管理器”对话框中的“图层状态管理器”按钮，均可弹出“图层状态管理器”对话框，如图 5-21 所示。未选定的图层特性设置在图形中保持不变。

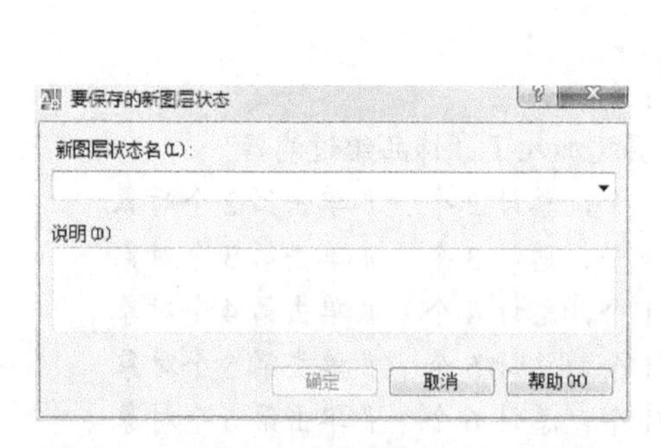

图 5-20 “要保存的新图层状态”对话框

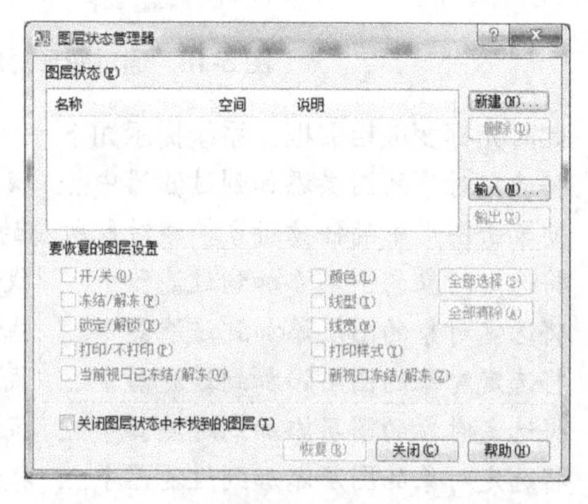

图 5-21 “图层状态管理器”对话框

5.2.6 转换图层

转换图层，是指将一个图层中的图形转换到另一个图层中。例如，将图层 1 中的图形转换到图层 2 中，被转换后的图形颜色、线型、线宽将拥有图层 2 的属性。如果从一家不遵循图层标准的公司接收到一个图形，可以将该图形的图层名称和特性转换为相关标准。可以将当前图形中使用的图层映射到其他图层，然后使用这些映射转换当前图层。如果图形包含同名的图层，图层转换器可以自动修改当前图层的特性，使其与其他图层中的特性相匹配。

启动“图层转换器”有以下几种方式。

（1）在命令提示行中输入 laytrans，可以启动“图层转换器”工具。

（2）执行“工具”→“CAD 标准”→“图层转换器”命令。

在命令提示行中输入 LAYTRANS，启动“图层转换器”功能以后，系统弹出对话框，如图 5-22 所示。

“转换自”：在当前图形中选择要转换的图层。图层名前的图标的颜色样式象征着此图层在图形中是否被参照。图标表示图层被参照；图标表示图层不被参照。在“转换自”列表框中右击，执行“清理图层”命令，可从当前图形中删除不参照的图层。

“转换为”：显示可将当前图形的图层转换为的图层名。

“加载”：单击“加载”按钮，系统弹出“选择图形文件”对话框，选择图形、图形样板或所指定的标准文件加载“转换为”列表框中的图层。若指定的文件包含保存过的图层映射，则那些映射将被应用到“转换自”列表框中的图层上，并且显示在“图层转换映射”列表框中。

用户可将多个文件中的图层加载。如果加载的文件包含与已加载图层同名称的图层，则保留原图层，自动忽略复制的图层。同样，如果加载的文件包含已加载复制映射的映射，则保留原映射而忽略复制的映射。

“新建”：新创建一个图层放在“转换为”列表况中用于转换。单击“新建”按钮，系统弹出“新图层”对话框，用户可以设定新图层的名称、线型、颜色、线宽以及打印样式，如图 5-23 所示。

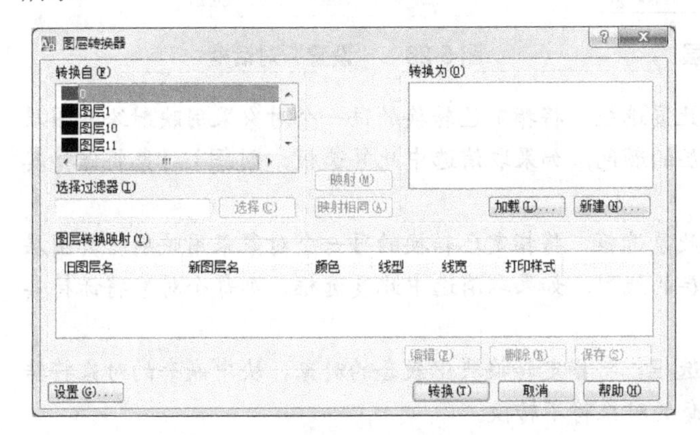

图 5-22 “图层转换器”对话框

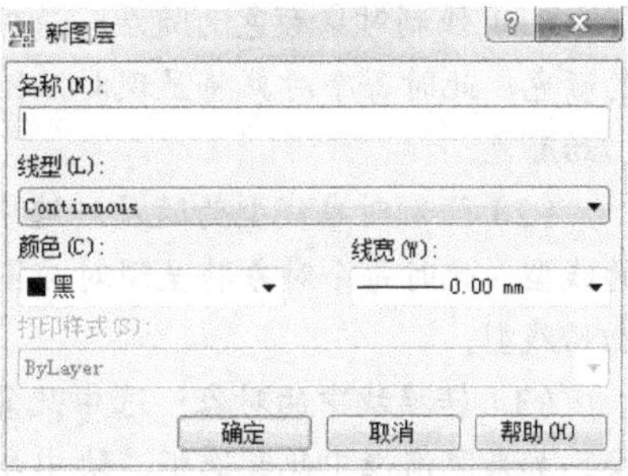

图 5-23 “新图层”对话框

“选择过滤器”：用于设置“转换自”列表框中显示哪些图层，在这里可以使用通配符。

“选择”：设置选择过滤器后，单击“选择”按钮将选择那些在“选择过滤器”文本框中指定的图层。

“映射”：映射“转换自”与“转换为”列表框中选择的图层，其映射关系将被添加到下面的“图层转换映射”列表框中。

“映射相同”：映射两个列表框中所有名称相同的图层，并将其映射关系添加到下面的“图层转换映射”列表框中。

“图层转换映射”列表框：列出前面设置的图层映射关系，如图 5-24 所示。

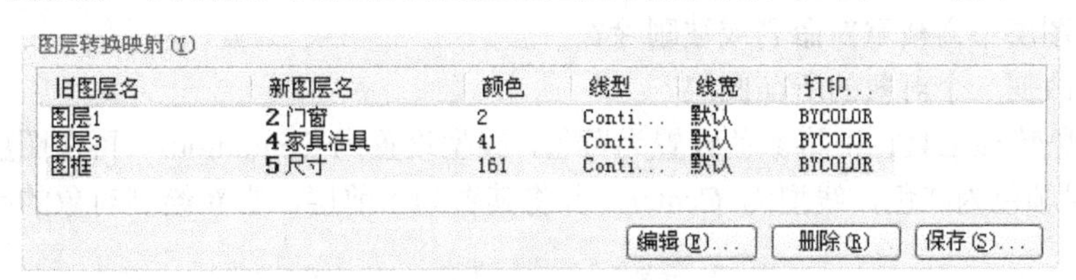

图 5-24 图层转换映射关系示意图

此外，一旦创建了图层转换映射并选择了该列表中的图层，其下的“编辑”、“删除”与“保存”按钮将变为有效。

（1）编辑：编辑选定的图层。弹出“编辑图层”对话框，编辑图层特性，包括线型、颜色、线宽、打印样式，如图 5-25 所示。

（2）删除：删除选定的图层映射。

（3）保存：将当前图层转换映射，以 DWG 或 DWT 格式保存为一个文件供以后使用。可以替换现有文件，也可创建一个新文件。“图层转换器”可在文件中创建参照图层并在每一个图层中存储图层映射。那些图层使用的所有线型也一同被复制到文件中。

“转换”：单击该按钮将开始对建立映射的图层进行转换。

“设置”：单击“设置”按钮，系统弹出“设置”对话框，如图 5-26 所示。

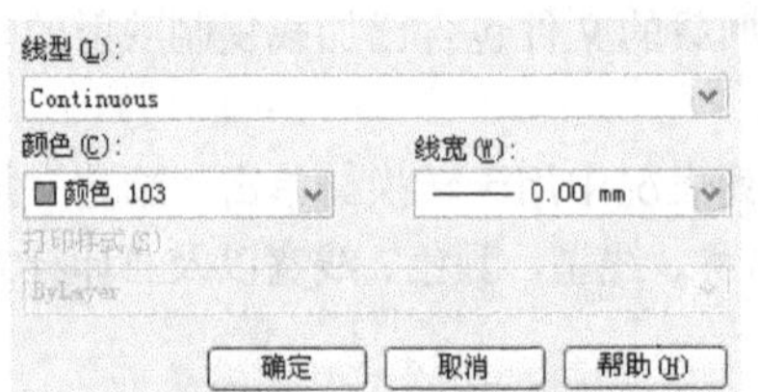

图 5-25　编辑图层

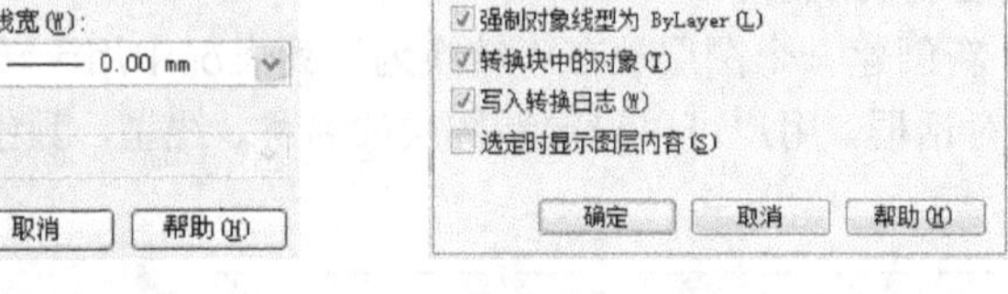

图 5-26　“设置”对话框

（1）强制对象颜色为随层：选中此复选框，将指定已转换的每一个对象采用映射给其图层的颜色，此时每个对象将呈现对应图层的颜色。如果取消选中此复选框，则每个对象将保持其初始颜色。

（2）强制对象线型为随层：选中此复选框，将指定已转换的每一个对象采用映射给其图层的线型，此时每个对象将呈现对应图层的线型。如果取消选中此复选框，则每个对象将保持其初始线型。

（3）转换块中的对象：选中此复选框，将指定转换块中嵌套的对象，块中嵌套的对象将转换。如果取消选中此复选框，块中嵌套的对象将不转换。

（4）选定时显示图层内容：选中此复选框，将只在绘图区域中显示那些在“图层转换器”对话框中选择的图层。如果取消选中此复选框，则将显示图形中的所有图层。

◎习　题

一、简答题

1．冻结和关闭图层的区别是什么？如果希望某图线显示又不希望该线条被修改，应如何操作？

2．哪个图层不会被重新命名或被删除？

3．如何改变一个对象的所在图层？

4．在对象特性工具栏中将颜色设置为黄色，线型设置为 Contunious。再在图层特性管理器中设置某图层颜色为红色，线型为 Center，并将其置为当前层，则新绘制对象的颜色和线型是什么？

5．可以“保存、恢复和管理命名图层状态”的工具是什么？

6．在绘制图形时，如果发现某一图形没有绘制在预先设置的图层上，应怎样进行纠正？

二、绘图题

1．按要求建立以下图层。

层名	颜色	线型	线宽
粗线层	黑色	连续线	0.7
细线层	蓝色	连续线	0.35
中心线层	红色	点画线	0.35
虚线层	品红色	虚线	0.35
标注层	绿色	连续线	0.35

2．在不同的层里各画一条长 100 的线段，如图 5-27 所示。

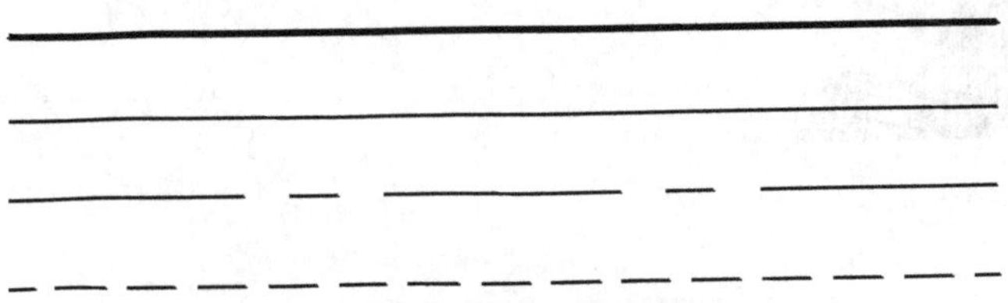

图 5-27 各种形式的线段

第6章 文字与表格

本章要点：

文字与表格是工程图中不可缺少的部分，通过本章的学习，要求学生能够熟练地掌握单行文字与多行文字的输入与编辑、表格的创建与管理，熟悉常用的文字控制符的命令。

在用 AutoCAD 设计和绘制图形的实际工作中，文字是重要的图形元素，是不可缺少的组成部分。在一个完整的图样中，必须加注一些文字注释来标注图样中的一些非图形信息，如机械工程图形中的技术要求、装配说明，以及工程制图中的材料说明、施工要求等，来增加图形的可读性，使图形本身不易表达的内容与图形信息变得准确和容易理解。另外，在 AutoCAD 2008 中，使用表格功能可以创建不同类型的表格，还可以在其他软件中复制表格，以简化制图操作。

6.1 创设文字样式

6.1.1 创建文字样式的方法

在 AutoCAD 中，所有文字都有与之相关联的文字样式。用户可以使用系统默认的当前的文字样式，也可以根据具体的绘图要求重新设置文字样式或创建新的样式。

启用“文字样式”功能有以下两种方法。

（1）执行“格式”→“文字样式”命令。

（2）在命令提示行中直接输入命令：STYLE。

启用“文字样式”功能后，系统弹出“文字样式”对话框，如图 6-1 所示。

“置为当前”：将在“样式”列表框中选择的文字样式设置为当前文字样式。

“新建”：创建一种新的文字样式。

“删除”：用来删除在“样式”列表框选择的文字样式，但不能删除当前文字样式，以及已经用于图形中文字的文字样式。

“应用”：当用户新建一种文字样式，并做了一些设置，或者修改一种文字样式的某些参数后，该按钮变为有效，单击该按钮，可使设置生效，并将所选文字样式设置为当前文字样式。

此时的“取消”按钮将变为“关闭”按钮。

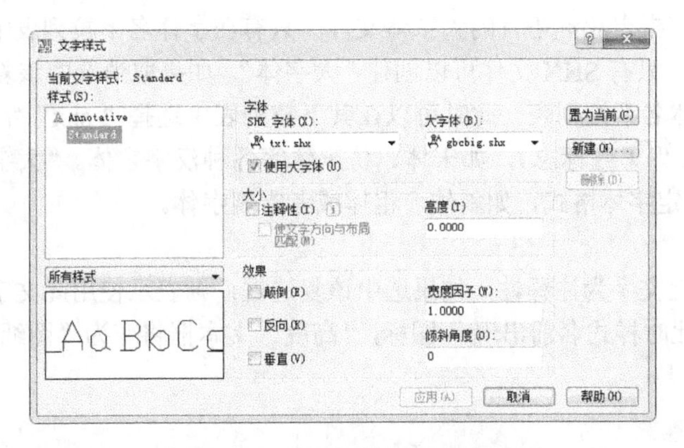

图 6-1 “文字样式”对话框

AutoCAD 2008 默认的文字样式为 Standard，字体为 txt.shx，大字体，高度为 0，宽度因子设为 1。如果在绘图前没有进行文字样式的设置而直接进行文字标注，则系统将默认使用 Standard 文字样式。如果要创设新的文字样式，则可以单击该对话框中的“新建”按钮，弹出“新建文字样式”对话框，如图 6-2 所示，在“样式名”文本框中输入文字样式的名称，如“图形说明”。但名称最长不能超过 255 个字符，名称中可包含字母、数字和特殊字符，如下画线“_”和连字符“-”。如果不输入文字样式名，将自动把文字样式命名为“样式 N”，其中 n 是从 1 开始的整数。

单击“确定”后，返回“文字样式”对话框，左边的样式列表框中出现“图形说明”的文字样式，此时可以对“图形说明”样式进行一系列的设置，如“字体”、“高度”等，如图 6-3 所示，单击“置为当前”按钮，使该文字样式成为当前样式，然后单击“应用”按钮，单击“关闭”按钮，保存样式。

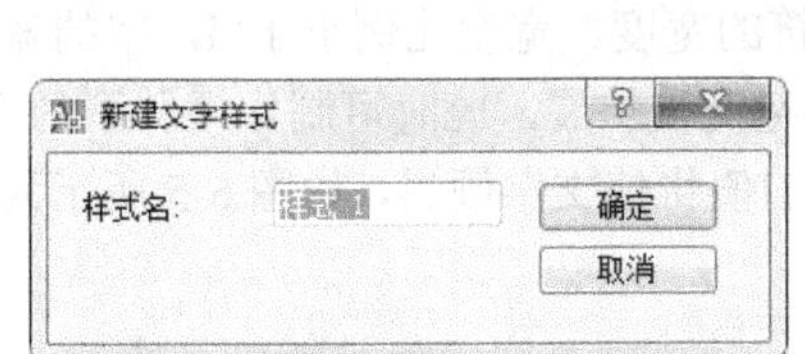

图 6-2 “新建文字样式”对话框

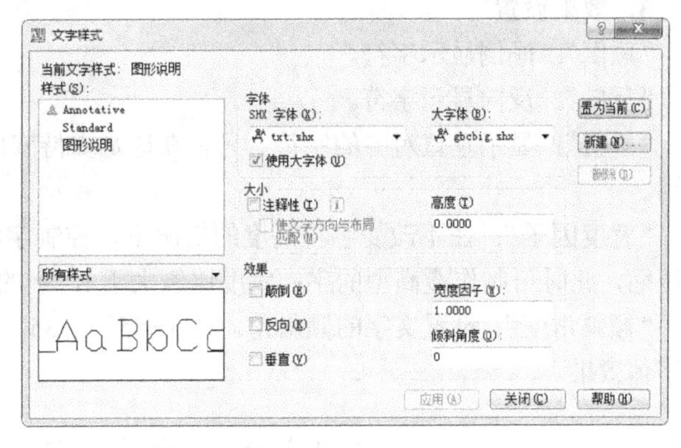

图 6-3 设置“文字样式”

6.1.2 文字样式中各选项的设置

文字样式包括文字的“字体”、“字形”、“高度”、“宽度因子”、“倾斜角度”、“反向”、“颠倒”以及“垂直”等参数。

1．字体设置

“SHX 字体（X）”：通过此下拉列表可以选择文字样式的字体类型。默认情况下，☑使用大字体(U) 复选框是选中的，系统只提供扩展名为“.shx”的字体文件。

"大字体"：为亚洲语言设计的大字体文件。

"使用大字体"：指定亚洲语言的大字体文件。只有在字体名下拉列表中指定 SHX 文件，才能使用"大字体"。只有 SHX 文件可以创建"大字体"。如果取消选中该复选框，"SHX 字体"下拉列表将变为字体名下拉列表，此时可以在其下拉列表中选择".shx"字体或"TrueType 字体"（字体名称前有"T"标志），如宋体、仿宋体等各种汉字字体。"大字体"也变为"字体样式"，用户可以指定字体格式，如斜体、粗体或者常规字体。

2．大小设置

"注释性"：指定文字为注释性，如果选中该复选框，则表示使用此文字样式创建的文字支持使用注释比例，此时样式名前出现图标，"高度"文本框将变为"图纸文字高度"文本框，如图 6-4 所示。

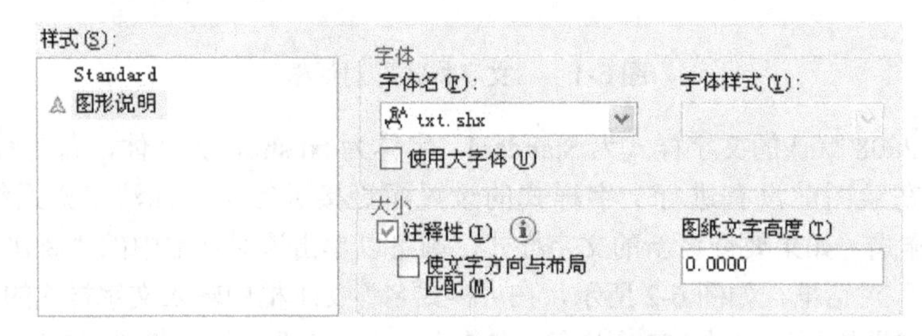

图 6-4　选择注释性的变化示意图

"使文字方向与布局匹配"：指定图纸空间视口中的文字方向与布局方向匹配。如果取消选中"注释性"复选框，则该复选框不可用。

高度或图纸文字高度：根据输入的值设置文字高度。输入大于 0 的高度将自动为此样式设置文字高度。如果输入 0，则在创建单行文字时，必须设置文字高度；而在创建多行文字或作为标注文本样式时，文字的默认高度均被设置为 2.5。

3．效果设置

"颠倒"：颠倒显示字符。

"反向"：反向显示字符。

"垂直"：显示垂直对齐的字符。只有在选定支持双向的".shx"字体时，"垂直"复选框才可用。

"宽度因子"：在不改变字符高度的情况下，控制字符的宽度。宽度比例小于 1，字的宽度被压缩，此时可制作瘦高型的字；宽度比例大于 1，字的宽度被扩展，此时可制作矮胖型的字。

"倾斜角度"：设置文字的倾斜角。输入−85°～85°的值将使文字倾斜，如图 6-5 所示为各种字体效果。

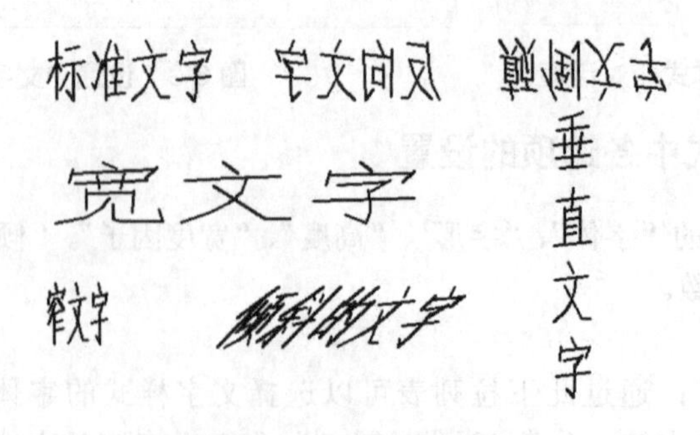

图 6-5　各种文字的效果

此外，在“文字样式”对话框的左下方，有一个“预览”显示区。在“预览”显示区中，随着字体的改变和效果的修改，动态显示文字样例如图 6-6 所示。

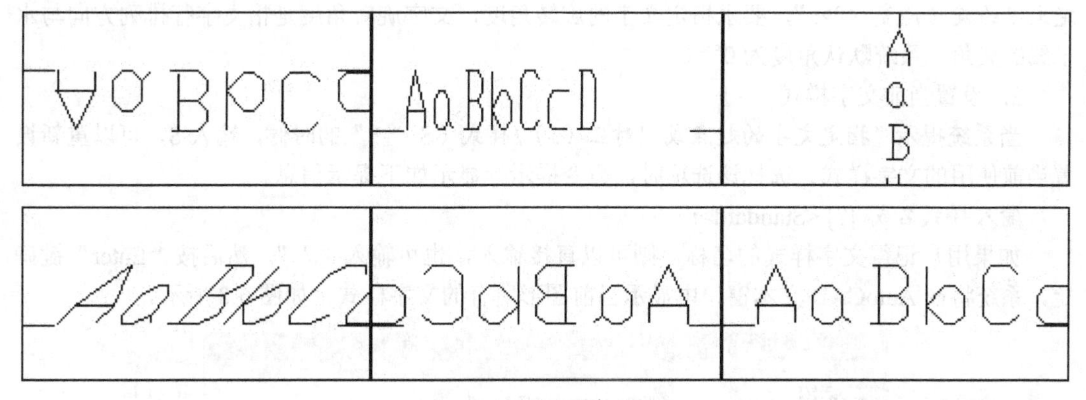

图 6-6 “预览”显示

6.2 创建与编辑单行文字

6.2.1 创建单行文字

在对图形文件进行简短的说明或者用字符标记图形对象的某个位置时，可使用“Text”或“Dtext”命令创建单行文字。单行文字可以为一行或几行文字，但每行文字都是一个独立的对象，用户可以对这些文字进行重定位、调整格式或其他修改。

启用“单行文字”功能有以下几种方式。

（1）在二维草图与注释工作空间中，选择“常用”面板，单击“多行文字”图标，选择“单行文字”选项。

（2）输入命令：Text 或 Dtext。

（3）在经典工作空间中执行“绘图”→“文字”→“单行文字”。

（4）调用文字工具栏，单击单行文字 AI 图标。

启动“单行文字”功能后，命令提示行提示如下：

命令: _dtext

当前文字样式: “Standard” 文字高度: 2.5000 注释性: 否

指定文字的起点或 [对正（J）/样式（S）]:

1．指定文字的起点

默认情况下，AutoCAD 将用户所指定的起点作为输入文字的第一个字的左下角点。AutoCAD 系统为文字定义了顶线、中线、基线和底线用以确定文字的位置，但是默认指定单行文字行基线的起点位置创建文字，如图 6-7 所示。

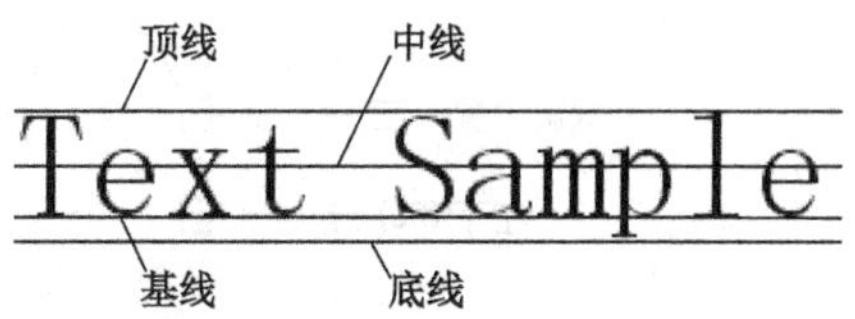

图 6-7 文字标注参考线示意图

单击一点确定好文字的起点后，如果当前文字样式的高度设置为系统默认的“0”，倾斜角度也保持系统默认的“0”，系统将提示“指定高度<2.5000>:”，要求用户指定文字的高度，否则不显示该提示信息，而使用“文字样式”对话框中设置的文字高度。用户可以直接输入文字的高度，也可以在屏幕上单击拾取。如果用户直接按“Enter”键，则系统将文字高度默认为2.5。系统会继续提示“指定文字的旋转角度 <0>:”，要求指定文字的旋转角度，文字旋转角度是指文字行排列方向与水平线的夹角，系统默认角度为0°。

2．设置当前文字样式

当系统提示“指定文字的起点或［对正（J）/样式（S）]:”的时候，输入S，可以重新设置当前使用的文字样式。选择该选项时，命令提示行显示如下提示信息。

输入样式名或 [?] <Standard>:

如果用户记得文字样式的名称，则可以直接输入，也可输入“？”，然后按“Enter”键确定，系统将在AutoCAD文本窗口中显示当前图形所有的文字样式，如图6-8所示。

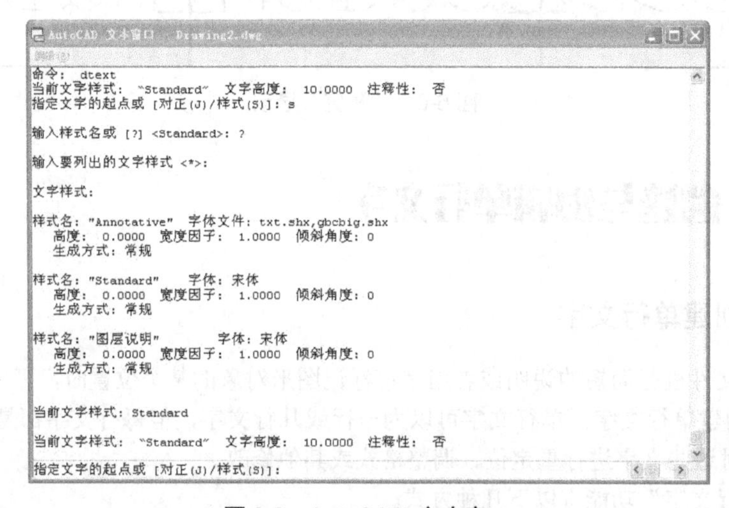

图6-8 AutoCAD 文本窗口

3．设置对正方式

当系统提示“指定文字的起点或［对正（J）/样式（S）]:”的时候，输入J，可以设置文字的排列方式。此时命令提示行显示如下提示信息。

输入选项

[对齐（A）/布满（F）/居中（C）/中间（M）/右对齐（R）/左上（TL）/中上（TC）/右上（TR）/左中（ML）/正中（MC）/右中（MR）/左下（BL）/中下（BC）/右下（BR）]:

在AutoCAD 2008中，系统为文字提供了多种对正方式，如图6-9所示。

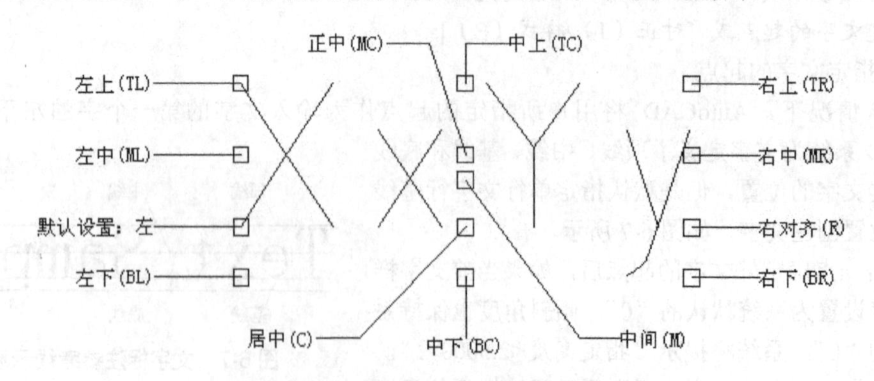

图6-9 文字的对正方式

“对齐”：用于指定输入文字基线的起点和终点，使文字的高度和宽度可自动调整，使文字均匀分布在两点之间。

“布满”：用于指定输入文字基线的起点和终点，文字高度保持不变，使输入的文字宽度自由调整，均匀分布在两点之间。“对齐”与“布满”之间的区别如图 6-10 所示，同样是长 100、宽 25 的距离，两者呈现很大的区别。

图 6-10 对齐与布满的区别

“居中”：从基线的水平中心对齐文字，此基线是由用户给出的点指定的。

旋转角度是指基线以中点为圆心旋转的角度，它决定了文字基线的方向。可通过指定点来决定该角度。文字基线的绘制方向为从起点到指定点。如果指定的点在圆心的左边，则绘制出倒置的文字。

“中间”：用于指定一点，把该点作为文字中心和高度中心，输入字体高度和旋转角度。“中间”选项与“居中”选项不同，“中间”选项使用的中点是所有文字包括下行文字在内的中点。

“右”：在由用户给出的点指定的基线上右对正文字。

“左上”：在指定为文字顶点的点上左对正文字。

“中上”：以指定为文字顶点的点居中对正文字。

“右上”：以指定为文字顶点的点右对正文字。

“左中”：在指定为文字中间点的点上靠左对正文字。

“正中”：在文字的中央水平和垂直居中对正文字。

“右中”：以指定为文字的中间点的点右对正文字。

“左下”：以指定为基线的点左对正文字。

“中下”：以指定为基线的点居中对正文字。

“右下”：以指定为基线的点靠右对正文字。

6.2.2 使用文字控制符

一些特殊字符的输入，如在文字上方或下方添加画线、标注度（°）、±、ф等符号，要通过控制码来实现。在 AutoCAD 中是不能直接输入的，因此 AutoCAD 提供了相应的控制符，以实现这些标注要求，如表 6-1 所示，每个代码是由“%%”与一个字符组成的。

在 AutoCAD 的控制符中，%%O 和%%U 分别是上画线与下画线的开关。第 1 次出现此符号时，可打开上画线或下画线，第 2 次出现该符号时，则会关闭上画线或下画线。

表 6-1　特殊字符的代码

输入控制符	功能或对应字符	输入效果
%%O	打开或关闭文字上画线	上画线
%%U	打开或关闭文字下画线	下画线
%%D	标注度（°）符号	90°
%%P	标注正负公差（±）符号	±100
%%C	标注直径（φ）符号	80
%%%	百分号“%”	0.98
\U+2220	角度符号“∠”	∠A
\U+2248	几乎相等“≈”	X≈A
\U+2260	不相等“≠”	A≠B
\U+00B2	上标 2	X^2
\U+2082	下标 2	X_2
\U+00B3	上标 3	X^3

6.2.3　编辑单行文字

单行文字可进行单独编辑，编辑单行文字包括编辑文字的内容、对正方式及缩放比例，如果只是修改单行文字的内容，则可以单击要修改的文字内容，进入文字编辑状态，此时可以对文字的内容进行修改，如图 6-11 所示。

如果用户不仅需要修改文字的内容，还要修改文字的特性，如对正方式及缩放比例等，则可以通过执行“修改”→“对象”→“文字”命令进行设置，如图 6-12 所示。

左键双击进入编辑状态

图 6-11　编辑文字状态

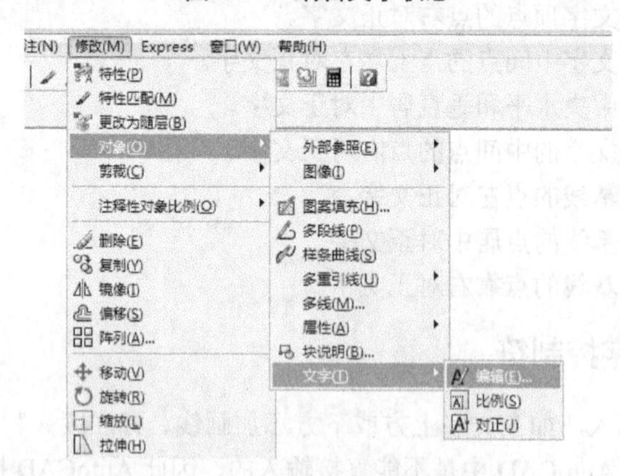

图 6-12　编辑文字

“编辑”：执行该命令，然后在绘图窗口中单击需要编辑的单行文字，进入文字编辑状态，可以重新输入文本内容。

“比例”：执行该命令，然后在绘图窗口中单击需要编辑的单行文字，系统将提示用户输入缩放的基点（默认为“现有”，即左对齐），然后要求用户指定新高度、匹配对象（M）或缩放比例（S）。

命令：_scaletext　　　　　　　　　　　　// 启动比例功能
选择对象：找到 1 个　　　　　　　　　　// 选择编辑对象
选择对象：　　　　　　　　　　　　　　// 按“Enter”键确定选择
输入缩放的基点选项
[现有（E）/左对齐（L）/居中（C）/中间（M）/右对齐（R）/左上（TL）/中上（TC）/右上（TR）/左中（ML）/正中（MC）/右中（MR）/左下（BL）/中下（BC）/右下（BR）] <现有>:
　　　　　　　　　　　　　　　　　　　// 按“Enter”键选择系统默认设置
指定新模型高度或 [图纸高度（P）/匹配对象（M）/比例因子（S）] <2.5>:

“对正”：执行该命令，然后在绘图窗口中单击需要编辑的单行文字，此时可以重新设置文字的对正方式。

【例 6-1】 将图 6-13 中的“AutoCAD2008”改为右对齐，仔细比较前后的变化。

命令：_justifytext　　　　　　　　　// 启动对正功能
选择对象：找到 1 个　　　　　　　　// 选择编辑对象
选择对象：　　　　　　　　　　　　　// 按“Enter”键确定选择

图 6-13　修改文字对正方式

输入对正选项
[左对齐（L）/对齐（A）/布满（F）/居中（C）/中间（M）/右对齐（R）/左上（TL）/中上（TC）/右上（TR）/左中（ML）/正中（MC）/右中（MR）/左下（BL）/中下（BC）/右下（BR）] <左对齐>:　r
　　　　　　　　　　　　　　　// 选择右对齐，按“Enter”键结束命令

6.3　创建与编辑多行文字

当用户需要对施工图做文字内容较长、较复杂的说明时，可以使用“Mtext”命令进行多行文字标注。多行文字又称为段落文字，它是由任意数目的文字行或段落所组成的，但同一个多行文字编辑任务中的所有文字行或段落将被视为同一个多行文字对象，可以移动、旋转、删除、复制、镜像、拉伸或比例缩放多行文字对象。

6.3.1　创建多行文字

启用“多行文字”功能有以下几种方式。

（1）在二维草图与注释工作空间中选择“常用”面板，选择“多行文字”选项。

（2）输入命令：mtext。

（3）在经典工作空间中执行“绘图”→“文字”→“多行文字”命令。

（4）调用文字工具栏，单击行文字图标。

启动“多行文字”功能后，光标变成如图 6-14 所示的形状，并在命令提示行中提示用户“指定第一个角点:”，任意指定一点后，屏幕出现如图 6-15 所示的矩形窗口，并在命令中提示行提示“指定对角点或 [高度（H）/对正（J）/行距（L）/旋转（R）/样式（S）/宽度（W）/栏（C）]:”

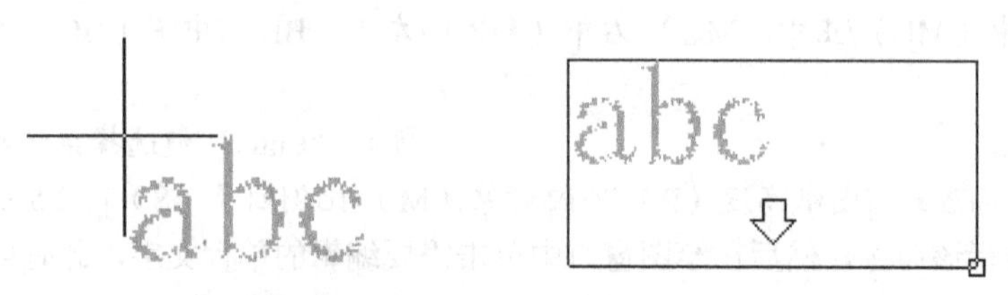

图 6-14　光标形状　　　　图 6-15　拖动鼠标过程

“高度（H）”：设定多行文字的高度。

“对正（J）”：设定多行文字的对齐方式。

“行距（L）”：设定多行文字的行间距。

“旋转（R）”：设定多行文字与 X 轴正方向的夹角，不是单个文字的倾斜，而是多行文字整体的倾斜。

“样式（S）”：设定多行文字的文字样式。

“宽度（W）”：设定多行文字的宽度。

“栏（C）”：设定多行文字是否分栏。

1．输入文字

确定好对角点之后，系统弹出“文字格式”对话框，如图 6-16 所示。其中，下半部分，即带着标尺的区域为文字输入区域，用户可在此输入文字。

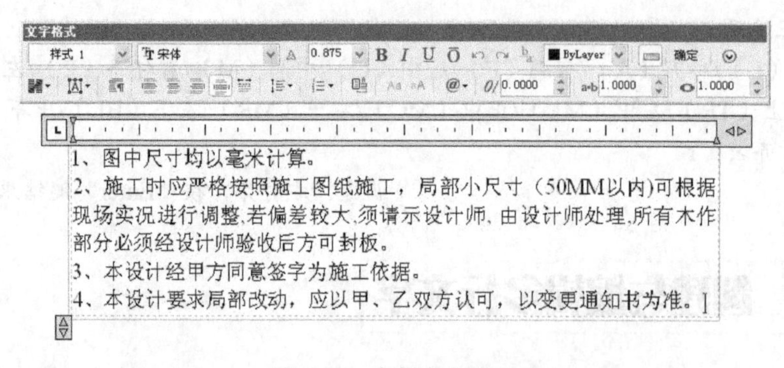

图 6-16　多行文字输入

此外，在文字区域中右击，从弹出的快捷菜单中执行“输入文字”命令，可以将其他文字编辑器中创建的文字内容直接导入到当前的图形中。

2．设置多行文字的宽度、高度及段落

右击标尺的任何部分，系统将弹出如图 6-17 所示的可选命令，用户可以设置多行文字的高度、宽度和段落。

执行“段落”命令，系统弹出“段落”对话框，如图 6-18 所示，用户可以设置制表位的位置，单击“添加”按钮，还可以设置新的制表位，并通过输入数值而精确定义制表位的位置。单击“删除”按钮可以删除制表位。

在“段落”对话框的右侧区域，用户可以通过缩进来设置首行、段落的左缩进的位置和段落的右缩进的位置。在“段落”对话框的下半部分，用户可以设置段落的对齐方式以及行间距。

在快捷菜单中执行“设置多行文字宽度”或者“设置多行文字高度”命令，系统将弹出对应的对话框，如图 6-19 所示，输入宽度或者高度的数值，单击“确定”按钮即可完成设定。

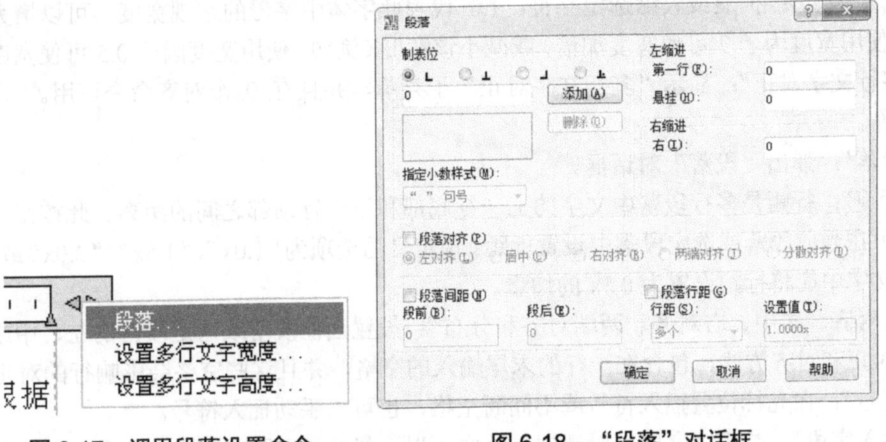

图 6-17 调用段落设置命令　　图 6-18 “段落”对话框

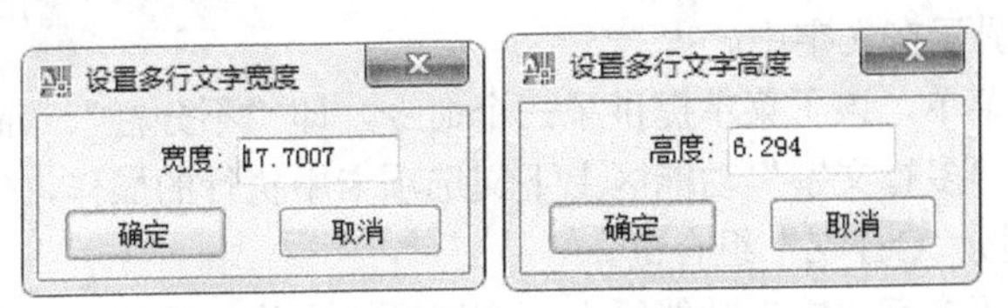

图 6-19 设置多行文字的宽度、高度

3．设置文字格式

AutoCAD 提供了文字格式编辑器，给予了用户大量的工具来设置编辑文字的格式，如图 6-20 所示。

图 6-20 文字格式编辑器

编辑器中各工具及参数如下。

“样式”：向多行文字对象应用文字样式。默认情况下，“标准”文字样式处于活动状态。

“注释性”：打开或关闭当前多行文字对象的“注释性”。

“文字高度”：按图形单位设置新文字的字符高度或修改选定文字的高度。

“粗体”：打开和关闭新文字或选定文字的粗体格式。

“斜体”：打开和关闭新文字或选定文字的斜体格式。

“下画线”：打开和关闭新文字或选定文字的下画线。

“上画线”：为新建文字或选定文字打开或关闭上画线。

“字体”：为新输入的文字指定字体或改变选定文字的字体。

“颜色”：指定新文字的颜色或更改选定文字的颜色。

“倾斜角度”：确定文字是向前倾斜还是向后倾斜。倾斜角度表示的是相对于 90° 方向的偏移角度。输入一个-85～85 的数值可使文字倾斜。倾斜角度的值为正时，文字向右倾斜。倾斜角度的值为负时，文字向左倾斜。

“追踪”：增大或减小选定字符之间的空间。设置为 1.0，表示为常规间距，设置为大于 1.0 的值可增大间距，设置为小于 1.0 的值可减小间距。

“宽度因子”：扩展或收缩选定字符。1.0 代表此字体中字母的常规宽度。可以增大该宽度（例如，使用宽度因子 2 可使宽度加倍）或减小该宽度（例如，使用宽度因子 0.5 可使宽度减半）。

“多行文字对正”：显示“多行文字对正”子菜单，并且有 9 个对齐命令可用。“左上”为默认设置。

“段落”：弹出“段落”对话框。

“行距”：行距是多行段落中文字的上一行底部和下一行顶部之间的距离。此按钮显示建议的行距可在当前段落或选定段落中设置行距。预定义的选项为“1.0x”、“1.5x”、“2.0x”或“2.5x”，在多行文字中应将行距设置为 0.5x 的增量。

“左对齐、居中、右对齐、两端对齐和分布”：设置当前段落或选定段落的左、中或右文字边界的对正和对齐方式，包含在一行的末尾输入的空格，并且这些空格会影响行的对正。

“符号”：在光标位置插入符号或不间断空格，也可以手动插入符号。

“插入字段”：弹出“字段”对话框，从中可以选择要插入到文字中的字段。关闭该对话框后，字段的当前值将显示在文字中。

“栏数”：弹出子菜单，该子菜单提供了三个命令，即“不分栏”、“静态栏”和“动态栏”。

“放弃”：放弃在“多行文字”功能区上下文选项卡中执行的操作，包括对文字内容或文字格式的更改。也可以按“Ctrl+Z”组合键。

“重做”：重做在“多行文字”功能区上下文选项卡中执行的操作，包括对文字内容或文字格式所做的更改。也可以按“Ctrl+Y”组合键。

“标尺”：在编辑器顶部显示标尺。拖动标尺末尾的箭头可更改多行文字对象的宽度。列模式处于活动状态时，还显示高度和列夹点。

“选项”：显示其他文字选项列表，如插入字段、符号、输入文字、段落以及分栏等。

4．创建堆叠文字

文字的堆叠有几种方式，如分数形式、斜分数形式、无分数线形式以及公差等形式，通常使用特殊字符来设置文字的折叠方式。

（1）斜杠（/）：以垂直方式堆叠文字，由水平线分隔$\frac{2}{3}$。

（2）井号（#）：以对角形式堆叠文字，由对角线分隔，如 2/3 。

（3）插入符（^）：创建公差堆叠（垂直堆叠，且不用直线分隔），如$\begin{matrix}2\\3\end{matrix}$。

要在文字编辑器中手动堆叠字符，请选择要进行格式设置的文字（包括特殊的堆叠字符），然后单击“文字格式”工具栏中的“堆叠”按钮。

（1）分数形式：输入作为分子的数字，如“2”，再输入“/”或“#”或“^”连接分子与分母的符号，然后输入作为分母的数字，如“3”，选择分数文字，单击“堆叠”按钮，即可显示为分数的表形式，效果如图 6-21 所示。

（2）上标与下标：使用“^”字符标识文字，先输入数值，然后输入上标数值，将“^”放在上标之后，将其与上标数值都选中，并单击“折叠”按钮，即可设置所选文字为上标字符。

下标的设置与上标的设置基本相同，先将“^”放在下标数值之前，再将其与下标数值都选中，并单击“折叠”按钮，即可设置所选文字为下标字符，效果如图 6-22 所示。

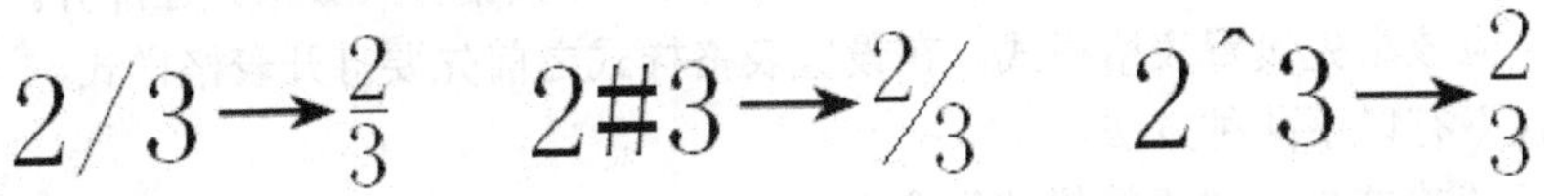

$$2/3 \rightarrow \frac{2}{3} \quad 2\#3 \rightarrow {}^{2}\!/_{3} \quad 2\hat{}3 \rightarrow \genfrac{}{}{0pt}{}{2}{3}$$

图 6-21　分数形式

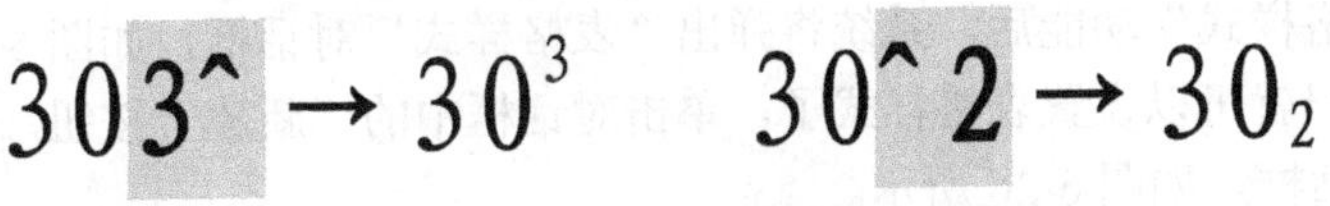

$$303\hat{} \rightarrow 30^{3} \quad 30\hat{}2 \rightarrow 30_{2}$$

图 6-22　上标与下标形式

（3）公差形式：将字符“^”放在基本数值与误差数值之间，然后将其与文字都选中，并单击“折叠”按钮，即可将所选文字设置为公差形式，效果如图 6-23 所示。

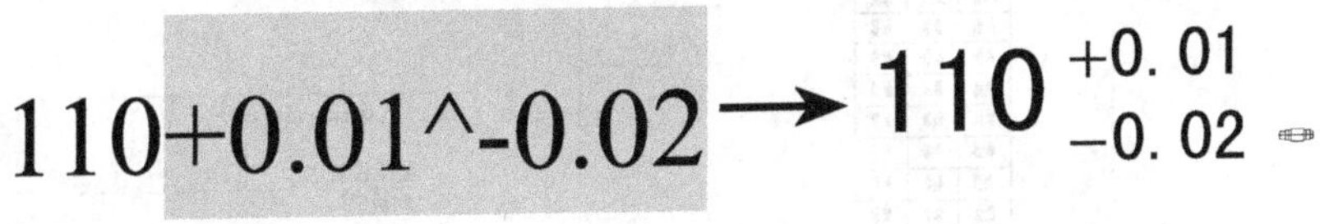

$$110+0.01\hat{}-0.02 \rightarrow 110\genfrac{}{}{0pt}{}{+0.01}{-0.02}$$

图 6-23　公差形式

在创建堆叠数字字符的过程中，也可以设定好堆叠的形式，使系统自动堆叠。

例如，输入 2#3 后，直接按“Enter”键或者非数字字符或空格，默认情况下将弹出“自动堆叠特性”对话框，如图 6-24 所示，在“自动堆叠特性”对话框中更改设置，以指定首选格式是斜分数还是水平分数，单击“确定”按钮即可，如果将下面的复选框“不再显示此对话框，始终使用这些设置（A）”选中，则系统将不再弹出“自动堆叠特性”对话框，直接以设定好的形式出现。

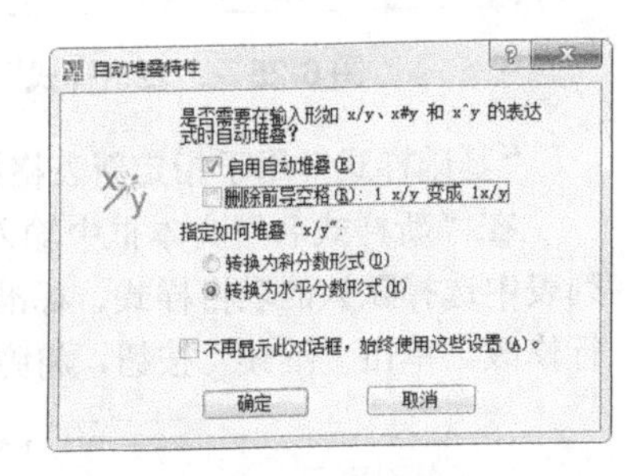

图 6-24　“自动堆叠特性”对话框

6.3.2　编辑多行文字

编辑多行文字的方法非常简单，可以双击文字，或者选中文字并右击，在弹出的快捷菜单中执行“编辑多行文字”命令，弹出“文字格式”对话框，然后对多行文字进行编辑。

此外，还可以通过工具栏中的编辑按钮，选中要编辑的对象进行编辑。如果想改变文字的对正方式，还可以通过执行“修改”→“对象”→“文字”→“对正”命令来实现。

6.4　创建表格样式和表格

工程图纸中经常遇到大量表格填写，如工程勘察中的成果表、设计的材料表等，AutoCAD 2008 为用户提供了表格功能，用户可以快速绘制表格来说明图纸内的一些明细，或者是一些参数，这大大地提高了绘图的效率。

6.4.1 设置表格样式

表格一般包括标题行（标题）、列标题行（表头）和数据行（数据）三部分。一般情况下，绘制表格前，应该事先设置表格样式。在设置表格样式之前先要打开表格样式，一般来说，打开“表格样式”有以下两种方法。

（1）执行“格式”→“表格样式”命令。

（2）在命令提示行中直接输入命令：tablestyle。

启用“表格样式”功能后，系统将弹出“表格样式”对话框，如图 6-25 所示。

此时，用户就可以设置表格样式了，单击对话框中的“新建”按钮，系统弹出“创建新的表格样式”对话框，如图 6-26 所示。

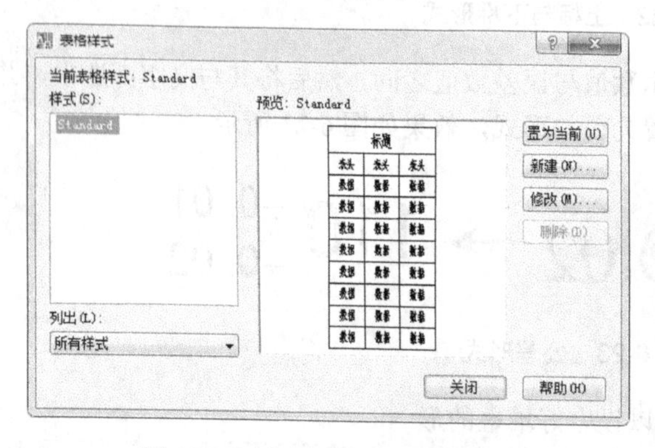

图 6-25　“表格样式”对话框

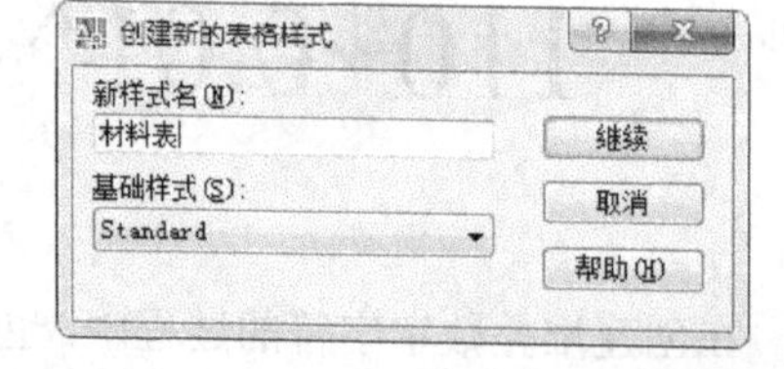

图 6-26　“创建新的表格样式”对话框

“基础样式”用于指定新表格样式基于现有的表格样式。

在“新样式名”文本框中输入新的表格样式名，如“材料表”，然后在“基础样式”下拉列表中选择默认的表格样式、标准的或者任意已经创建的样式，新样式将在该样式的基础上进行修改。单击“继续”按钮，将弹出“新建表格样式：材料表”对话框，如图 6-27 所示。

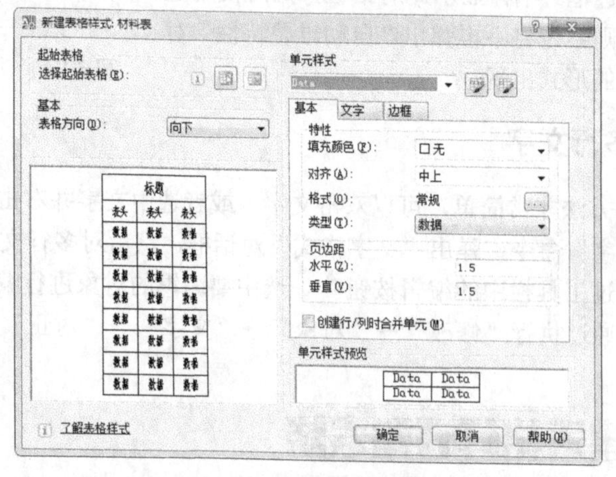

图 6-27　“新建表格样式：材料表”对话框

1.“起始表格”选项组

（1）单击“选择”按钮，可以从图形中选定一个表格（称为“起始表格”），并以此为模板设置新表格的样式。

（2）单击“删除表格”按钮，可以将该表格的格式从当前表格样式中删除。

2．“基本”选项组

（1）表格方向：“向下”，将创建由上而下读取的表格，标题行（标题）和列标题行（表头）位于表格的顶部。

（2）表格方向：“向上”，将创建由下而上读取的表格，标题行（标题）和列标题行（表头）位于表格的底部。

3．“单元样式”选项组

在“单元样式”中，用户可以分别选择标题、表头与数据进行相关的设置。可以在下拉列表中选择“创建新单元样式”和“管理单元样式”，也可以单击右侧的“创建新单元样式”按钮和“管理单元样式”按钮，如图 6-28 所示。

（1）创建新单元样式：单击“创建新单元样式”按钮，弹出“创建新单元样式”对话框，如图 6-29 所示。输入新单元样式的名称，选择“基础样式”，单击“继续”按钮，返回新建表格样式对话框。

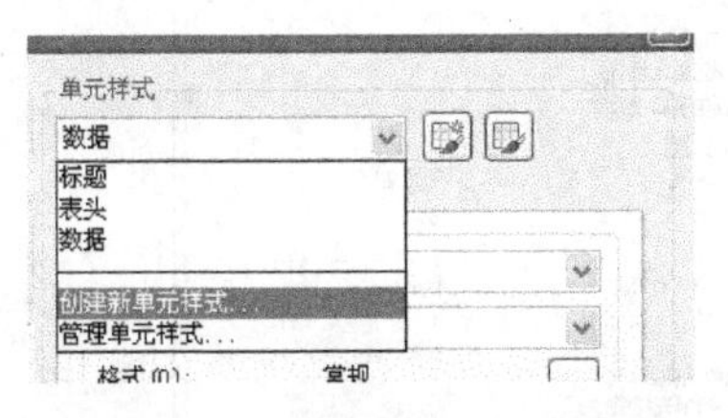

图 6-28 “单元样式”选项组

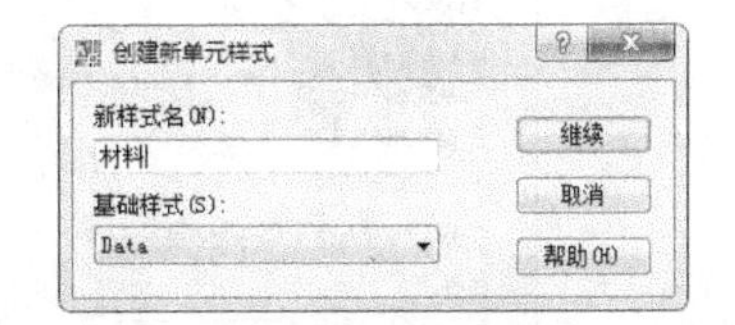

图 6-29 “创建新单元样式”对话框

（2）管理单元样式：单击“管理单元样式”按钮，弹出“管理单元样式”对话框，如图 6-30 所示。其中显示了当前表格样式中的所有单元样式，并可以新建、重命名、删除单元样式。

（3）在“常规”选项卡中，单击“填充颜色”下拉按钮，可以为表格设置不同颜色的背景，可以通过它指定表格的行格式、表格方向、边框特性和文本样式等内容，在“对齐”下拉列表中可选择对齐方式，常用的对齐方式为正中或者左对齐。单击“常规”右侧的按钮，可以弹出如图 6-31 所示的“表格单元格式”对话框，用户可以设置数据的类型。

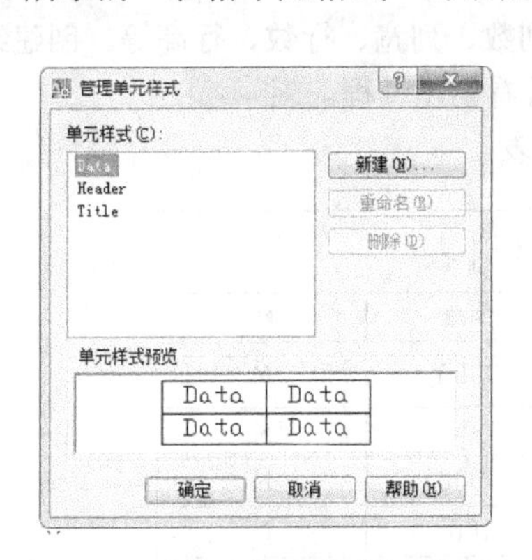

图 6-30 “管理单元样式”对话框

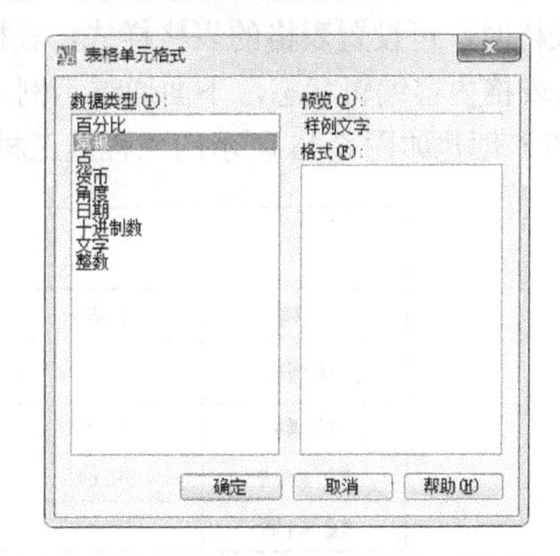

图 6-31 “表格单元格式”对话框

（4）在新建表格样式对话框的“文字”面板中，如图 6-32 所示，用户可以设置表格文字的样式、高度、文字的颜色以及文字倾斜的角度。在新建表格样式对话框的“边框”面板中，如图 6-33 所示，用户可以设置表格边框的线宽、线型、边框的颜色以及是否使用双线来显示表格。

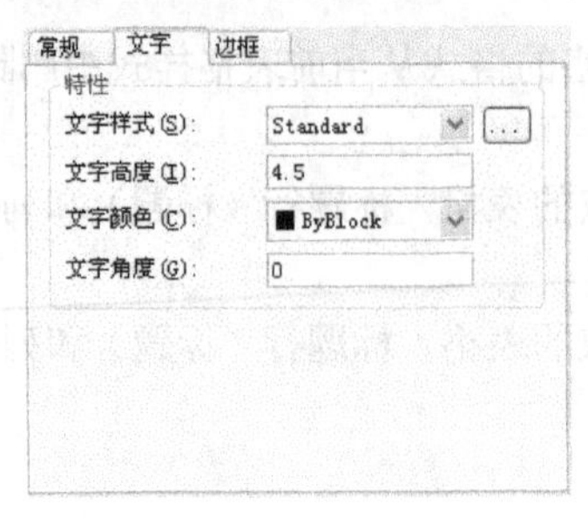

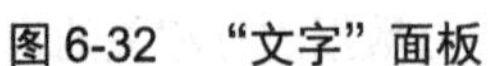
图 6-32 “文字”面板

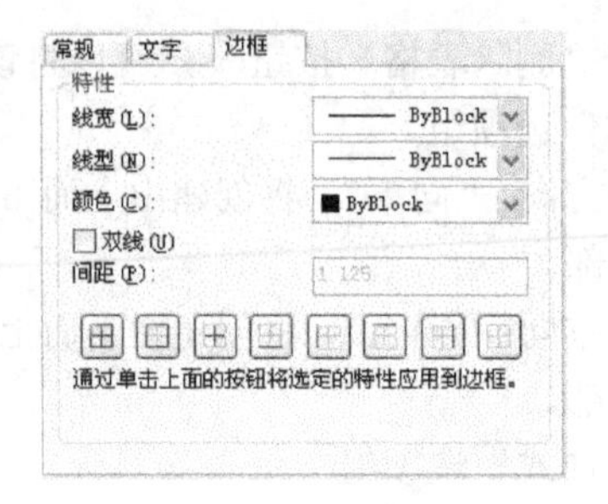

图 6-33 “边框”面板

6.4.2 创建表格

单击“绘图”工具栏中的“表格”按钮或执行“绘图”→“表格”命令，弹出“插入表格”对话框，如图 6-34 所示。

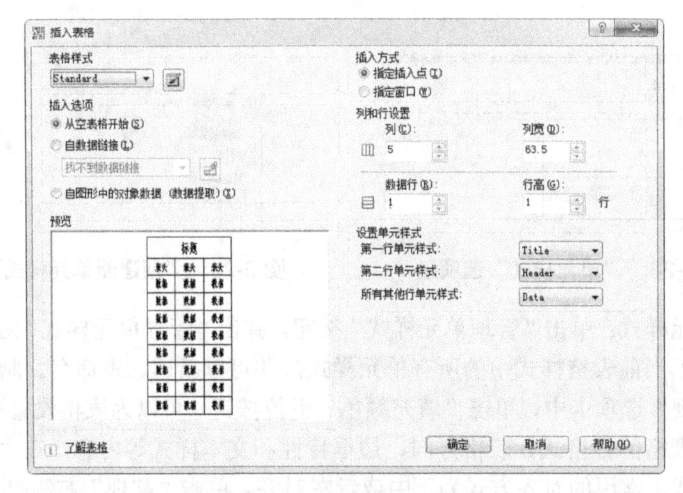

图 6-34 “插入表格”对话框

创建表格时，可设置表格的表格样式，表格列数、列宽、行数、行高等。创建结束后，系统自动进入表格内容编辑状态，下面通过示例来看看创建过程。

【例 6-2】创建如图 6-35 所示的工程施工材料表。

工程施工材料表			
产品名称	产品规格	产品数量	单位
电源电缆线	3x2.5(KVV)	3000	M
控制电缆线	4x1.5(KVV)	500	M
镀条罗纹护线管	Φ100	3000	M
塑胶护线专用管	Φ63x4	100	M

图 6-35 工程施工材料表

① 弹出“插入表格”对话框，表格样式选择“材料表”。

② 在“列和行设置”选项组中设置表格列数为 4，列宽为 50，行数为 4，行高为 2；在“设置单元样式”选项组中保持系统默认设置，分别以“第一行单元样式”为标题，“第二行单元样

式”为表头，“所有其他行单元样式”为数据。

③ 插入方式为“指定插入点”。

④ 单击“确定”按钮，关闭“插入表格”对话框。在绘图区域中单击，确定表格放置位置，此时系统将自动弹出“文字格式”工具栏，并进入表格内容编辑状态，如图 6-36 所示，在相应的位置输入内容，输入完毕后按“Esc”键退出编辑状态。

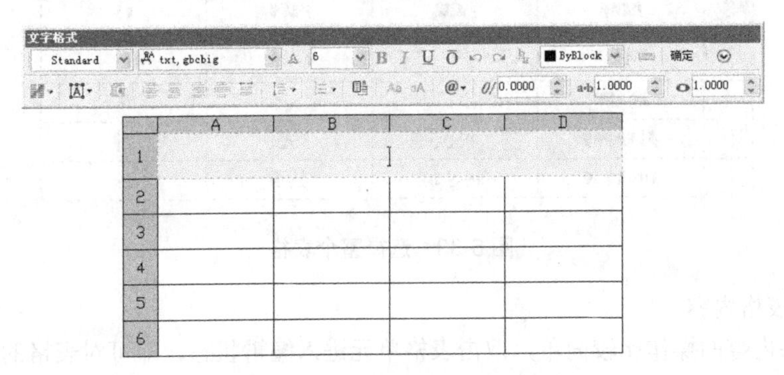

图 6-36 放置表格并输入内容

6.4.3 编辑表格

AutoCAD 2008 也为用户提供了较多的编辑表格的工具，使用户可以比较方便快捷地调整表格及表格内容。

1．选择表格

要选择一个表格，用鼠标直接单击即可，该表格单元的四周就会显示夹点，表示已经被用户选中，如图 6-37 所示。

要选择一个表单元，可直接在该表单元中单击，例如，用户选择“产品规格”，可以在“B”上单击，此时表格将如图 6-38 所示。

	A	B	C	D
1	工程施工材料表			
2	产品名称	产品规格	产品数量	单位
3	电源电缆线	3X2.5(KVV)	3000	M
4	控制电缆线	4X1.5(KVV)	500	M
5	聚素罗纹护线管	Φ100	3000	M
6	塑胶护线专用管	Φ63X4	100	M

图 6-37 选择一个表格

	A	B	C	D
1	工程施工材料表			
2	产品名称	产品规格	产品数量	单位
3	电源电缆线	3X2.5(KVV)	3000	M
4	控制电缆线	4X1.5(KVV)	500	M
5	聚素罗纹护线管	Φ100	3000	M
6	塑胶护线专用管	Φ63X4	100	M

图 6-38 选择一个表单元

如果用户要选择整个表格，可直接单击表线，或利用窗口选择整个表格。表格被选中后，表格框线将显示为断续线，并显示了一组夹点，如图 6-39 所示。

工程施工材料表			
产品名称	产品规格	产品数量	单位
[illegible]	3X2.5(KVV)	3000	M
[illegible]	4X1.5(KVV)	500	M
[illegible]	Φ100	3000	M
[illegible]	Φ63X4	100	M

图 6-39　选择整个表格

2．编辑表格内容

编辑表格内容的操作比较简单，双击表格单元进入编辑状态，即可对表格的内容进行删除或者修改等编辑操作。

3．调整表格的行高与列宽

无论是单个表格、表格单元还是整个表格，只要被选中，就会有夹点显示，此时拖动夹点，就可以调整表格的大小或者表格的位置。例如，如图 6-40 所示，该表格被全选，各夹点的功能如下。

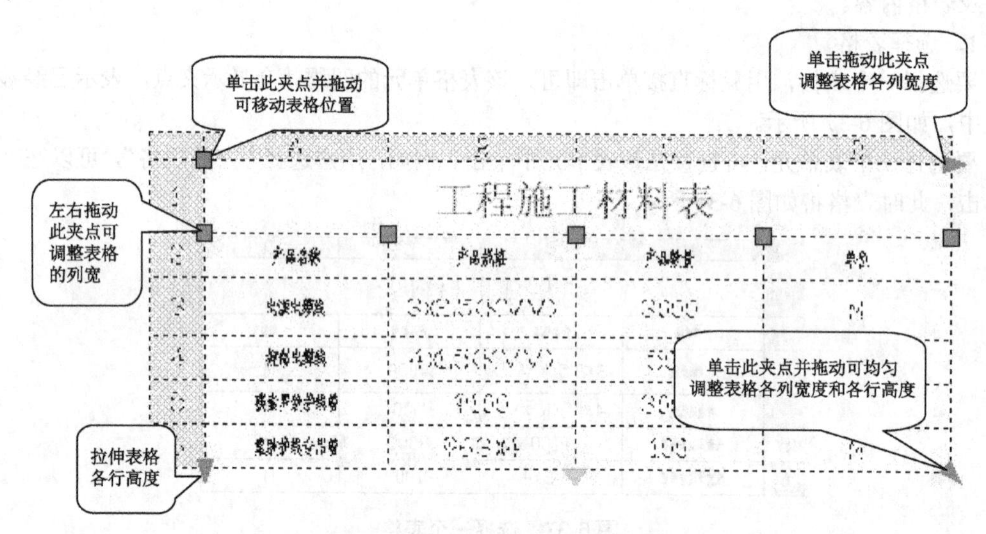

图 6-40　表格各夹点的不同用途

此外，通过该表格的属性可以精确调整该表格的宽度和高度，如图 6-41 所示，只需要在表格特性面板中单击表格宽度或者表格高度的值，就可以进入编辑状态，输入新的值后关闭特性，表格的宽度或者高度即可改变。

4．利用“表格”工具栏编辑表格

在选中表单元或表单元区域后，“表格”工具栏被自动弹出，如图 6-42 所示，通过单击其中的按钮，可对表格插入或删除行或列，以及合并单元格、取消单元格合并、调整单元格边框等。

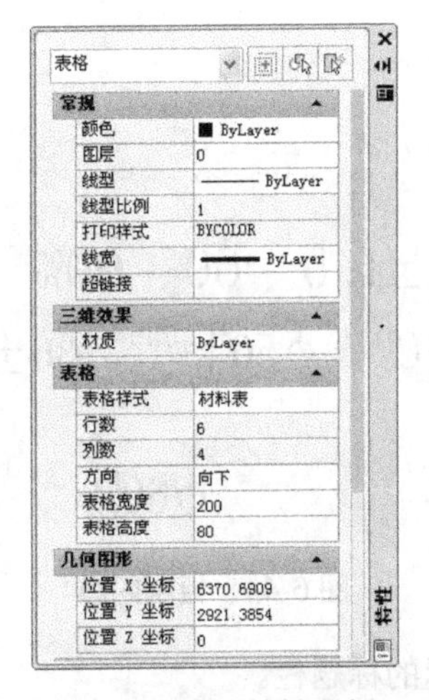

图 6-41 表格特性面板

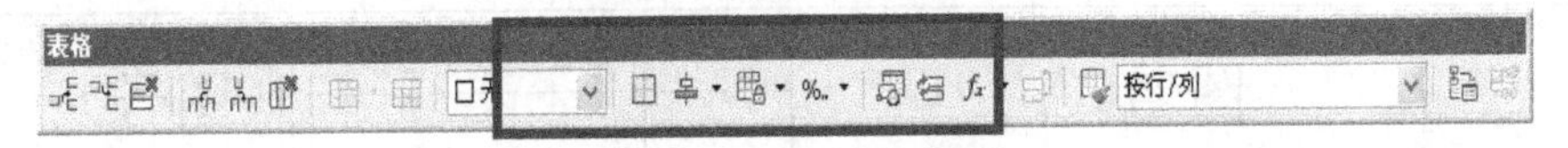

图 6-42 “表格”工具栏

◎习 题

一、填空题

1．在文字输入时，以下符号怎样输入：Φ________；±________；°（度）________。

2．我国标准规定了工程图样中的汉字应采用的字体，字体的宽度比为________。

3．系统默认的文字样式名为________，字体为________，高度和宽度的比是________。

4．用于写多行文字的命令是 ____________________。

5．设置文字的“倾斜角度”是指____________________________。

6．在 AutoCAD 中执行__________________命令时，“Space”键与“Enter”键的功效不同。

7．在“文字样式”对话框中，若字体高度设置不为 0，则________________________。

8．在______________________________的输入过程中，可以水平或倾斜的形式堆叠文字。

二、绘图题

1．编辑如图 6-43 所示的文本。

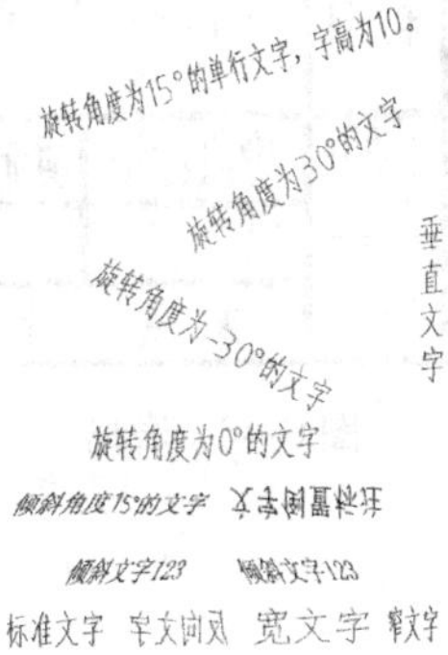

旋转角度为15°的单行文字，字高为10。

旋转角度为30°的文字

垂直文字

旋转角度为-30°的文字

旋转角度为0°的文字

倾斜角度15°的文字

倾斜文字123

标准文字　宽文字

图 6-43 文本

2．编辑如图 6-44 所示的文本。

￥ $ # § & Δ

$\phi 30 \pm 1.5$　60°　90%　<u>中文版</u>

37°C　$\phi 50^{+0.039}_{0}$　36 ± 0.07

日/月　$\phi 60\frac{H7}{f6}$

图 6-44　绘制内容

3．按要求绘制如图 6-45 所示的标题栏。

（图名）
比例
数量
材料
（图号）
制图
（日期）
校核
（日期）
（校名，班别）
28
7
13
23
20
13
13
30
130

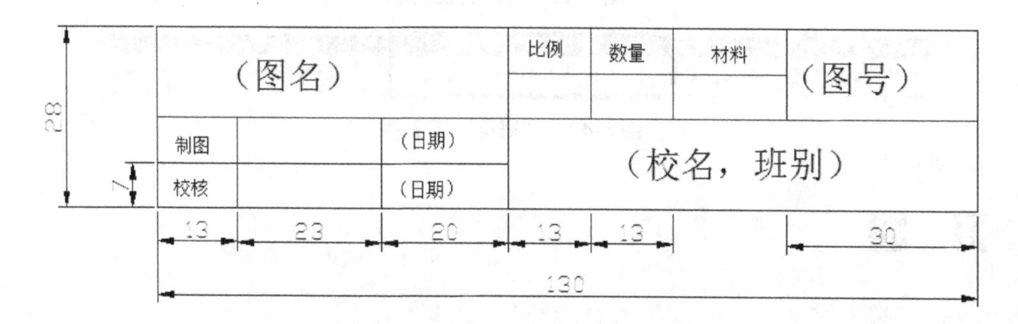

图 6-45　标题栏

4．按要求绘制如图 6-46 所示的表格。

姓名	考号	数学	物理	化学
杨军	1036	97	92	68
李杰	1045	88	79	74
王东鹤	1021	64	83	82
吴天	1062	75	96	86
王群	1013	93	85	72
小计		417	435	382

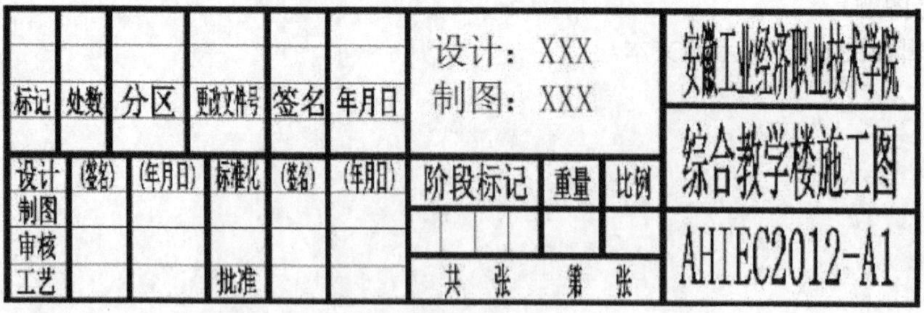

标记
处数
分区
更改文件号
签名
年月日
设计：XXX
制图：XXX
安徽工业经济职业技术学院
设计
(签名)
(年月日)
标准化
(签名)
(年月日)
阶段标记
重量
比例
综合教学楼施工图
制图
审核
工艺
批准
共 张 第 张
AHIEC2012-A1

图 6-46　表格

第7章 尺寸标注与编辑

本章要点：

尺寸标注是设计制图中一项十分重要的工作，图样中各图形元素的位置和大小要靠尺寸来确定。AutoCAD 2008 为此提供了一套完善的尺寸标注命令，使得尺寸标注和编辑更为方便和灵活。

7.1 尺寸标注概述

AutoCAD 的绘图过程通常可分为四个阶段，即绘图、注释、查看和打印。在注释阶段，设计者要添加尺寸、文字、数字和其他符号以表达有关设计要求。因此，在对工程图样进行标注前，了解尺寸标注的规则及其组成是非常必要的。

1．尺寸标注的规则

使用 AutoCAD 对绘制的图形进行尺寸标注时，应遵循国家制图标准有关尺寸注法的规定。图样中的尺寸以毫米（mm）为单位时，不需要标注计量单位的代号或名称。如采用其他单位，则必须注明相应的计量单位的代号或名称，如 60°（度）20cm（厘米）。物体的每一尺寸，一般只标注一次，并应标注在反映物体形状结构最清晰的图形上。

2．尺寸标注的组成

一个完整的尺寸标注应由尺寸数字、尺寸线、尺寸界线和箭头符号等组成，如图 7-1 所示。在 AutoCAD 中，各尺寸组成的主要特点如下。

（1）尺寸数字：用于表明机件的实际测量值。尺寸数字应按标准字体书写，在同一张图纸上的字高要一致。尺寸数字不可被任何图线通过，否则必须将该图线断开。当图线断开影响图形表达时，需调整尺寸标注的位置。

（2）尺寸界线：应从图形的轮廓线、轴线、对称中心线引出，同时，轮廓线、轴线、对称中心线也可以成为尺寸界线。尺寸界线应使用细实线绘制。

（3）尺寸线：用于表示标注的范围。AutoCAD 通常将尺寸线放置在测量区域中。如果空间不足，则将尺寸线或文字转移到测量区域外部，这取决于标注样式的放置规则。对于角度标注，尺寸线是一段圆弧。尺寸线也应使用细实线绘制。

（4）箭头：箭头显示在尺寸线的末端，用于指出测量的开始和结束位置。AutoCAD 默认使用的符号为闭合的填充箭头。此外，系统还提供了多种箭头符号，如建筑标记、小斜线箭头、点和斜杠等。

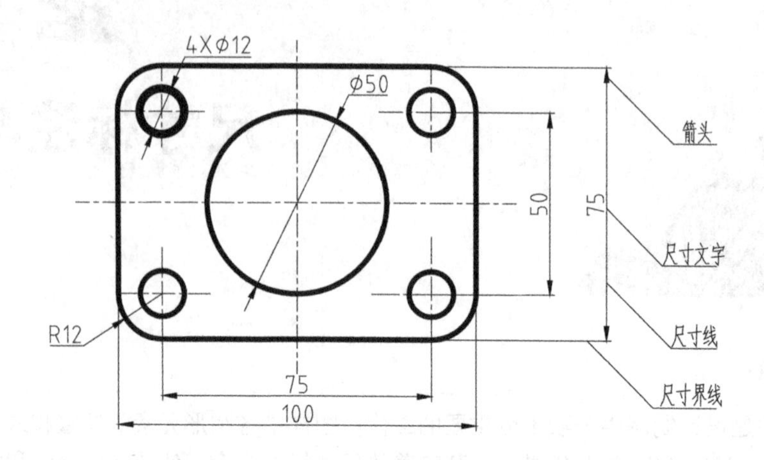

图 7-1　尺寸的组成

3．尺寸标注步骤

在 AutoCAD 中标注尺寸，可通过执行“标注”菜单中的命令和“标注”工具栏中的尺寸标注按钮来完成。

在 AutoCAD 中，对图形进行尺寸标注应遵循以下步骤。

1）创建标注层

在 AutoCAD 中编辑、修改工程图样时，由于各种图线与尺寸混杂在一起，使得其操作非常不方便。为了便于控制尺寸标注对象的显示与隐藏，在 AutoCAD 中应为尺寸标注创建独立的图层，运用图层技术使其与图形的其他信息分开，以便于操作。

2）创建用于尺寸标注的文字样式

为了便于在尺寸标注时修改所标注的各种文字，应建立专用于尺寸标注的文字样式。在建立尺寸标注文字类型时，应将文字高度设置为 0，如果文字类型的默认高度值不为 0，则“标注样式”对话框“文字”选项卡中的“文字高度”不起作用。建立用于尺寸标注的文字样式的操作步骤如 6.1 节所述。

3）设置尺寸标注样式

标注样式是尺寸标注对象的组成方式，诸如标注文字的位置和大小、箭头的形状等。设置尺寸标注样式可以控制尺寸标注的格式和外观，有利于执行相关的绘图标准。

（1）默认的尺寸标注样式。

在 AutoCAD 中，如果在绘图时选择公制单位，则系统自动提供一个默认的 ISO-25 标注样式。单击“样式”工具栏中的图标，在弹出的“标注样式管理器”对话框中可看到图 7-2 中“预览：ISO-25”区域所示的标注样式。单击该对话框中的 修改(M)... 按钮，弹出“修改标注样式：ISO-25”对话框，如图 7-3 所示。选择各选项卡可以显示设置的详细内容。

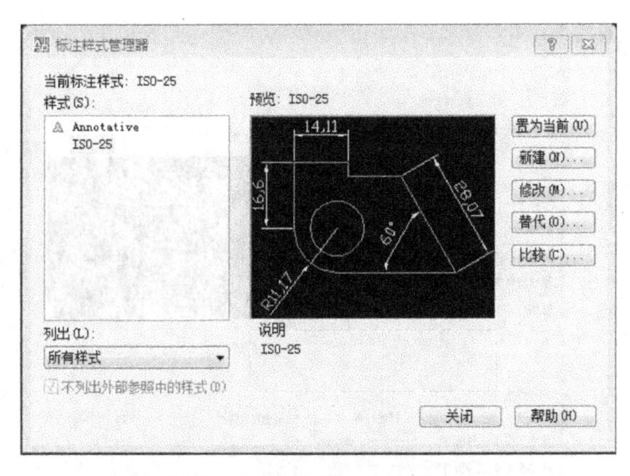

图 7-2　“标注样式管理器”对话框

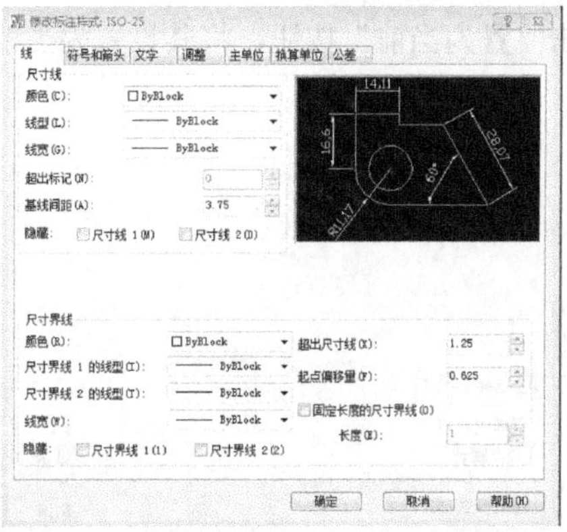

图 7-3　“修改标注样式：ISO-25”对话框

① “线”：用于设置尺寸线和尺寸界线的线型、线宽等格式。

② “符号和箭头”：用于设置箭头和圆心标记的格式和位置。

③ “文字”：用于设置标注文字的外观、位置和对齐方式。

④ “调整”：用来设置文字与尺寸线的管理规则以及标注特征比例。

⑤ “主单位”：用于设置线性尺寸和角度标注单位的格式及精度等。

⑥ “换算单位”：用于设置换算单位的格式。

⑦ “公差”：用来设置公差值的格式和精度。

各选项的详细操作将在后面叙述。

（2）新建标注样式。

在 AutoCAD 中，除了使用 ISO 默认的样式外，用户还可以根据需要建立自己的标注样式，因为 ISO 标准毕竟与我国的标准不尽相同。其具体设置步骤将在 7.2 节中讲述。

4）捕捉标注对象并进行尺寸标注。

7.2　设置尺寸标注样式

7.2.1　新建标注样式

在 AutoCAD 中，新建一个标注样式，其步骤如下。

（1）单击样式工具栏中的图标，或者执行“格式”→“标注样式”命令，弹出“标注样式管理器”对话框，如图 7-2 所示。

（2）单击 新建(N)... 按钮，弹出“创建新标注样式”对话框。在“新样式名”文本框中输入新的样式名称，如“标注样式”；在“基础样式”下拉列表中选择新样式的副本，在新样式中包含了副本的所有设置，默认基础样式为 ISO-25；在“用于”下拉列表中选择 “所有标注”选项，以应用于各种尺寸类型的标注，如图 7-4 所示。

（3）单击“继续”按钮，弹出“新建标注样式：标注样式”对话框，如图 7-5 所示。选择文字标注样式是“标注尺寸文字”(用前述的文字标注样式命令设置)，文字高度为 3.5。利用“线”、“符号和箭头”、“文字”、“主单位”等七个选项卡可以设置标注样式的所有内容。

（4）设置完毕后，单击“确定”按钮，将得到一个新的尺寸标注样式。

（5）在“标注样式管理器”对话框的“样式”列表框中选择新创建的样式（如“标注样式”），

单击“置为当前”按钮，将其设置为当前样式。

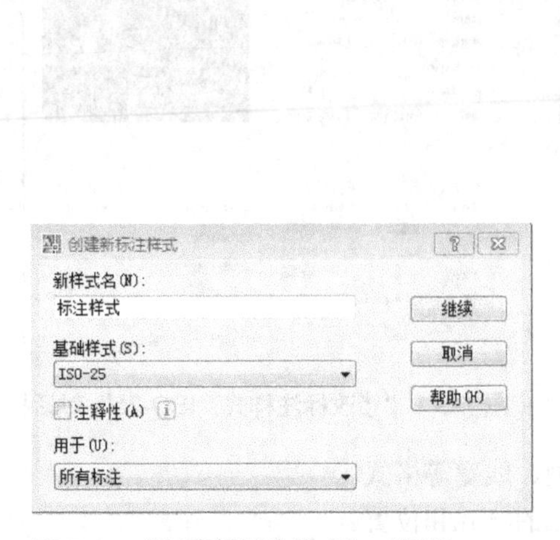

图 7-4 “创建新标注样式”对话框

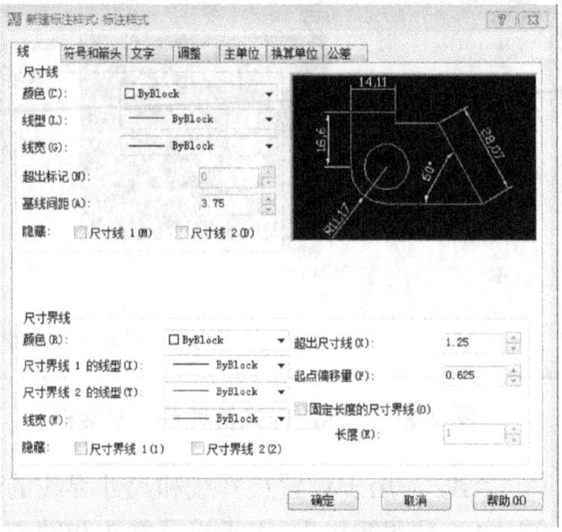

图 7-5 新建标注样式

7.2.2 设置尺寸线、尺寸界线、箭头和圆心标记的格式和位置

利用“新建标注样式：标准样式”对话框中的“线”和“符号和箭头”选项卡，可以设定尺寸线、尺寸界线、箭头和圆心标记的格式和位置，如图 7-6 所示。

1．尺寸线

“尺寸线”选项组用于设置尺寸线的颜色、线型、线宽、超出标记、基线间距和隐藏等，设置时要注意以下几点。

（1）颜色、线型和线宽：用于设置尺寸线的颜色、线型和线宽。默认情况下，尺寸线的颜色、线型和线宽都是“ByBlock”（随块）。

（2）超出标记：用于控制在使用倾斜、建筑标记、积分箭头或无箭头时，尺寸线延长到尺寸界线外面的长度。图 7-7 展示了超出标记为 0 和不为 0 时的标注效果。

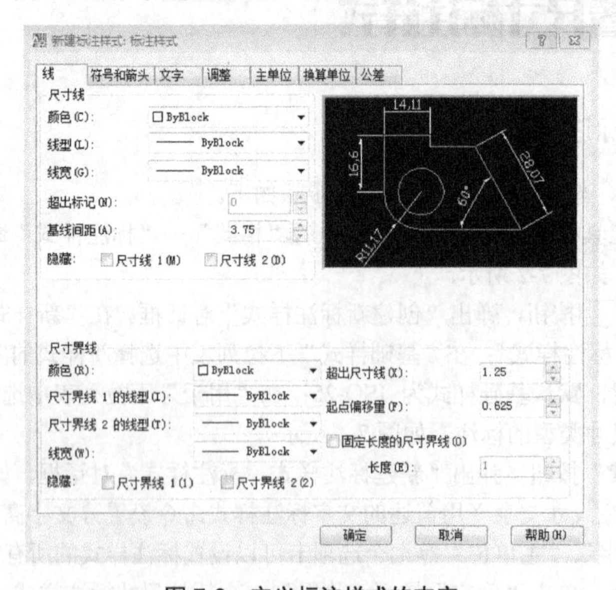

图 7-6 定义标注样式的内容

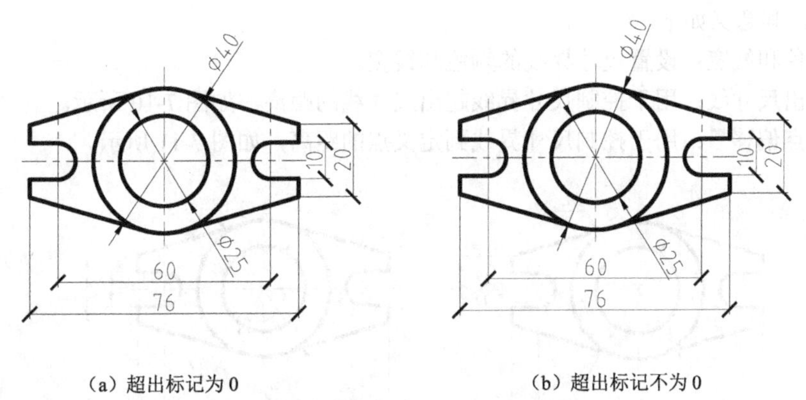

（a）超出标记为 0　　（b）超出标记不为 0

图 7-7　超出标记为 0 和不为 0 时的标注效果

（3）基线间距：指控制使用基线型尺寸标注时，两条尺寸线之间的距离，如图 7-8 所示。

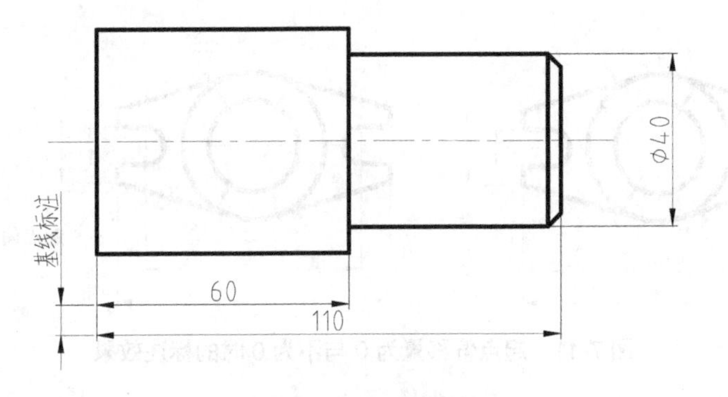

图 7-8　设置基线间距

（4）隐藏：通过选中“尺寸线 1”和“尺寸线 2”复选框，可以控制尺寸线两个组成部分的可见性。在 AutoCAD 中，尺寸线被标注文字分成两部分，即使标注文字未被放置在尺寸线内也是如此，如图 7-9 所示。

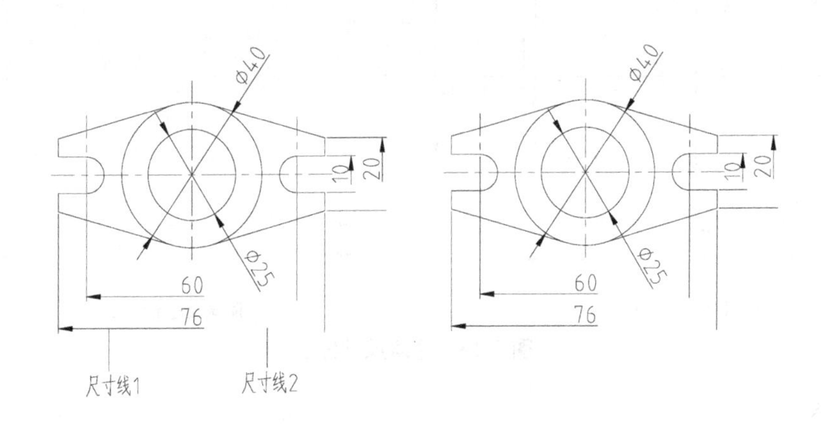

图 7-9　隐藏尺寸线

2．尺寸界线

“尺寸界线”选项组用于设置尺寸界线的颜色、线宽、超出尺寸线的长度、起点偏移量和隐藏控制等，其意义如下。

（1）颜色和线宽：设置尺寸界线的颜色和线宽。

（2）超出尺寸线：用于控制尺寸界线超出尺寸线的距离，如图 7-10 所示。

（3）起点偏移量：用于控制尺寸界线到定义点的距离，如图 7-11 所示。

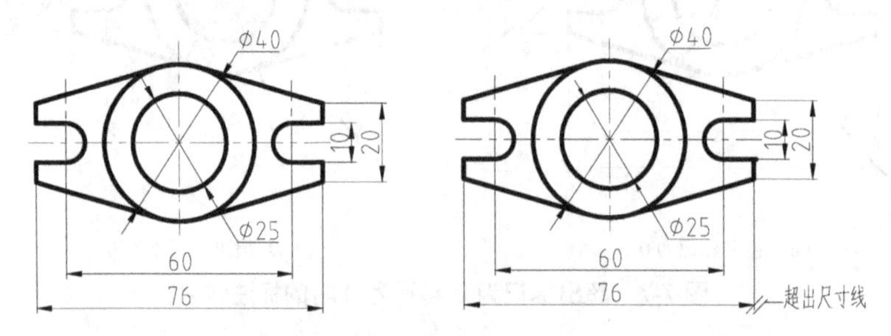

图 7-10　超出尺寸线的距离为 0 与不为 0 时的标注效果

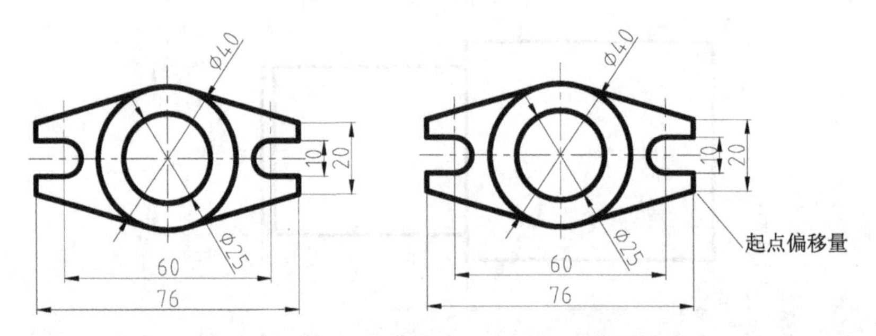

图 7-11　起点偏移量为 0 与不为 0 时的标注效果

（4）隐藏：通过选中“尺寸界线 1”和“尺寸界线 2”复选框，可以控制第 1 条和第 2 条尺寸界线的可见性，定义点不受影响，图 7-12（a）所示为隐藏尺寸界线 1 时的状况；图 7-12（b）所示为隐藏尺寸界线 2 时的状况。尺寸界线 1、2 与标注时的起点有关。

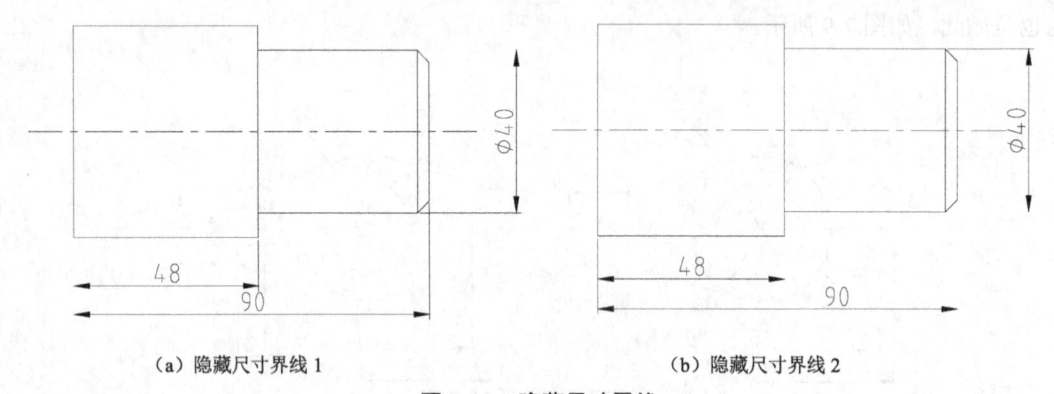

（a）隐藏尺寸界线 1　　（b）隐藏尺寸界线 2

图 7-13　隐藏尺寸界线

3．箭头

“箭头”选项组用于设置尺寸线和引线箭头的类型及箭头尺寸的大小，在 AutoCAD 中，系统提供了约 20 种箭头。通常情况下，尺寸线的两个箭头应一致。

4．圆心标记

“圆心标记”选项组用于设置圆心标记的类型、大小和有无。其中，圆心标记类型若选择

“标记”，则在圆心位置以短十字线标注圆心，该十字线的长度由“大小”编辑框设定；若选择“直线”，则圆心标注线将延伸到圆外，“大小”编辑框用于设置中间小十字标记和标注线延伸到圆外的尺寸，如图 7-13 所示。

在图样中显示标注圆心标记的操作如下。

在“标注”工具栏中单击 按钮，然后在图样中单击圆或圆弧，即可将圆心标记放在圆或圆弧的圆心，如图 7-13 所示的小圆的圆心标记。要修改圆心标记的类型和大小，可在修改标注样式对话框的“符号和箭头”选项卡中，在“圆心标记”选项组中设置圆心类型为“直线”，如图 7-13 所示的大圆的圆心标记。

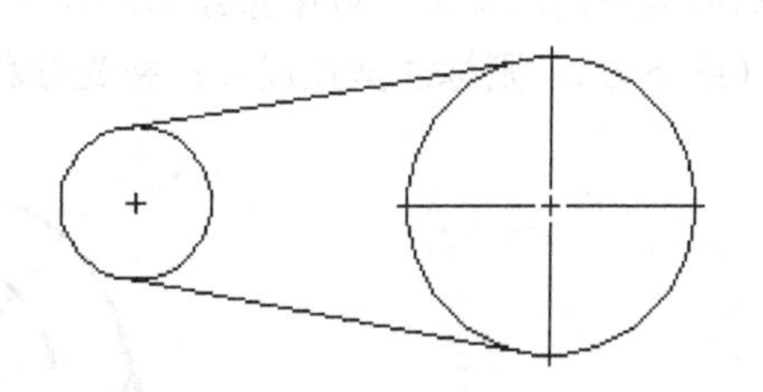

图 7-13 圆心标记

7.3 长度、角度与位置尺寸标注

长度尺寸标注是指在两个点之间的一组标注，这些点可以是端点、交点、圆心等；角度标注用于标注两条相交直线之间的夹角；位置标注用于通过标注选定点的坐标，来表明点的位置。

同时，当需要标注的尺寸比较密集且有一定的规律时，还可借助基线标注和连续标注方法进行快速标注。这两种标注都以现有的某个标注为基础，然后快速标注其他尺寸。

7.3.1 线性标注

线性标注用于标注用户坐标系 XY 平面中的两个点之间距离的测量值，可以指定点或选择一个对象，如图 7-14 所示。以图中尺寸为 60 的标注为例，来说明建立线性标注的步骤。

标注工具栏：。
菜单栏：执行“标注”→“线性”命令。
命令窗口：dimlinear↙。

（1）输入“线性标注”命令。

（2）在标注图样中使用捕捉功能，指定两条尺寸界线的原点。

AutoCAD 提示：

```
指定第一条尺寸界线原点或 <选择对象>： 捕捉交点 //指定第一条尺寸界线原点
指定第二条尺寸界线原点：捕捉圆心 //指定第二条尺寸界线原点
```

（3）根据提示及需要进行其他选项的操作，如“垂直标注”。

```
指定尺寸线位置或[多行文字（M）/文字（T）/角度（A）/水平（H）/垂直（V）/旋转（R）]：V
↙ //指定线性标注的类型并创建垂直标注
```

（4）拖动确定尺寸线的位置，标注出中心高尺寸 60，结果如图 7-15 所示。

提示、注意、技巧

在创建线性标注时，要注意以下几点。

① 线性标注有三种方式，即水平（H）、垂直（V）和旋转（R）。其中，水平方式用于测量平行于水平方向上两个点之间的距离；垂直方式用于测量平行于垂直方向上两个点之间的距离；旋转方式用于测量倾斜方向上两个点之间的距离，此时需要输入旋转角度。因此，即使测量点相同，使用这三种方式得到的标注结果也会不同，如图 7-15 所示。同时，在标注时通过将

光标移至不同的位置，可由系统自动指定是标注水平尺寸还是垂直尺寸。将光标移至图形的上方（或下方），则标注垂直尺寸；将光标移至图形的左侧（或右侧），则标注水平尺寸。

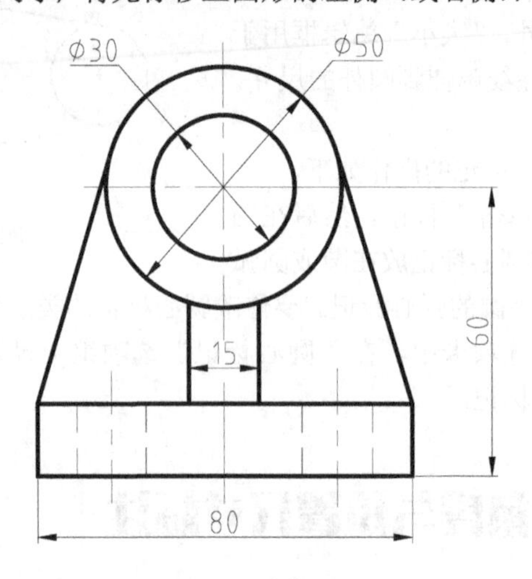

图 7-14　线性标注

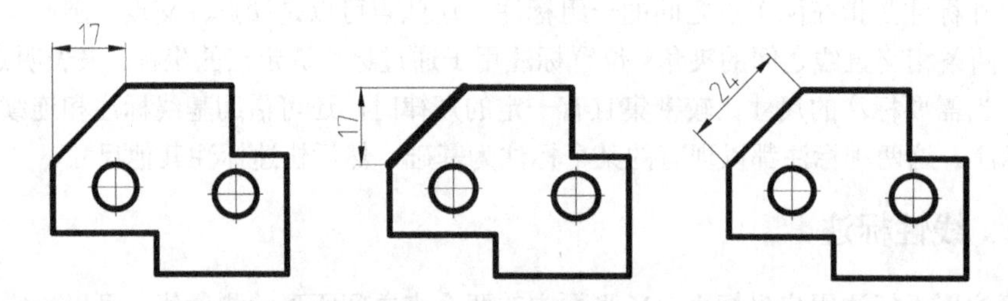

图 7-15　线性标注的三种方式

② 多行文字（M）：在线性标注的命令提示行中输入 M，可弹出“多行文字编辑器”对话框。其中，尖括号“<>”表示在标注输出时显示系统自动测量生成的标注文字，用户可以将其删除并输入新的文字，也可以在尖括号前后输入其他内容，如图 7-16 所示。通常情况下，当需要在标注尺寸中添加其他文字或符号时，需要选择此选项，如在尺寸前加Φ等。

图 7-16　使用多行文字编辑器修改添加文字

尖括号“<>”用于表示 AutoCAD 自动生成的标注文字，如果将其删除，则会失去尺寸标注的关联性。当标注对象改变时，标注尺寸数字不能自动调整。

③ 文字（T）：在命令提示行中输入 T，可直接在命令提示行中输入新的标注文字。此时可修改标注尺寸或添加新的内容。

④ 角度（A）：在命令提示行中输入 A，可指定标注文字的角度，如图 7-17 所示。

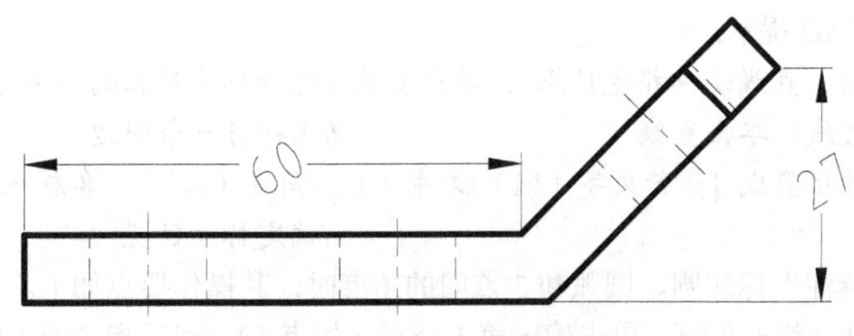

图 7-17　指定标注文字的角度

7.3.2　对齐标注

在使用线性标注尺寸时，若直线的倾斜角度未知，那么使用该方法将无法得到准确的测量结果，这时可使用对齐标注命令，如图 7-18 所示。其步骤如下。

> 标注工具栏：。
> 菜单栏：执行“标注”→“对齐”命令。
> 命令窗口：dimaligned↙。

在此，AutoCAD 提示与线性标注相同。

（1）利用捕捉在图样中指定第一条尺寸界线原点。

（2）指定第二条尺寸界线原点。

（3）拖动鼠标，在尺寸线位置处单击，确定尺寸线的位置，其标注结果如图 7-18 所示，如 20、27、35 等。

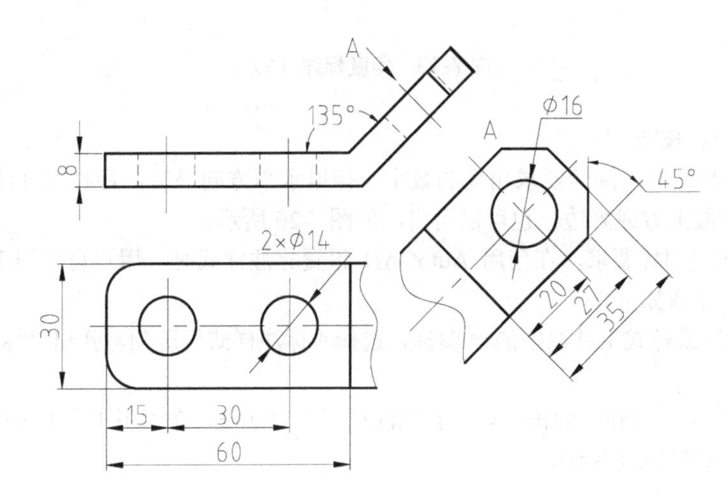

图 7-18　对齐标注

7.3.3　角度标注

使用角度标注可以测量圆和圆弧的角度、两条直线间的角度或者 3 点间的角度。如图 7-18 所示，若要标注 135°，则其步骤如下。

> 标注工具栏：。
> 菜单栏：执行“标注”→“角度”命令。
> 命令窗口：dimangular↙。

此时，AutoCAD 提示：

选择圆弧、圆、直线或 <指定顶点>: **单击直线** //选择标注对象的一条直边

选择第二条直线: **单击直线** //选择另一条斜边

指定标注弧线位置或 [多行文字（M）/文字（T）/角度（A）]: **单击一点**

//确定标注位置

使用“角度标注”标注圆、圆弧和 3 点间的角度时，其操作要点如下。

（1）标注圆时，首先在圆上单击确定第 1 个点（如点 1），然后指定圆上的第 2 个点（如点 2），再确定放置尺寸的位置。

（2）标注圆弧时，可以直接选择圆弧。

（3）标注直线间夹角时，选择两直线的边即可。

（4）标注 3 点间的角度时，按“↙”键，然后指定角的顶点 1 以及另两个点 2、3，角度标注的各种效果如图 7-19 所示。

（5）在机械制图中，角度尺寸的尺寸线为圆弧的同心弧，尺寸界线沿径向引出。

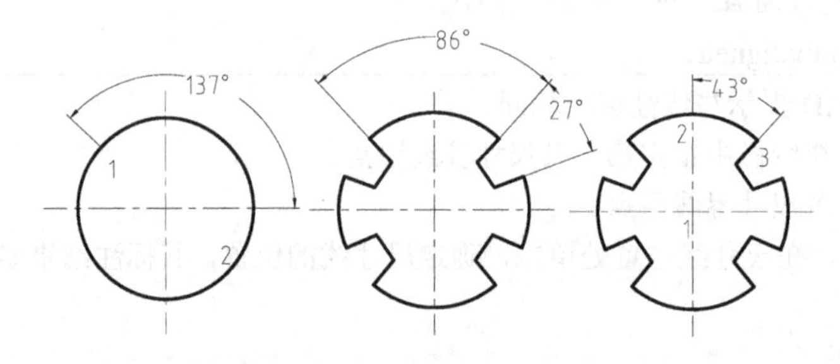

图 7-19　角度标注（1）

提示、注意、技巧

（1）在机械制图中，国标要求角度的数字一律以水平方向书写，注在尺寸线中断处，必要时可以写在尺寸线上方或外边，也可以引出，如图 7-20 所示。

（2）为了满足国标要求，在使用 AutoCAD 设置标注样式时，用户可以用下面的方法创建角度尺寸样式，步骤如下。

① 单击标注或样式工具栏中的图标，选择“标注样式”选项，弹出“标注样式管理器”对话框。

② 单击新建(N)...按钮，弹出“创建新标注样式”对话框，在“用于”下拉列表中选择“角度标注”选项，如图 7-21 所示。

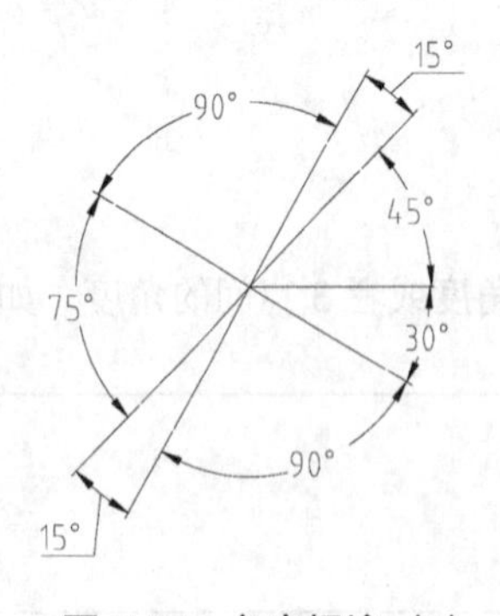

图 7-20　角度标注（2）

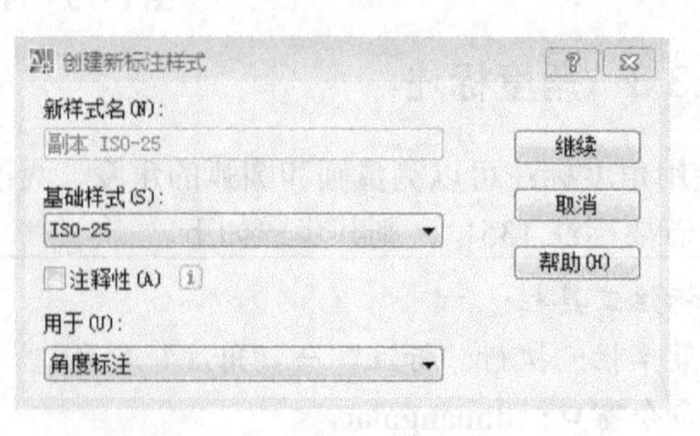

图 7-21　“创建新标注样式”对话框

③ 单击“继续”按钮，弹出新建标注样式对话框。在“文字”选项卡的“文字对齐”选项组中，选中“水平”单选按钮，如图7-22所示。单击“确定”按钮，将新建样式置为当前，即可使用该角度标注样式来标注角度尺寸。

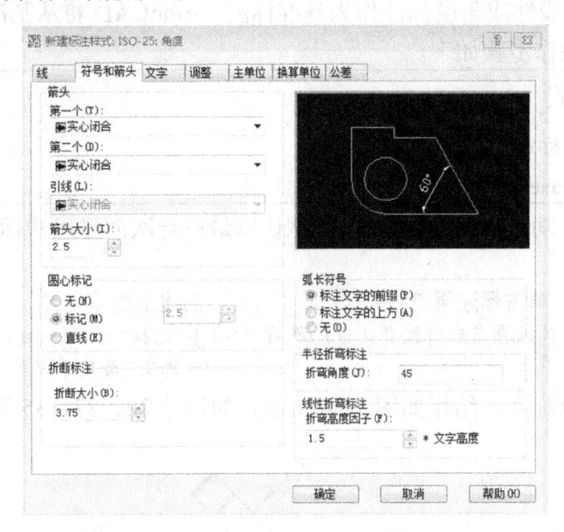

图7-22 设置角度标注样式

7.3.4 坐标标注

坐标标注以当前UCS的原点为基准，显示任意图形点的X或Y轴坐标。创建坐标标注的步骤如下。

> 标注工具栏：。
> 菜单栏：执行“标注”→“坐标”命令。
> 命令窗口：dimordinate↙。

在“标注”工具栏中单击“坐标标注”按钮。AutoCAD提示：

指定点坐标：**单击小圆圆心** //利用圆心捕捉选择小圆圆心点1
指定引线端点或 [X 基准（X）/Y 基准（Y）/多行文字（M）/文字（T）/角度（A）]:
拖动单击 //选择引线位置

拖动引线至合适位置单击，指定引线端点，如点2，结果如图7-23所示，标注出点1的X坐标值约为8.34。

提示、注意、技巧

（1）在命令提示行中，输入X或Y可以指定一个X或Y轴基准坐标，并通过单击来确定引线放置位置。注意，X坐标值按垂直方向标注，Y坐标值按水平方向标注，如图7-23所示，右上角小圆圆心的坐标为X=58.34；Y=39.92。

（2）输入M，可以弹出“多行文字编辑器”来编辑标注文字。

（3）输入T，可以在命令提示行中编辑标注文字。

（4）输入A，可以旋转标注文字的角度。

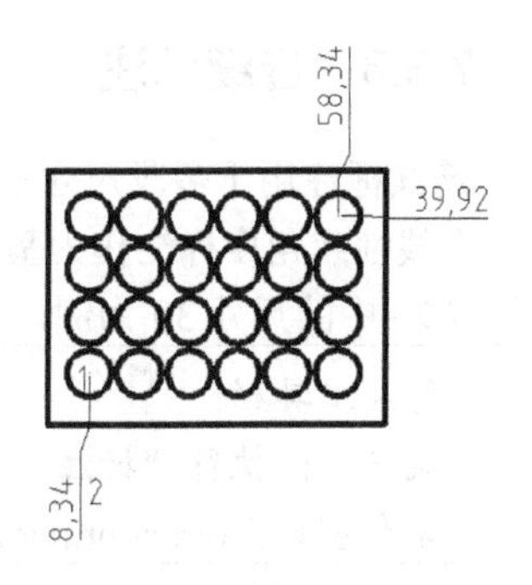

图7-23 建立坐标标注

7.3.5 基线标注

使用基线标注可以创建一系列由相同的标注原点测量出来的标注。要创建基线标注，必须先创建（或选择）一个线性或角度标注作为基准标注。AutoCAD 将从基准标注的第一条尺寸界线处测量基线标注，操作步骤如下。

> 标注工具栏：。
> 菜单栏：执行“标注”→“基线”命令。
> 命令窗口：dimbaseline↙。

启用“基线标注”功能后，AutoCAD 将默认以最后一次创建尺寸标注的原点 1 作为基点。AutoCAD 提示：

```
选择基准标注： 单击标注原点1                          //创建基线
指定第二条尺寸界线原点或 [放弃（U）/选择（S）]<选择>:
单击原点2                                             //选择第2条尺寸界线原点2
```

按“Enter”键结束标注，结果如图 7-24 所示，如尺寸 20、27、35 等。

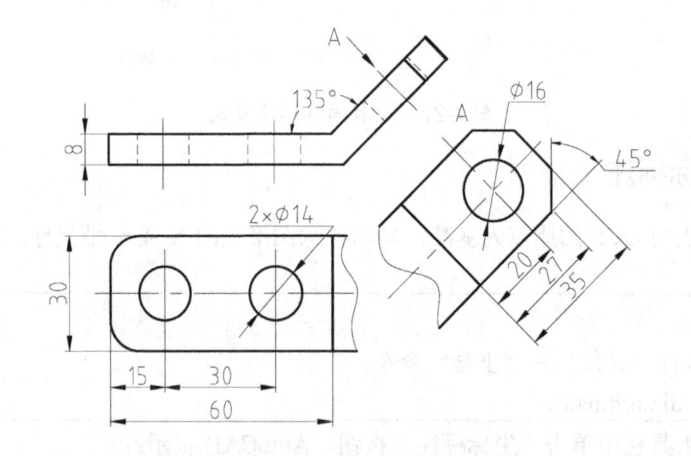

图 7-24 建立基线标注

提示、注意、技巧

在创建基线标注时，如果两条尺寸线的距离太近，可以在“修改标注样式”对话框中选择“直线和箭头”选项卡，然后修改“基线间距”值。

7.3.6 连续标注

连续标注用于多段尺寸串联，尺寸线在一条直线上放置标注。要创建连续标注，必须先选择一个线性或角度标注作为基准标注。每个连续标注都从前一个标注的第二条尺寸界线处开始。以图 7-25 中的尺寸 30 为例，说明连续标注的步骤。

> 标注工具栏：。
> 菜单栏：执行“标注”→“连续”命令。
> 命令窗口：dimcontinue↙。

AutoCAD 提示：

选择连续标注：**单击“20”尺寸段**　　　　//选择该尺寸界线的原点 1 作为基点

指定第二条尺寸界线原点或 [放弃（U）/选择（S）]<选择>:

单击点 2　　　　　　//指定第二条尺寸界线原点 2，标注 30 尺寸段

继续选择其他尺寸界线原点，如点 3，直到完成连续标注序列。

按“Enter”键结束标注命令，结果如图 7-25 所示。

角度的基线标注和连续标注如图 7-26 所示。

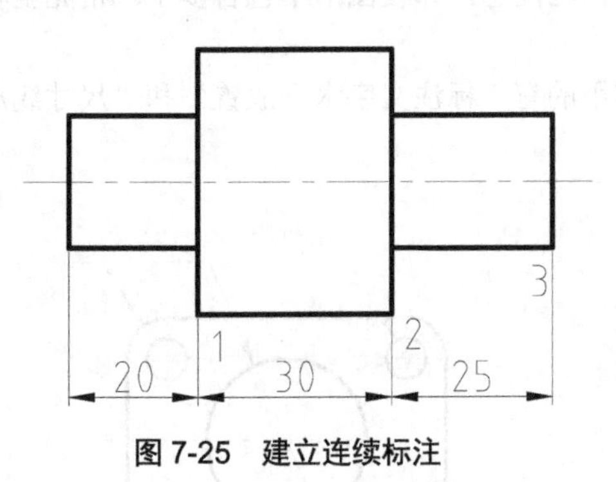

图 7-25　建立连续标注

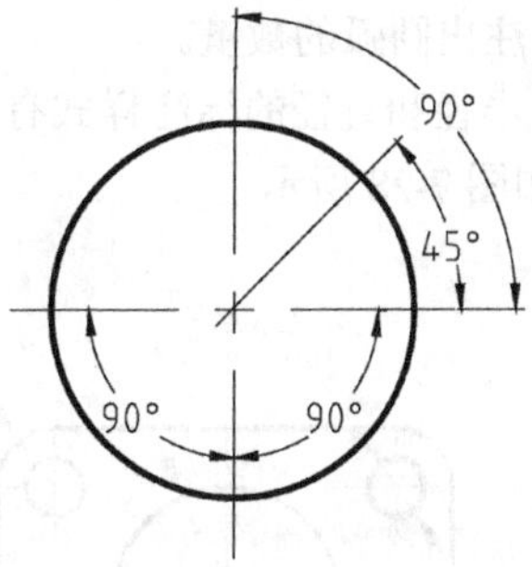

图 7-26　角度的基线和连续标注

7.4　圆和圆弧的标注

在 AutoCAD 中，使用半径或直径标注，可以标注圆和圆弧的半径或直径，使用圆心标注可以标注圆和圆弧的圆心。

标注圆和圆弧的半径或直径时，AutoCAD 可以在标注文字前自动添加符号 R（半径）或Φ（直径），操作步骤如下。

> 标注工具栏：　；　。
> 菜单栏：执行“标注”→“半径”命令；执行“标注”→“直径”命令。
> 命令窗口：dimradius↙；dimdiameter↙。

AutoCAD 提示：

选择圆弧或圆：**单击要标注的圆和圆弧**　　　　//选择标注对象

指定尺寸线位置或 [多行文字（M）/文字（T）/角度（A）]：**单击某处**

　　　　　　　　　　　　　　　　　　　　　　//选择尺寸线位置

结果如图 7-27 所示。

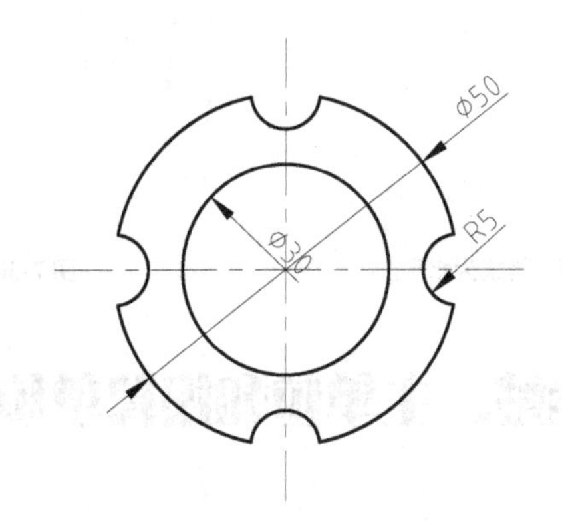

图 7-27　半径标注和直径标注

提示、注意、技巧

在机械图样中，使用半径标注和直径标注来标注圆和圆弧时，需要注意以下几点。

（1）完整的圆应标注直径，如果图形中包含多个规格完全相同的圆，应注出圆的总数。

（2）小于半圆的圆弧应使用半径标注。但应注意，即使图形中包含多个规格完全相同的圆弧，也不注出圆弧的数量。

（3）半径和直径的标注样式有多种，常用的有“标注文字水平放置”和“尺寸线放在圆弧外面”，如图 7-28 所示。

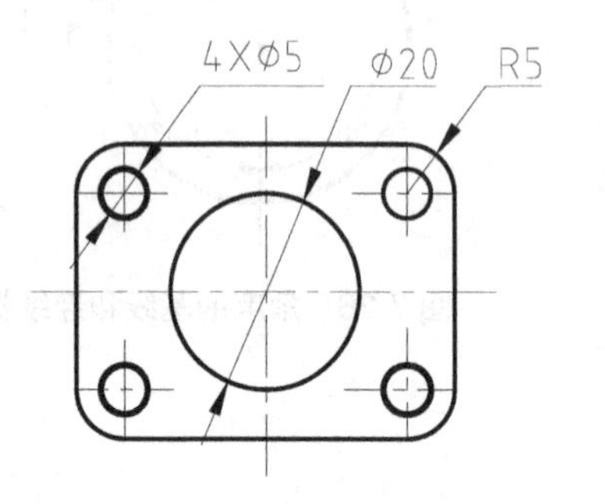

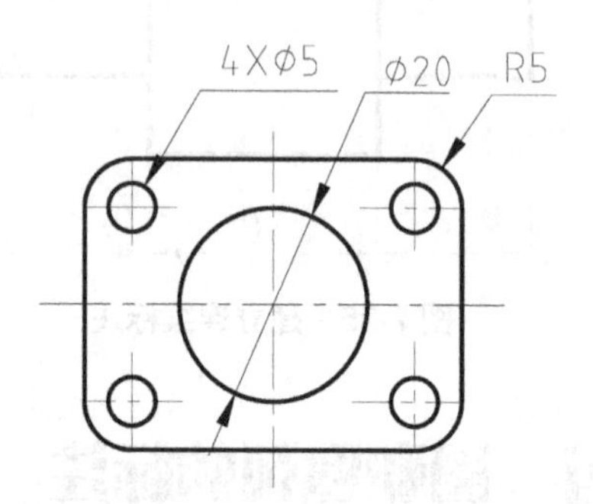

图 7-28　半径和直径的标注形式

（4）要将标注文字水平放置，可在“标注样式管理器”对话框中单击“替代”按钮，弹出“替代当前样式：ISO-25”对话框，在“文字”选项卡的“文字对齐”选项组中选中“水平”单选按钮，如图 7-29 所示。

（5）要将尺寸线放在圆弧外面，可在“调整”选项卡的“优化”选项组中取消选中“在尺寸界线之间绘制尺寸线”复选框，如图 7-30 所示。

（6）通过“文字（T）”选项修改直径数值时，应键入“%%c”来输出直径符号”Φ”。

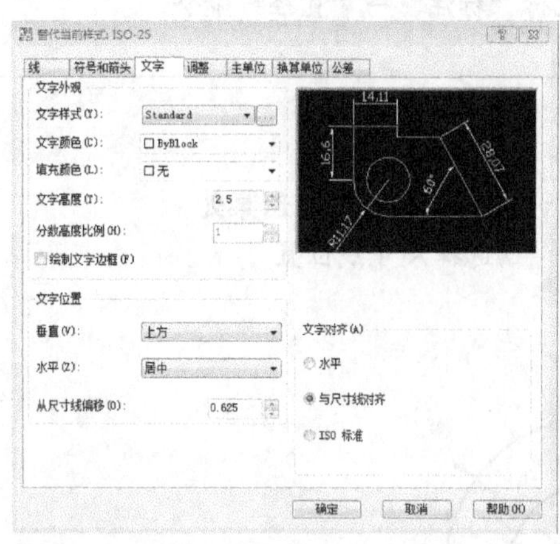

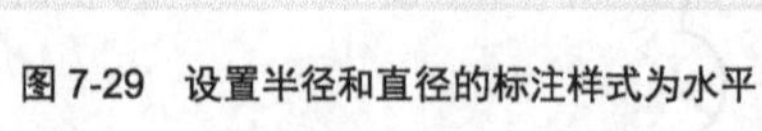

图 7-29　设置半径和直径的标注样式为水平

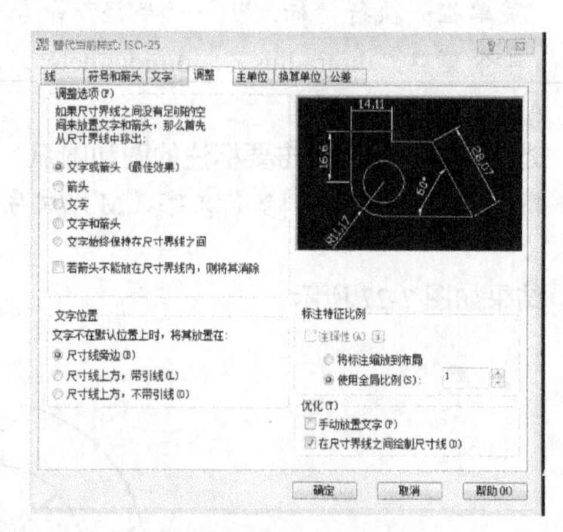

图 7-30　尺寸线调整

7.5　文字、调整、主单位和换算单位的格式设置

在尺寸标注中往往还会涉及标注文字的样式、放置位置，各尺寸标注组成间的相互位置的

调整，尺寸单位精度的设定及换算等。

7.5.1 文字格式设置

利用 7.2.1 所述的新建标注样式的操作中，在弹出的新建标注样式对话框中选择“文字”选项卡，可以设置标注文字的外观、位置和对齐方式。

1．文字外观

此选项组用于设置文字的样式、颜色、高度和分数高度比例，以及控制是否绘制文字边框。其中，各设置项的意义如下。

（1）文字样式：在该下拉列表中可以选择文字样式，默认样式为 Standard。也可单击其后带有“…”的按钮，弹出“文字样式”对话框，创建新的文字样式。

（2）文字颜色：设置标注文字颜色，默认设置为 ByBlock（随块）。

（3）填充颜色：设置标注文字后的填充颜色，默认设置为无。

（4）文字高度：设置标注文字的高度。如果在设置“文字样式”时已设定了文字高度，则此处设置的文字高度无效。

（5）分数高度比例：用于设置标注分数和公差的文字高度，AutoCAD 会用文字高度和该比例的乘积来设分数和公差的文字高度。

（6）绘制文字边框：选中该复选框，可为标注文字添加一个矩形边框，如图 7-31 所示。

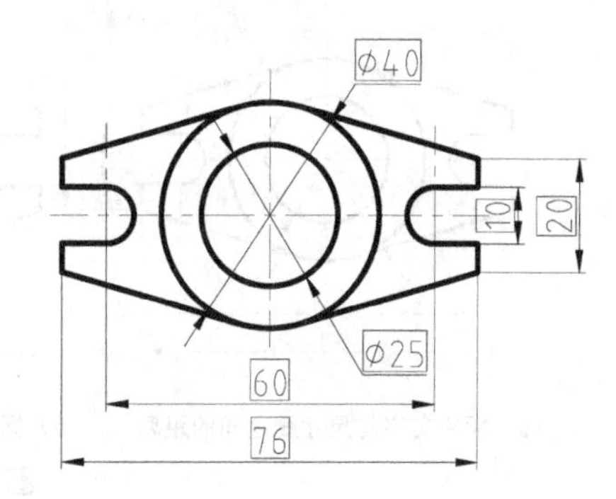

图 7-31 为标注文字添加边框

2．文字位置

此选项组用于设置文字的垂直、水平位置以及从尺寸线偏移。其中，各设置项的意义如下。

（1）垂直：用于设置标注文字相对于尺寸线的垂直位置，有居中、上方、外部、JIS 四种方式，如图 7-32 所示。

（2）水平：用于设置标注文字在尺寸线方向上相对于尺寸界线的水平位置，主要有居中、第 1 条尺寸界线、第 2 条尺寸界线、第 1 条尺寸界线上方、第 2 条尺寸界线上方五种方式。

（3）从尺寸线偏移：用于设置标注文字与尺寸线之间的距离。如果标注文字位于尺寸线的中间，则表示断开处尺寸线端点与尺寸文字的间距。若标注文字带有边框，则可以控制文字边框与其中文字的距离，如图 7-33 所示。

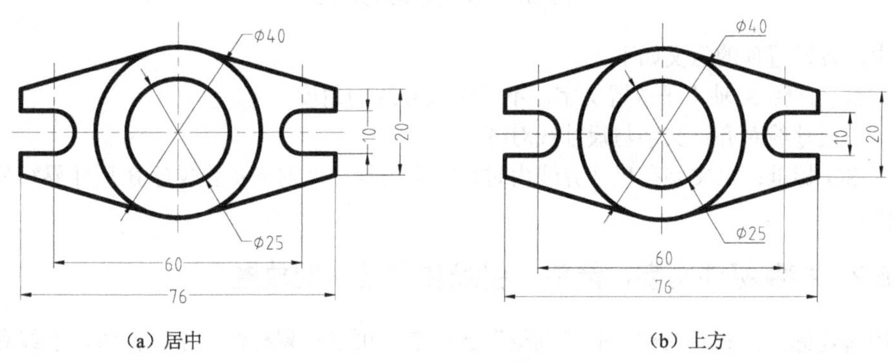

图 7-32 标注文字的垂直位置设置

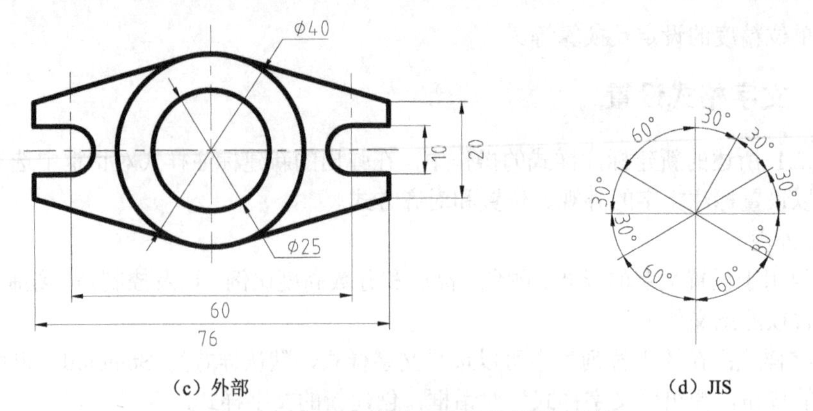

（c）外部　　（d）JIS

图 7-32　标注文字的垂直位置设置（续）

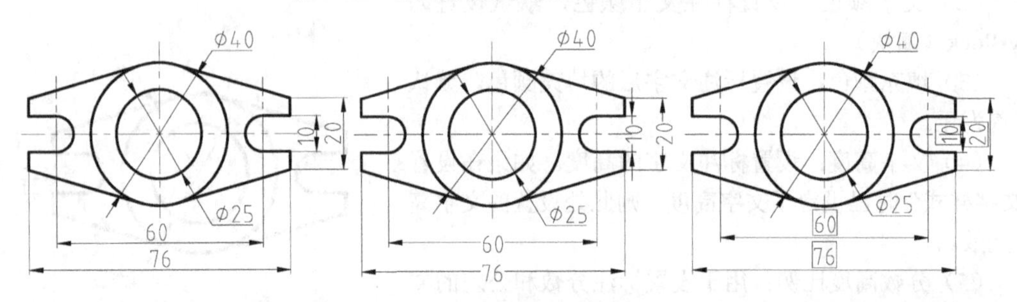

（a）标注文字与尺寸线之间的距离　（b）标注文字与尺寸线端点之间的距离　（c）标注文字与矩形边框之间的距离

图 7-33　从尺寸线偏移效果

3．文字对齐

此选项组用于设置标注文字是保持水平还是与尺寸线平行，如图 7-34 所示。

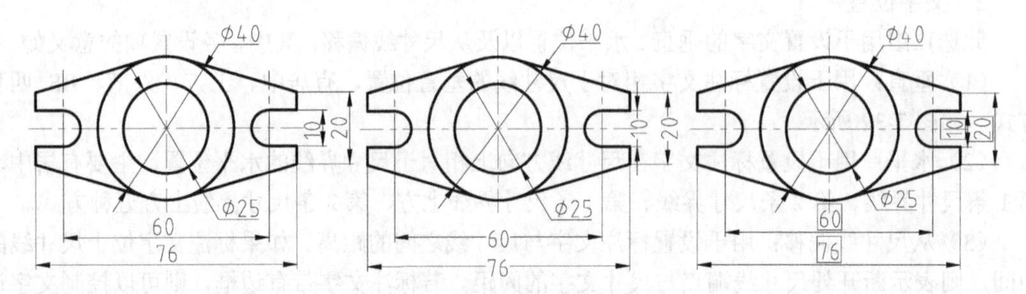

（a）标注文字与尺寸线之间的距离　（b）标注文字与尺寸线端点之间的距离　（c）标注文字与矩形边框之间的距离

图 7-34　标注文字对齐方式

其中，各设置项的意义如下。

（1）水平：沿 X 轴水平放置文字，不考虑尺寸线的角度。

（2）与尺寸线对齐：文字与尺寸线对齐。

（3）ISO 标准：当文字在尺寸界线内时，文字与尺寸线对齐；当文字在尺寸界线外时，文字水平排列。

7.5.2　控制标注文字、箭头、引线和尺寸线的放置

利用新建标注样式对话框中的“调整”选项卡，可以设置标注文字、箭头、引线和尺寸线的放置方式，如图 7-35 所示。

1．调整选项

此选项组可以根据尺寸界线之间的空间控制标注文字和箭头的放置方式，默认为“文字或箭头（最佳效果）”。图 7-36 为各选项的设置效果，其中，各设置项的意义如下。

（1）文字或箭头（最佳效果）：AutoCAD 自动选择最佳放置方式。

（2）箭头：若空间足够大，则将文字放在尺寸界线之间，箭头放在尺寸界线之外，即先移箭头，后移文字；否则，将两者均放在尺寸界线之外。

（3）文字：若空间足够大，则将箭头放在尺寸界线之间，文字放在尺寸界线之外，即先移文字，后移箭头；否则，将两者均放在尺寸界线之外。

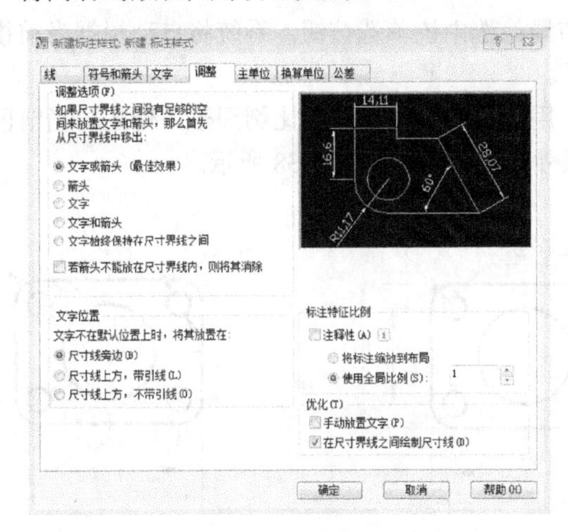

图 7-35 “调整”选项卡

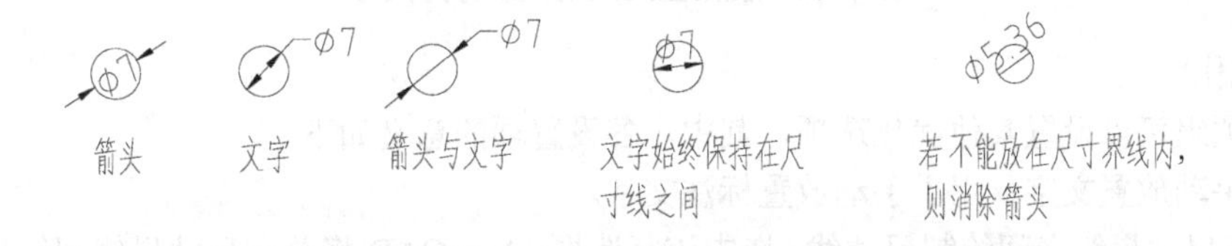

图 7-36 标注文字和箭头在尺寸界线间的放置方式

（4）文字和箭头：若空间不足，则将尺寸文字和箭头放在尺寸界线之外。

（5）文字始终保持在尺寸界线之间：总将文字放在尺寸界线之间。

（6）若箭头不能放在尺寸界线内，则将其消除：选中该复选框，当不能将箭头和文字放在尺寸界线内时，则隐藏箭头。

2．文字位置

此选项组用于设置标注文字的位置。标注文字的默认位置是两条尺寸界线之间，当文字无法放置在默认位置时，可在此处设置标注文字的放置位置，如图 7-37 所示。

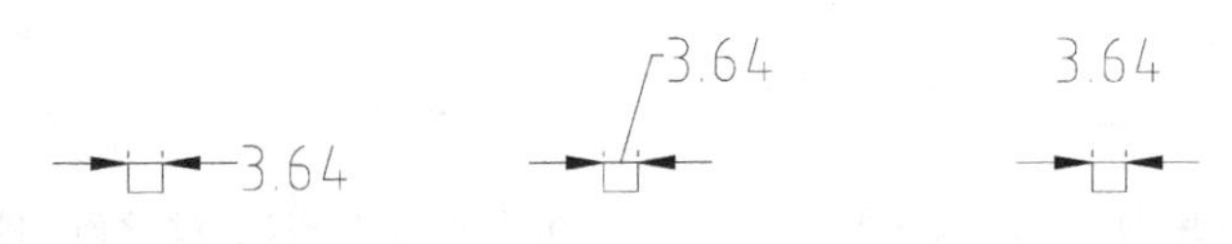

（a）尺寸线旁边　（b）尺寸线上方，带引线　（c）尺寸线上方，不带引线

图 7-37 标注文字的位置

其中，各设置项的意义如下。

（1）尺寸线旁边：文字放在尺寸线旁边。

（2）尺寸线上方，带引线：文字放在尺寸线的上方，带引线。

（3）尺寸线上方，不带引线：文字放在尺寸线的上方，不带引线。

3．标注特征比例

此选项组用来设置将标注缩放到布局或全局标注比例。其中，各设置项的意义如下。

（1）注释性：选中该复选框，可以自动完成缩放注释的过程，从而使注释能够以正确的大小在图纸上打印或显示。

（2）将标注缩放到布局：选中该单选按钮，系统将自动根据当前模型空间视口和图纸空间之间的比例设置比例因子。

（3）使用全局比例：用于设置尺寸元素的比例因子，使之与当前图形的比例因子相符，此比例缩放并不改变实际尺寸的测量值，如图 7-38 所示。

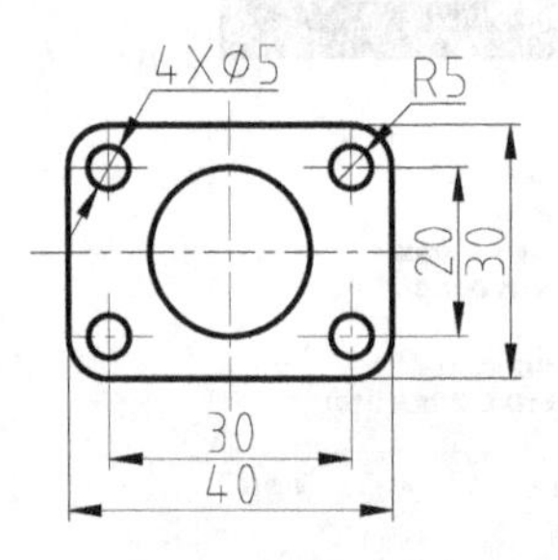

（a）设置全局比例为 1

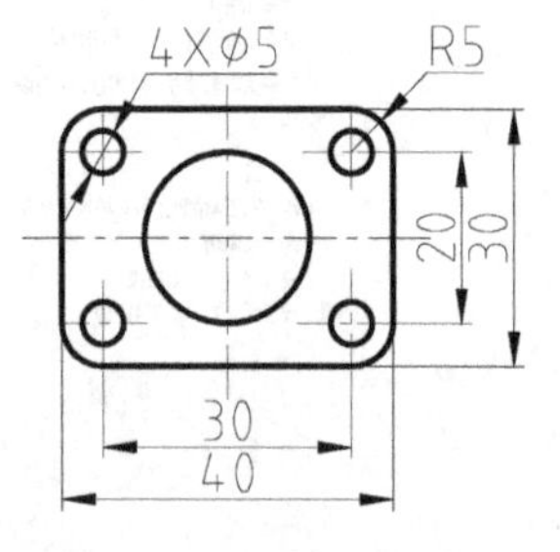

（b）设置全局比例为 1.5

图 7-38　使用全局比例控制标注尺寸

4．优化

此选项组可以设置其他优化选项，其中，各设置项的意义如下。

（1）手动放置文字：用于手动放置标注文字。

（2）在尺寸界线之间绘制尺寸线：选中该复选框，AutoCAD 将总在尺寸界线间绘制尺寸线。否则，当尺寸箭头移至尺寸界线外侧时，不画出尺寸线，如图 7-39 所示 R5 的标注形式。

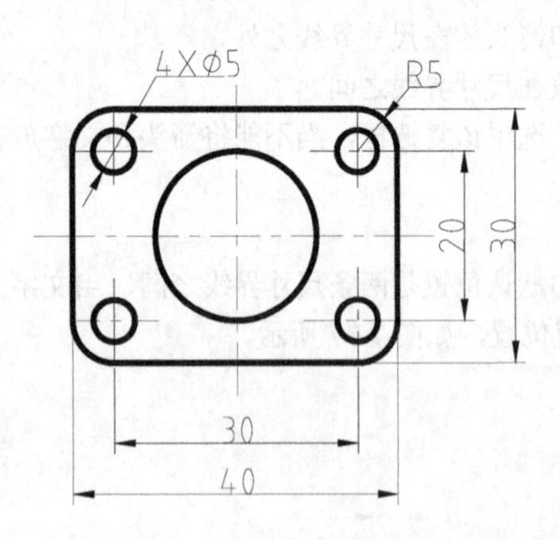

（a）选中“在尺寸界线之间绘制尺寸线”复选框

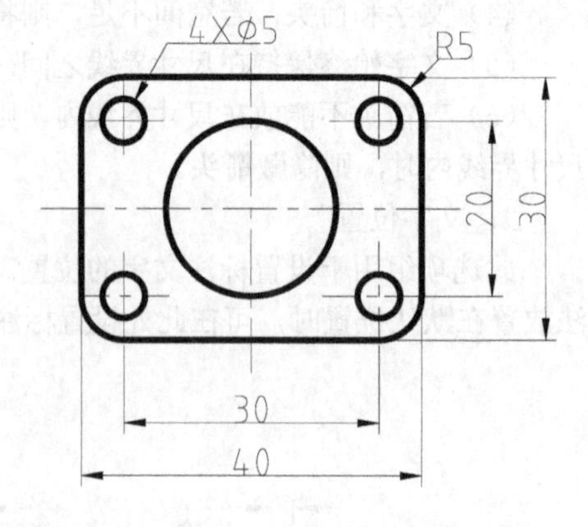

（b）“取消选中在尺寸界线之间绘制尺寸线”复选框

图 7-39　控制是否在尺寸界线之间绘制尺寸线

7.5.3　设置线性标注和角度标注的精度

利用新建标注样式对话框中的“主单位”选项卡，可以设置线性标注和角度标注的精度，如图7-40所示。

1．线性标注

此选项组可以设置线性标注的格式和精度。其中，各设置项的意义如下。

（1）单位格式：除了角度之外，该下拉列表中海油所有标注类型的单位格式。可供选择的选项有：科学、小数、工程、建筑、分数和Windows桌面。

（2）精度：设置标注文字中保留的小数位数。

（3）分数格式：当“单位格式”选择了“分数”时才能设置分数的格式，可选择的分数格式有水平、对角和非堆叠，如图7-41所示。

（4）小数分隔符：设置十进制数的整数部分和小数部分间的分隔符。可供选择的选项包括句点（.)、逗点（,）和空格（ ），如图7-42所示。常用的选项是“句点”。

（5）舍入：将除角度外的测量值舍入到指定值。例如，如果输入0.01作为舍入值，则AutoCAD会将16.604舍入为16.6，将28.066舍入为28.07。

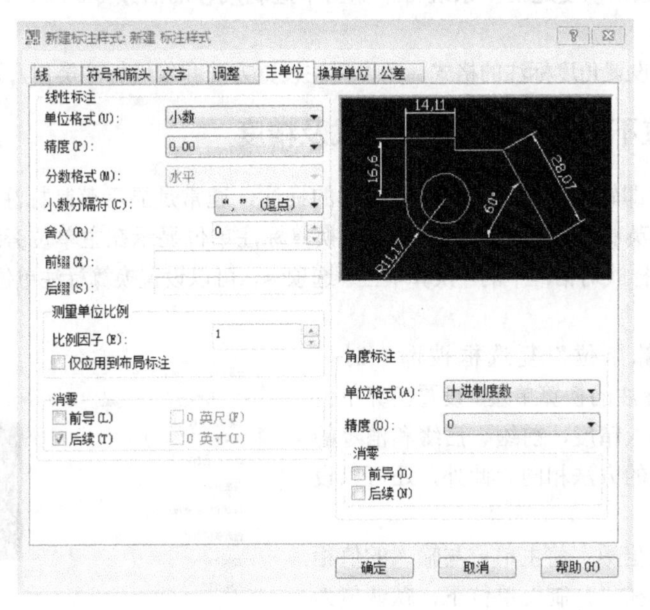

图7-40　设置线性标注和角度标注的精度

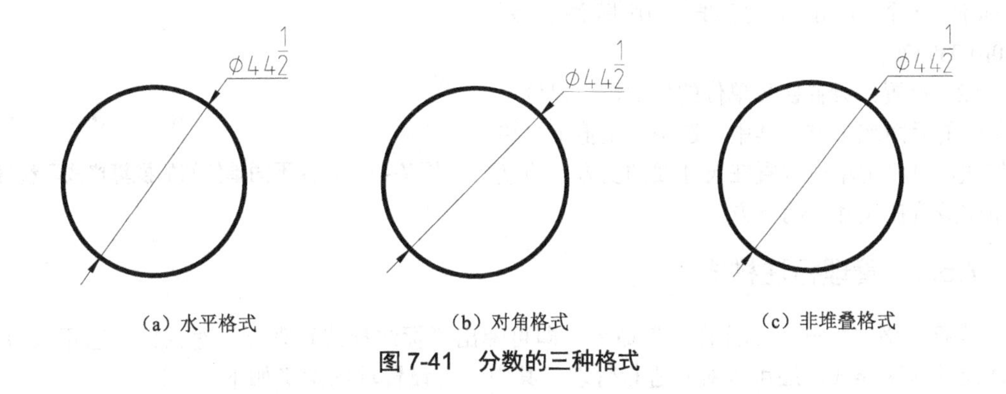

（a）水平格式　　（b）对角格式　　（c）非堆叠格式

图7-41　分数的三种格式

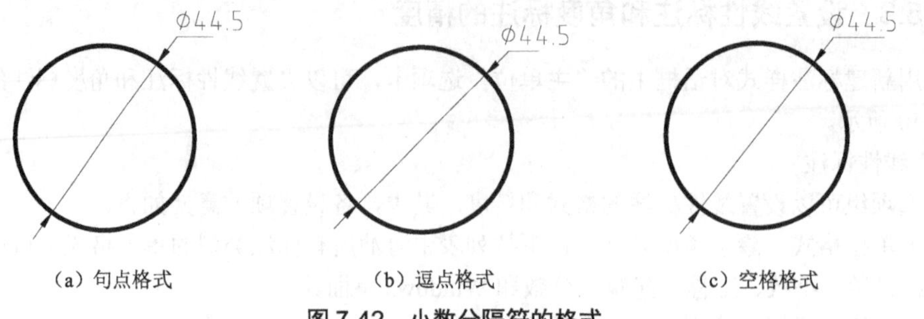

（a）句点格式　　（b）逗点格式　　（c）空格格式

图 7-42　小数分隔符的格式

（6）前缀和后缀：用来设置放置在标注文字前、后的文字。

（7）比例因子：设置除了角度之外的所有标注测量值的比例因子。AutoCAD 按照该比例因子放大标注测量值。

（8）仅应用到布局标注：若选中该复选框，则比例因子仅对在布局里创建的标注起作用。

（9）前导：选中该复选框，系统将不输出十进制尺寸的前导零。

（10）后续：选中该复选框，系统将不输出十进制尺寸的后续零。

2．角度标注

在此选项组中设置角度标注的格式。角度标注设置方法和线性标注类似，这里不再赘述。

7.5.4　设置不同单位间的换算格式及精度

换算标注单位即转换使用不同测量单位制的标注，通常是显示英制标注的等效公制标注，或公制标注的等效英制标注。在标注文字中，换算标注单位显示在主单位旁边的方括号中。

利用新建标注样式对话框中的“换算单位”选项卡，可以设置换算标注单位的格式，如图 7-43 所示。

当“显示换算单位”复选框被选中时，AutoCAD 将显示标注的换算单位。设置换算单位的格式、精度、舍入精度、前缀、后缀和消零的方法与设置主单位的方法相同。此外，还可以设置如下选项。

（1）换算单位倍数：将主单位与输入的值相乘即得换算单位。在“公制”单位下，默认值为 0.039370，乘法器用此值将英寸转换为毫米。如果标注一个 1mm 的直线，则标注显示 1.00[0.039370]。

（2）位置：设置换算单位的位置，可以位于主单位的后面或下方。其中，选中“主值下”单选按钮，可将主单位放置在尺寸线的上方，将换算单位放置在尺寸线的下方。

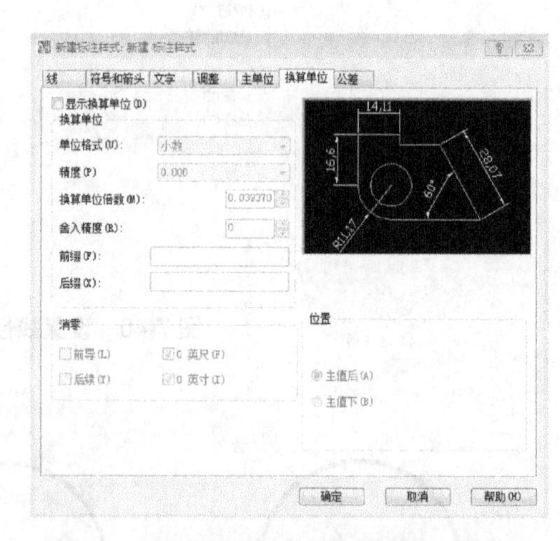

图 7-43　设置不同单位间的换算格式及精度

7.5.5　管理标注样式

执行“格式”→“标注样式”命令，即可弹出“标注样式管理器”对话框，它不仅可以创建尺寸标注样式，还可以对其进行管理。其中，各设置项的意义如下。

（1）样式：在该下拉列表中显示可供选择的所有标注样式。

（2）列出：选择需要显示的标注样式。其中，选择“所有样式”时，在列表中显示所有的标注样式；选择“正在使用的样式”时，只显示当前图形中用到的标注样式。

（3）置为当前：单击该按钮，可将选择的标注样式设置为当前样式。

（4）新建：单击该按钮，可创建新标注样式或标注样式。

（5）修改：单击该按钮，可弹出“修改标注样式”对话框，修改选中的标注样式。修改标注样式时，用原标注样式标注的尺寸将被全部修改。

（6）替代：单击该样式，可打开“替代当前样式”对话框，设置一种临时替代样式。

（7）比较：用于对两个标注样式进行比较，或者查看某一样式的全部特性。单击该按钮，可弹出“比较标注样式”对话框，在此可比较两种标注样式的特性，如图 7-44 所示。浏览一种标注样式的特性，如图 7-45 所示。

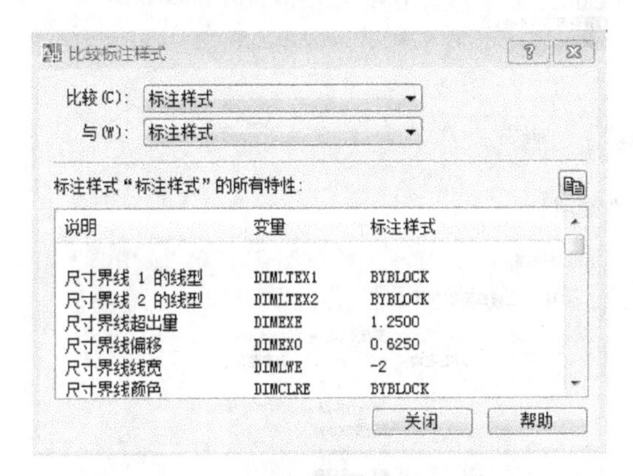

图 7-44 比较两种标注样式的特性

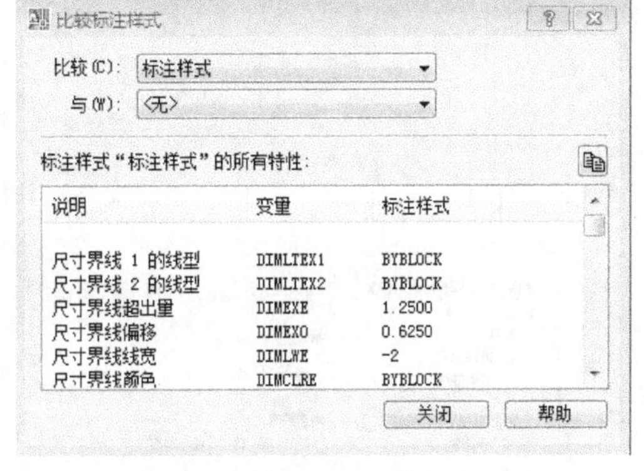

图 7-45 浏览一种标注样式的特性

7.6 引线标注

在 AutoCAD 中，使用引线标注可以对尺寸标注中的一些特例进行标注。引线不能测量距离，通常由带箭头的直线或样条组成，注释文字写在引线末端。

创建引线时，它的颜色、线宽、缩放比例、箭头类型、尺寸和其他特征都由当前标注样式定义。

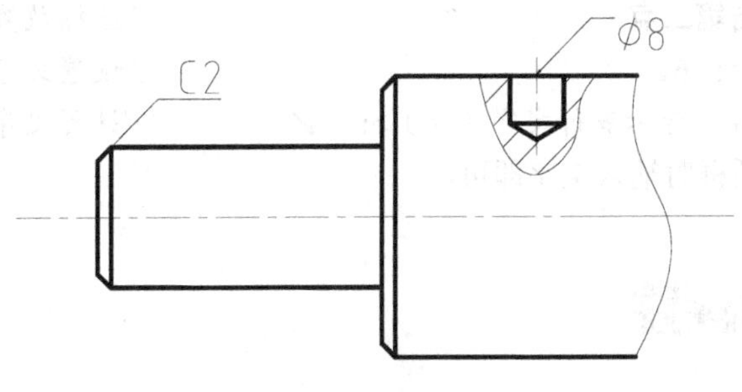

图 7-46 引线标注

以图 7-46 中尺寸Φ8 为例，说明创建引线标注的步骤如下。

标注工具栏：。

菜单栏：执行“标注”→“引线”命令。

命令窗口：qleader↙。

AutoCAD 提示：

指定第一个引线点或［设置（S）］<设置>：S↙　　　　//改变引线格式

弹出如图 7-47 所示的“引线设置”对话框。

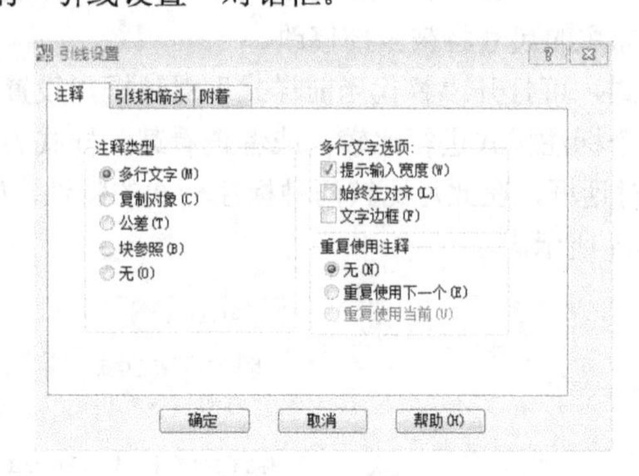

（a）“注释”选项卡

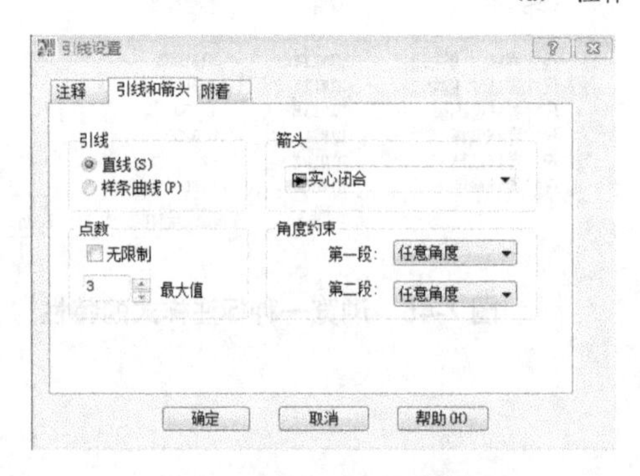

（b）“引线和箭头”选项卡

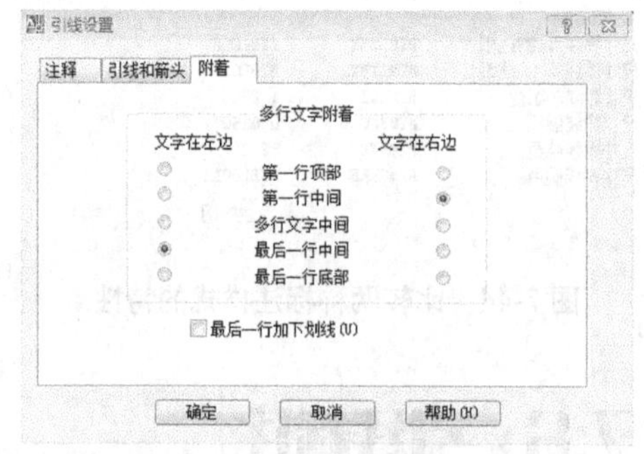

（c）“附着”选项卡

图 7-47　“引线设置”对话框

设置其中的注释选项时，如图 7-47（a）所示；“引线”、“箭头”及“角度约束”等设置如图 7-47（b）所示；“附着”各选项的设置如图 7-47（c）所示。

单击“确定”按钮后出现提示信息：

指定第一个引线点或［设置（S）］<设置>：**捕捉并单击第一点**　　//选择第一个引线点

指定下一点：**单击第二点**　　　　//选择放置引线第二点

指定文字宽度 <7>：6↙　　　　//设置文字宽度

输入注释文字的第一行 <多行文字（M）>：↙　　　　//设置文字输入形式

弹出文字输入对话框时输入文字即可。

7.7　快速标注

使用快速标注功能，可以快速创建成组的基线、连续、阶梯和坐标标注，快速标注多个圆、圆弧以及编辑现有标注的布局。

以图 7-48 为例，创建快速标注的步骤如下。

> 标注工具栏：![icon]。
> 菜单栏：执行“标注”→“快速标注”命令。
> 命令窗口：qdim↙。

在“标注”工具栏中单击“快速标注”按钮。

AutoCAD 提示：

选择要标注的几何图形：**依次选择各几何图形↙** //选择各轴向直线段

指定尺寸线位置或[连续（C）/并列（S）/基线（B）/坐标（O）/半径（R）/直径（D）/基准点（P）/编辑（E）/设置（T）]<连续>:

单击一点 //选择标注形式和尺寸线位置，默认的是“连续”

标注结果如图 7-48 所示。

若在图 7-49 中选择三个圆，并按提示输入 D（圆的直径）↙，则可一次标注出三个圆的直径。

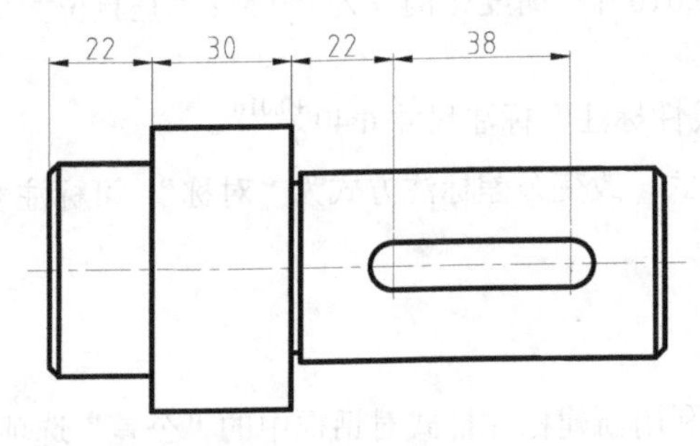

图 7-48 创建快速标注

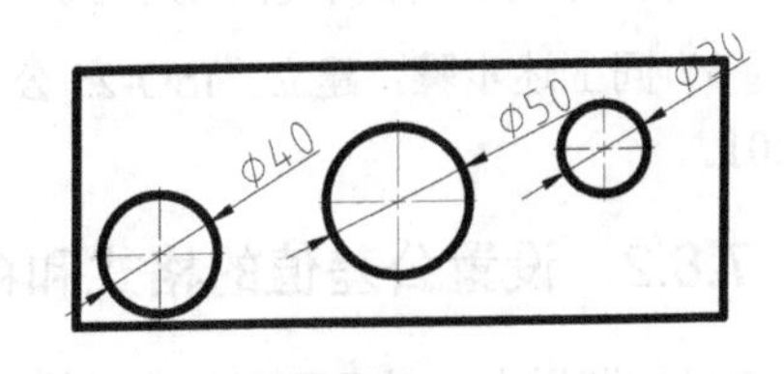

图 7-49 圆的快速标注

创建快速标注时，可以根据命令提示输入一个选项，这些选项的意义如下。

（1）连续（C）：创建一系列连续标注。

（2）并列（S）：创建一系列层叠标注。

（3）基线（B）：创建一系列基线标注。

（4）坐标（O）：创建一系列坐标标注。

（5）半径（R）：创建一系列半径标注。

（6）直径（D）：创建一系列直径标注。

（7）基准点（P）：为基线标注和坐标标注设置新的基准点或原点。

（8）编辑（E）：用于编辑快速标注。

7.8 尺寸公差标注

7.8.1 尺寸公差的标注

尺寸公差用于有效控制零件的加工精度，许多零件图上需要标注极限偏差或公差带代号，它的标注形式是通过标注样式中的公差格式来设置的。

以图 7-50 为例说明尺寸公差的设置步骤。

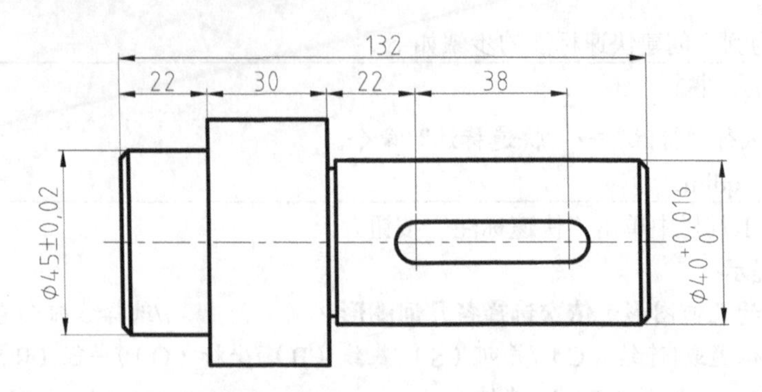

图 7-50 尺寸公差标注

（1）标注完长度尺寸以后，当标注直径尺寸时，需要通过改变公差格式的设置来完成。执行“标注”→“样式”命令，在“标注样式管理器”中创建新的样式：“ISO-25 公差 1”。选择“公差”选项卡，如图 7-51 所示。在“公差格式”选项组中设置“方式”为“极限偏差”。在“精度”下拉列表中选择“0.000”；“上偏差”为“0.016”；“高度比例”为“0.5”；“垂直位置”为“中”。

（2）在样式工具栏中选中该样式，利用“线性标注”标注尺寸 $\Phi 40_{0}^{+0.016}$ 。

（3）同上述步骤，建立“ISO-25 公差 2”样式，改变公差标注方式为“对称”，可标注 Φ45 ±0.01。

7.8.2 设置公差值的格式和精度

在机械图样中，对于不同的公差格式，可以利用新建标注样式对话框中的“公差”选项卡，来设置公差值的格式和精度，如图 7-51 所示。

在“公差格式”选项组中，可以设置公差的格式和精度，设置时要注意以下几点。

（1）方式：用于设置公差的方式，如对称、极限偏差、极限尺寸和基本尺寸等，如图 7-52 所示。

（2）精度：设置公差值的小数位数。按公差标注标准要求，此外应设置成“0.000”。

（3）上偏差：输入上偏差的界限值，在对称公差中也可使用该值。

（4）下偏差：输入下偏差的界限值。

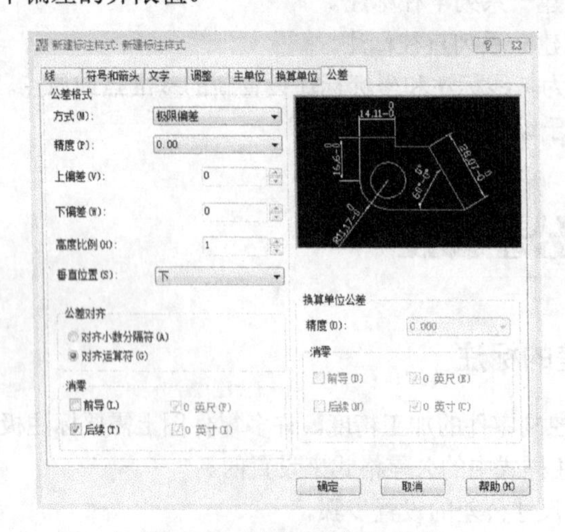

图 7-51 新建公差标注样式

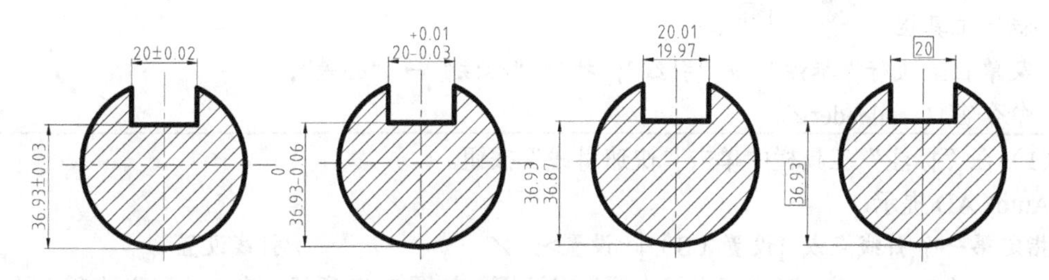

图 7-52 设置公差方式

（5）高度比例：公差文字高度与基本尺寸主文字高度的比值。对于“对称”偏差，该值应设为 1；而对于“极限偏差”，则应设成 0.5。

（6）垂直位置：设置对称和极限公差的垂直位置，主要有上、中和下三种方式，如图 7-53 所示。此项一般应设成“中”。

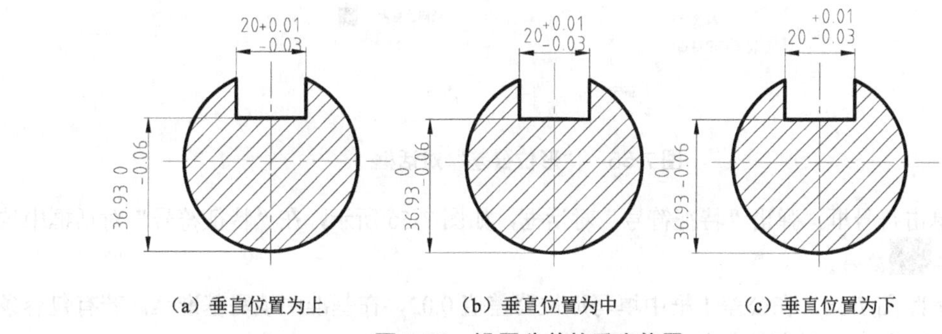

（a）垂直位置为上　（b）垂直位置为中　（c）垂直位置为下

图 7-53 设置公差的垂直位置

此外，在“公差”选项卡中，还可以对“公差格式”进行“消零”设置，或对“换算单位公差”进行“精度”和“消零”设置。

7.9 形位公差标注

形位公差在机械制图中极为重要。形位公差控制不好，零件就会失去正常的使用功能，装配件就不能正确装配。形位公差标注常和引线标注结合使用，如图 7-54 所示，可按如下步骤进行。

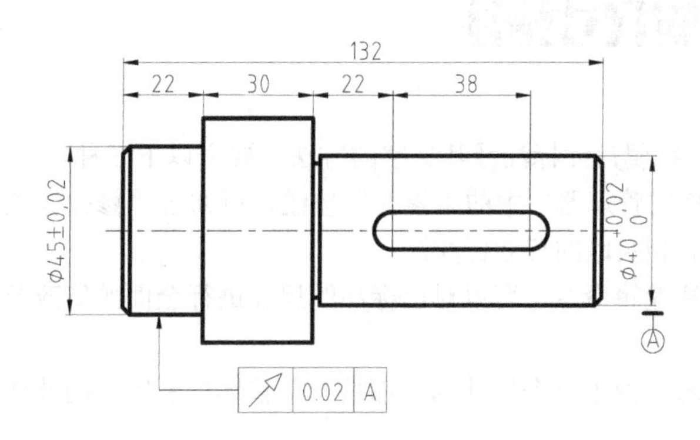

图 7-54 形位公差标注

> 标注工具栏：；。
> 菜单栏：执行“标注”→“引线”；执行“标注”→“公差”。
> 命令窗口：qleader↙。

（1）在“标注”工具栏中单击“快速引线”按钮。

AutoCAD 提示：

指定第一个引线点或 [设置（S）] <设置>：↙　　　　　　　　//引线设置

（2）按“Enter”键，弹出“引线设置”对话框，如图 7-47 所示，在“注释”选项卡的“注释类型”选项组中选中“公差”单选按钮，然后单击“确定”按钮，在图形中创建引线（其提示同引线标注），此时将自动弹出“形位公差”对话框，如图 7-55 所示。

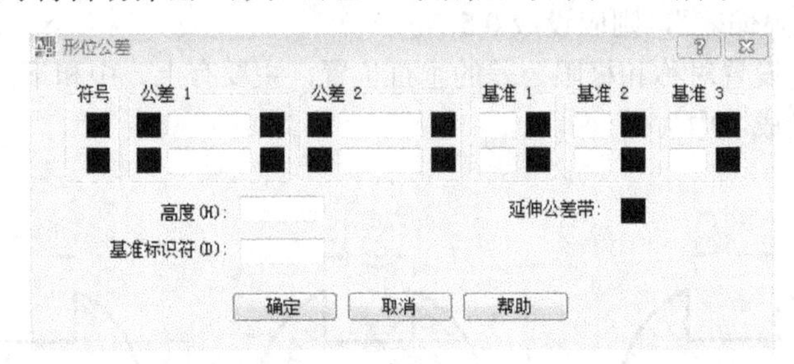

图 7-55　“形位公差”对话框

（3）单击符号框，弹出“特征符号”对话框，如图 7-56 所示，在“特征符号”对话框中选择形位公差符号。

（4）参照图 7-56，在公差 1 框中填写形位公差值 0.02，在基准中填写基准 A，若有包容条件，则可参照图 7-57 选择附加符号。

（5）单击“确定”按钮，标注结果如图 7-54 所示。

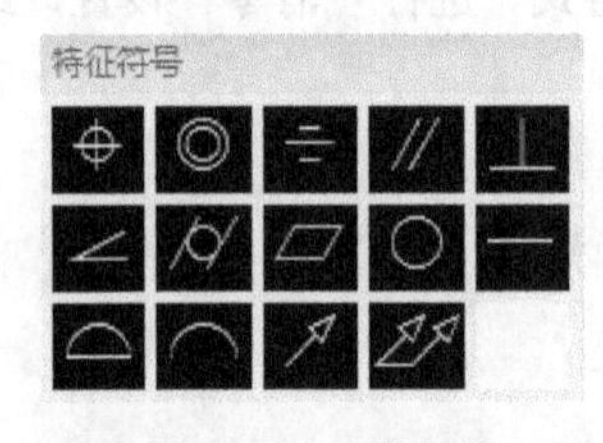

图 7-56　公差特征符号

图 7-57　选择附加符号

7.10　编辑尺寸标注

在 AutoCAD 中，编辑尺寸标注及其文字的方法主要有以下三种。

（1）使用“标注样式管理器”中的“修改”按钮，可通过“修改标注样式”对话框来编辑图形中所有与标注样式相关联的尺寸标注。

（2）使用尺寸标注编辑命令，可以对已标注的尺寸进行全面的修改及编辑，这是编辑尺寸标注的主要方法。

（3）使用夹点编辑。由于每个尺寸标注都是一个整体对象组，因此使用夹点编辑可以快速编辑尺寸标注位置。

7.10.1 修改尺寸标注文字

1. 使用"编辑标注"命令编辑尺寸文字

使用"编辑标注"命令，可以修改原尺寸为新文字、调整文字到默认位置、旋转文字和倾斜尺寸界线。如图 7-58 所示，修改标注文字"20"为"Φ20"，其操作步骤如下。

标注工具栏：A。 命令窗口：dimedit↙。

（1）在"标注"工具栏中单击"编辑标注"按钮。

AutoCAD 提示：

输入标注编辑类型[默认（H）/新建（N）/旋转（R）/倾斜（O）]<默认>：N↙

//选择标注编辑类型

（2）此时弹出"多行文字编辑器"对话框。

（3）在文字文本框中输入直径符号"%%C"。

（4）在图形中选择需要编辑的标注对象。

（5）按"Enter"键结束对象选择，标注结果如图 7-59 所示。

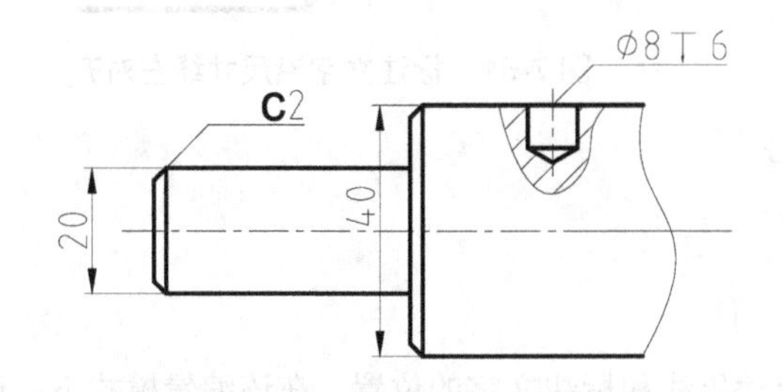

图 7-58 原始标注

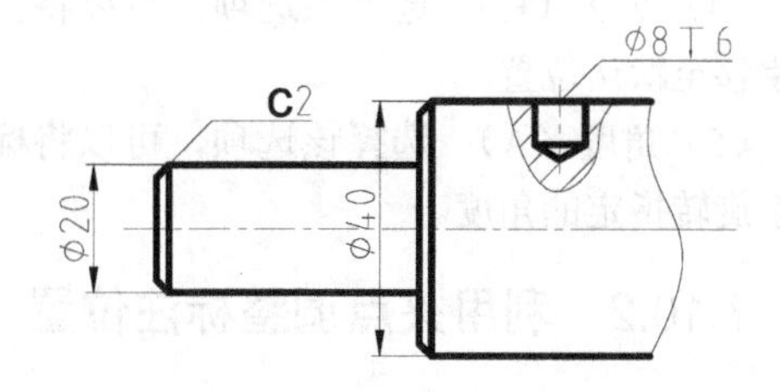

图 7-59 设置新的标注文字

各参数的功能介绍如下。

① 默认（H）：选择该选项，可以移动标注文字到默认位置。

② 新建（N）：选择该选项，可以在弹出的"多行文字编辑器"对话框中修改标注文字。

③ 旋转（R）：选择该选项，可以旋转标注文字。

④ 倾斜（O）：选择该选项，可以调整线性标注尺寸界限的倾斜角度。

如果要改变如图 7-59 所示文字"Φ20"的角度，则可使用旋转选项，具体操作步骤如下。

（1）在"标注"工具栏中单击"编辑标注"按钮。

（2）在命令提示行中输入 R，旋转标注文字。

（3）指定标注文字的角度，如 45°。

（4）在图形中选择需要编辑的标注对象。

（5）按"Enter"键结束对象选择，则标注结果如图 7-60 所示。

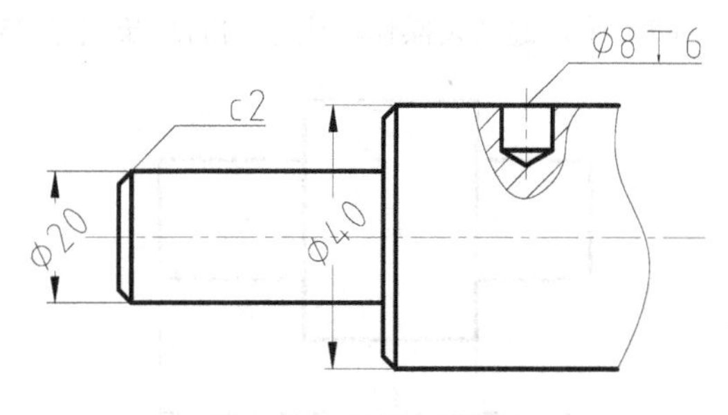

图 7-60 旋转标注文字

2. 用"编辑标注文字"命令调整文字位置

使用"编辑标注文字"命令可以移动和旋转标注文字。例如，要将如图 7-60 所示的标注文字"Φ20"左对齐，可按如下步骤进行操作。

调用“编辑标注文字”功能：在“标注”工具栏中单击“编辑标注文字”按钮。

标注工具栏：。 命令窗口：dimtedit↙↙。

选择标注尺寸对象后 AutoCAD 提示：

指定标注文字的新位置或[左（L）/右（R）/中心（C）/默认（H）/角度（A）]：L↙ //选择文字位。

此时标注文字将沿尺寸线左对齐，如图 7-61 所示。

AutoCAD 提示选项的意义如下。

（1）左（L）：选择该选项，可以使文字沿尺寸线左对齐，适用于线性、半径和直径标注。

（2）右（R）：选择该选项，可以使文字沿尺寸线右对齐，适用于线性、半径和直径标注。

（3）中心（C）：选择该选项，可以将标注文字放在尺寸线的中心。

（4）默认（H）：选择该选项，可以将标注文字移至默认位置。

（5）角度（A）：选择该选项，可以将标注文字旋转指定的角度。

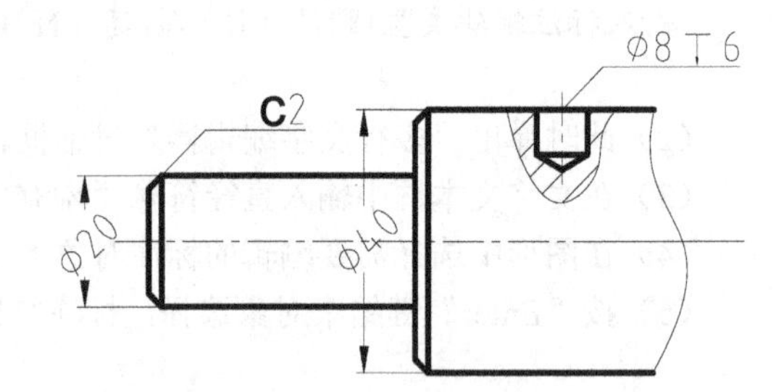

图 7-61　标注文字沿尺寸线左对齐

7.10.2　利用夹点调整标注位置

使用夹点可以非常方便地移动尺寸线、尺寸界线和标注文字的位置。在该编辑模式下，可以通过调整尺寸线两端或标注文字所在处的夹点来调整标注的位置，也可以通过调整尺寸界线夹点来调整标注长度。

例如，要调整如图 7-62 所示的轴段尺寸“25”的标注位置，以及在此基础上再增加标注长度，可按如下步骤进行操作。

（1）单击尺寸标注，此时在该标注上将显示夹点，如图 7-63 所示。

（2）单击标注文字所在处的夹点，该夹点将被选中。

（3）向下拖动光标，可以看到夹点跟随光标一起移动。

（4）在点 1 处单击，确定新标注位置，如图 7-64 所示。

（5）单击该尺寸界线左上端的夹点，将其选中，如图 7-65 所示。

（6）向左移动光标，并捕捉到点 2，单击确定捕捉到的点，如图 7-65 所示。

（7）按↙键结束操作，则该轴的总长尺寸 75 被注出，如图 7-66 所示。

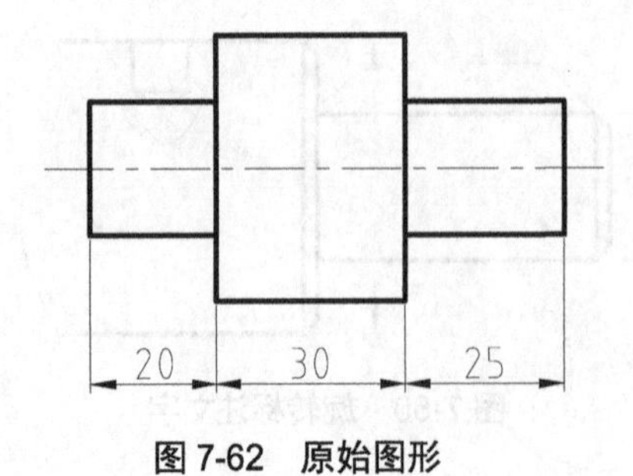

图 7-62　原始图形

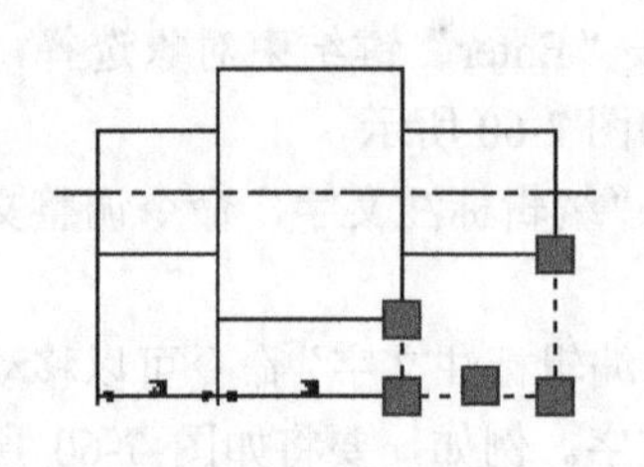
图 7-63　选择尺寸标注

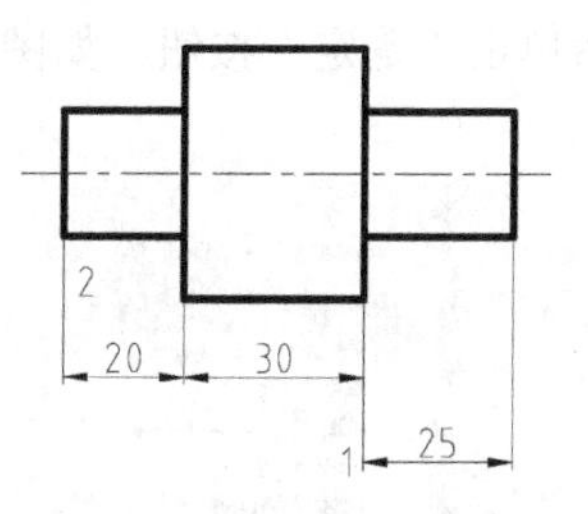

图 7-64 调整标注位置

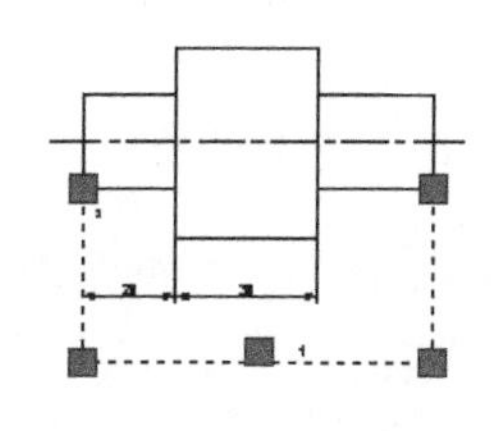

图 7-65 捕捉点

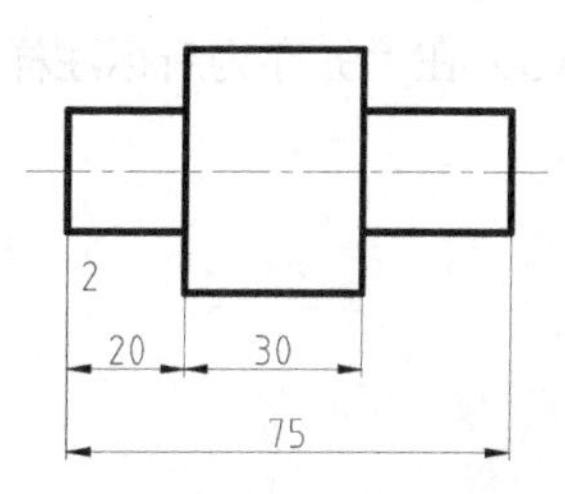

图 7-66 调整标注长度

7.10.3 倾斜标注

默认情况下，AutoCAD 创建与尺寸线垂直的尺寸界线。当尺寸界线过于贴近图形轮廓线时，允许倾斜标注，如图 7-67 中长度为 60 的尺寸。因此，可以修改尺寸界线的角度实现倾斜标注。创建倾斜尺寸界线的步骤如下。

（1）执行“标注”→“倾斜”命令。

（2）选择需要倾斜的尺寸标注对象，若不再选择则按“Enter”键确认。

（3）在命令提示行中输入倾斜的角度，如“60°”，按“Enter”键确认。此时倾斜后的标注如图 7-68 所示。

该操作也可利用尺寸标注编辑来完成。

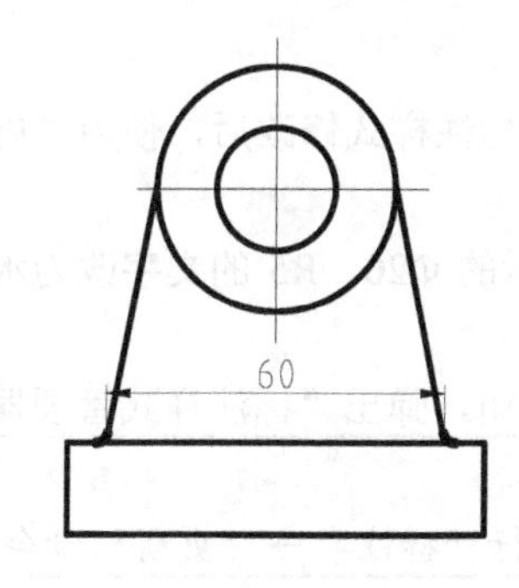

图 7-67 尺寸界线过于贴近轮廓线

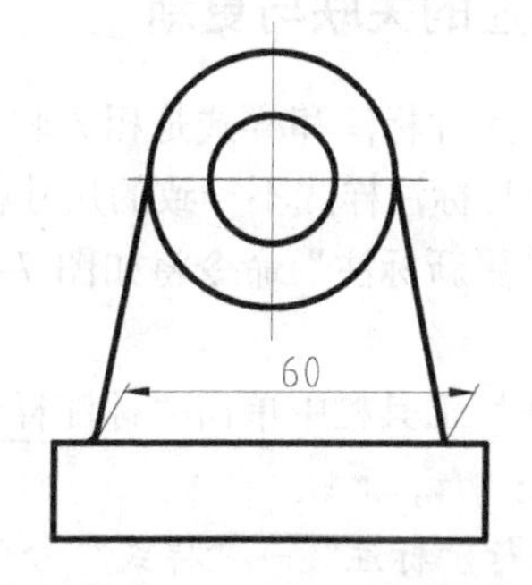

图 7-68 倾斜后的标注

7.10.4 编辑尺寸标注特性

在 AutoCAD 中，通过“特性”窗格可以了解到图形中所有的特性，如线型、颜色、文字位置以及由标注样式定义的其他特性。因此，可以使用该窗格查看和快速编辑包括标注文字在内的任何标注特性，操作步骤如下。

菜单栏：执行“修改”→“特性”命令。 命令窗口：PROPERTIES↙↙

（1）在图形中选择需要编辑其特性的尺寸标注，如图 7-69 所示。

（2）执行“修改”→“特性”命令，打开“特性”窗格，单击“选择对象”按钮。此时，在“特性”窗格中将显示该尺寸标注的所有信息，如图 7-70 所示。

（3）在“特性”窗格中可以根据需要修改标注特性，如颜色、线型等。

（4）如果要将修改的标注特性保存到新样式中，可右击修改后的标注，从弹出的快捷菜单中执行“标注样式”→“另存为新样式”命令。

（5）在“另存为新标注样式”对话框中输入新样式名，然后单击“确定”按钮，如图 7-71 所示。

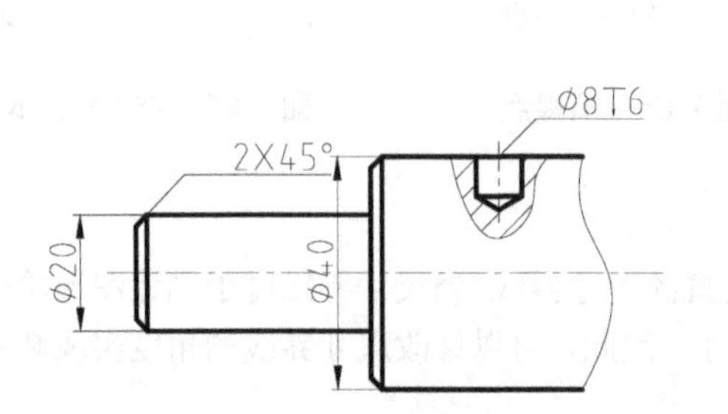

图 7-69　选择需要修改的尺寸

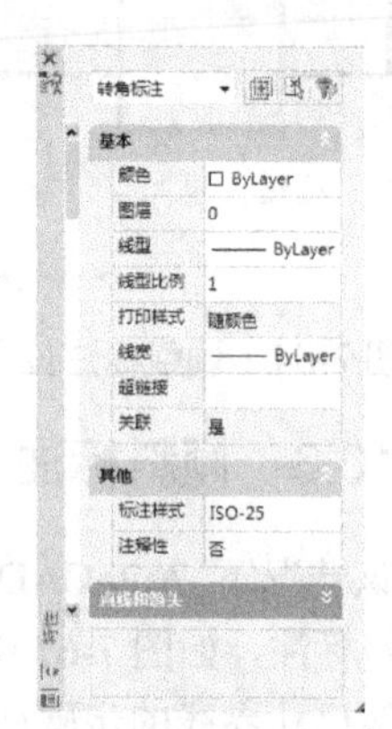

图 7-70　显示标注的特性

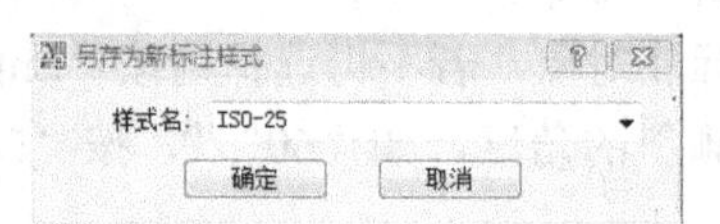

图 7-71　“另存为新标注样式”对话框

7.10.5　标注的关联与更新

通常情况下，尺寸标注和样式是相关联的，当标注样式修改后，使用“更新标注”命令可以快速更新图形中与标注样式不一致的尺寸标注。

例如，使用“更新标注”命令将如图 7-72 所示的 Φ20、R5 的文字改为水平方式，可按如下步骤进行操作。

（1）在“标注”工具栏中单击“标注样式”按钮，弹出“标注样式管理器”对话框。

> 标注工具栏：；。
> 菜单中：执行“标注”→“样式”命令；执行“标注”→“更新”命令。

（2）单击“替代”按钮，在弹出的“替代当前样式”对话框中选择“文字”选项卡。

（3）在“文字对齐”选项组中选中“水平”单选按钮，然后单击“确定”按钮。

（4）在“标注样式管理器”对话框中单击“关闭”按钮。

（5）在“标注”工具栏中单击“更新标注”按钮。

（6）在图形中单击需要修改其标注的对象，如 Φ20、R5。

（7）按“Enter”键，结束对象选择，则更新后的标注如图 7-73 所示。

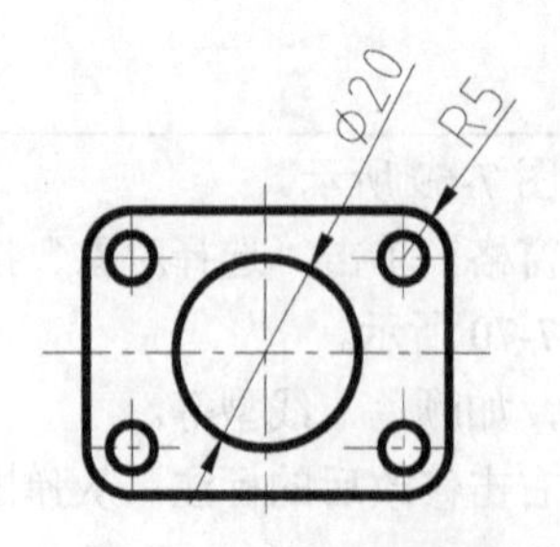

图 7-72　更新前的尺寸标注

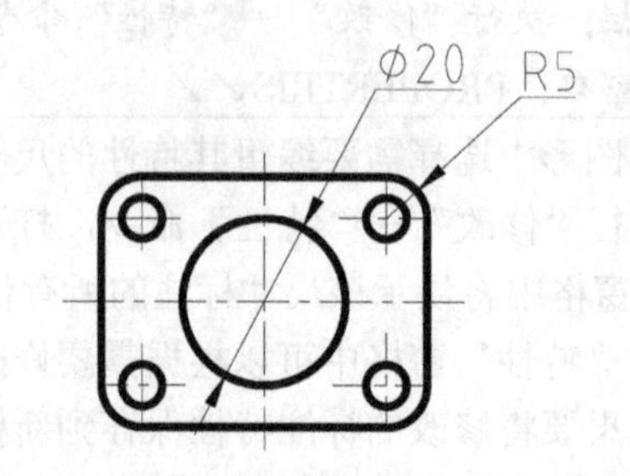

图 7-73　更新后的尺寸标注

7.11 尺寸标注实例

任务：绘制支座两视图并标注尺寸及公差，如图 7-74 所示。
目的：综合运用尺寸标注知识。
知识储备：基本绘图、编辑知识，各种标注知识。

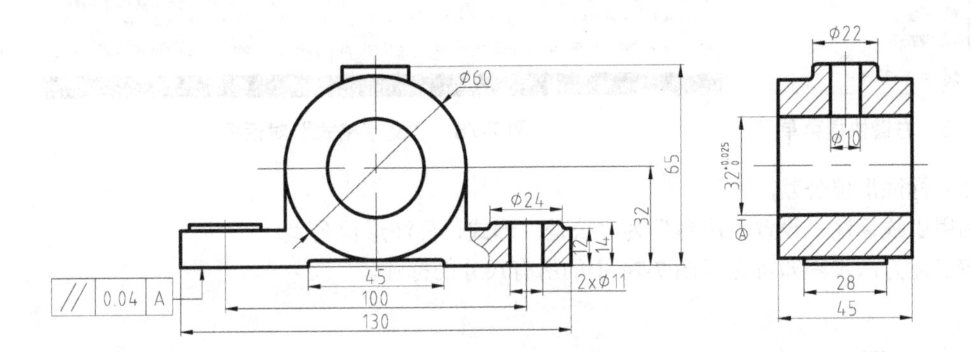

图 7-74 支座两视图

绘图步骤如下。

（1）建图层：分别建立中心线层、细实线层、粗实线层、尺寸线层、剖面线层，并设定各层线型、颜色等。

（2）用绘图、编辑等命令，完成图形绘制。

（3）标注线性尺寸。

① 标注长度尺寸 130、100、45；高度尺寸 32、65、12、14；宽度尺寸 28、45。

单击“标注”工具栏中的图标，AutoCAD 提示：

指定第一条尺寸界线原点或 <选择对象>：**捕捉 130 左端点**

//指定第一条尺寸界线原点

指定第二条尺寸界线原点：**捕捉 130 右端点** //指定第二条尺寸界线原点

指定尺寸线位置或[多行文字（M）/文字（T）/角度（A）/水平（H）/垂直（V）/旋转（R）]:

H↙ //创建水平标注

以下同样的方法标注出其他线性尺寸。

② 标注各直径尺寸。

单击“标注”工具栏中的图标，或利用线性标注和快捷菜单标注 Φ60、Φ24、Φ22、Φ10、2×Φ11 等各圆的直径尺寸。

其中，利用捕捉和线性标注选择 Φ22 的两条边，当选择尺寸线位置时右击将弹出快捷菜单，如图 7-75 所示，执行其中的“多行文字”命令，将弹出如图 7-76 所示的“文字格式”对话框，在“<>”前加%%c 即可。

（4）标注尺寸公差。

建立一新的公差样式，如 ISO-25 公差，将上偏差设为 0.025，下偏差设为 0，即可标注

$\Phi32_{0}^{+0.025}$。

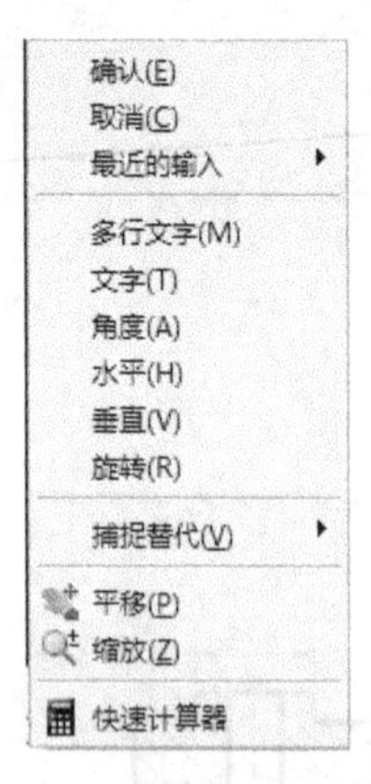

图 7-75 右键快捷菜单

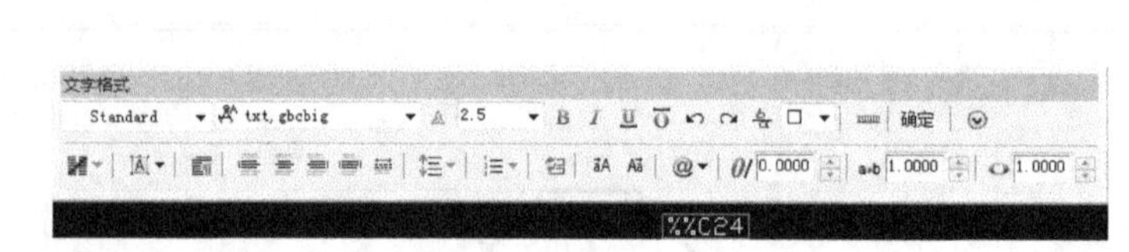

图 7-76 “文字格式”对话框

（5）标注形位公差。

利用引线标注，设置“注释”为“公差”形式，标注形位公差。

按上述方法步骤即可完成图 7-74 中的所有尺寸的标注。

◎习 题

一、填空题

1．尺寸标注四要素分别是________、__________、________、________。

2．线性标注用来标注______或______的线性尺寸，通过捕捉两个点来创建标注；对齐标注通常用来标注_______的线性尺寸。

3．圆弧标注用来标注______的半径；直径标注用来标注______和______的直径。

4．在使用角度标注时，只要选择夹角的________即可标注出角度。

5．基线标注的功能是创建从同一个______引出的标准，即多个尺寸使用__________。

6．连续标注的功能是______________________________。

7．快速标注能根据拾取到的几何图形_________并进行标注，包括________、________、________、________和_________等。

8．圆心标记可以绘制__________，默认的圆心标记形式是_________。

9．在 AutoCAD 2008 中，所有的标注命令都位于______工具栏中，调用此工具栏的方式是______。

10．如果用户绘制图形时使用的是英制单位，那么系统默认的标注模式为__________；如果用户绘制图形时使用的是公制单位，那么系统默认的标注模式为____________。

二、绘图题

1．作图并标注图 7-77。

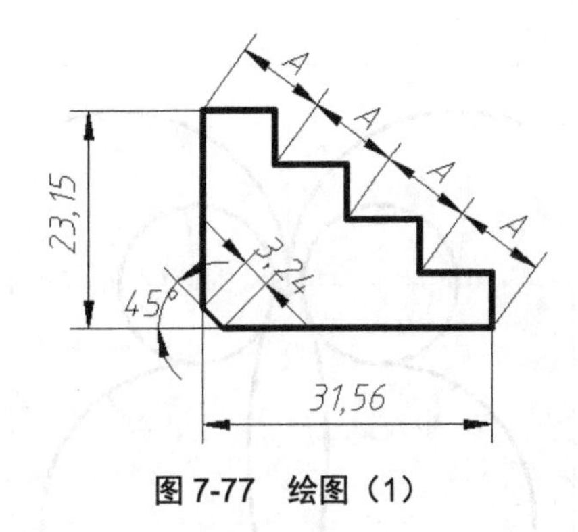

图 7-77 绘图（1）

2．作图并标注图 7-78。

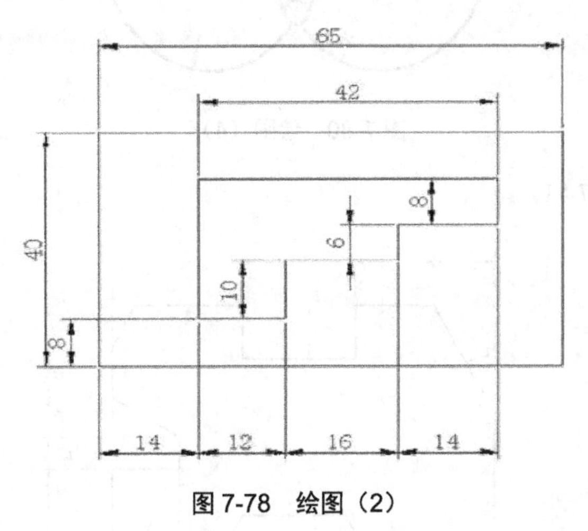

图 7-78 绘图（2）

3．作图并标注图 7-79。

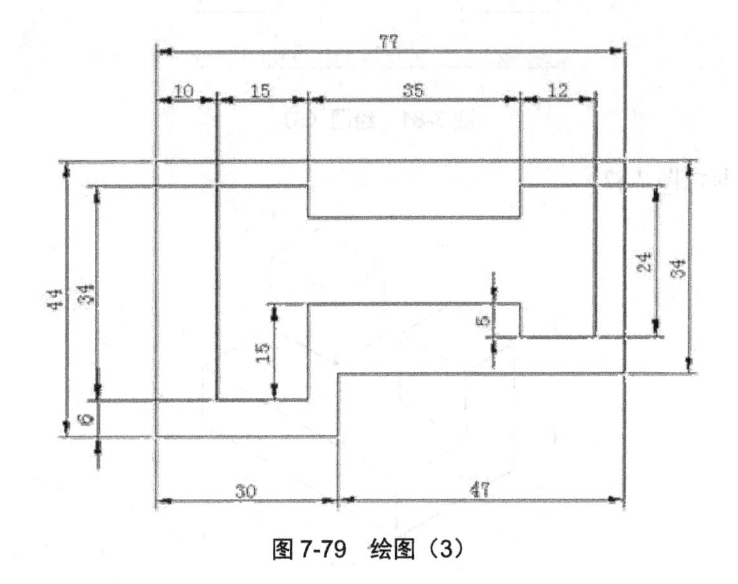

图 7-79 绘图（3）

4．作图并标注图 7-80。

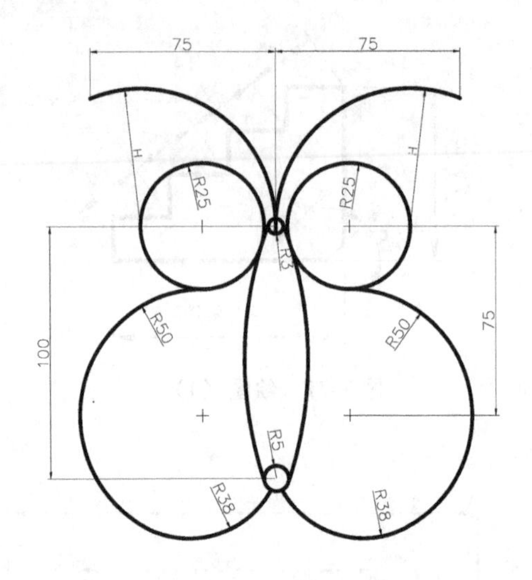

图 7-80　绘图（4）

5．作图并标注图 7-81。

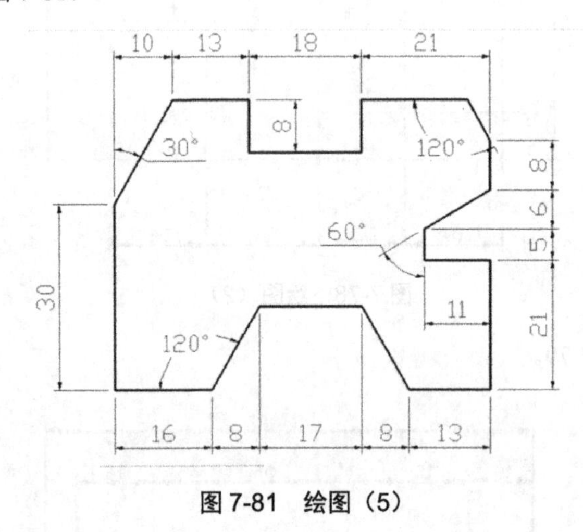

图 7-81　绘图（5）

6．作图并标注图 7-82。

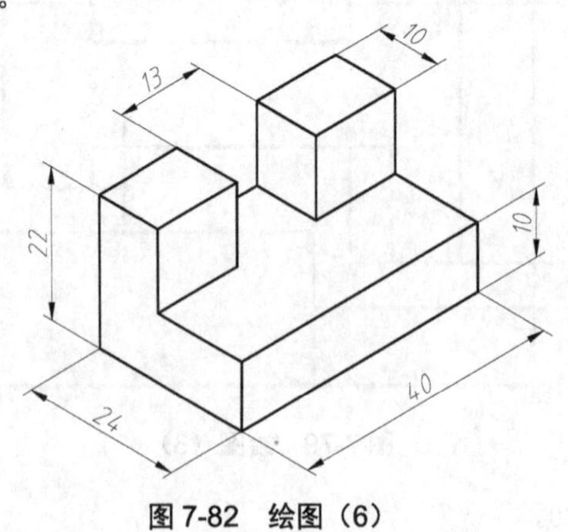

图 7-82　绘图（6）

第 8 章 块操作

本章要点：

掌握块的创建、编辑与使用。

块又称图块，是一个或多个对象组成的对象集合，常用于绘制复杂、重复的图形。一组对象一旦被定义为块，它们将成为一个整体，拾取块中任意对象即可选中构成块的所有对象。在 AutoCAD 中，一个块是作为一个对象进行编辑、修改的。

通过多次调用块，可以快速完成相同图形的绘制，因而从广义上讲，块还具有图形对象的复制功能，使图形对象的复制操作变得更加灵活。使用块功能，既可以改变复制品的大小、方位，又能以独立的图形文件存入磁盘，从而实现了绘制不同图形时的共享，大大提高了绘图的速度，并节省了图形文件占用的磁盘空间。

块可以是包括在几个图层上的不同颜色、线型和线宽特性的对象的组合。尽管块总是在当前图层上，但块中保存着有关对象的原图层、颜色和线型等特性信息，可以控制块中的对象保留其原有特性或者继承当前图层、颜色、线型或线宽等设置。

8.1 块的创建与编辑

8.1.1 创建块

1．命令调用方式

命令：block。

菜单栏：执行“绘图”→“块”→“创建块...”命令。

工具栏：“绘图”→“创建块”图标。

以上述任一方式调用命令，均可弹出“块定义”对话框，如图 8-1 所示。利用此对话框，用户可以定义并命名块。

2．“块定义”对话框的组成

“块定义”对话框由“名称”下拉列表，“基点”、“对象”、“方式”、“设置”和“说明”选项组，以及“在块编辑器中打开”复选框等组成。

“块定义”对话框各组成部分含义及功能如下。

（1）名称：用于指定块的名称。块名称及块定义将保存在当前图形中。

（2）预览：预览区域在“名称”下拉列表的右侧。如果在“名称”下拉列表中选择现有的块，将在预览区域显示此名称的块图样，如图 8-2 所示。

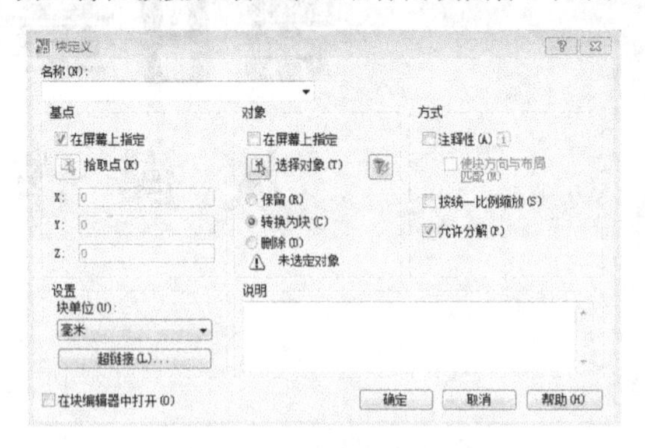

图 8-1　“块定义”对话框

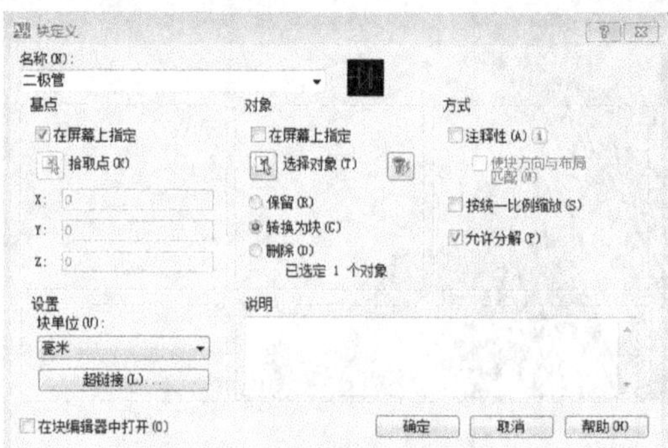

图 8-2　创建二极管块

（3）“基点”选项组：用于指定块的插入基点。默认值是（0，0，0）。指定块插入基点可以通过“在屏幕上指定”；也可以使用“拾取点”按钮。当单击“拾取点”按钮后，暂时关闭“块定义”对话框，需用鼠标拾取插入基点；还可以直接在 X、Y、Z 文本框中输入基点的 X、Y、Z 坐标值。

（4）“对象”选项组：指定新块中包含的对象以及创建块之后如何处理这些对象，即保留还是删除选定的对象，或者是否将它们转换成块。指定新块中包含的对象时，既可以通过“在屏幕上指定”，又可以使用“选择对象”按钮。当单击“选择对象”按钮后，暂时关闭“块定义”对话框，允许用户选择块对象。完成选择对象后，按“Enter”键重新弹出“块定义”对话框；还可以单击“快速选择”按钮，弹出“快速选择”对话框，并使用该对话框定义选择集。

（5）“方式”选项组：用于指定块的显示方式。该选项组包括注释性、使块方向与布局匹配、按统一比例缩放、允许分解等复选框及信息图标等。

（6）“设置”选项组：用于设置块的基本属性。该选项组包括“块单位”下拉列表和“超链接…”按钮。

（7）说明：用来输入块的文字说明。

（8）“在块编辑器中打开”复选框：如果选中此复选框，则单击“确定”按钮后，在块编辑器中可以打开当前的块定义。

3．操作过程实例

【例 8-1】将图 8-3 所示的图形创建为名称为“二极管”的图块。

图块创建具体过程如下。

单击绘图工具栏中的“创建块图标”，弹出“块定义”对话框，并在对话框中完成如下操作。

图 8-3　二极管符号

（1）在“名称”文本框中输入“二极管”。

（2）在“基点”选项组中，单击“拾取点”图标，关闭“块定义”对话框，用鼠标拾取插入基后，重新弹出“块定义”对话框。

（3）在“对象”选项组中，单击“选择对象”图标，关闭“块定义”对话框，用鼠标选取二极管后，重新弹出“块定义”对话框，此时对话框中出现了二极管块的预览，如图 8-2 所示。

（4）单击“确定”按钮，完成块创建。

说明：以上所定义的图块，只能在当前图形中调用。若要使之在其他图形中共享，则需将此图块用 wblock 命令写到磁盘上，形成一个独立的图形文件，以便在绘图中随时调用。

8.1.2 保存块

保存块也称为“写块”，用户在绘制图形时可以调用被保存的块，以加快绘图、设计速度，也可以在系统的设计中心实现资源共享。

命令调用方式如下。

命令：wblock。

执行命令后，将弹出“写块”对话框，如图 8-4 所示。

“写块”对话框中包含了“源”和“目标”两个选项组。

1. “源”选项组

“源”选项组中提供了三种源，源可以是块、整个图形或对象。选定不同的源，对话框将显示不同的默认设置。

（1）块：指定要保存为文件的现有块。当选中此单选按钮时，下拉列表可用，从下拉列表中选择块的名称。

（2）整个图形：以当前图形作为一个块而进行保存。

（3）对象：将指定的对象作为块并保存。当选中此单选按钮时，“基点”和“对象”子选项组同时显亮，用户需对其各选项进行设置。

① 基点：指定块的基点。基点的默认值是（0，0，0）。

指定基点的方式有两种：一是在 X、Y、Z 文本框中输入基点的 X、Y、Z 坐标值；二是在当前图形中选取插入基点，方法是单击“拾取点”图标，系统暂时关闭“写块”对话框，用户在当前图形中拾取插入基点即可。

② 对象：指定块对象。

在此选项组中，单击“选择对象”按钮，暂时关闭“写块”对话框，在当前图形中指定一个或多个图形对象；单击“快速选择”按钮，弹出“快速选择”对话框，从中可以过滤选择集；选中“保留”单选按钮，将选定对象保存为文件后，在当前图形中仍保留它们；选择“转换为块”单选按钮，将选定对象保存为文件后，在当前图形中将它们转换为块，块指定为“文件名”中的名称；选中“从图形中删除”单选按钮，将选定对象保存为文件后，从当前图形中删除它们。

2. “目标”选项组

在“目标”选项组中，对要存储的块可以指定新的文件名和存储位置，以及插入块时所用的测量单位。

（1）文件名和路径：在其下拉列表中指定文件名和保存块或对象的路径。

（2）按钮：弹出标准文件选择对话框。

（3）插入单位：在其下拉列表中指定插入单位。

3. 操作过程实例

【例 8-2】将例 8-1 创建的二极管的图块保存在“桌面”上。

具体操作过程如下。

（1）输入命令 wblock，按“Enter”键，这时弹出“写块”对话框。

（2）在“写块”对话框中，按需要设置其中的各选项，如图 8-5 所示。

（3）单击“确定”按钮完成写块操作。

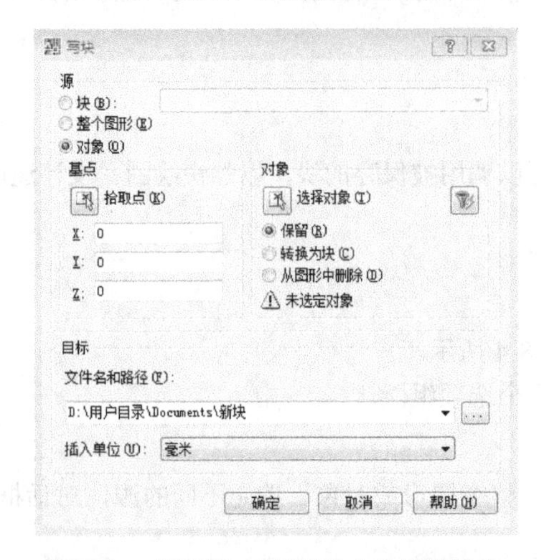

图 8-4　“写块”对话框选中此单选按钮

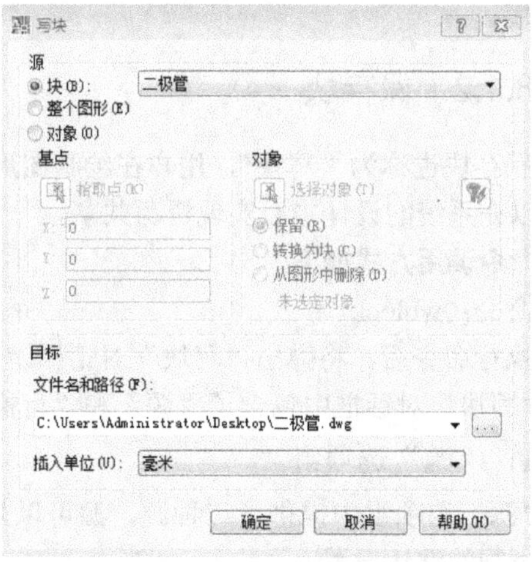

图 8-5　“写块”对话框设置示例

8.1.3　插入块

创建、保存块的目的是更好地使用块，系统提供了将已创建的块或其他图形插入到当前图形中的方法。绘制图形时，使用插入块操作可以加快绘图速度。插入块或其他图形是通过“插入”对话框完成的。利用“插入”对话框在插入块的同时，还可以改变所插入块或图形的比例与旋转角度。

1．命令调用方式

命令：insert。

菜单栏：执行“插入（I）”→“块（B）...”命令。

工具栏：“绘图”→“插入块”图标。

执行命令后，将弹出“插入”对话框，如图 8-6 所示。

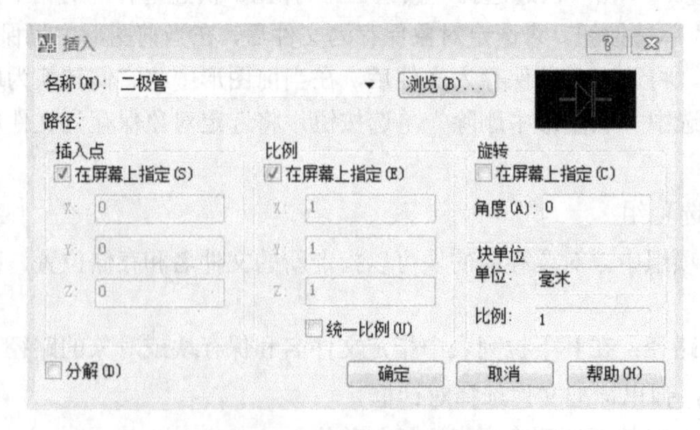

图 8-6　“插入”对话框

在使用“插入”对话框时，需指定要插入的块或图形的名称与位置。“插入”对话框中各选项的功能及操作方法如下。

（1）名称：指定要插入的块的名称，或指定要作为块插入的文件的名称。

（2）浏览：弹出“选择图形文件”对话框（“标准文件”对话框），从中可选择要插入的块或图形文件。

（3）路径：在“选择图形文件”对话框中选择了要插入的块或图形文件后，将显示其路径。

（4）预览：显示要插入的块的图样。

（5）插入点：指定块的插入点，有以下两种方式。

① 在屏幕上指定：用光标指定块的插入点。

② X、Y、Z 文本框：可在文本框中直接输入 X、Y、Z 坐标值。

（6）比例：指定插入块的缩放比例，可分别设置 X、Y、Z 比例因子，也可统一比例。设置 X、Y、Z 的比例因子的方式如下。

① 在屏幕上指定：用光标指定块的比例。

② X、Y、Z 文本框：可在文本框中直接设置 X、Y、Z 比例因子。

③ 统一比例：为 X、Y 和 Z 坐标指定单一的比例值。

（7）旋转：在当前 UCS 中指定插入块的旋转角度的方法如下。

① 在屏幕上指定：用光标指定块的旋转角度。

② 角度：在文本框中直接设置插入块的旋转角度。

（8）块单位：显示有关块单位的信息。

① 单位：指定插入块时使用的单位。

② 比例：显示单位的比例因子。

（9）分解：如果选中此复选框，则插入后的块将被分解，分解为组成块的原图形对象。中此复选框时，只可以指定统一的比例因子。

2．操作过程实例

【例 8-3】将例 8-2 保存在桌面上的“二极管”图形文件插入到图 8-7（a）所示的图形中，形成完整的二极管桥式整流电路图，如图 8-7（b）所示。

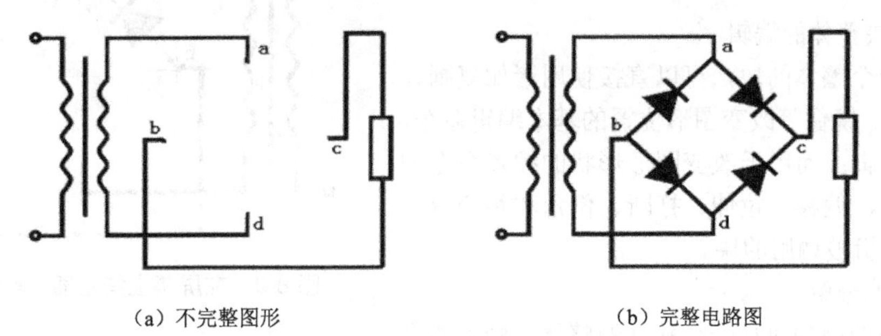

（a）不完整图形　　（b）完整电路图

图 8-7　插入“图块”实例

此图中有 4 个处于不同方位的二极管，因此，按题意需要分别以不同的插入点和旋转角度进行 4 次插入操作，即插入点分别为 b 点、c 点、a 点、d 点，旋转角度分别为 45°、−45°、−45°、45°。

下面以插入点为 b、旋转角度为 45° 为例说明具体操作过程。

（1）单击“绘图”工具栏中的“插入块”图标，弹出“插入”对话框。

（2）在“插入”对话框中进行设置，如图 8-8 所示。

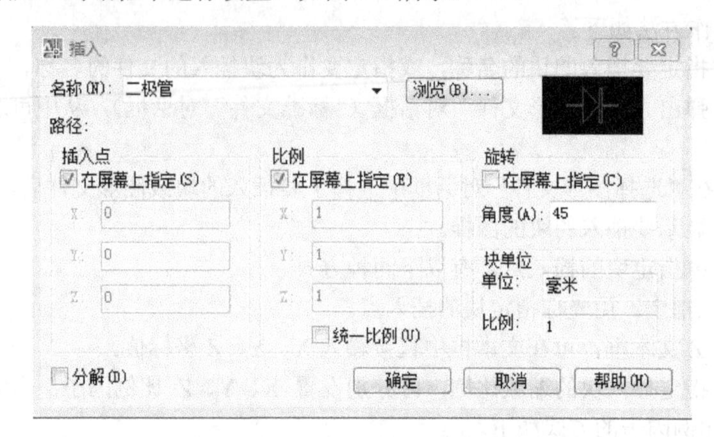

图 8-8 “插入二极管”设置示例

① 在“插入”对话框中，单击“浏览...”按钮，弹出“选择图形文件”对话框，从中选择“二极管”图形文件。

② 选中“在屏幕上指定”复选框；“比例”全部设置为 1；在“角度”文本框中输入 45。

③ 单击“确定”按钮。

（3）此时光标带着二极管图块在屏幕上移动，用户可将插入点指定在 b 点，如图 8-9 所示。至此，操作完成。

说明：（1）镜像插入的实现如下。

① 指定插入块的缩放比例时，指定负的 X、Y 和 Z。

② 设置角度为 180。

（2）在插入块时，设置不同的比例和角度会产生不同的插入效果。

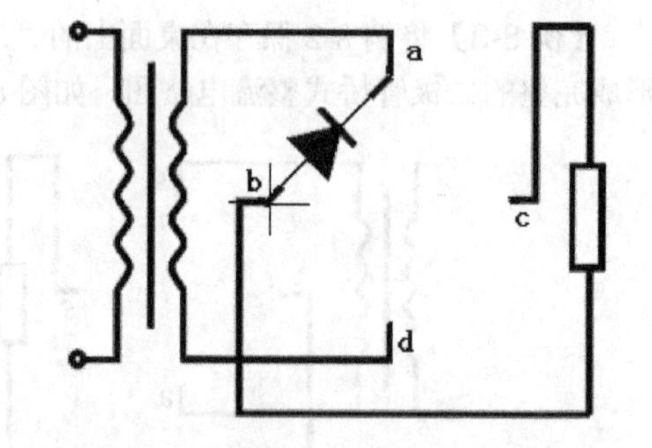

图 8-9 在屏幕上指定插入点示意图

8.1.4 编辑块

1．对块整体的编辑

对于一个整体的块，可以直接使用诸如复制、移动、旋转、镜像等改变图形位置的基本编辑命令，对其进行编辑；而用于改变图形形状的编辑命令如修剪、延伸、偏移、拉伸、打断、倒角和圆角等，不能直接编辑被调用的块。

2．块的分解

如果被调用的块是一个独立的整体，则不能直接使用一些改变其形状的编辑命令对其进行编辑。但在绘图中，当需要改变调用块的形状时，可以对块进行分解，使其还原成生成块的若干图元后，再使用改变图形形状的编辑命令对图元进行修改。修改之后，可以创建新的块定义或重新定义现有的块，也可以保留组成对象而不组合，以供以后使用。

进行块的分解时，可以使用 explode 或 xplode 命令。对块进行简单分解时通常使用 explode 命令；不仅要分解对象并要更改其特性时，则使用 xplode 命令，即 xplode 命令既可以分解块，又可以对分解后的图元赋予新的层、颜色和线型。

8.2 带属性块的创建与属性编辑

块的属性是附属于块的非图形信息，该属性是块的组成部分，其中可以包含块定义中的文字对象。

8.2.1 创建带有属性的块

在创建一个带有属性的块时，属性必须先定义而后使用。块属性通常用于插入块时的自动注释。

1. 定义块属性

命令调用方式如下。

命令：attdef。

菜单栏：执行“绘图”→“块”→“定义属性”命令。

使用上述方式后，将弹出“属性定义”对话框，如图 8-10 所示。

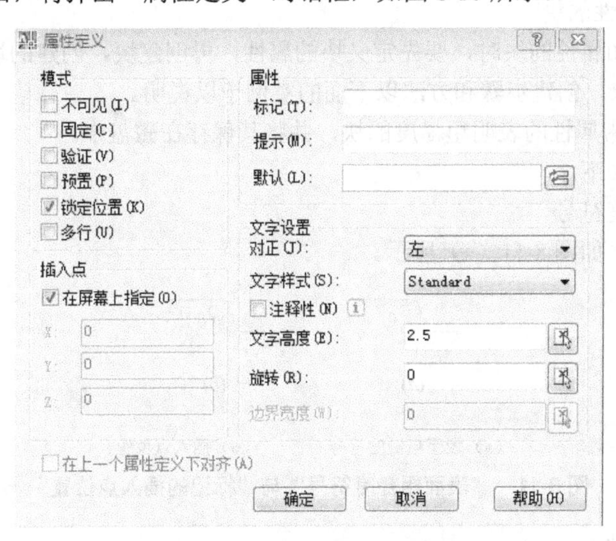

图 8-10 “属性定义”对话框

“属性定义”对话框是由“模式”、“属性”、“插入点”和“文字设置”选项组及“在上一个属性定义下对齐”复选框组成。该对话框用于进行定义属性模式、属性标记、属性提示、属性值、插入点和属性的文字等设置。

（1）“模式”选项组：在图形中插入块时，设置与块关联的属性值选项。

① 不可见：指定插入块时不显示或打印属性值。

② 固定：在插入块时赋予属性固定值。

③ 验证：插入块时提示验证属性值是否正确。

④ 预置：插入包含预置属性值的块时，将属性设置为默认值。

⑤ 锁定位置：锁定块参照中属性的位置。解锁后，属性可以相对于使用夹点编辑的块的其他部分移动，并且可以调整多行属性的大小。

⑥ 多行：指定的属性值可以包含多行文字。选中此复选框后，可以指定属性的边界宽度。

注意，在动态块中，由于属性的位置包含在动作的选择集中，因此必须将其锁定。

（2）“属性”选项组：设置属性数据。

① 标记：标识图形中每次出现的属性。使用字符组合（空格除外）输入属性标记。输入的小写字母会自动转换为大写字母。

② 提示：指定在插入包含该属性定义的块时所显示的提示。如果不输入提示，则属性标记将作为提示。如果在“模式”选项组中选择“常数”模式，则“提示”选项将不可用。

③ 默认：指定默认属性值。

④ “插入字段”按钮：单击该按钮，弹出“字段”对话框。使用该对话框，可以插入一个字段作为属性的全部或部分值。

⑤ “多线编辑器”按钮：在“模式”选项组中选择“多行”模式后，单击“插入字段”按钮，弹出“在位文本编辑器”对话框，该编辑器具有“文字格式”工具栏和标尺。

（3）“插入点”选项组：用来指定属性的位置。

（4）“文字设置”选项组：对属性文字进行设置。

（5）在上一个属性定义下对齐：将属性标记直接置于所定义的上一个属性的下面。如果之前没有创建属性定义，则此复选框不可用。

2．创建带有属性的块

在创建带有附加属性的块时，要先定义块的属性，再创建块。创建的块需要同时选择块属性作为块的成员对象。创建步骤和方法以下面的实例予以说明。

【例 8-4】创建带属性的表明粗糙度的块，并将其保存在磁盘中。

具体操作步骤如下。

（1）表面粗糙度符号。

表面粗糙度符号如图 8-11（a）所示。

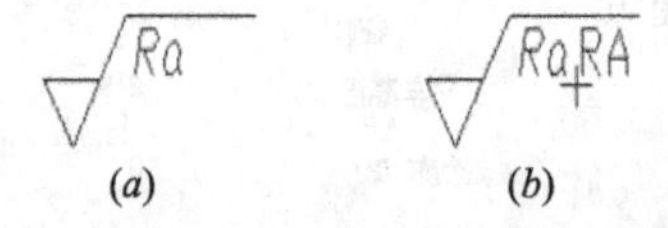

（a）表面粗糙度符号　　（b）插入点位置

图 8-11　“表面粗糙度符号”与“标记的插入点位置”

（2）定义块属性。

执行“绘图”→“块”→“定义属性”命令，弹出“属性定义”对话框，创建块属性，设置内容如图 8-12 所示。

单击“确定”按钮，关闭“属性定义”对话框，在屏幕上用光标指定标记的插入点。插入点位置如图 8-11（b）所示。

（3）定义带属性的块。

单击“绘图”工具栏中的“创建块”图标，弹出“块定义”对话框，并做如下设置。

① 在“名称”文本框中输入“表面粗糙度”，如图 8-13 所示。

② 在“对象”选项组中，单击“选择对象”图标，同时关闭“块定义”对话框，用光标选取表面粗糙度符号，如图 8-14（a）所示，重新弹出“块定义”对话框，此时对话框中出现了表面粗糙度块的预览，如图 8-13 所示。

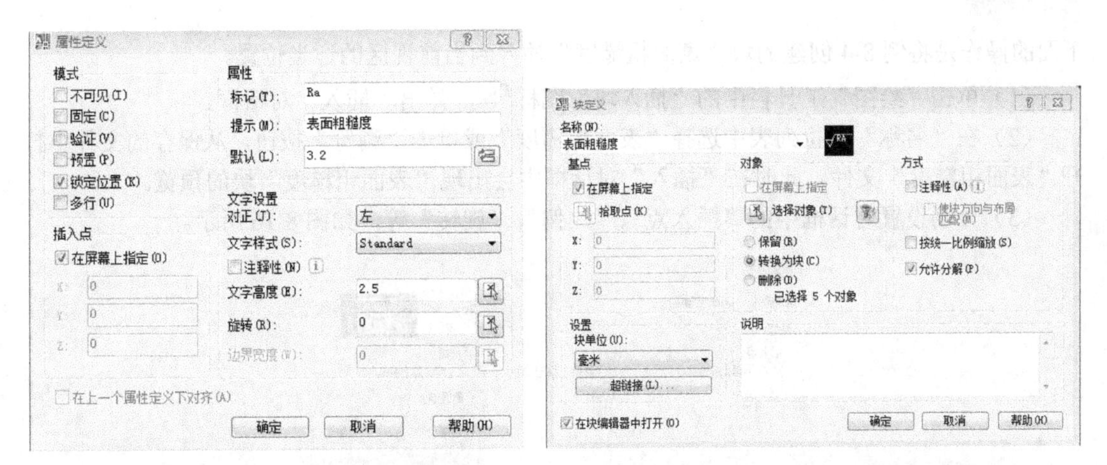

图 8-12 “属性定义”对话框的参数设置　　图 8-13 定义带属性的表明粗糙度块设置

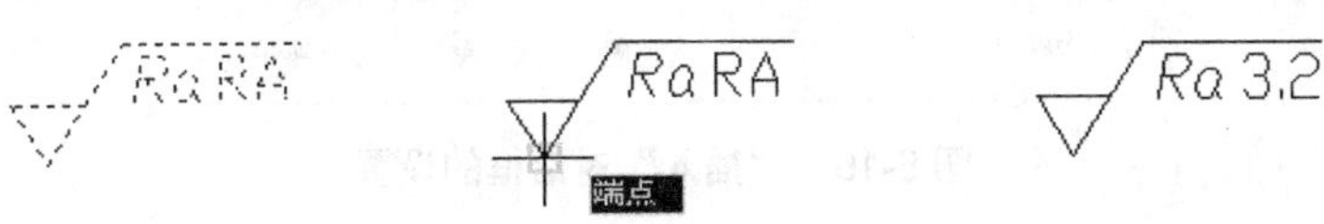

（a）选择对象　（b）拾取块的插入基点　（c）创建结果

图 8-14 “选择对象”、“拾取块的插入基点”与创建结果

③ 在“基点”选项组中，选中“在屏幕上指定”复选框，单击“确定”按钮，关闭对话框，用光标在屏幕上拾取块的插入基点，如图 8-14（b）所示。拾取后，弹出“编辑属性”对话框，如图 8-15 所示。

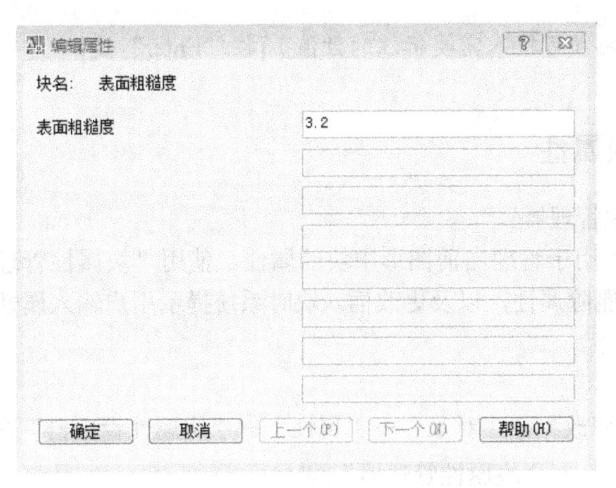

图 8-15 “编辑属性”对话框

在“编辑属性”对话框中可以修改表面粗糙度的值，单击“确定”按钮，完成块的创建，此时在屏幕上将显示带有属性的块，如图 8-14（c）所示。

（4）保存块。

调用 wblock 命令，弹出“写块”对话框，指定“源”和“目标”，单击“确定”按钮。具体操作可参照例 8-2。

8.2.2 插入带属性的块

带有属性的块创建完成后，就可以使用“插入”对话框，将带属性定义的块插入到图形中，下面的操作是将例 8-4 创建的块“表面粗糙度”插入到当前视区的适当位置。

（1）单击“绘图”工具栏中的“插入块”图标，弹出“插入”对话框。

（2）在“名称”下拉列表中选择“表面粗糙度”或单击“浏览”按钮，从保存的文件中打开“表面粗糙度”文件，此时在“插入”对话框中会出现“表面粗糙度”块的预览。

（3）分别设置对话框中的“插入点”、“比例”、“旋转”等，如图 8-16 所示。

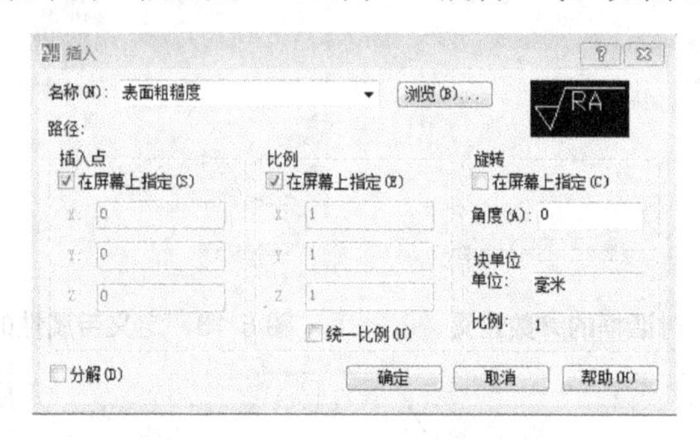

图 8-16　“插入”对话框的设置

（4）单击“确定”按钮，关闭对话框，同时命令提示行中出现下列提示，根据提示信息继续进行操作，即可完成块的插入。

命令: _insert

指定插入点或[基点（B）/比例（S）/旋转（R）]:（鼠标点取指定点）

指定旋转角度<0>:（可输入角度值）[按“Enter”键]

输入属性值

表明粗糙度<3.2>:（可输入需要标注的数值）[按“Enter”键]

命令:

8.2.3　编辑块属性

1．使用“块属性管理器”

“块属性管理器”用于管理当前图形中块的属性。使用“块属性管理器”可以对选定的块编辑其属性，从块中删除属性，以及更改插入块时系统提示用户输入属性值的顺序等。

命令调用方式如下。

命令：battman。

菜单栏：执行“修改”→“对象”→“属性”→“块属性管理器”命令。

工具栏：“修改 II”→“块属性管理器”。

使用上述命令调用方式的任一种，可弹出“块属性管理器”对话框，如图 8-17 所示。

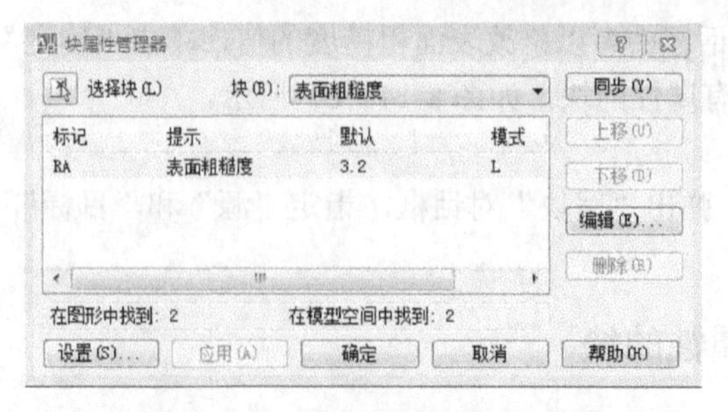

图 8-17　“块属性管理器”对话框

在“块属性管理器”对话框中，被选定块的属性显示在属性列表中。在属性列表中显示的属性特性是通过单击“设置…”按钮，弹出相应的对话框来指定的。当需要编辑块属性时，可单击“编辑”按钮，弹出“编辑属性”对话框并进行编辑修改。

2. 使用“增强属性编辑器”

在“增强属性编辑器”对话框中，列出了选定块的属性及属性特性。使用它可以更改属性特性和属性值。

命令调用方式如下。

命令：eattedit。

菜单栏：执行“修改”→“对象”→“属性”→“单个”命令，执行“修改”→“对象”→“文字”→“编辑”命令。工具栏：“修改Ⅱ”→“编辑属性”图标。

使用上述命令调用方式的任意一种，并在绘图窗口中选择需要编辑的块对象，或直接双击带属性的块，系统都将弹出“增强属性编辑器”对话框，如图 8-18 所示。

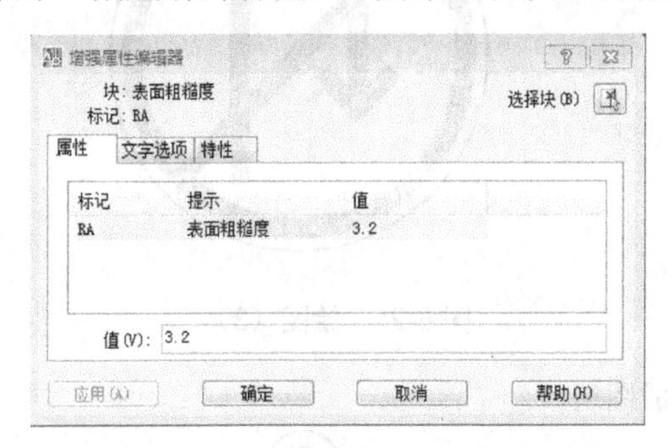

图 8-18 “增强属性编辑器”对话框

“增强属性编辑器”对话框中含有三个选项卡，可以根据需要更改属性特性和属性值，调整文字选项。

◎习 题

绘图题

1. 绘制图 8-19，建成图块。

图 8-19 绘图（1）

2. 绘制图 8-20，建成图块。

图 8-20　绘图（2）

3．绘制图 8-21，建成图块。

图 8-21　绘图（3）

4．绘制图 8-22，建成图块。

图 8-22　绘图（4）

5．绘制图 8-23，建成图块。

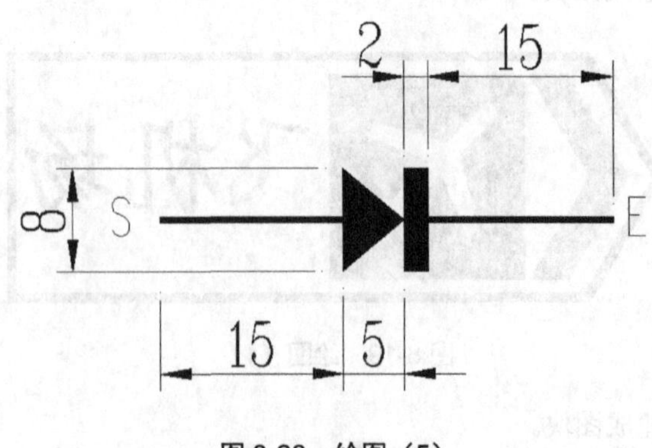

图 8-23　绘图（5）

第9章 样板图与设计中心

本章要点：

本章主要介绍了提高绘图效率的两个基本工具：样板图与设计中心。通过本章的学习，读者将掌握创建样板图的方法，以及利用设计中心定位和组织图形数据的方法。

9.1 样板图

9.1.1 样板图的概念

当使用 AutoCAD 创建一个图形文件时，通常需要先进行图形的一些基本设置，诸如绘图单位、角度、区域等。特别是绘制图形有一些共性时，每次都进行一些设置肯定比较麻烦，为避免每次启动 CAD 绘图时都进行设置，可使用样板文件。AutoCAD 系统把系统自带的和用户自定义的图形样板文件都存储在系统的 Template 文件夹中。根据现有的样板文件创建新图形，无论该样板文件是 AutoCAD 提供还是自己创建的，新图形中的修改都不会影响样板文件。通常存储在样板文件中的惯例和设置包括以下几种：单位类型和精度；标题栏、边框；图层及其特性设置；图形界限；标注样式；文字样式。

图形样板文件的扩展名为“.dwt”。可以通过两种方式创建自己的样板文件。

（1）利用现有图形创建图形样板文件。打开一个扩展名为“.dwg”的 AutoCAD 系统的普通图形文件，将不需要存为图形样板文件中的图形内容删除，然后文件另存，另存的“文件类型”选择“图形样板”。

（2）创建一个包括原始默认值的新图形。打开一个新图形文件（使用公制默认设置），根据需要做必要的设置及添加图形内容，然后文件保存，保存的“文件类型”选择“图形样板”。

如果使用样板图来创建新的图形，则新的图形继承了样板图中的所有设置。这样就避免了大量的重复设置工作，也可以保证同一项目中所有图形文件的标准统一。新的图形文件与所用的样板文件是相对独立的，因此新图形中的修改不会影响样板文件。

AutoCAD 中为用户提供了风格多样的样板文件，用户可单击按钮新建图形文件，然后在“选择样板”对话框中选择样板文件，如图 9-1 所示。

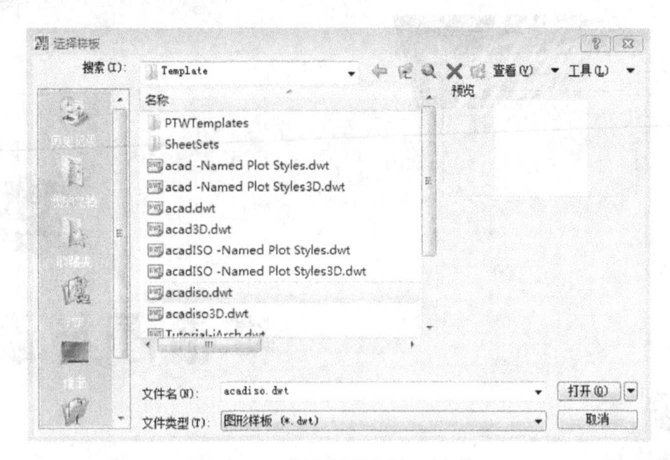

图 9-1 “选择样板”对话框

9.1.2 创建样板图

除了使用 AutoCAD 提供的样板之外，用户也可以创建自定义样板文件，任何现有图形都可作为样板。下面以一个实例来说明怎样创建样板图。

绘图步骤分如下。

> **任务：**建立一个 A3 幅面的样板图。此样板图中包括幅面的设置、层、文本样式、标注样式的设置。
>
> **目的：**通过此实例的绘制，掌握样板图的创建方法。
>
> **知识的储备：**绘图的基本知识。

创建 A3 图样模板

1．设置单位、字体和图层

执行“格式”→“单位”命令或在命令提示行中输入 units 命令，弹出“图形单位”对话框，进行单位设置，如图 9-2 所示。

执行“格式”→“文字样式”命令或在命令提示行中输入 style 命令，弹出“文字样式”对话框，如图 9-3 所示，进行参数设置即可。

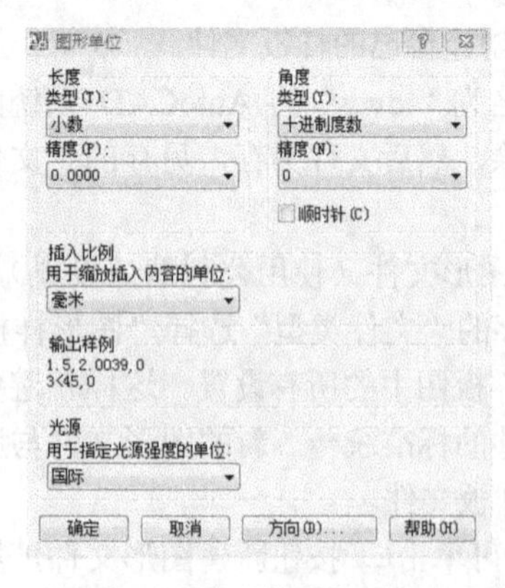

图 9-2 “图形单位”对话框

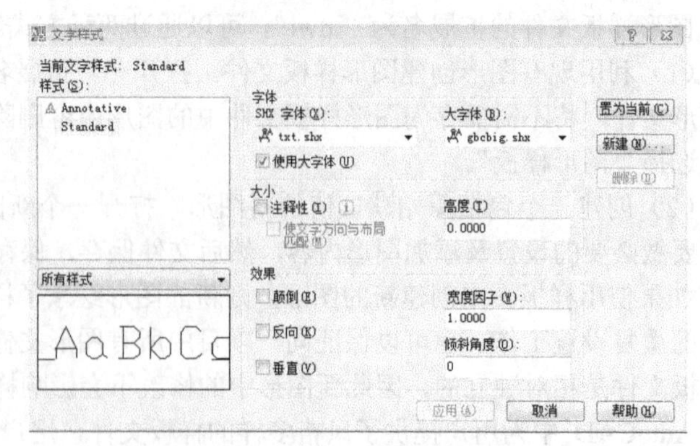

图 9-3 “文字样式”对话框

执行“格式”→“图层”命令或在命令提示行中输入 layer 命令，弹出“图层特性管理器”对话框，如图 9-4 所示，在这里进行图层特性的设置。按表 9-1 的要求进行设置。

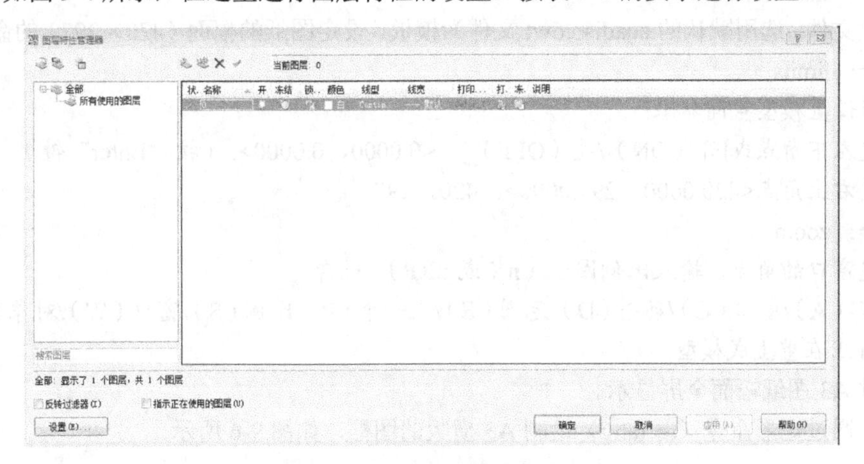

图 9-4 “图层特性管理器”对话框

表 9-1 图层的设置

图层	线型	线宽	颜色（参考）	用途
粗实线	Continuous	d	白色/黑色	轮廓线
细实线	Continuous	d/2	浅蓝色	螺纹、过渡线等
点画线	Center	d/2	红色	中心线、轴心等
虚线	Hidden	d/2	深蓝色	不可见的轮廓线
文字	Continuous	d/2	白色/黑色	注释、标题栏等
尺寸标注	Continuous	d/2	绿色	尺寸标注
剖面线	Continuous	d/2	紫色	剖面线

2．设置尺寸标注

执行“格式”→“标注样式”命令或在命令提示行中输入 dimstyle 命令，弹出新建标注样式对话框，进行标注样式设置，如图 9-5 所示。

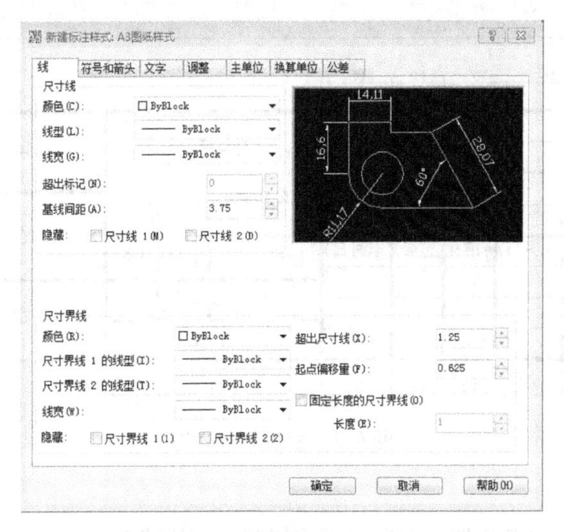

图 9-5 新建标注样式对话框

3．绘制图框和标题栏

（1）设置图纸幅面。

新建文件，选用默认的 acadiso.dwt 文件为模板。设定图纸的幅面（420×297）的命令如下。

命令：limits

重新设置模型空间界限：

指定左下角点或[开（ON）/关（OFF）] <0.0000，0.0000>：（按“Enter”键）

指定右上角点<420.0000，297.0000>：420，297

命令：zoom

指定窗口的角点，输入比例因子（nX 或 nXP），或者

[全部（A）/中心（C）/动态（D）/范围（E）/上一个（P）/比例（S）/窗口（W）/对象（O）] <实时>：a 正在重生成模型。

此时 A3 图纸幅面全屏显示。

（2）通过矩形命令（rectang）绘制 A3 横版的图框，如图 9-6 所示。

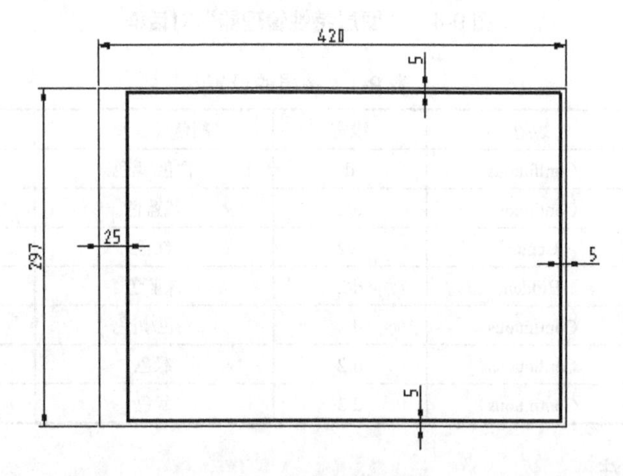

图 9-6 A3 横版的图框

（3）按尺寸绘制标题栏，并标注文字，如图 9-7 所示。

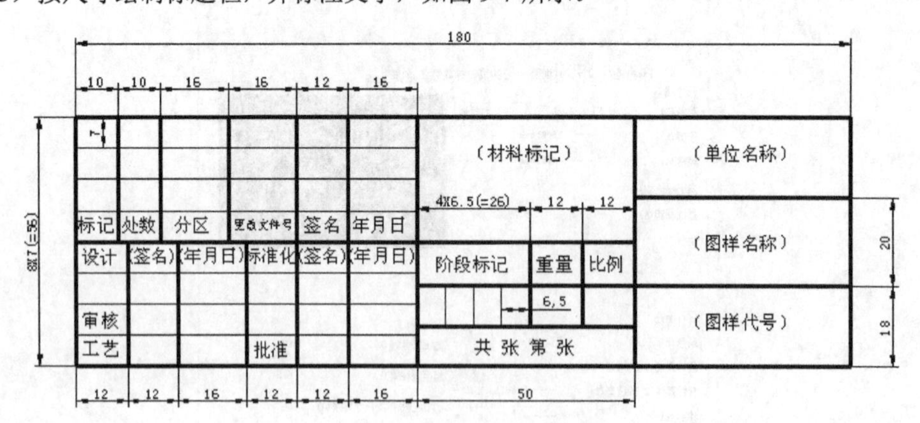

图 9-7 标题栏尺寸图

4．打印设置

打印设置包括打印设备设置、打印页面设置和打印样式表设置。

命令调用方式如下。

菜单栏：执行“文件”→“页面设置管理器”命令。

命令提示行：pagesetup。

可以执行“文件”→“页面设置管理器”命令，即执行 pagesetup 命令，弹出“页面设置管理器”对话框，如图 9-8 所示。

单击“新建”按钮，弹出“新建页面设置”对话框，按图 9-9 进行设置，单击“确定”按钮，弹出“页面设置—模型”对话框，如图 9-10 所示，在对话框中完成相应的设置。

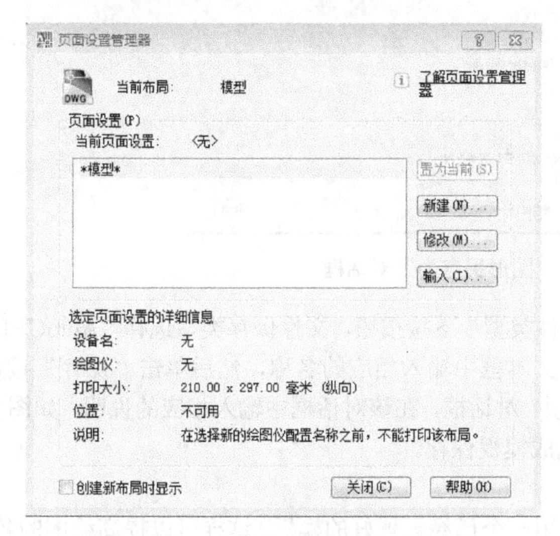

图 9-8 “页面设置管理器”对话框

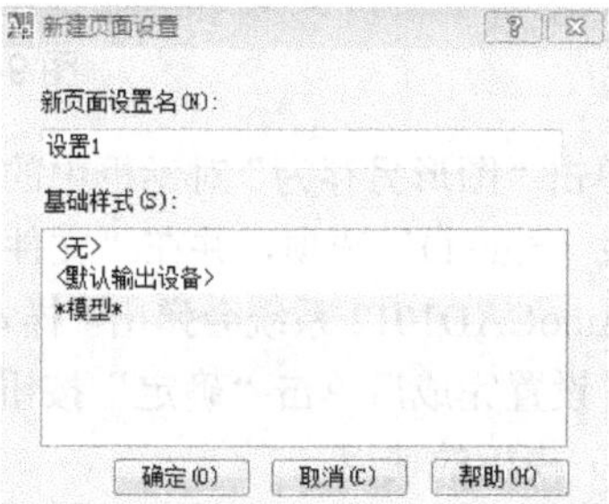

图 9-9 “新建页面设置”对话框

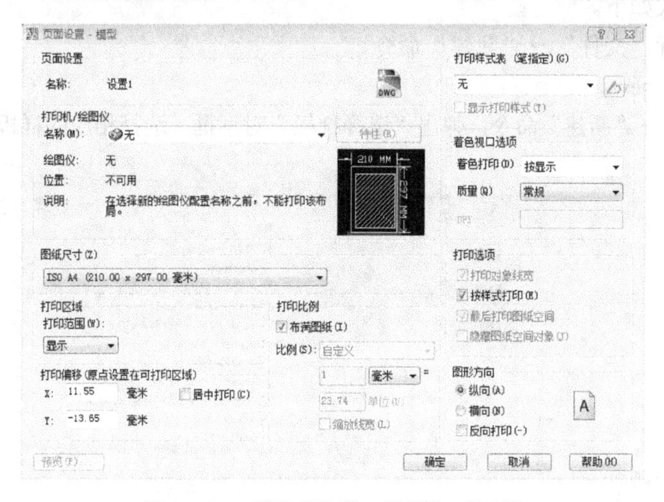

图 9-10 “页面设置—模型”对话框

5．模板的保存与使用

在制作完模板以后，需要对制作的模板进行保存。

1）模板的保存

命令调用方式如下。

菜单栏：执行“文件”→“另存为”命令。

命令提示行：saveas。

执行“文件”→“另存为”命令，弹出“图形另存为”对话框。在该对话框中进行相应的设置，如图 9-11 所示。

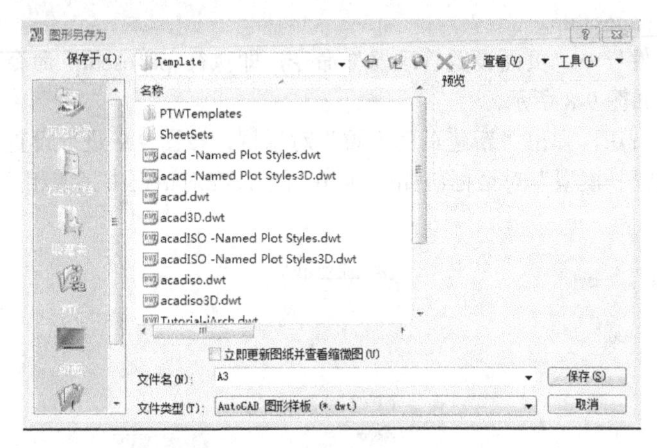

图 9-11 “图形另存为”对话框

单击“图形另存为”对话框中的“文件类型”下拉按钮，文件保存类型选择“AutoCAD 图形样板（*.dwt）”选项，并在“文件名”文本框中输入相应的名称，然后单击“保存”按钮，此时 AutoCAD1012 系统会弹出“样本选项”对话框，在该对话框中输入相应的说明，如图 9-12 所示。设置完成后单击“确定”按钮，完成模板保存。

2）模板的使用

设计人员在绘制图纸的时候，可以调用一个已经设置好的模板，这样可以提高绘图的效率。

命令调用方式如下。

菜单栏：执行“文件”→“新建”命令。

命令提示行：new。

执行“文件”→“新建”命令，弹出“选择样板”对话框，选择相应的样板，如图 9-13 所示。

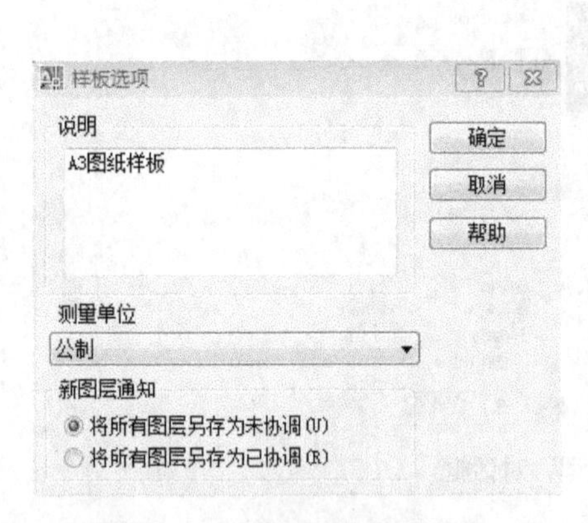

图 9-12 “样板选项”对话框

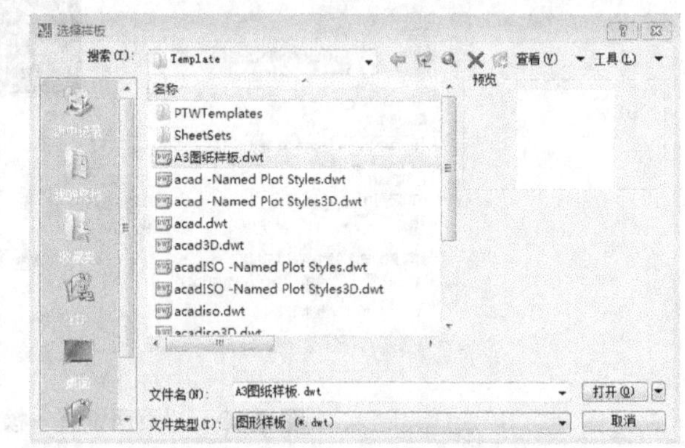

图 9-13 “选择样板”对话框

9.2 设计中心

AutoCAD 设计中心（AutoCAD Design Center，ADC）是 AutoCAD 中的一个非常有用的工

具。它有着类似于 Windows 资源管理器的界面，可管理图块、外部参照、光栅图像以及来自其他源文件或应用程序的内容，将位于本地计算机、局域网或因特网上的图块、图层、外部参照和用户自定义的图形内容复制并粘贴到当前绘图区中。同时，如果在绘图区打开多个文档，在多文档之间也可以通过简单的拖放操作来实现图形的复制和粘贴。粘贴内容除了包含图形本身外，还包含图层定义、线型、字体等内容。这样资源可得到再利用和共享，提高了图形管理和图形设计的效率。

通常，使用 AutoCAD 设计中心可以完成如下工作。

（1）浏览用户计算机、网络驱动器和 Web 页上的图形内容（如图形或符号库）。

（2）在定义表中查看图形文件中命名对象（如块和图层）的定义，然后将定义插入、附着、复制和粘贴到当前图形中。

（3）更新（重定义）块定义。

（4）创建指向常用图形、文件夹和 Internet 网址的快捷方式。

（5）向图形中添加内容（如外部参照、块和图案填充）。

（6）在新窗口中打开图形文件。

（7）将图形、块和图案填充拖动到工具栏中以便于访问。。

9.2.1 设计中心的启动和界面

AutoCAD 设计中心窗口不同于对话框，它像一个与 AutoCAD 一起运行的执行文件管理及图形类型处理任务的特殊程序。

调用 AutoCAD 设计中心的方法如下。

> 标准工具栏：▦。
> 命令提示行：ADCENTER 或 ADC↙。

AutoCAD 打开如图 9-14 所示的“设计中心”窗口。

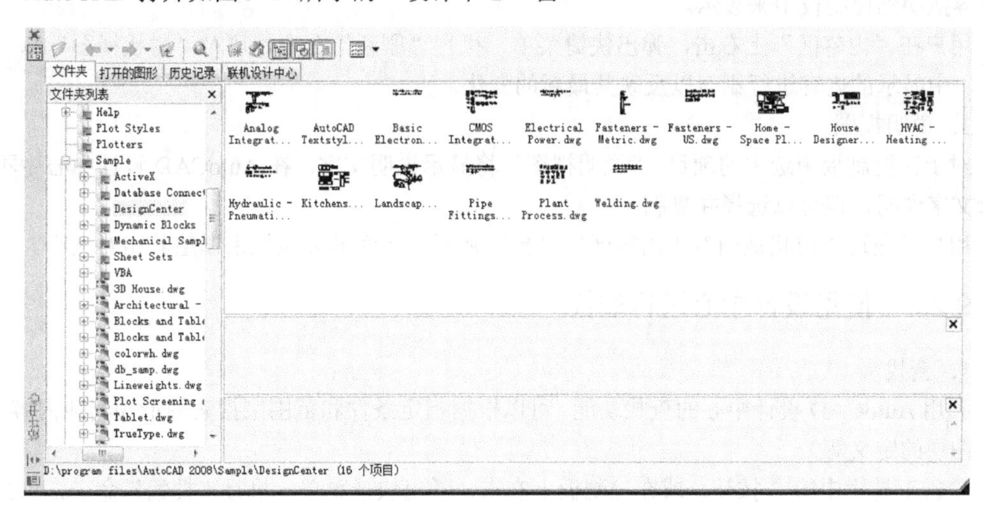

图 9-14 设计中心

设计中心由六个主要部分组成：工具栏、选项卡、内容区、树状视图、预览视图及说明视图。其简单说明如下。

“文件夹”选项卡：将以树状视图形式显示当前的文件夹。

“打开的图形”选项卡：选择该选项卡后，可以显示 AutoCAD 设计中心当前打开的图形文件。

"历史记录"选项卡：单击该选项卡后，可以显示最近访问过的 20 个图形文件。

"搜索"按钮：单击该按钮后，可以通过"搜索"对话框查找图形。

树状窗口：显示本地和网络驱动器上打开的图形、自定义内容、历史记录和文件夹。

预览窗口：显示选定项目的预览图像。如果该项目没有保存预览图像，则为空。

说明窗口：显示选定项目的文字说明。

提示、注意、技巧

"ADCENTER"命令可透明地使用。

9.2.2 使用设计中心查看内容

1．树状视图

"树状视图"用于显示本地和网络驱动器上打开的图形、自定义内容、历史记录和文件夹等内容。其显示方式与 Windows 系统的资源管理器类似，为层次结构方式。双击层次结构中的某个项目可以显示其下一层次的内容；对于具有子层次的项目，可单击该项目左侧的加号"+"或减号"-"来显示或隐藏其子层次。

提示、注意、技巧

在"历史记录"模式下不能切换树状视图的显示状态。

2．内容区

用户在树状视图中浏览文件、块和自定义内容时，"内容区"中将显示打开图形和其他源中的内容。例如，如果在"树状视图"中选择了一个图形文件，则"内容区"中显示表示图层、块、外部参照和其他图形内容的图标。如果在"树状视图"中选择图形的图层图标，则"内容区"中将显示图形中各个图层的图标。用户也可以在 Windows 的资源管理器中直接将需要查看的内容拖动到控制板中来显示。

用户在"内容区"上右击，弹出快捷菜单，执行"刷新"命令，可对"树状视图"和"内容区"中显示的内容进行刷新以反映其最新的变化。

3．说明视图

对于在控制板中选中的项目，"说明视图"将显示说明文字。在 AutoCAD 设计中心中不能编辑文字说明，但可以选择并复制。

用户可通过"树状视图"、"内容区"、"预览视图"之间的分隔栏来调整其相对大小。

9.2.3 使用设计中心进行查找

1．查找

利用 AutoCAD 设计中心的查找功能，可以根据指定条件和范围来搜索图形和其他内容（如块和图层的定义等）。

单击工具栏中的按钮，或在控制板上右击，弹出快捷菜单，执行"搜索"命令，可弹出"搜索"对话框，如图 9-15 所示。

（1）对话框中的"搜索"下拉列表中给出了该对话框可查找的对象类型。

（2）在"于"下拉列表中显示了当前的搜索路径。

（3）完成对搜索条件的设置后，用户可单击"立即搜索"按钮进行搜索，并可在搜索过程中随时单击按钮来中断搜索操作。如果用户单击"新搜索"按钮，则将清除搜索条件来重新设置。

(4) 如果查找到了符合条件的项目，则将显示在对话框下部的搜索结果列表框中。用户可通过如下方式将其加载到内容区中。

① 直接双击指定的项目。

② 将指定的项目拖动到内容区中。

③ 在指定的项目上右击，弹出快捷菜单，执行“加载到内容区中”命令。

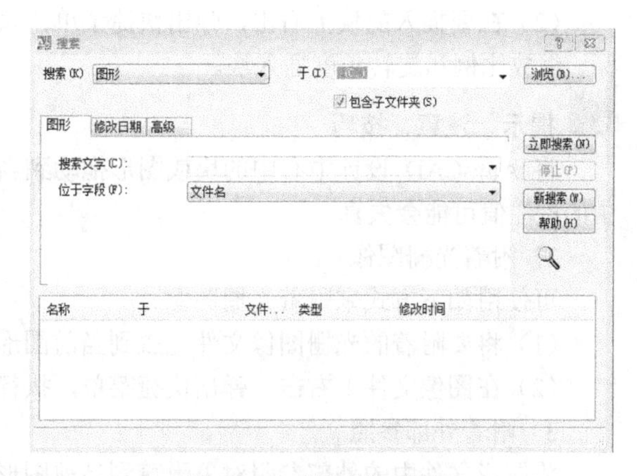

图 9-15 “搜索”对话框

2．使用收藏夹

AutoCAD 系统在安装时，会自动在 Windows 系统的收藏夹中创建一个名为“Autodesk”的子文件夹，并将该文件夹作为 AutoCAD 系统的收藏夹。在 AutoCAD 设计中心中可将常用内容的快捷方式保存在该收藏夹中，以便在下次调用时进行快速查找。

如果选定图形、文件或其他类型的内容并右击，弹出快捷菜单，执行“添加到收藏夹”命令，就会在收藏夹中为其创建一个相应的快捷方式。

用户可通过如下方式来访问收藏夹，查找所需内容。

(1) 单击工具栏中的按钮。

(2) 在树状视图中选择 Windows 系统的收藏夹中的“Autodesk”子文件夹。

(3) 在内容区上右击，弹出快捷菜单，执行“收藏夹”命令。

如果用户在控制板上右击，弹出快捷菜单，并执行“组织收藏夹”命令，则将打开 Windows 的资源管理器窗口，并显示 AutoCAD 收藏夹的内容，用户可对其中的快捷方式进行移动、复制或删除等操作。

9.2.4 使用设计中心编辑图形

1．打开图形

对于内容区中或“搜索”对话框中指定的图形文件，用户可通过如下方式将其在 AutoCAD 系统中打开。

(1) 将图形拖动到绘图区域的空白处。

(2) 在该项目上右击，弹出快捷菜单，执行“插入为块”命令。

提示、注意、技巧

使用拖动方式时不能将图形拖动到另一个打开的图形上，否则将作为块插入到当前图形文件中。

2．将内容添加到图形中

通过 AutoCAD 设计中心，可以将内容区或“搜索”对话框中的内容添加到打开的图形中。根据指定内容类型的不同，其插入的方式也不同。

1) 插入块

在 AutoCAD 设计中心中可以使用两种不同方法插入块。

(1) 将要插入的块直接拖放到当前图形中。这种方法通过自动缩放比较图形和块使用的单位，根据两者之间的比率来缩放块的比例。在块定义中已经设置了其插入时所使用的单位，而在当前图形中则通过“图形单位”对话框来设定从设计中心插入的块的单位，在插入时系统将对这两个值进行比较并自动进行比例缩放。

（2）在要插入的块上右击，弹出快捷菜单，执行“插入为块”命令。这种方法可按指定坐标、缩放比例和旋转角度插入块。

提示、注意、技巧

将 AutoCAD 设计中心中的块或图形拖动到当前图形中时，如果自动进行比例缩放，则块中的标注值可能会失真。

2）附着光栅图像

可使用如下方式来附着光栅图像。

（1）将要附着的光栅图像文件拖放到当前图形中。

（2）在图像文件上右击，弹出快捷菜单，执行“附着图像”命令。

3）附着外部参照

将图形文件中的外部参照对象附着到当前图形文件中的方式有以下两种。

（1）将要附着的外部参照对象拖放到当前图形中。

（2）在图像文件上右击，弹出快捷菜单，执行“附着外部参照”命令。

4）插入图形文件

对于 AutoCAD 设计中心的图形文件，如果将其直接拖动到当前图形中，则系统将其作为块对象来处理。如果在该文件上右击，则有以下两种选择。

（1）执行“作为块插入”命令，可将其作为块插入到当前图形中。

（2）执行“作为外部参照附着”命令，可将其作为外部参照附着到当前图形中。

5）插入其他内容

与块和图形一样，也可以将图层、线型、标注样式、文字样式、布局和自定义内容添加到打开的图形中，其添加方式相同。

6）利用剪贴板插入对象

对于可添加到当前图形中的各种类型的对象，用户也可以将其从 AutoCAD 设计中心复制到剪贴板中，再粘贴到当前图形中。其具体方法如下。

选择要复制的对象并右击，弹出快捷菜单，执行“复制”命令。

9.2.5 应用实例

> **任务：** 建立一个新的图形文件，将“电扇”文件中的图层“91”、“92”添加到新文件中。
>
> **目的：** 通过实例，学习 AutoCAD 设计中心的使用方法。

绘图步骤如下。

（1）建立一个新文件，只有图层 0，并以文件名“NEW”保存。

（2）单击“标准”工具栏中的“AutoCAD 设计中心”按钮，系统在屏幕左面显示如图 9-14 所示的树状列表。

（3）找到“电扇”文件，如图 9-16 所示。

（4）在树状视图中，单击该项目左侧的加号“+”将其逐层打开，直到出现层列表，在内容区内选择要用的图层并右击，弹出快捷菜单，如图 9-17 所示，执行“添加图层”命令，被选中的图层便被添加到新文件的图层中。

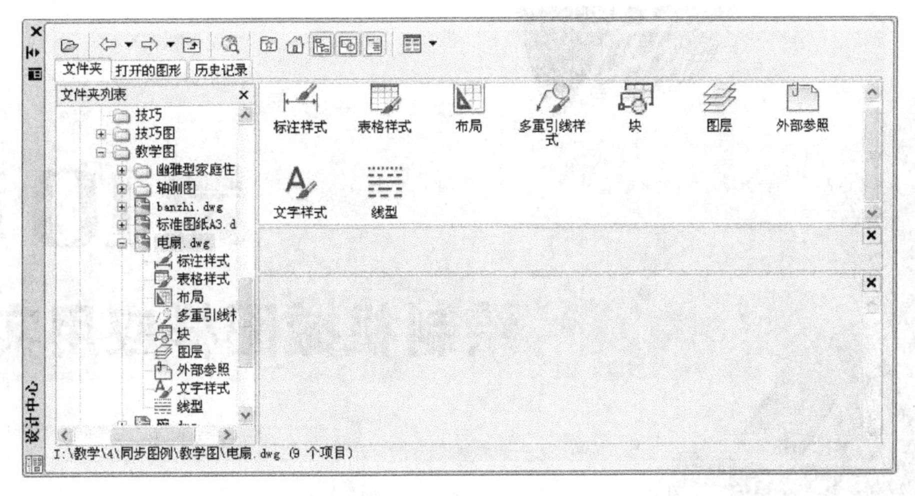

图 9-16　“设计中心”窗口

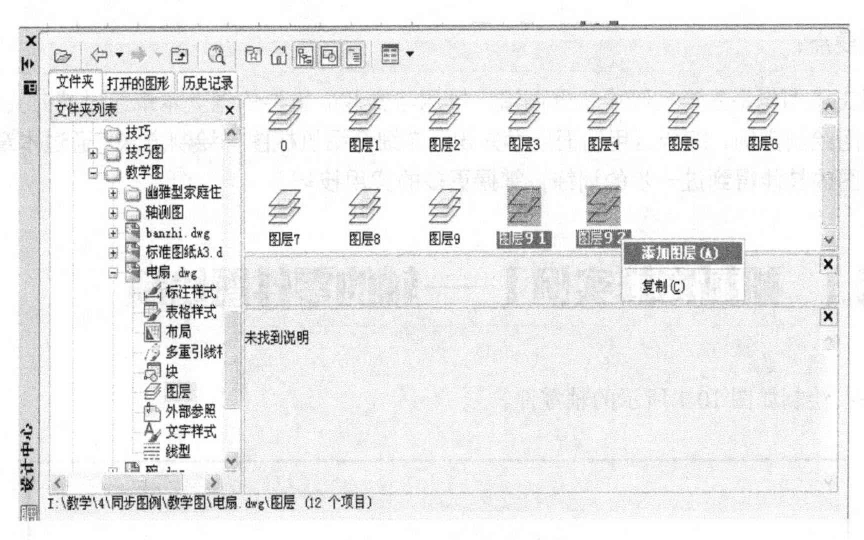

图 9-17　添加图层

执行命令后，在图层下拉列表中可以看到添加的图层。

向图形文件中加入新的图层，可采用以下两种方法。

① 在设计中心的内容区中直接双击指定的项目。

② 将指定的项目拖动到绘图区内。

用同样的方法，可以把文字样式、标注样式等外部设置调入到新文件中。

第10章 绘制机械图样应用实例

本章要点：

机械工程图样是生产实际中机器制造、检测与安装的重要依据。本章通过铣刀头的零件图和装配图绘制实例，综合运用前面所学知识，详细介绍机械图样绘制方法。通过本章学习，使读者绘图的技能得到进一步的训练，掌握更多的实用技巧。

10.1 机械图样实例1——轴的零件图绘制

任务：绘制如图10-1所示的轴零件。

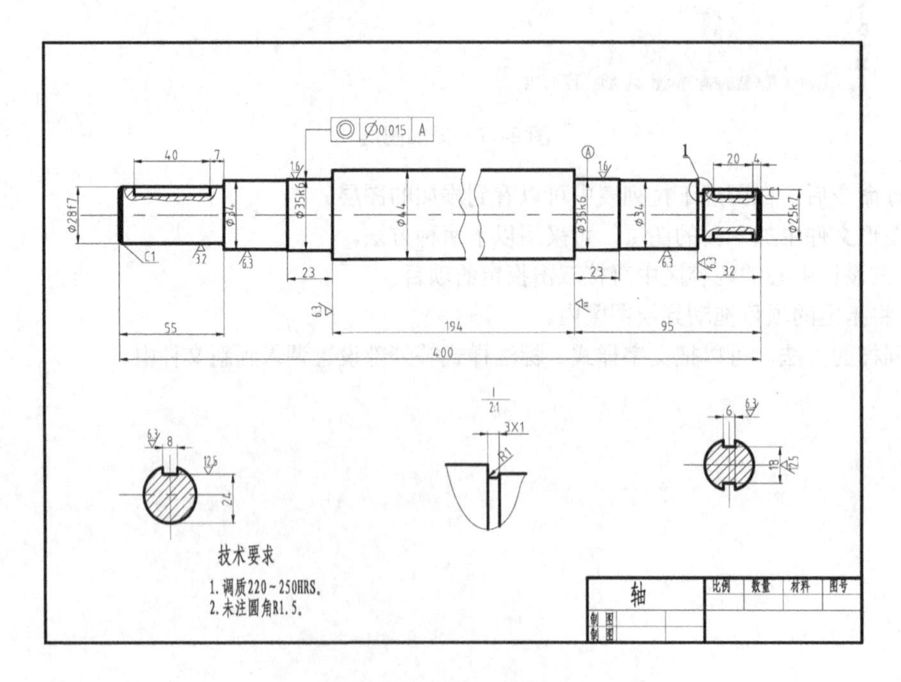

图10-1　实例1-轴零件图

绘图步骤如下。

1．调用样板图，开始绘新图

（1）在绘制一幅新图之前应根据所绘图形的大小及个数，确定绘图比例和图纸尺寸，建立或调用符合国家机械制图标准的样板图。绘图应尽量采用 1∶1 的比例，假如需要一张 1∶5 的机械图样，通常的做法是先按 1∶1 比例绘制图形，再用比例命令（SCALE）将所绘图形缩小到原图的 1/5，再将缩小后的图形移至样板图中。

（2）如果没有所需样板图，则应先设置绘图环境，包括绘图界限、单位、图层、颜色和线型、文字及尺寸样式等内容。

本例选择 A3 图纸，绘图比例为 1∶1，图层、颜色和线型设置如表 10-1 所示，全局线型比例为 1∶1。

（3）用 SAVEAS 命令指定路径保存图形文件，文件名为“轴零件图.dwg”。

表 10-1　图层、颜色、线型设置

图层名	颜 色	线 型	线 宽
粗实线	绿色	Continuous	0.5
细实线	白色	Continuous	0.25
虚线	黄色	Hidden	0.25
中心线	红色	Center	0.25
文字	白色	Continuous	0.25
尺寸	白色	Continuous	0.25

2．绘制图形

绘图前应先分析图形，设计好绘图顺序，合理布置图形，在绘图过程中要充分利用缩放、对象捕捉、极轴追踪等辅助绘图工具，并注意切换图层。

（1）绘制主视图。

轴的零件图具有一对称轴，且整个图形沿轴线方向排列，大部分线条与轴线平行或垂直。根据图形这一特点，可先画出轴的上半部分，再用镜像命令复制出轴的下半部分。

方法 1：用偏移（OFFSET）、修剪（TRIM）命令绘图。根据各段轴径和长度，平移轴线和左端面垂线，然后修剪多余线条绘制各轴段，如图 10-2（a）所示。

方法 2：用直线（LINE）命令，结合极轴追踪、自动追踪功能先画出轴外部轮廓线，如图 10-2（b）所示，再补画其余线条。

（2）用倒角命令（CHAMFER）绘轴端倒角，用圆角命令（FILLET）绘制轴肩圆角，如图 10-2（c）所示。

（3）绘键槽。用样条曲线绘制键槽局部剖面图的波浪线，并进行图案填充。用样条曲线命令和修剪命令将轴断开，结果如图 10-2（d）所示。

（4）绘键槽剖面图和轴肩局部视图，如图 10-2（e）所示。

（a）绘制轴方法（1）

图 10-2　绘制轴

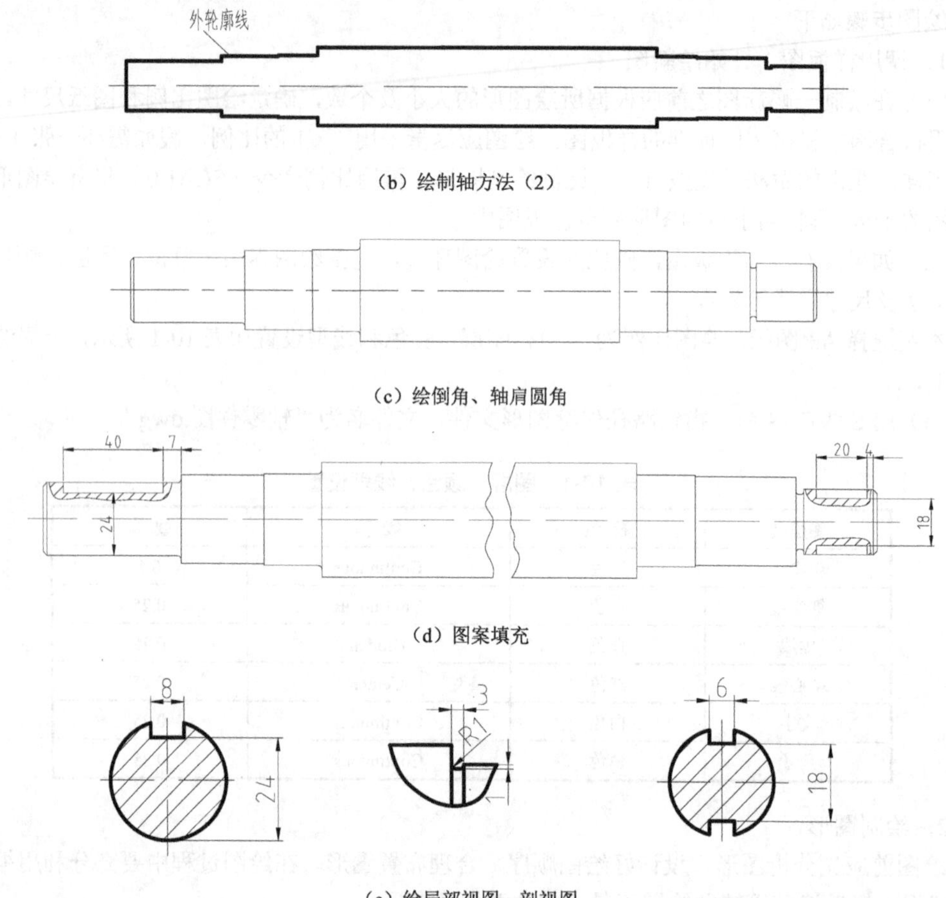

（b）绘制轴方法（2）

（c）绘倒角、轴肩圆角

（d）图案填充

（e）绘局部视图、剖视图

图 10-2　绘制轴（续）

（5）整理图形，修剪多余线条，将图形调整至合适位置。

3．标注尺寸和形位公差

标注尺寸见第 7 章，在此仅以图中同轴度公差为例，说明形位公差的标注方法。

（1）执行“标注”→“公差”命令后，弹出“形位公差”对话框，如图 10-3（a）所示。

（2）单击“符号”按钮，选取“同轴度”符号“◎”。

（3）在“公差 1”处单击左边黑方框，显示“Φ”符号，在中间白框内输入公差值“0.015”。

（4）在“基准 1”左边白方框内输入基准代号字母“A”。

（5）单击“确定”按钮，退出“形位公差”对话框。

（6）用旁注线命令（LEADER）绘制指引线，结果如图 10-3（b）所示。

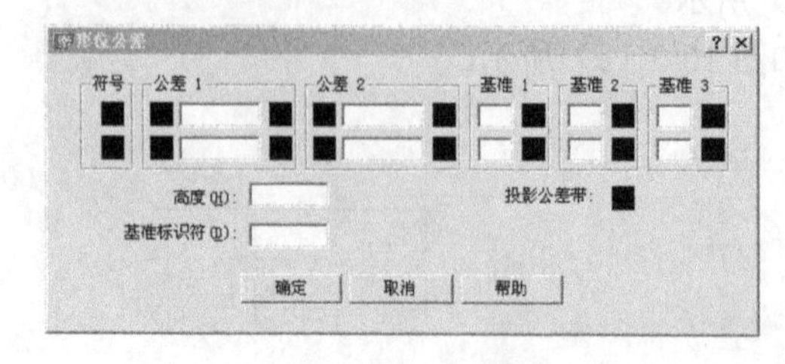

（a）“形位公差”对话框

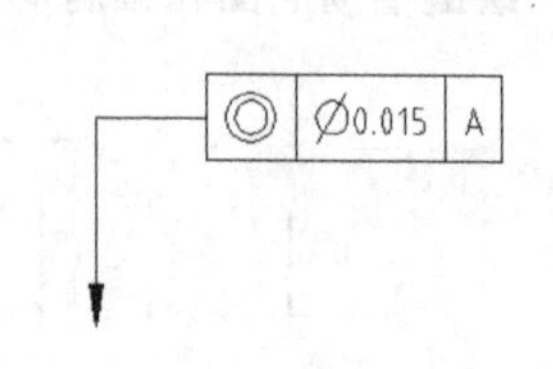

（b）形位公差实例

图 10-3　形位公差的标注

提示、注意、技巧

（1）用引线命令可同时画出指引线并注出形位公差。

（2）表面粗糙度可定义为带属性的“块”来插入，插入时应注意块的大小、方向以及相应的属性值。

4．输入文字

书写标题栏、技术要求中的文字。

至此，轴零件图绘制完成。

10.2 机械图样实例2——座体类零件图绘制

任务：绘制如图10-4所示的铣刀头底座零件图。

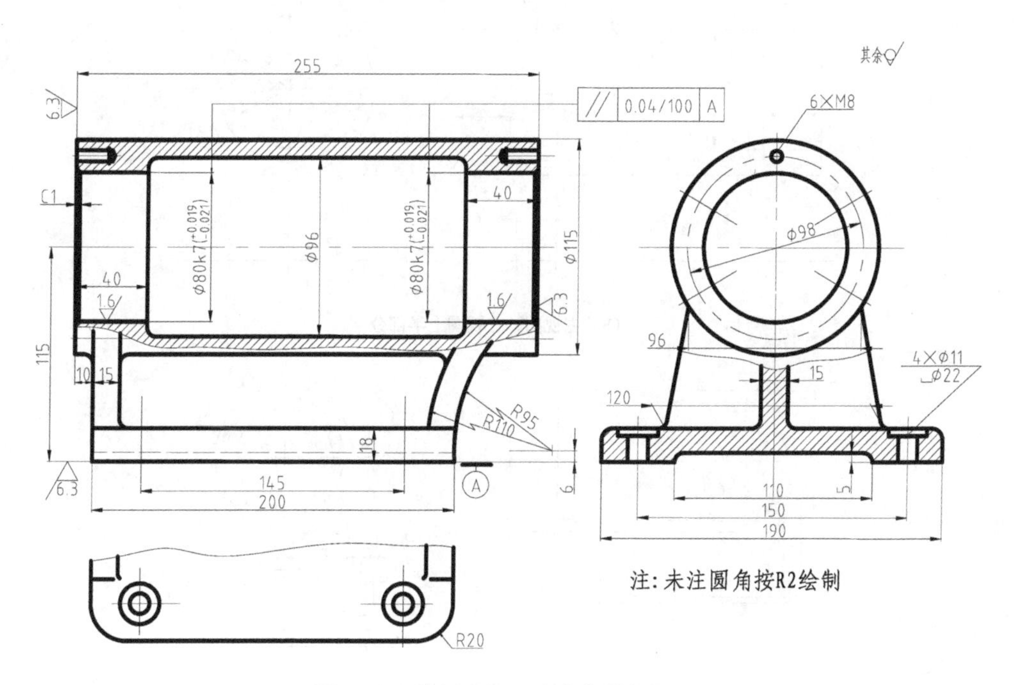

图10-4 实例2铣刀头底座零件图

绘图步骤如下。

1．调用样板图开始绘新图

方法同本章实例1。

2．绘制图形

（1）打开正交、对象捕捉、极轴追踪功能，并设置0层为当前层，用直线（LINE）、偏移（OFFSET）命令绘制基准线，如图10-5（a）所示。

（2）绘主视图、左视图上半部分。用偏移（OFFSET）、修剪（TRIM）命令绘制主视图及左视图上半部分。用画圆命令（CIRCLE）绘制Φ115、Φ80圆。对称图形可只画一半，另一半用镜像命令（MIRROR）复制，结果如图10-5（b）所示。

（3）绘主视图、左视图下半部分。先绘制左视图下半部分左侧图形，用镜像命令复制出右侧图形；再绘制主视图下半部分图形，注意投影关系，如图 10-5（c）所示。

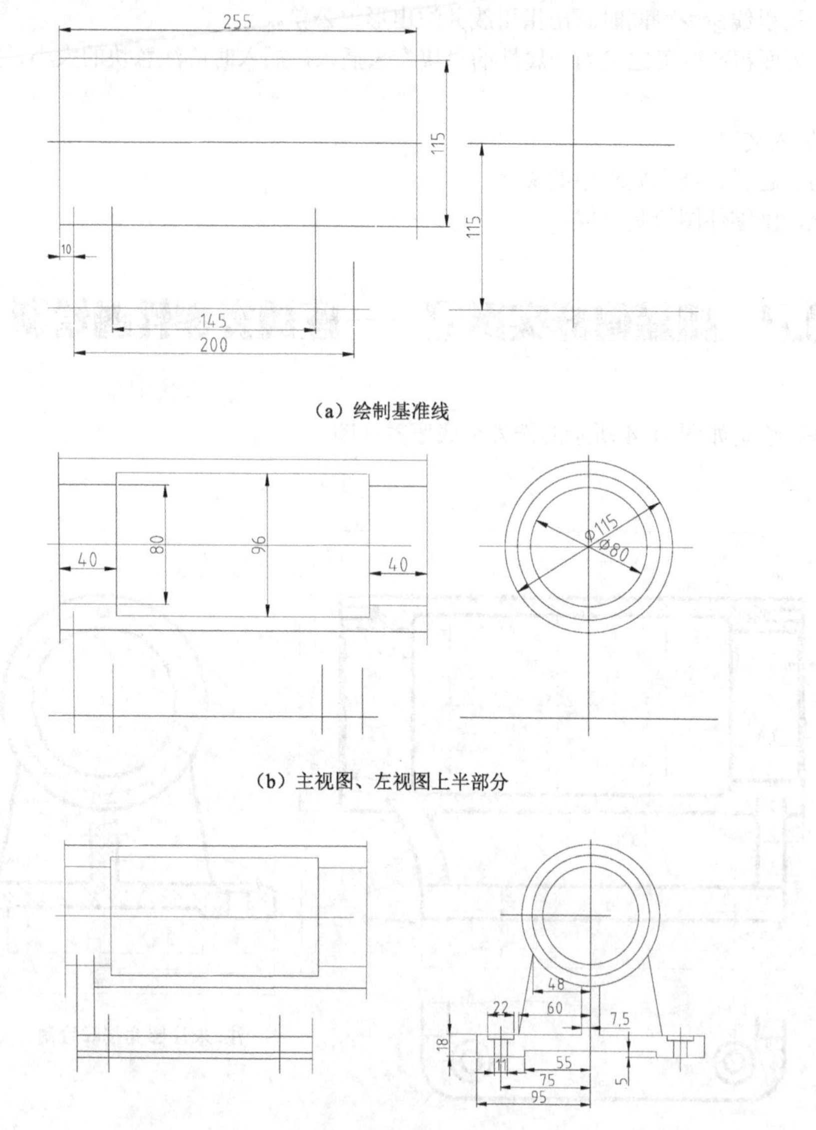

（a）绘制基准线

（b）主视图、左视图上半部分

（c）主视图、左视图下半部分

图 10-5　绘制铣刀头府座

（4）作辅助线 AB，以 A 点为圆心，以 R95 为半径作辅助圆，确定圆心 O。以点 O 为圆心，绘制 R110、R95 两个圆弧，如图 10-5（d）所示。

（5）绘制 M8 螺纹孔。在中心线图层，用环形阵列绘制左视图螺纹孔中心线，如图 10-5（e）所示。

（6）倒角、绘制波浪线。用倒角命令（CHAMFER）绘制主视图两端倒角，用圆角命令（FILLET）绘制各处圆角，用样条曲线绘制波浪线，结果如图 10-5（f）所示。

（7）绘制俯视图并根据制图标准修改图中线型。

绘制俯视图并将图中线型分别更改为粗实线、细实线、中心线和虚线，如图 10-5（g）所示。

（8）用剖面线命令（HATCH）绘制剖面线，结果如图 10-5（h）所示。

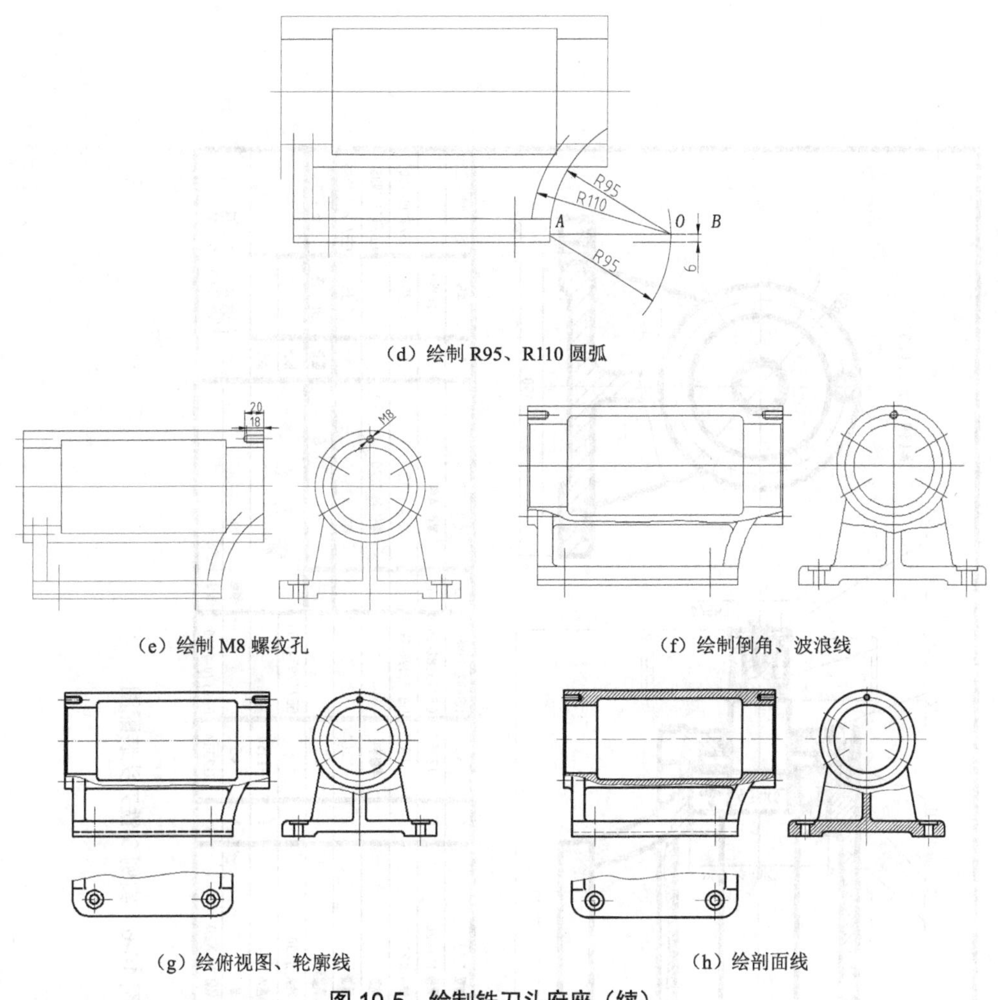

（d）绘制 R95、R110 圆弧

（e）绘制 M8 螺纹孔

（f）绘制倒角、波浪线

（g）绘俯视图、轮廓线

（h）绘剖面线

图 10-5 绘制铣刀头府座（续）

（9）标注尺寸、书写标题栏及技术要求。

到此，座体零件图绘制完成。

10.3 机械图样实例 3——装配图绘制

任务：绘制如图 10-6 所示的铣刀头装配图。

绘图步骤如下。

1．绘制零件图

用 10.1 和 10.2 两节所讲方法绘制铣刀头各零件的零件图，并用创建图形块的命令（WBLOCK）依次将各零件定义为块，供以后绘制装配图调用。为保证绘制装配图时各零件之间的相对位置和装配关系，在创建图形块时，要注意选择好插入基准点。

铣刀头整个装配体包括 15 个零件。其中，螺栓、轴承、挡圈等都是标准件，可根据规格、型号从用户建立的标准图形库调用或按国家标准绘制。轴的零件图如图 10-1 所示，座体零件图如图 10-4 所示，其他零件的零件图如图 10-7 所示。

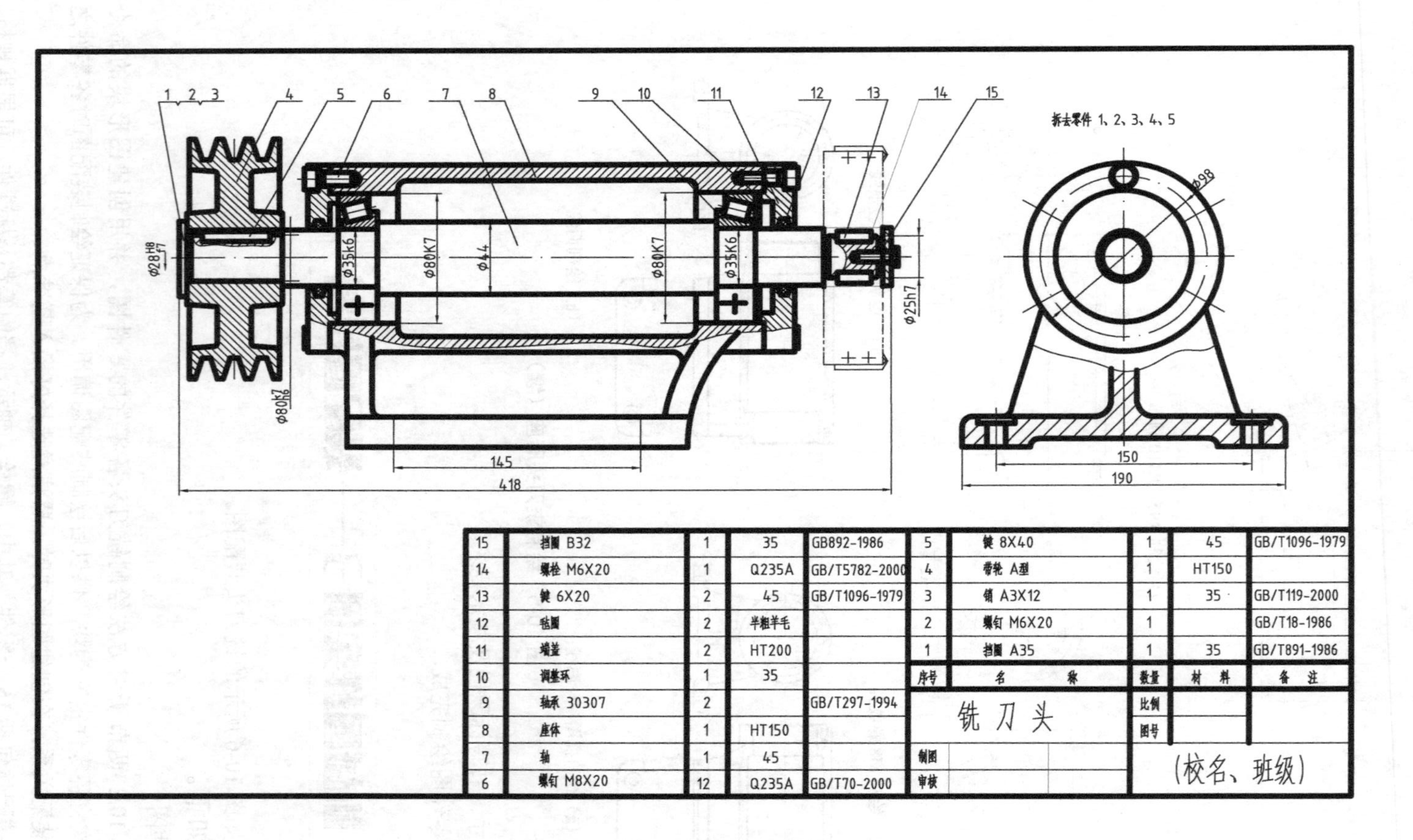

图 10-6 实例 3-铣刀头装配图

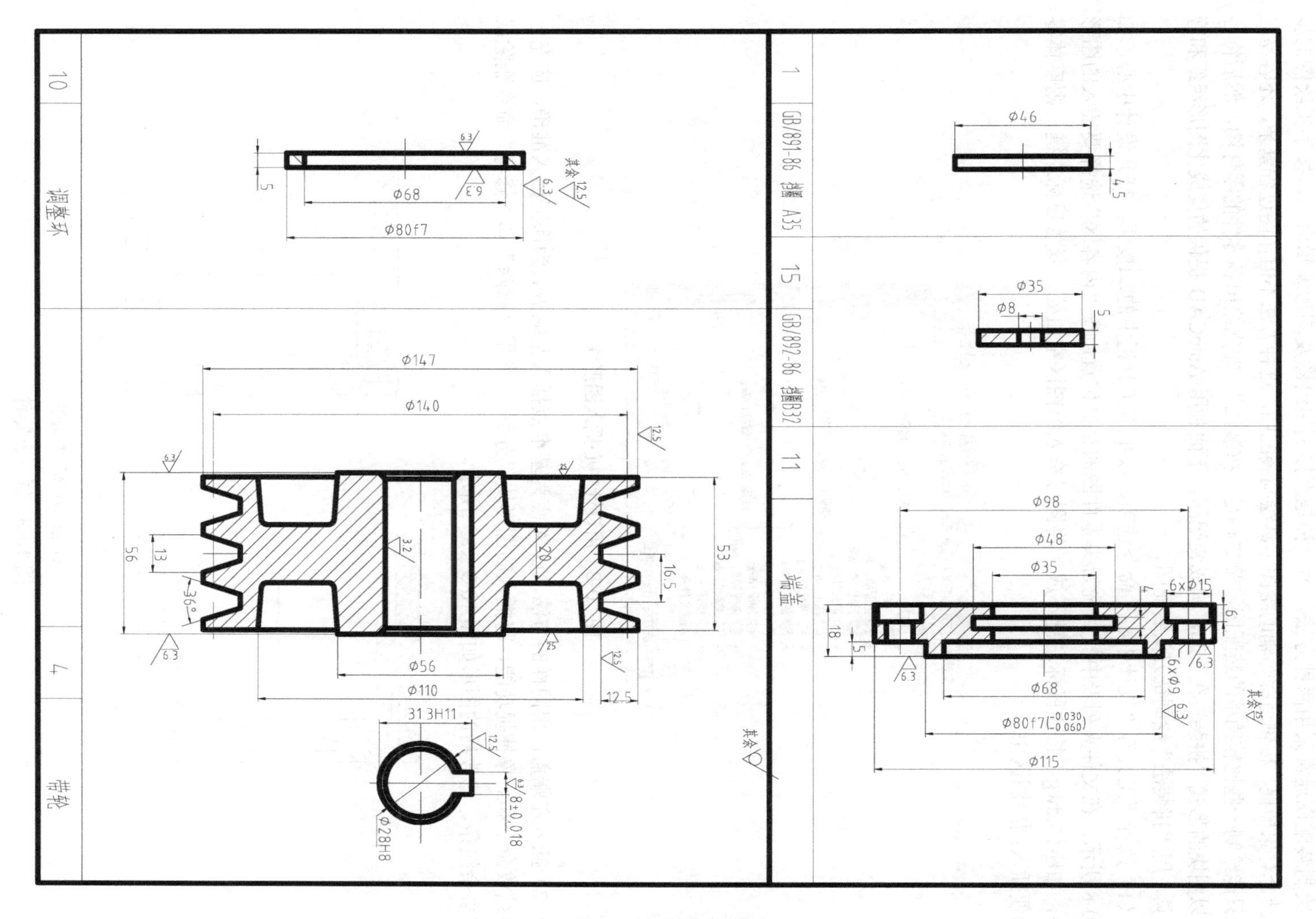

图 10-7 非标准零件的零件图

2．绘制装配图

绘制装配图通常采用两种方法。第一种是直接利用绘图及图形编辑命令，按手工绘图的步骤，结合对象捕捉、极轴追踪等辅助绘图工具绘制装配图。这种方法不但作图过程繁杂，还容易出错，只能绘制一些比较简单的装配图。第二种是“拼装法”。即先绘出各零件的零件图，然后将各零件以图块的形式“拼装”在一起，构成装配图。下面利用 AutoCAD 提供的集成化图形组织和管理工具，用“拼装法”绘制铣刀头装配图。

（1）执行“工具”，“设计中心”命令选项，或单击工具栏中的按钮，打开设计中心，如图 10-8 所示。在文件夹列表中找到铣刀头零件图的存储位置，在“内容区”选择要插入的图形文件，如座体.dwg，按住鼠标左键不放，将图形拖入绘图区空白处，释放鼠标左键，则座体零件图便插入到绘图区中。

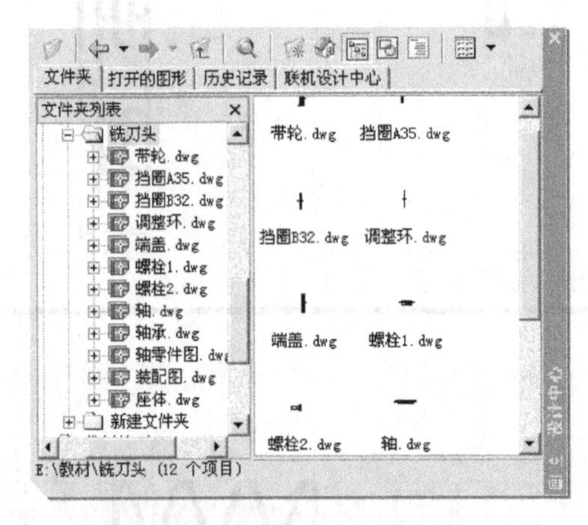

图 10-8　用设计中心插入图形块

（2）插入左端盖。用同样的方法，以 A 点为基准点插入左端盖。为保证插入准确，应充分使用缩放命令和对象捕捉功能，将插入的图形块“分解”，利用“擦除”和“修剪”命令删除或修剪多余线条。修改后的图形如图 10-9（a）所示。

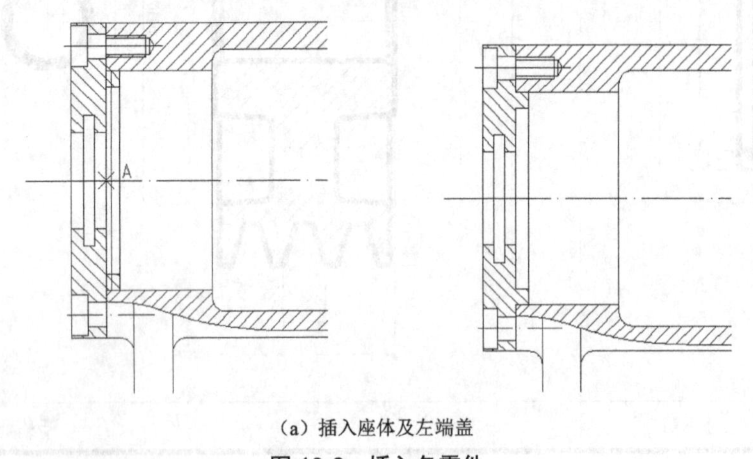

（a）插入座体及左端盖

图 10-9　插入各零件

（3）插入螺钉。以 B 点为基准点插入螺钉，删除、修剪多余线条，如图 10-9（b）所示。注意：相邻两个零件的剖面线方向、间隔以及螺纹连接等要符合制图标准中装配图的规定画法。

（4）插入轴承。以 C 点为基准点插入左端轴承，并修改图形，如图 10-9（c）所示。

（5）重复以上步骤，依次插入右端轴承、端盖和螺钉等，修改图形如图 10-9（d）所示。
（6）以 D 点为基准点插入轴，修改后如图 10-9（e）所示。
（7）以 E 点为基准点插入带轮及轴端挡圈，按规定画法绘制键，如图 10-9（f）所示。
（8）绘制铣刀、键，插入轴端挡板等，如图 10-9（g）所示。

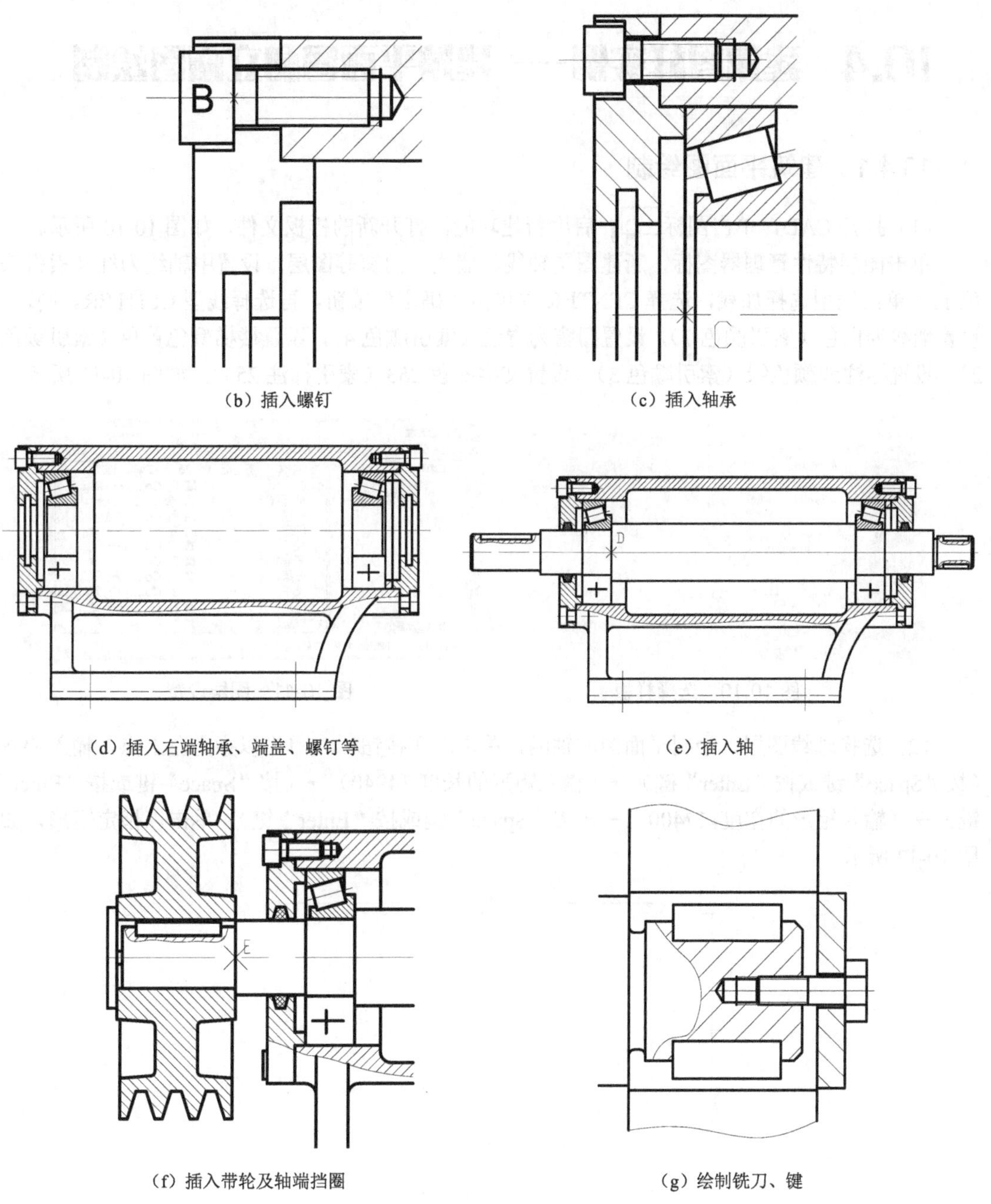

（b）插入螺钉 （c）插入轴承
（d）插入右端轴承、端盖、螺钉等 （e）插入轴
（f）插入带轮及轴端挡圈 （g）绘制铣刀、键

图 10-9 插入各零件（续）

（9）画油封并对图形局部进行修改。
（10）标注装配图尺寸。装配图的尺寸标注一般只标注性能、装配、安装和其他重要尺寸。
（11）编写序号。装配图中的所有零件都必须编写序号，其中相同的零件采用同样的序号，且只编写一次。装配图中的序号应与明细表中的序号一致。

（12）绘制明细栏，明细栏中的序号自下向上填写。最后书写技术要求，填写标题栏及结果。

至此，铣刀头装配图完成。

10.4 建筑图样实例——建筑平面图和立面图绘制

10.4.1 建筑平面图绘制

（1）打开 CAD，单击图标，启用新建功能，打开新的样板文件，如图 10-10 所示。

单击图层特性管理器图标，新建图层轴线、墙线、门窗等图层，设置中轴线为红（索引颜色 1），单击线型选择加载，选择 CENTER 并单击“确定”按钮，再选择线型 CENTER。同理，设置墙线为白色（索引颜色 7），设置门窗为青色（索引颜色 4），设置楼梯颜色黄色（索引颜色 2），设置标注线颜色绿（索引颜色 3），设置文字颜色 253（索引标注 253），如图 10-11 所示。

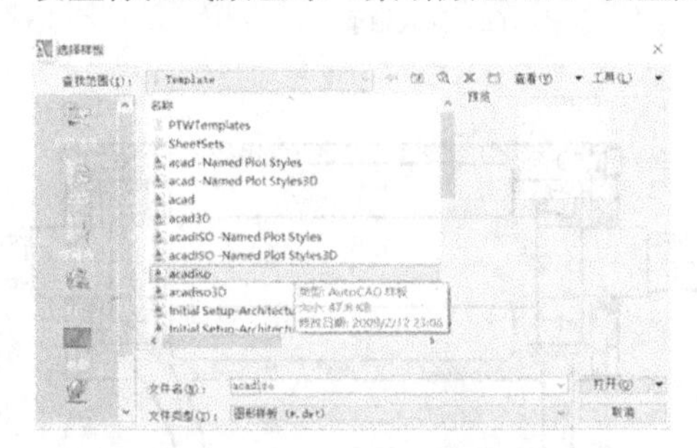

图 10.10 选择样板

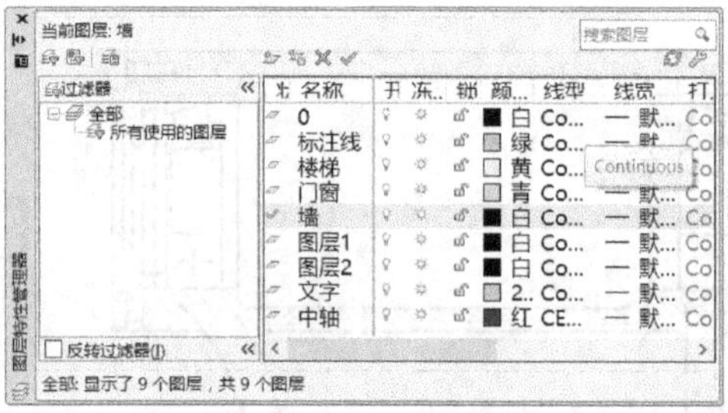

图 10-11 图层设置

（2）选择轴线图层，绘制平面图的轴网，单击左侧按钮，单击以指定左上点，输入 D→（按“Space”键或按“Enter”键）→（输入矩形的长度 14940）→（按“Space”键或按“Enter”键）→（输入矩形的宽度 17400）→（按“Space”键或按“Enter”键），单击以指定矩形，如图 10-12 所示。

图 10-12 设置矩形

（3）全选图形，单击打散按钮，把矩形打散。选择一条边，输入 o→按“Space”键或按“Enter”键→输入偏移距离→单击要偏移的一侧。重复执行上述偏移命令，如图 10-13 所示。

（4）选择墙线图层，用多线命令绘制墙线，设置多线样式为 standard，比例为 240，对正方式为无。单击交点，依次画出墙体，输入指令 C，完成闭合，如图 10-13 所示。

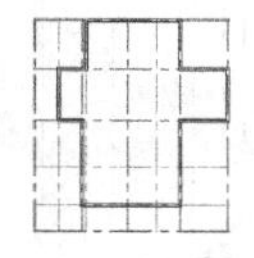

图 10-13　图形偏移和闭合

（5）双击多线，利用多线编辑命令修剪一般墙角，如图 10-14 所示。

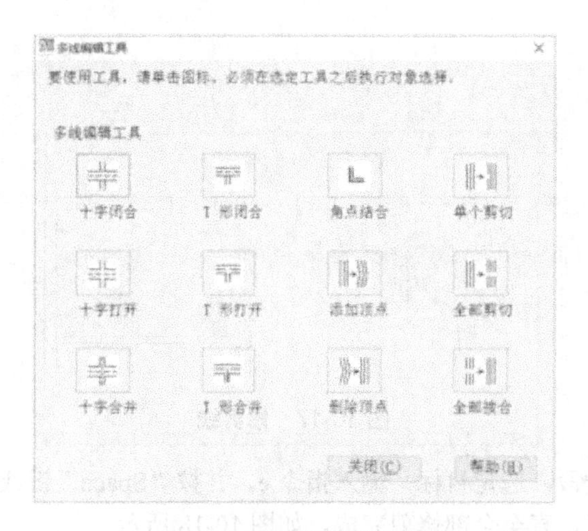

图 10-14　多线编辑工具

对于不能直接编辑的墙角，利用按钮将全部多线分解、修剪、延伸成单独对象，利用按钮和按钮修剪及延伸编辑墙角，如图 10-15 所示。

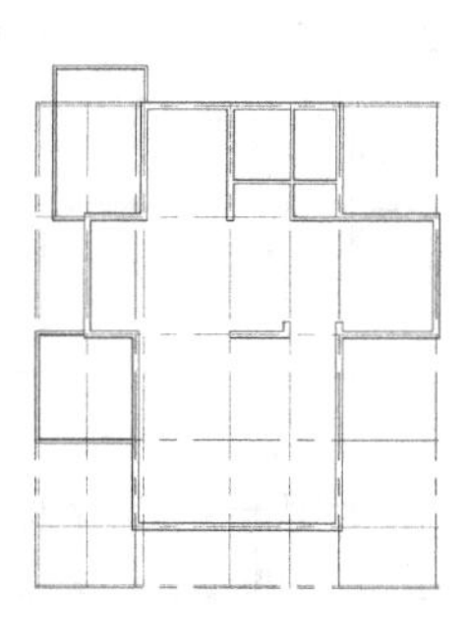

图 10-15　编辑墙角

（6）利用直线（L）和偏移（o）命令绘制门窗洞口的构造线，再选择垂直（V）和水平（H）选项极轴追踪、对象捕捉和对象追踪来绘制门窗洞口的位置线。

输入指令 L 构造直线，通过对象追踪，确定参考点，如图 10-16 所示。

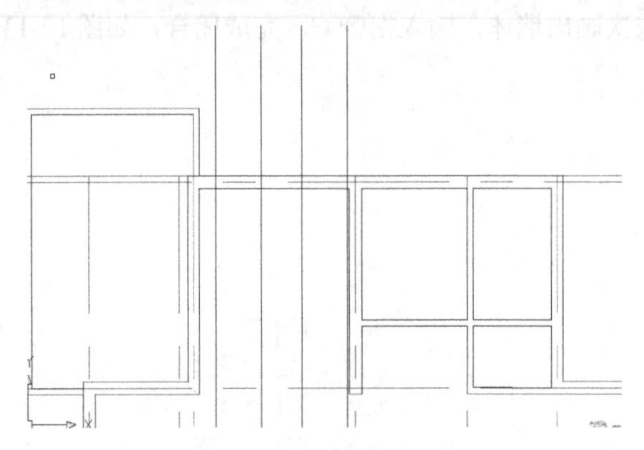

图 10-16　确定参考点

（7）选择绘制的直线和门窗，输入指令 tr，选择多余的线，进行修剪，如图 10-17 所示。

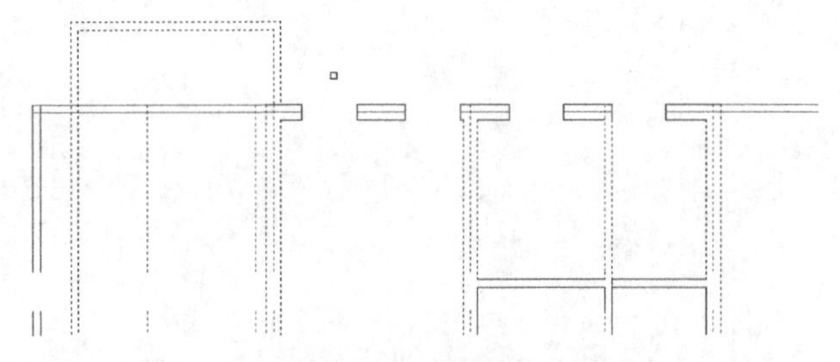

图 10-17　修剪线

对于不能修剪的线段，选定目标，输入指令 e，并按“Space”键或按“Enter”键。

重复使用上述方式，直至全部修剪完成，如图 10-18 所示。

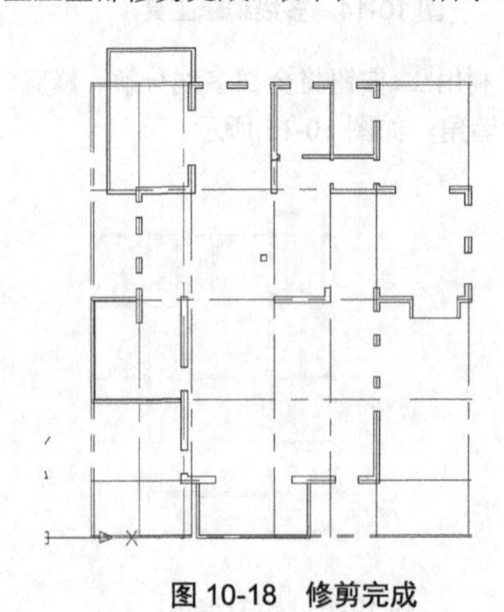

图 10-18　修剪完成

10.4.2 建筑立面图绘制

1．绘图环境

准备工作如下。

（1）建立立面图层。

（2）将平面图层中暂时用不到的图层关闭，以便于绘图，如图 10-19 所示。

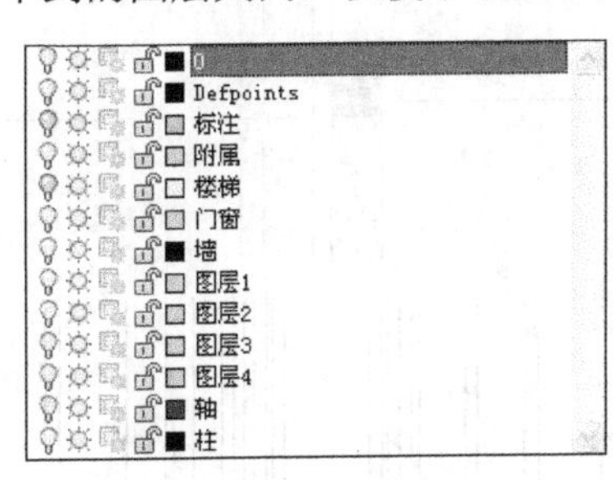

图 10-19 准备工作

2．复制对象

复制对象是指在绘图过程中，如果有多个相同的图形元素，绘制好一个后，就可以采用复制移动的方式绘制其他部分，直接将其粘贴到指定位置，增大绘图效率。

启用复制功能有以下几种方式。

（1）工具栏：单击按钮。

（2）菜单栏：执行“修改”→“复制”命令。

（3）命令提示行：输入 COPY 命令。

（4）快捷菜单：选择要复制的对象，在绘图区域中右击，执行“复制选择”命令，如图 10-20 所示。

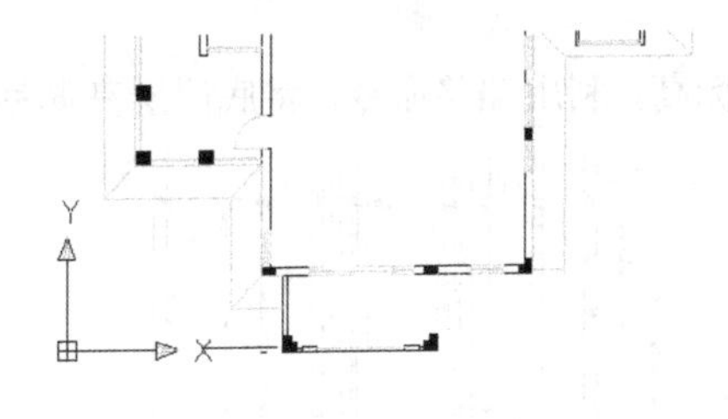

图 10-20 复制对象

3．确定定位辅助线

其中，包含墙及柱定位轴线、楼层水平定位辅助线和其他立面图样的辅助线。

通过绘制构造线辅助墙、柱、门窗、洞口等，如图 10-21 所示。

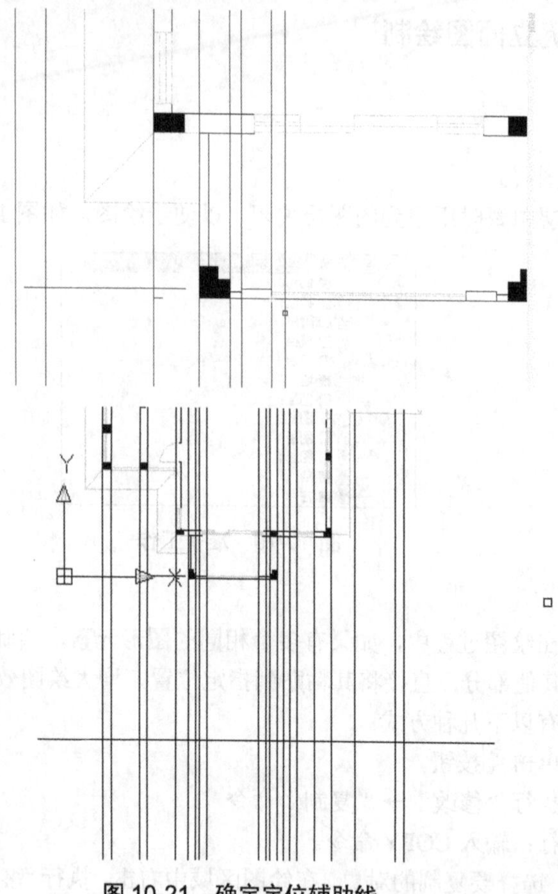

图 10-21　确定定位辅助线

4．确定底层位置

在剖面图中查看二层平面的标高，利用偏移命令，将底层层高偏移出来，如图 10-22 所示。

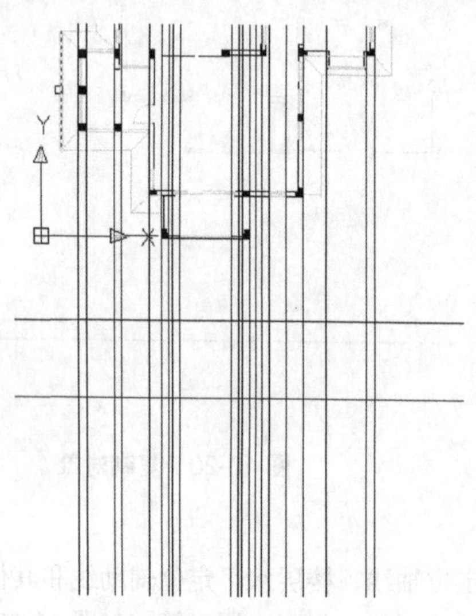

图 10-22　确定府层位置

利用辅助线进行水平偏移，偏移出主要的洞口高度，再一次进行标注，如图 10-23 所示。

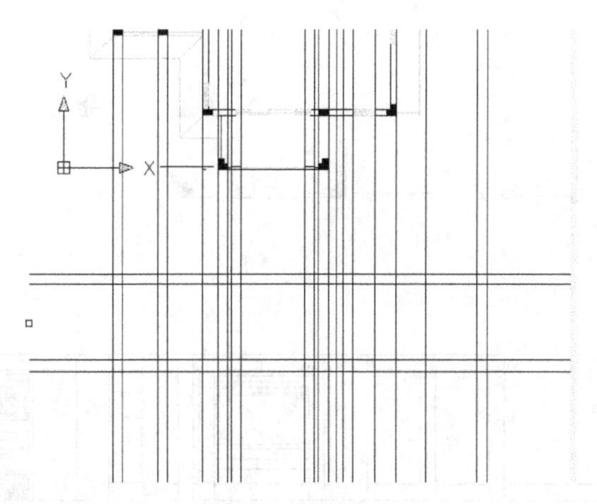

图 10-23　偏移洞口高度及标注

5．绘制里面门窗及台阶等

利用修剪、阵列、偏移、复制、等命令，绘制里面门窗、台阶等，如图 10-24 所示。

（1）将多余的线条修剪掉。

（2）对柱、台阶进行矩形阵列。

（3）对辅助线偏移相应的尺寸。

（4）对门、窗、洞口进行复制。

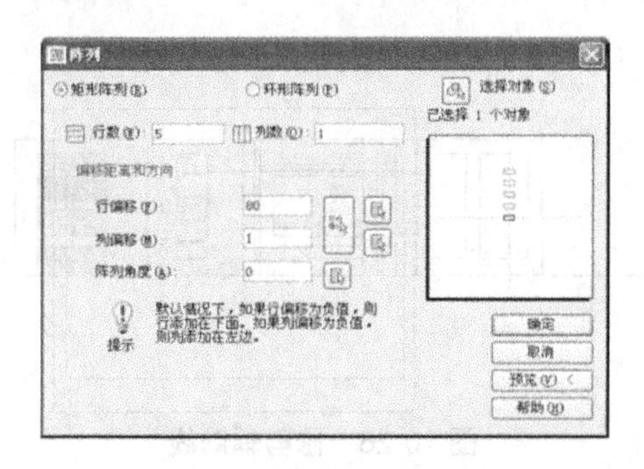

（a）“阵列”对话框

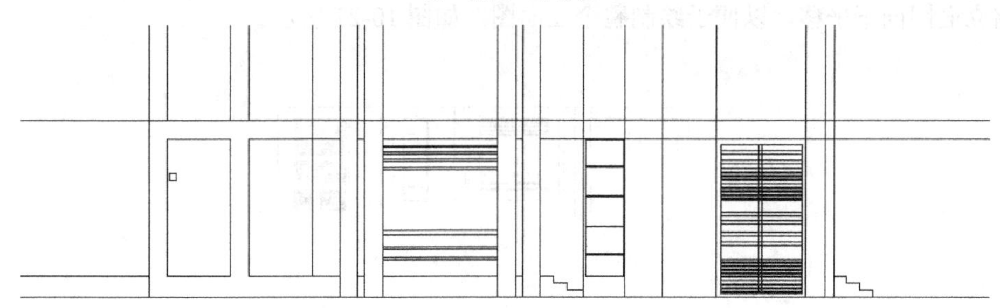

（b）最终效果

图 10-24　绘制里面门窗及台阶等

调整、修改

对不理想的墙、柱、门窗洞口等进行修改、调整，对没有修剪的线条进行修剪，如图 10-25

所示。

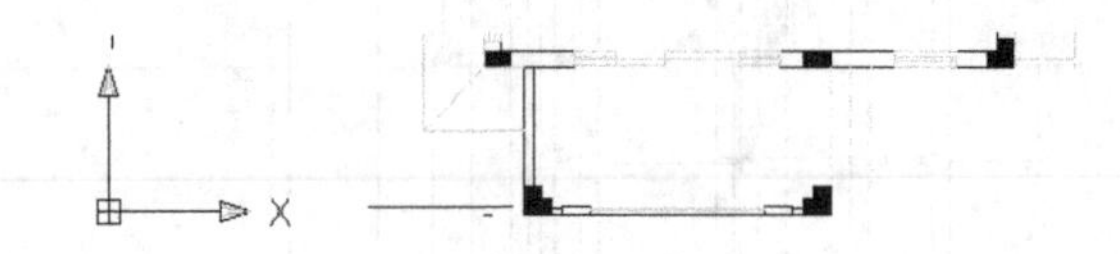

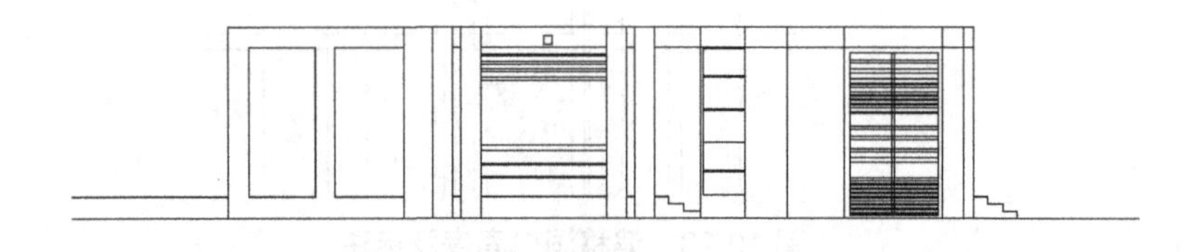

图 10-25　调整及修改

对没有修剪完的辅助线进行修剪，如图 10-26 所示。

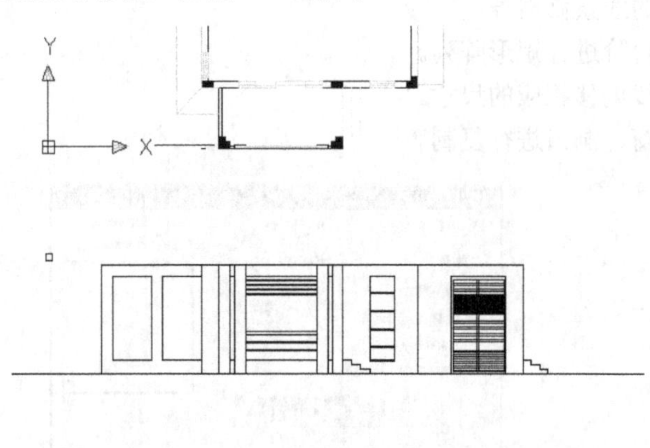

图 10-26　修剪辅助线

将立面图向下平移，以便于绘制整个立面图，如图 10-27 所示。

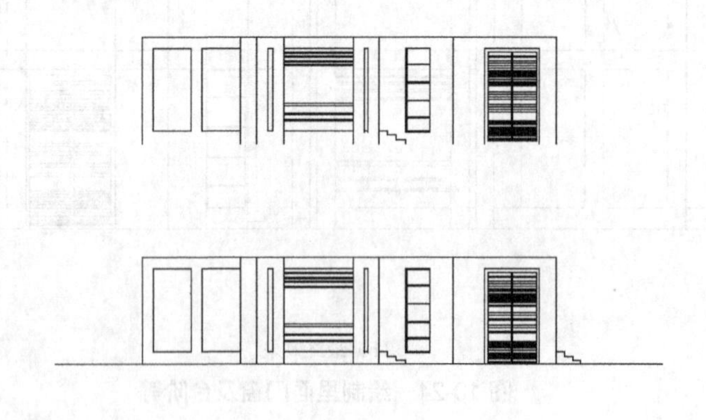

图 10-27　立面图向下平移

利用拉伸命令完成二层层高的拉伸，如图 10-28 所示。

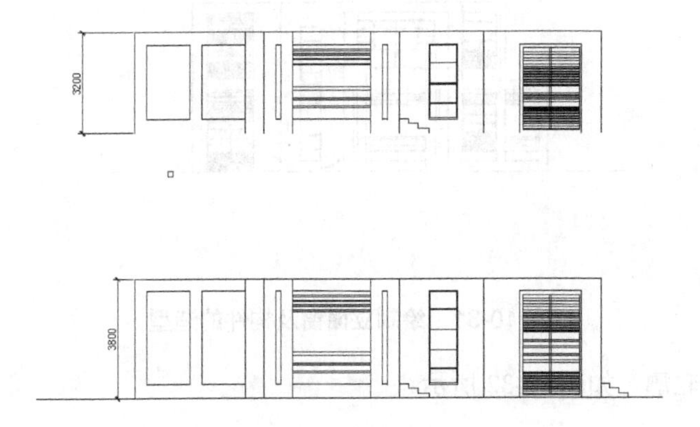

图 10-28　拉伸二层层高

在拉伸完二层层高的立面图时观察阳台立面是否完成，并修改出阳台立面，如图 10-29 所示。

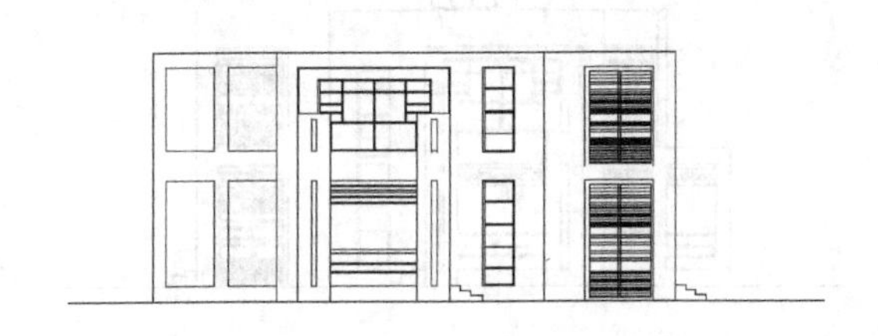

图 10-29　阳台立面

修改阳台立面时，调整立面窗的位置，如图 10-30 所示。

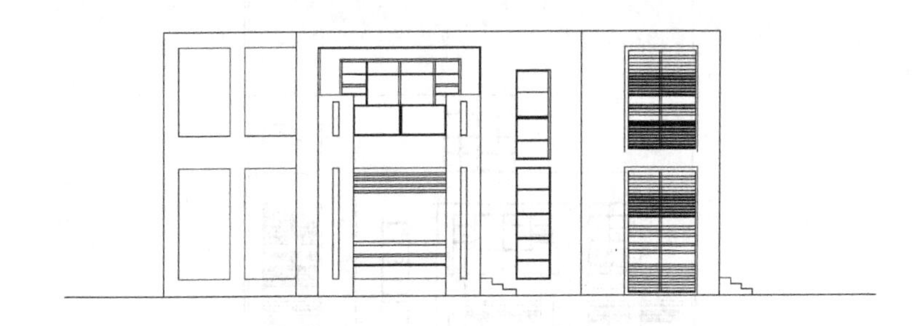

图 10-30　调整立面窗的位置

调整拉伸好立面图的轮廓，进行加粗；调整门窗位置；对照门窗表绘制立面门窗及构件的造型，如图 10-31 所示。

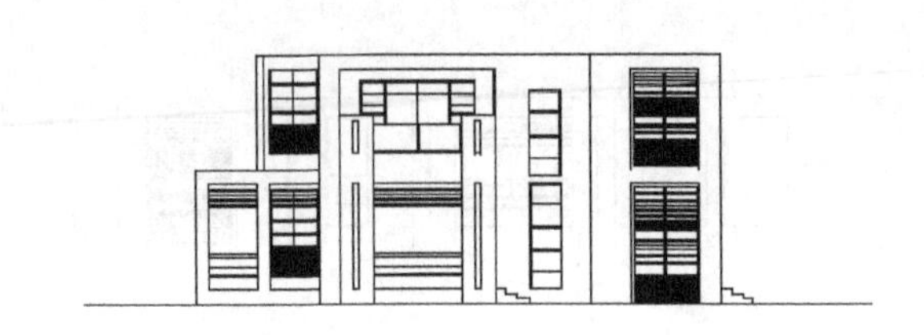

图 10-31　绘制立面窗及构件的造型

绘制三层立面轮廓，如图 10-32 所示。

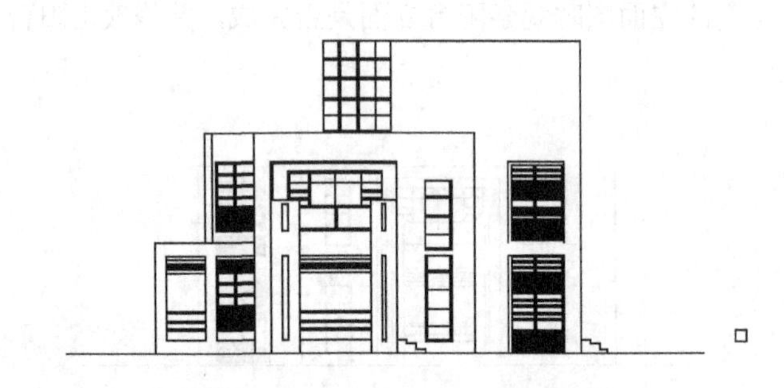

图 10-32　绘制三层立面轮廓

对栏杆及立面洞口等其他构件进行补充，如图 10-33 所示。

图 10-33　补充其他构件

7．进行相关标注

最后进行标注，绘制轴号、标高等符号。

加粗地平线，添加文字说明、图名、比例，图 10-34 所示为南立面图。

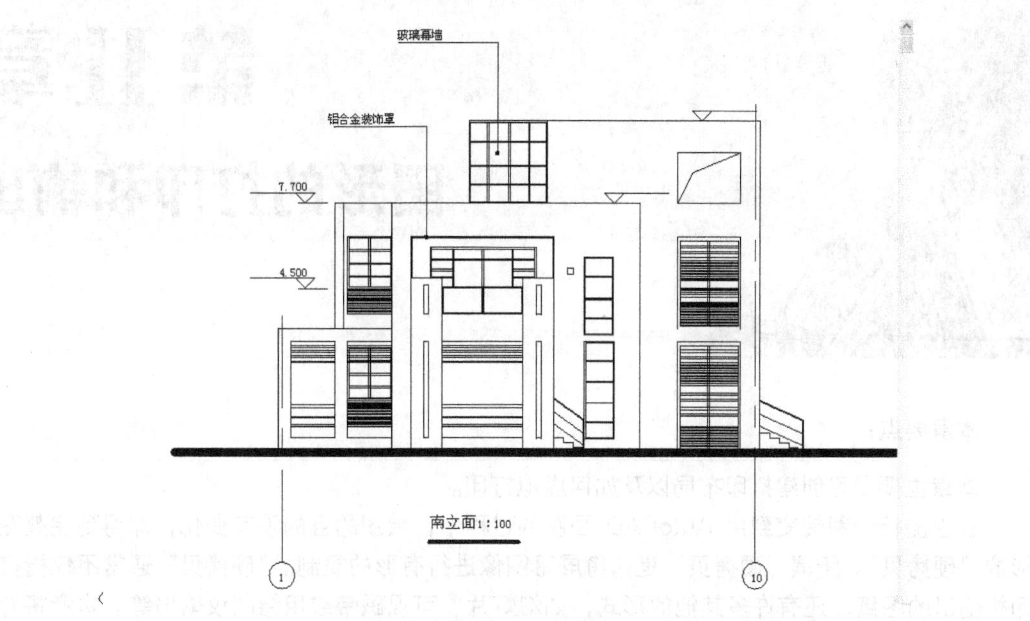

图 10.34 南立面图

第11章 图形的打印和输出

本章要点：

本章主要学习创建打印布局以及如何虚拟打印。

在由图板画图转变到用 AutoCAD 画图的过程中，绘图的目的没有变化，即得到完整图形的“硬拷贝”。所谓“硬拷贝”是指将屏幕图像进行有形的复制。“硬拷贝”通常不仅指打印机输出的图纸，还有许多其他的形式，如幻灯片、可视磁带或用绘图仪输出等。本章将介绍得到图形“硬拷贝”的最常用的方法：用打印机/绘图仪输出。

在使用图板绘图过程中，对于同一图形对象，如果要以两种不同的比例值输出，则需要绘制两张不同比例的该对象的图形。而在使用 AutoCAD 绘图的过程中，对于同一图形对象，如果只做了很小的修改（如仅仅是图形的比例值不同），那么只需在“打印”对话框中进行一些必要的设置，即用打印机或绘图仪以不同的比例值将该图形对象输出到尺寸不同的图纸上即可，而不必绘制两张不同比例值的图形。使用 AutoCAD 绘图，可以在图纸空间中使图形的界限等于图纸的尺寸，从而以 1∶1 的比例值将图形对象输出。

11.1 创建打印布局

布局是一种图纸空间环境，它模拟图纸页面，提供直观的打印设置。在布局中可以创建并放置视口对象，还可以添加标题栏或其他几何图形。可以在图形中创建多个布局以显示不同视图，每个布局可以包含不同的打印比例和图纸尺寸。布局显示的图形与图纸页面上打印出来的图形完全一样。

11.1.1 模型空间与图纸空间

前面各个章节中所有的内容都是在模型空间中进行的，模型空间是一个三维空间，主要用于几何模型的构建。而在对几何模型进行打印输出时，通常在图纸空间中完成。图纸空间就像一张图纸，打印之前可以在上面排放图形。图纸空间用于创建最终的打印布局，而不用于绘图或设计工作。

在 AutoCAD 中，图纸空间是以布局的形式来使用的。一个图形文件可包含多个布局，每个布局代表一张单独的打印输出图纸。在绘图区域底部选择“布局”选项卡，就能查看相应的布局。选择“布局”选项卡，就可以进入相应的图纸空间环境，图 11–1 所示为正立面图。

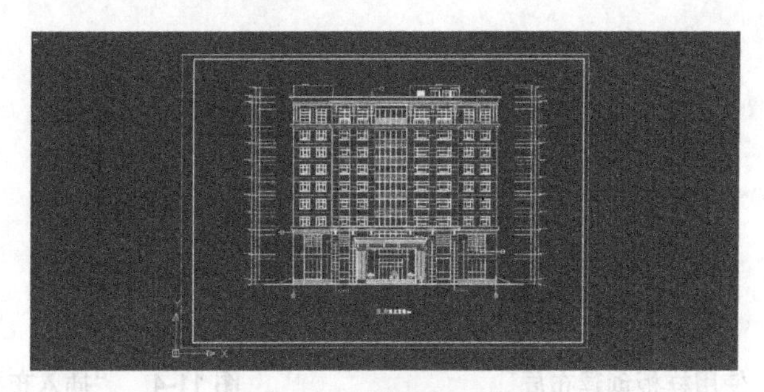

图 11-1 图纸空间的例子

在图纸空间中，用户可随时选择“模型”选项卡（或在命令行中输入 model）来返回模型空间，也可以在当前布局中创建浮动视口来访问模型空间。浮动视口相当于模型空间中的视图对象，用户可以在浮动视口中处理模型空间的对象。在模型空间中的所有修改都将反映到所有图纸空间视口中。

11.1.2 创建布局

在建立新图形的时候，AutoCAD 会自动建立一个“模型”选项卡和两个“布局”选项卡。其中，“模型”选项卡用来在模型空间中建立和编辑图形，该选项卡不能删除，也不能重命名；“布局”选项卡用来编辑打印图形的图纸，其个数没有限制，且可以重命名。

创建布局有三种方法：快捷菜单、来自样板、利用向导。

1．使用快捷菜单创建布局

光标在“布局”选项卡上右击，在弹出的快捷菜单中执行“新建布局”命令，系统会自动添加“布局 3”的布局，如图 11-2 所示。

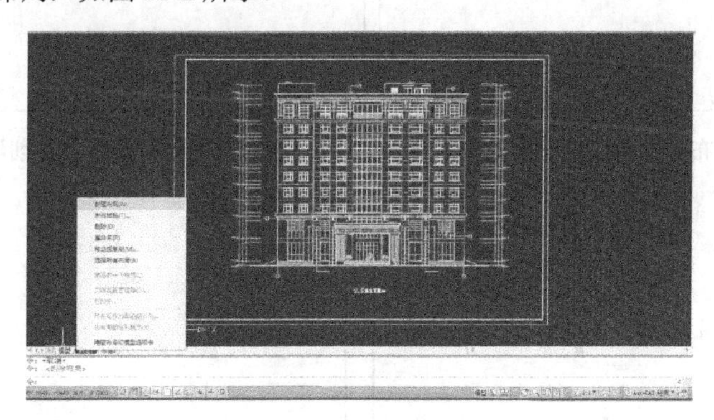

图 11-2 新建布局

2．使用布局样板创建布局

也可以利用样板来创建新的布局，操作步骤如下。

执行“插入”→“布局”→“来自样板的布局”命令，系统弹出如图 11-3 所示的“从文件选择样板”对话框，在该对话框中选择适当的图形文件样板，单击“确定”按钮即可。

① 系统弹出如图 11-4 所示的“插入布局”对话框，在“布局名称”列表框中选择适当的布局，单击“确定”按钮，插入该布局。

图 11-3　使用样板创建布局

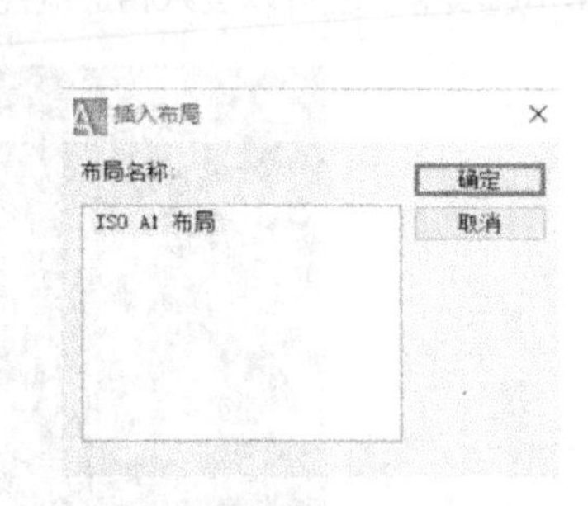

图 11-4　“插入布局”对话框

3．利用向导创建布局

① 执行“插入”→“布局”→“布局向导”命令，系统弹出如图 11-4 所示的对话框，在对话框中输入新布局名称，单击“下一步”按钮，如图 11-5 所示。

② 在弹出的对话框（图 11-6）中，选择打印机，单击“下一步”按钮，弹出如图 11-7 所示的对话框，在此对话框中选择图纸尺寸（如 A4 图纸）、图形单位[如毫米（mm）]，单击“下一步”按钮，在弹出的对话框（图 11-8）中，指定打印方向（如横向），并单击“下一步”按钮。

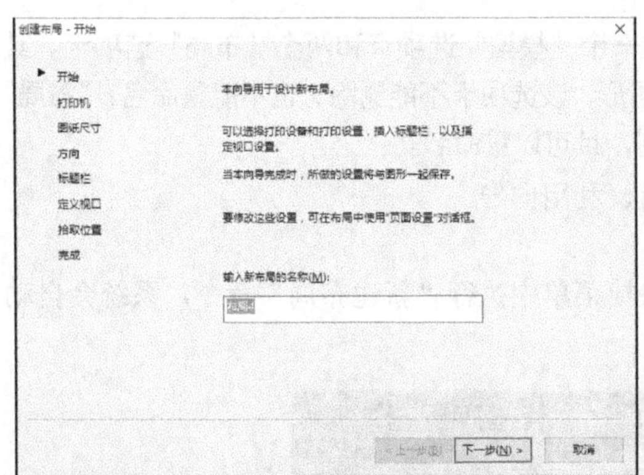

图 11-5 利用布局向导创建布局之一

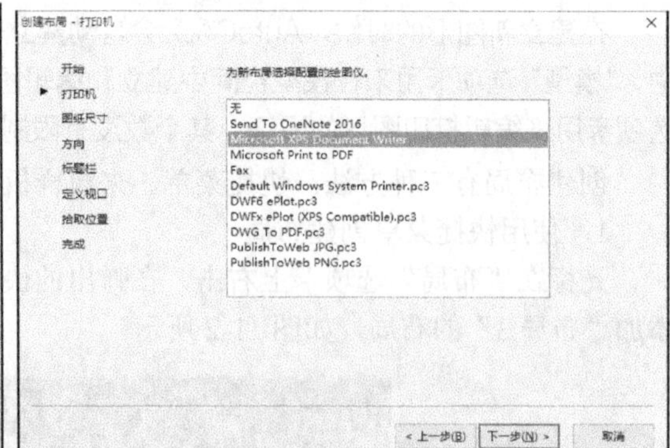

图 11-6　利用布局向导创建布局之二

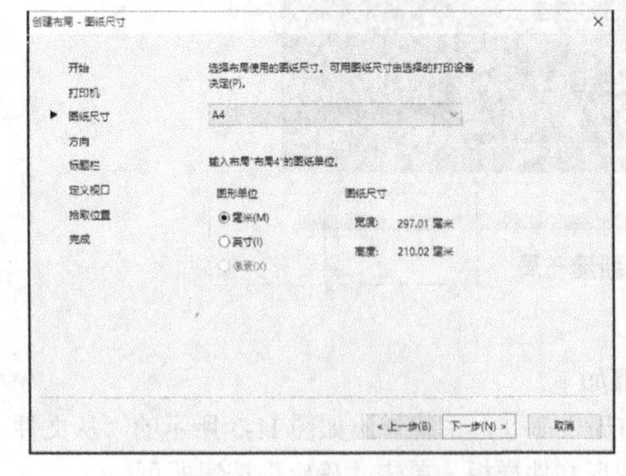

图 11-7　利用布局向导创建布局之三

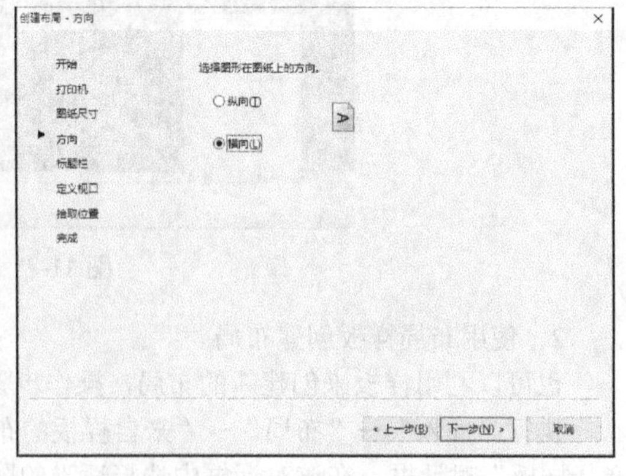

图 11-8　利用布局向导创建布局之四

在弹出的对话框（图 11-9）中选择标题栏（ISO 为国际标准），单击“下一步”按钮。

在弹出的对话框（图 11-10）中，定义打印的视口与视口比例，单击“下一步”按钮，并指定视口配置的角点，如图 11-11 所示，完成布局创建，如图 11-12 所示。

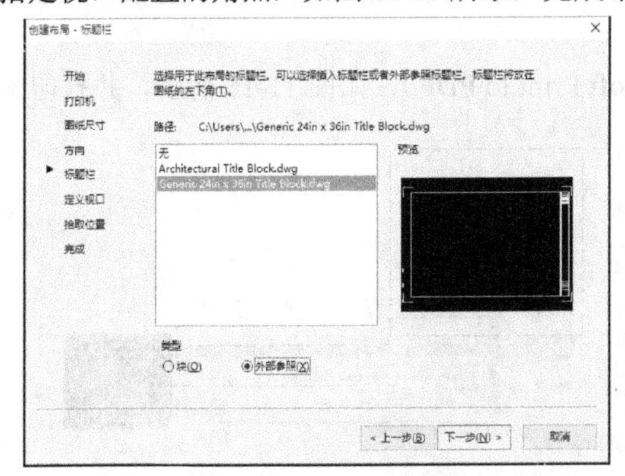

图 11-9　利用布局向导创建布局之五

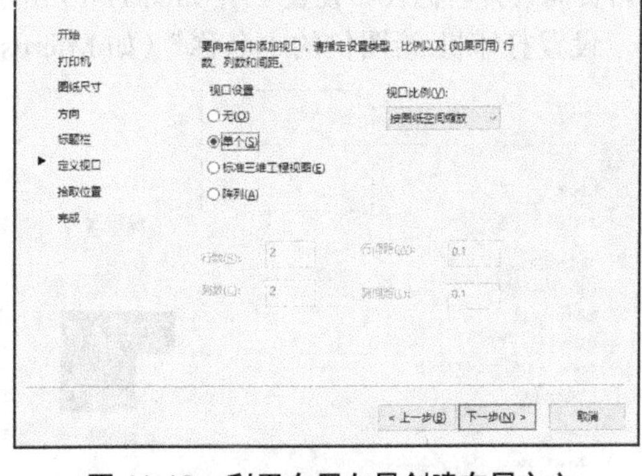

图 11-10　利用布局向导创建布局之六

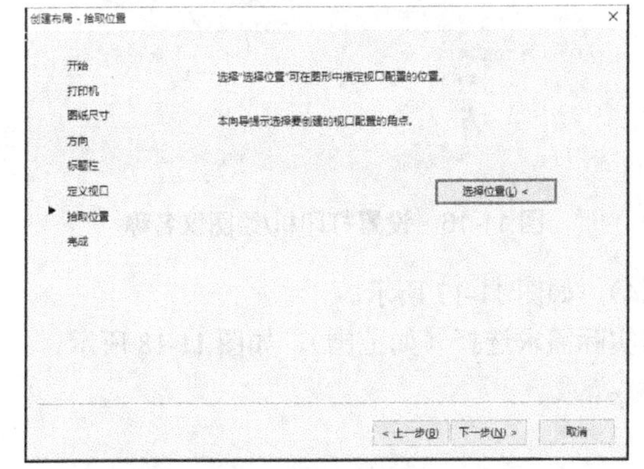

图 11-11　利用布局向导创建布局之七

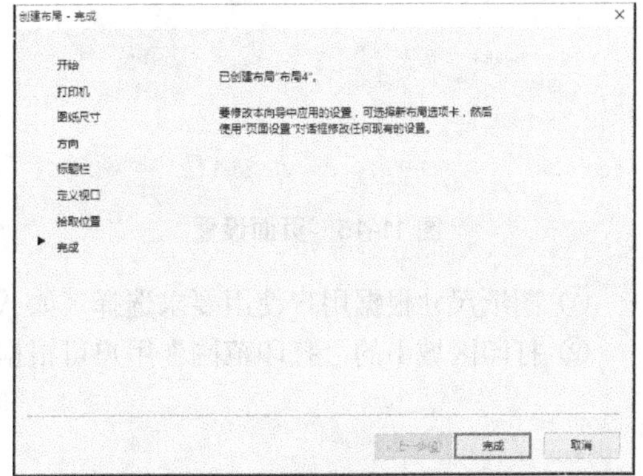

图 11-12　利用布局向导创建布局之八

11.2 虚拟打印

AutoCAD 虚拟打印机能模拟实现打印的功能，其小巧、易用、兼容广泛。

用户在使用虚拟打印时，可以使用软件自带的打印机来完成。其操作步骤如下。

在标题栏中选择 AutoCAD 标识，执行“文件”→“打印”命令，如图 11-13 和图 11-14 所示。

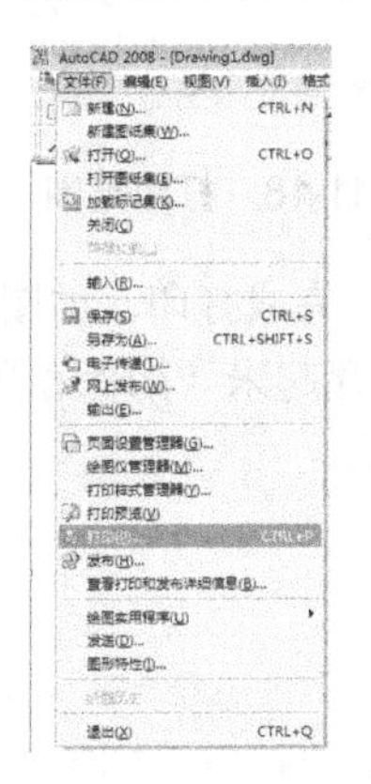

图 11-13　使用图标打印

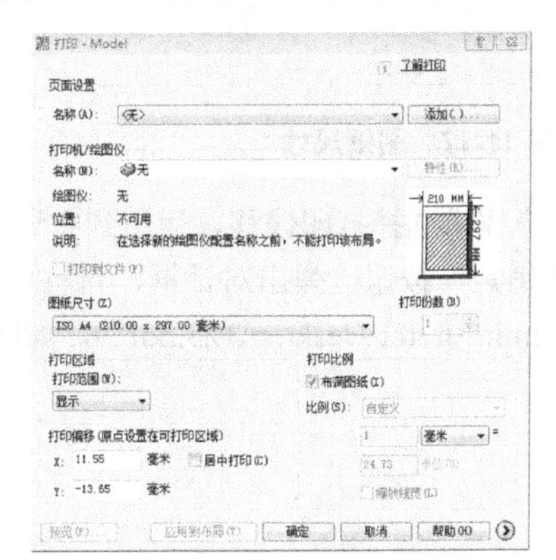

图 11-14　虚拟打印

在弹出的对话框中，在“页面设置”选项组的“名称”文本框中右侧单击“添加”按钮，为新页面设置名称（如设置 1），如图 11-15 所示。

设置打印机/绘图仪的“名称”（如 Microsoft Print to PDF），如图 11-16 所示，并打印文件。

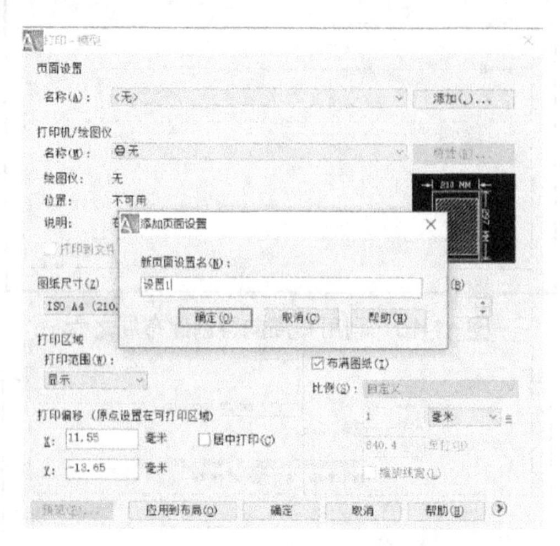

图 11-15　页面设置

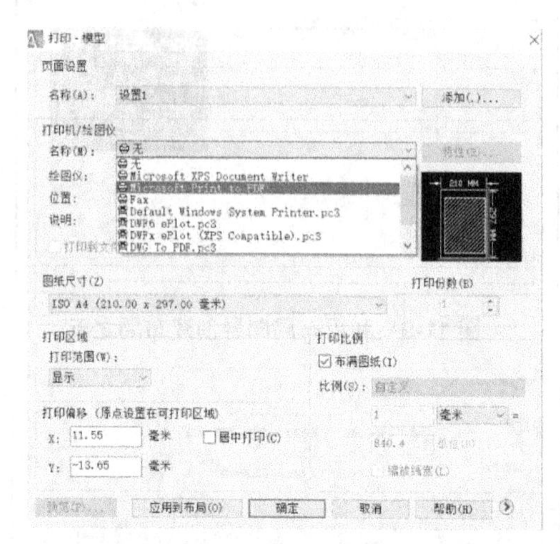

图 11-16　设置打印机/绘图仪名称

① 图纸尺寸根据用户使用要求选择（如 A4），如图 11-17 所示。

② 打印区域中的“打印范围”用户可根据实际需求选择（如范围），如图 11-18 所示。

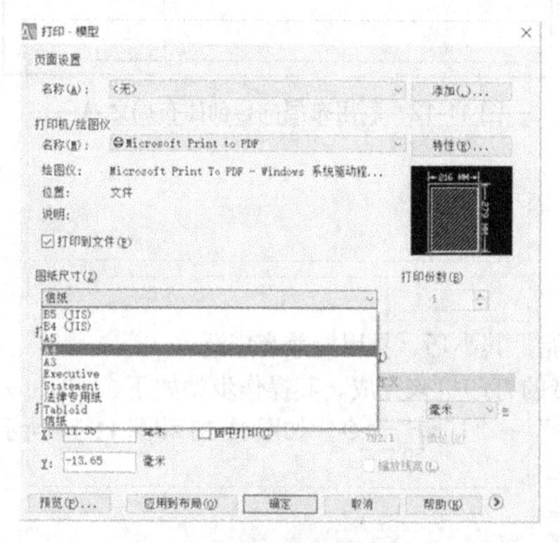

图 11-17　图纸尺寸

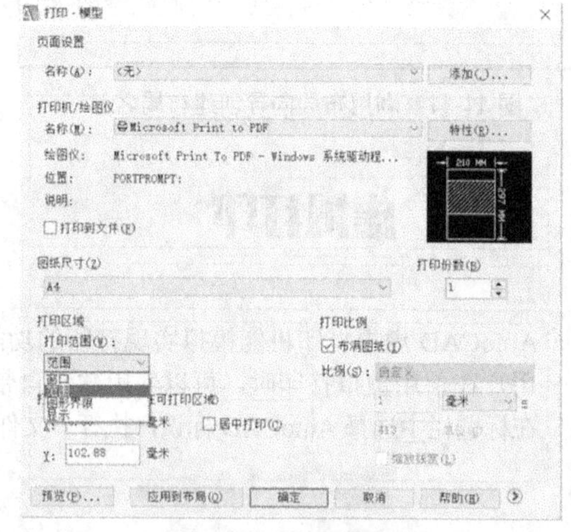

图 11-18　打印范围

③ 根据用户需求选择打印偏移，运用到布局中生成预览，完成打印，如图 11-19 所示。

④ 单击“确定”按钮，弹出对话框，将打印输出文件保存起来（如保存到桌面上，路劲为“C:\Users\Administrator\Desktop\123.pdf”），如图 11-20 所示。

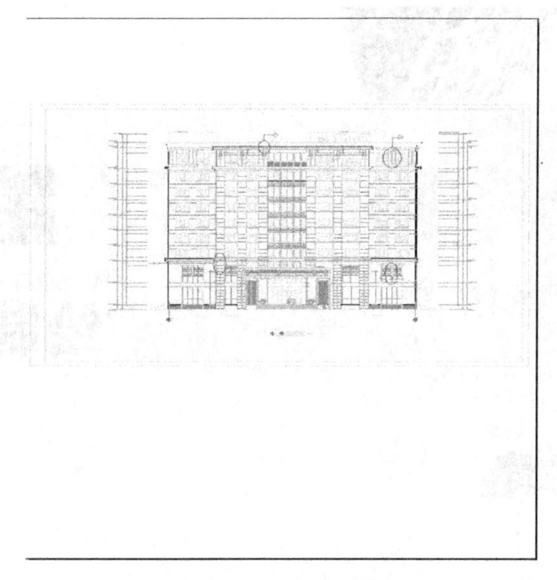

图 11-19　打印预览

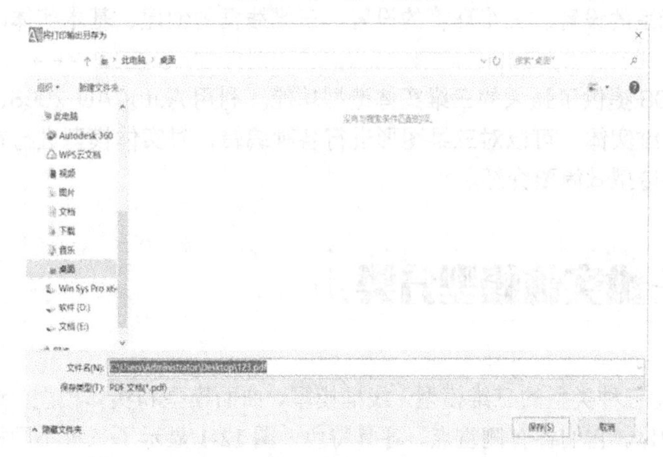

图 11-20　文件保存

⑤ 返回保存路径，可见已完成的打印文件，如图 11-21 所示。

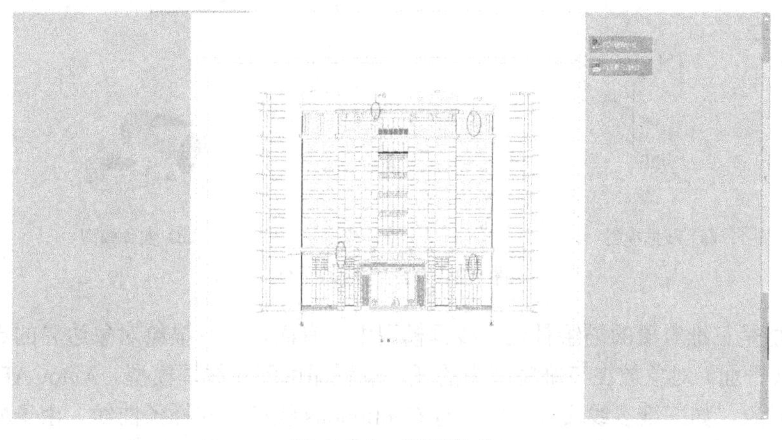

图 11-21　打印完成

第12章 绘制三维实体

本章要点：

本章学习坐标系的设置、三维环境的设置、三维线框的创建、基本实体的编辑和三维实体的编辑。

AutoCAD 2008 提供了强大的三维实体造型功能。利用 AutoCAD 2008，可以方便地绘制出三维曲面和三维实体，可以对三维图形进行各种编辑，对实体模型进行布尔运算等。本章主要就三维实体造型做简要介绍。

12.1 三维实体模型分类

AutoCAD 支持三种类型的三维模型：线框模型、曲面模型和实体模型。这三种模型从不同角度来描述一个物体。它们各有侧重点，各具特色。图 12-1 显示了三种不同模型，其中图 12-1（a）为线框模型，图 12-1（b）为曲面模型，图 12-1（c）为实体模型。

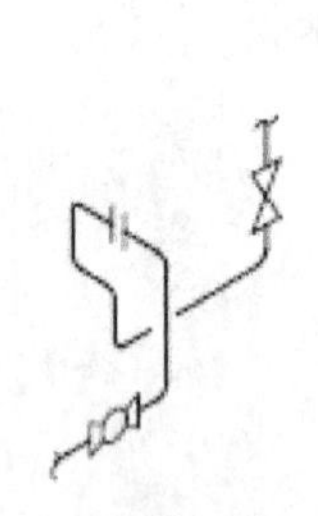

（a）线框模型

（b）曲面模型

（c）实体模型

图 12-1　三维造型示例

线框模型是三维对象的描绘骨架。线框模型中没有面，只有描绘对象边界的点、直线和曲线。将二维（平面）对象放在三维空间中的任何位置即可创建线框模型。AutoCAD 还提供了一些三维线框对象，如三维多线段（只能具有 Continuous 线型）和样条曲线。由于构成线框模型的每个对象都必须单独绘制和定位，因此，这种建模方式可能最为耗时。

曲面建模比线框建模更为复杂，它不仅定义三维对象的边，还定义面。曲面模型用来描述曲面的形状，一般是将线框模型经过进一步处理得到。曲面模型不仅可以显示曲面的轮廓，还可以显示出曲面的真实形状。曲面建模使用多边形网格定义镶嵌面。由于网格面是平面的，因此网格只能近似于曲面。

实体建模是最容易使用的三维建模类型。它的信息最完整，不会产生歧义。与线框模型和曲面模型相比，实体模型主要有以下两方面不同。

（1）实体模型的信息最完整。

（2）实体模型的创建方式最直接。

使用实体建模，用户可以通过创建以下基本三维模型制作三维对象：长方体、圆锥体、圆柱体、球体、楔体和圆环体。对这些形状进行合并，找出它们的差集或交集（重叠）部分，结合起来生成更为复杂的实体。也可以将二维对象沿路径延伸或绕轴旋转来创建实体。

12.2 三维坐标系统

AutoCAD 提供了两种类型的坐标系：一种是固定的坐标系，叫做世界坐标系（WCS）；另一种是由使用者自定义的，叫做用户坐标系（UCS），如图 12-2 所示。

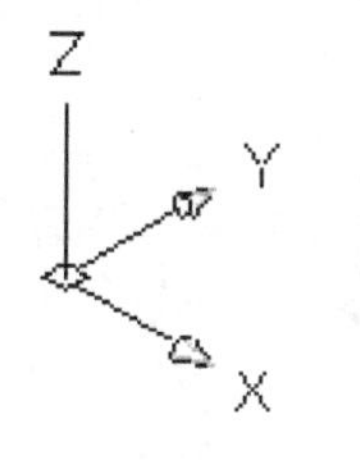

（a）世界坐标系

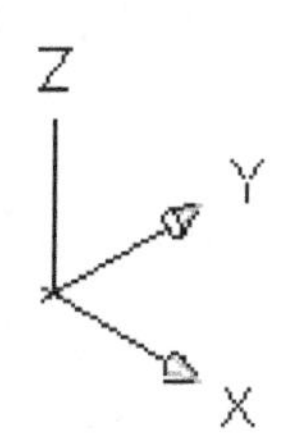

（b）用户坐标系

图 12-2 坐标系的图标示例

1．右手定则

当变换用户坐标系时，坐标轴的方向有时会发生改变，这时判断绕轴旋转的正方向可能会比较困难。当改变了用户坐标系或旋转某个对象时，只要用右手定则就可以方便地确定旋转的正方向。在三维坐标系中，如果已知 X 和 Y 轴的方向，可以使用右手定则确定 Z 轴的正方向。将右手手背靠近屏幕放置，大拇指指向 X 轴的正方向。如图 12-3 所示，伸出食指和中指，食指指向 Y 轴的正方向。中指所指示的方向即为 Z 轴的正方向。

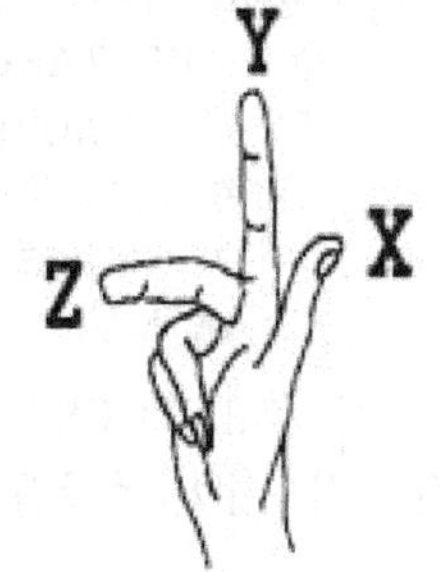

图 12-3 右手定则示例

2．世界坐标系

世界坐标系是固定的且不能被修改。在世界坐标系中，X 轴以（0，0，0）点为起点，沿向右的方向值逐渐增大；Y 轴以（0，0，0）点为起点，沿向上的方向值逐渐增大；Z 轴以（0，0，0）点为起点，沿指向屏幕外的方向值逐渐增大。前面章节绘制的图形全部是以世界坐标系为参照系的，因此世界坐标系是二维绘图的基础坐标系。但是由于在世界坐标系中计算三维坐标比较困难，因此仅使用世界坐标系并不适用于三维绘图。

3．用户坐标系

用户坐标系允许修改坐标原点的位置及 X、Y、Z 轴的方向，这样可以减少绘制三维对象时的计算量。UCS 命令用于定义新用户坐标系的坐标原点及 X 轴、Y 轴的正方向。刚刚学习使用 AutoCAD 时，可以只考虑 X 轴与 Y 轴的正方向，因为这两个轴的方向一旦确定，Z 轴的正方向也就自动确定了。因此，即使只使用了 X 轴与 Y 轴，也是在三维空间中绘图。例如，绘制一个屋顶的结构大样图，如果使用世界坐标系，那么需要计算倾斜的屋顶面内所有点的三个坐标值。但如果将用户坐标系的 X-Y 面设置到倾斜的屋顶面上，则绘制图形时就像在平面中绘图一样简单。

用户可以通过使用“UCS”工具栏来设置用户坐标系，如图 12-4 所示。

图 12-4　“UCS”工具栏

课堂实训 1　创建三维线框

实训描述

本实训将通过设置用户坐标系，使用直线和圆弧命令来创建符合要求的三维线框，从而可以熟练使用用户坐标系。三维线框效果如图 12-5 所示。

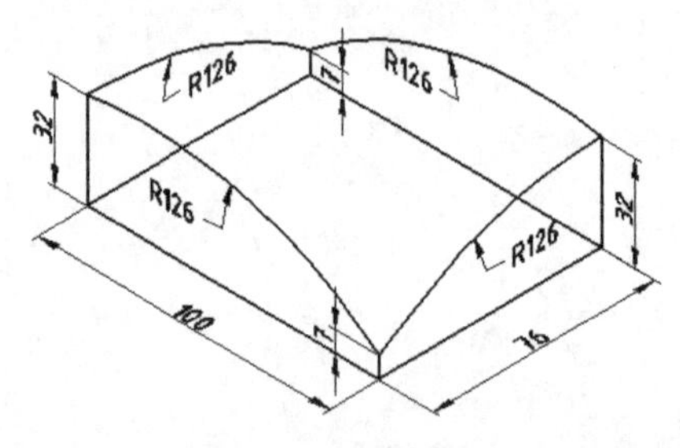

图 12-5　三维线框

具体操作

（1）单击“视图”工具栏中的“东南等轴测”按钮，将绘图视角设置为“东南等轴测”。

（2）单击“绘图”工具栏中的“矩形”按钮，绘制矩形，如图 12-6 所示。

```
命令：RECTANG↙
指定第一个角点或 [倒角（C）/标高（E）/圆角（F）/厚度（T）/宽度（W）]:
//在绘图区适当位置单击，指定矩形第一个角点
指定另一个角点或 [面积（A）/尺寸（D）/旋转（R）]: @100，76↙
//输入矩形第二个角点的坐标，按“Enter”键
```

（3）单击“UCS”工具栏中的“绕 X 轴旋转”按钮，输入旋转角度 90，按“Enter”键结束，用户坐标系设置如图 12-7 所示。

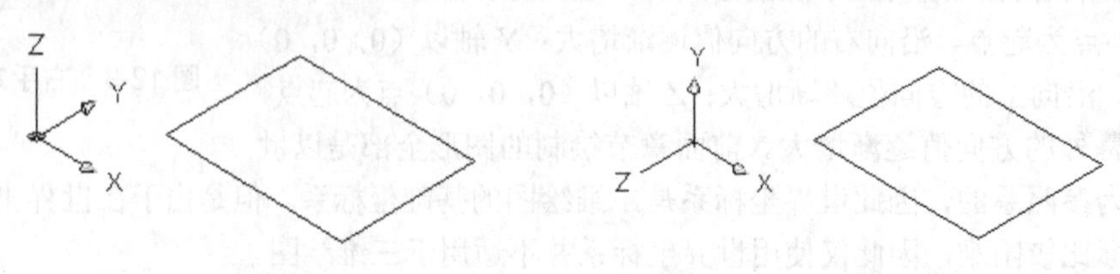

图 12-6　绘制矩形　　　　图 12-7　用户坐标系设置

（4）单击“绘图”工具栏中的“直线”按钮。绘制直线，单击“绘图”工具栏中的“圆弧”按钮。绘制圆弧，如图 12-8 所示。

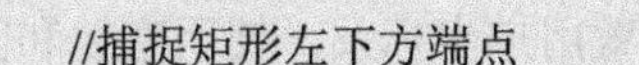

```
命令：LINE↙
指定第一点：                                  //捕捉矩形左下方端点
指定下一点或 [放弃（U）]：@0，32↙             //输入直线的第二点坐标，按“Enter”键
指定下一点或 [放弃（U）]： ↙                  //按“Enter”键，结束“直线”命令
命令：LINE↙
指定第一点：                                  //捕捉矩形右下方端点
指定下一点或 [放弃（U）]：@0，7↙              //输入直线的第二点坐标，按“Enter”键
指定下一点或 [放弃（U）]： ↙                  //按“Enter”键，结束“直线”命令
命令：ARC ↙
指定圆弧的起点或 [圆心（C）]：                //捕捉下方长度为7mm的直线的端点
指定圆弧的第二个点或 [圆心（C）/端点（E）]： e↙
指定圆弧的端点：                              //捕捉上方长度为32mm直线的端点
指定圆弧的圆心或 [角度（A）/方向（D）/半径（R）]： r↙
指定圆弧的半径： 126↙
命令：LINE↙
指定第一点：                                  //捕捉矩形左上方端点
指定下一点或 [放弃（U）]：@0，7↙              //输入直线的第二点坐标，按“Enter”键
指定下一点或 [放弃（U）]： ↙                  //按“Enter”键，结束“直线”命令
命令： LINE↙
指定第一点：                                  //捕捉矩形右上方端点
指定下一点或 [放弃（U）]：@0，32↙             //输入直线的第二点坐标，按“Enter”键
指定下一点或 [放弃（U）]： ↙                  //按“Enter”键，结束“直线”命令
命令：ARC ↙
指定圆弧的起点或 [圆心（C）]：                //捕捉刚绘制的长度为32mm的直线的端点
指定圆弧的第二个点或 [圆心（C）/端点（E）]： e↙
指定圆弧的端点：                              //捕捉刚绘制的长度为7mm的直线的端点
指定圆弧的圆心或 [角度（A）/方向（D）/半径（R）]： r↙
指定圆弧的半径： 126↙
```

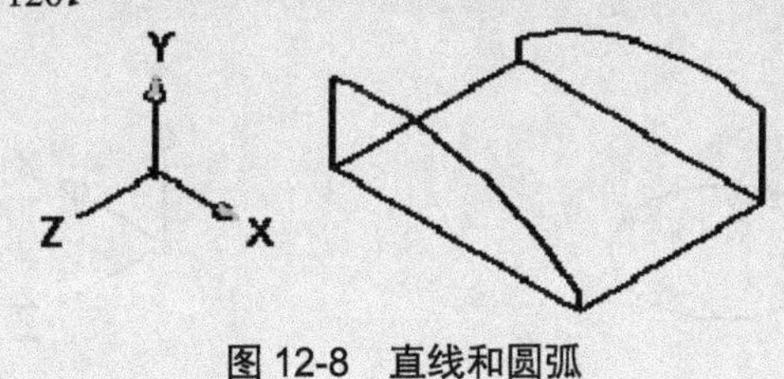

图 12-8 直线和圆弧

（5）单击“UCS”工具栏中的“绕 Y 轴旋转”按钮，输入旋转角度 90，按“Enter”键结束，用户坐标系设置如图 12-9 所示。

（6）按照步骤（4）绘制圆弧的方法绘制出圆弧，结果如图 12-10 所示。

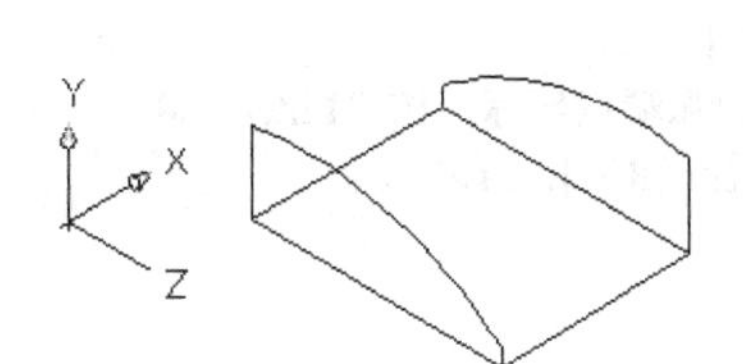

图 12-9 用户坐标系设置

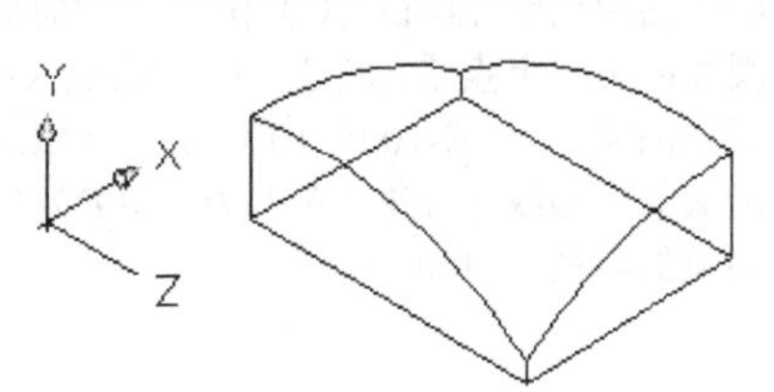

图 12-10 三维线框绘制结果

课堂实训 2 创建三维线框

实训描述

本实训将通过设置用户坐标系，使用直线和圆弧命令来创建符合要求的三维线框，从而可以熟练使用用户坐标系。三维线框效果如图 12-11 所示。

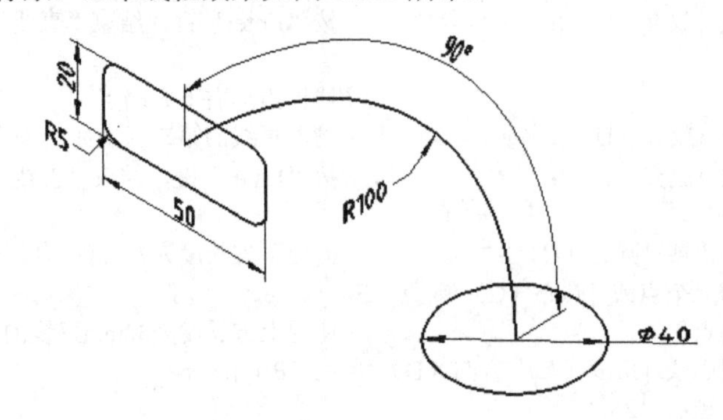

图 12-11 三维线框

具体操作

（1）单击“视图”工具栏中的“东南等轴测”按钮，将绘图视角设置为“东南等轴测”。

（2）单击“绘图”工具栏中的“圆”按钮，绘制直径为 40 的圆，如图 12-12 所示。

```
命令： CIRCLE↙
指定圆的圆心或 [三点（3P）/两点（2P）/相切、相切、半径（T）]:
//在绘图区适当位置单击，指定圆的圆心
指定圆的半径或 [直径（D）] <16.0000>： 20↙
//输入圆的半径20，按“Enter”键
```

（3）单击“UCS”工具栏中的“绕 Z 轴旋转”按钮，输入旋转角度 90，单击“UCS”工具栏中的“绕 X 轴旋转”按钮，输入旋转角度 90，按“Enter”键结束，用户坐标系设置如图 12-13 所示。

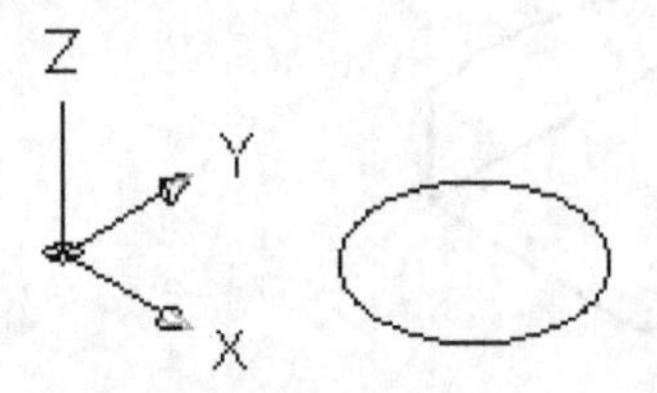

图 12-12 绘制矩形

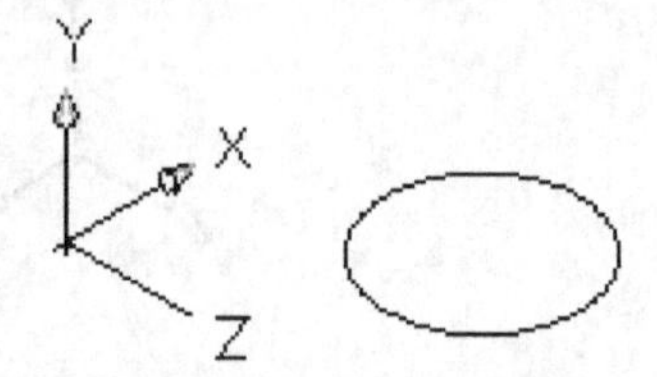

图 12-13 用户坐标系设置

（4）单击“绘图”工具栏中的“圆弧”按钮。绘制圆弧，如图 12-14 所示。

```
命令： ARC ↙
指定圆弧的起点或 [圆心（C）]:        //捕捉刚绘制的圆的
指定圆弧的第二个点或 [圆心（C）/端点（E）]： e↙
指定圆弧的端点： @-100，100↙        //输入圆弧端点坐标，按“Enter”键）
指定圆弧的圆心或 [角度（A）/方向（D）/半径（R）]： r↙
指定圆弧的半径： 100↙
```

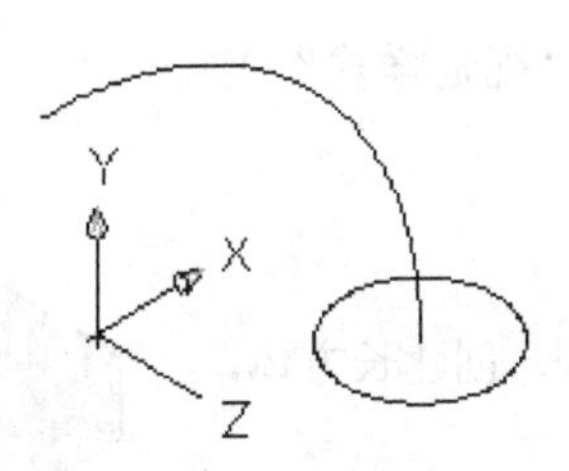

图 12-14 圆弧

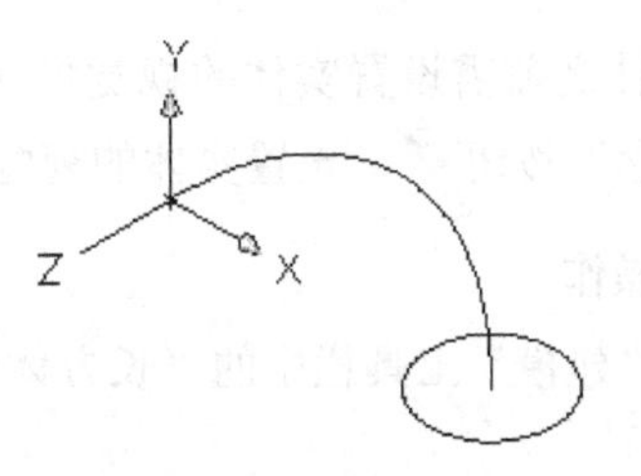

图 12-15 用户坐标系设置

（5）单击“UCS”工具栏的“原点”按钮，捕捉圆弧的左边端点。单击“UCS”工具栏中的“绕 Y 轴旋转”按钮，输入旋转角度-90，用户坐标系设置如图 12-15 所示。

（6）单击“绘图”工具栏中的“矩形”按钮，绘制矩形，如图 12-16 所示。

```
命令：RECTANG↙
指定第一个角点或 [倒角（C）/标高（E）/圆角（F）/厚度（T）/宽度（W）]： f↙
//输入f，按“Enter”键，执行“圆角”命令）
指定矩形的圆角半径 <0.0000>： 5↙  //输入圆角半径为5，按“Enter”键
指定第一个角点或 [倒角（C）/标高（E）/圆角（F）/厚度（T）/宽度（W）]： -25，-10↙
//输入矩形第一个角点的坐标，按“Enter”键
指定另一个角点或 [面积（A）/尺寸（D）/旋转（R）]： 25，10↙
//输入矩形第二个角点的坐标，按“Enter”键
```

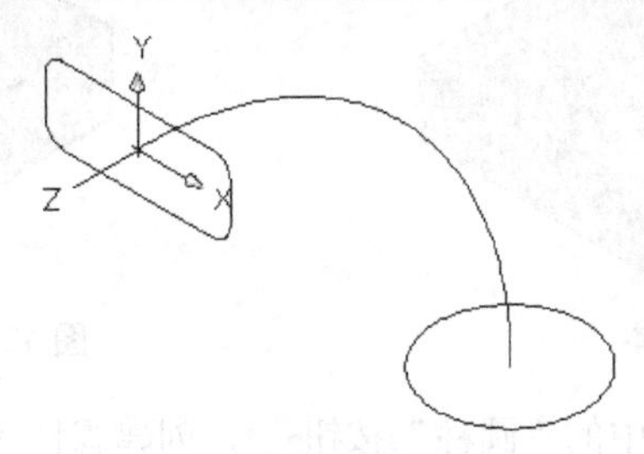

图 12-16 三维线框绘制结果

提 示

（1）在绘制三维线框时有一个原则，即所绘制的图形只能在 X 轴和 Y 轴所构成的 XY 平面上，即不管 XY 平面在什么方位，都是构图平面。

（2）在设定用户坐标系时可以灵活运用，设置适合自己的用户坐标系。

12.3 创建基本实体

在 AutoCAD 的三维建模中有一种重要的方法，即创建基本实体的方法，基本实体有长方体、圆锥体、圆柱体、球体、圆环体和楔体。另外，还可以通过布尔运算，如并、差和交运算组合多个实体，从而创建更复杂的实体。

课堂实训 3 创建基本实体

实训描述

本实训将使用长方体、圆柱、圆锥等基本实体来创建三维实体，如图 12-17 所示。

在创建实体之前需设置实体的视觉样式，单击“视觉样式”工具栏中的“概念”按钮，设置实体的视觉效果。

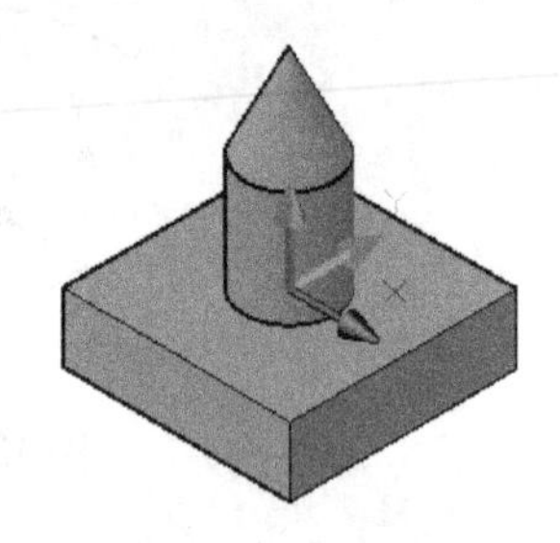

图 12-17　三维实体示例

具体操作

（1）单击“建模”工具栏中的“长方体”按钮，创建长方体，如图 12-18 所示。

命令：BOX↙
指定长方体的角点或 [中心点（CE）] <0，0，0>：
//在绘图区适当位置单击，指定长方体的角点
指定角点或 [立方体（C）/长度（L）]：L↙
//采用长度命令来创建长方体
指定长度：100↙　　//输入长方体的长度
指定宽度：100↙　　//输入长方体的宽度
指定高度：25↙　　//输入长方体的高度

（2）单击“UCS”工具栏中的“原点”按钮，捕捉长方体上表面的中心。用户坐标系设置如图 12-19 所示。

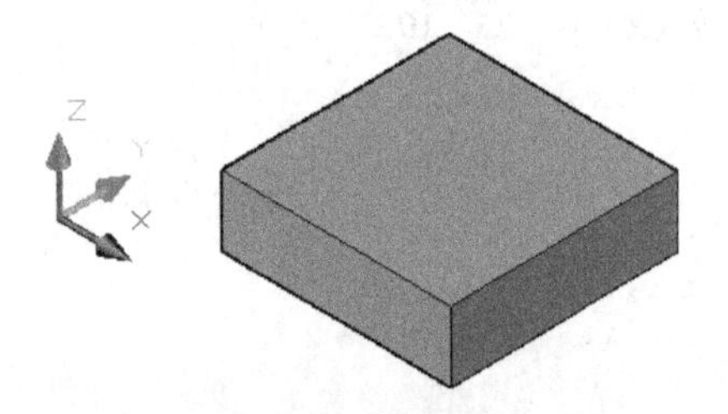

图 12-18　长方体

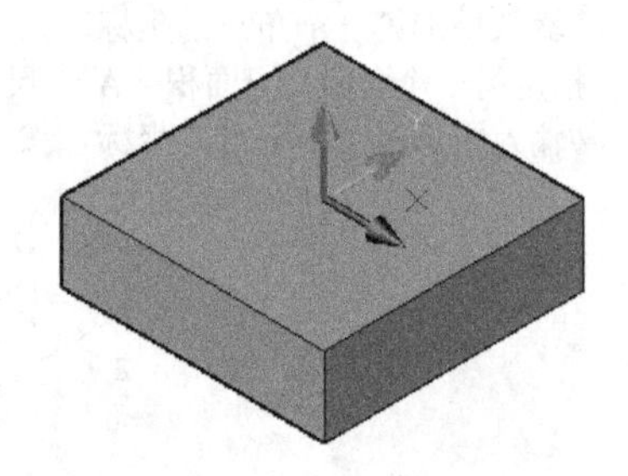

图 12-19　用户坐标系设置

（3）单击“建模”工具栏中的“圆柱”按钮，创建圆柱体，如图 12-20 所示。

命令：CYLINDER↙
指定底面的中心点或 [三点（3P）/两点（2P）/相切、相切、半径（T）/椭圆（E）]：0，0↙
//输入圆柱底面圆心坐标，按“Enter”键
指定底面半径或 [直径（D）] <14.0164>：20↙　　//输入底面半径，按“Enter”键
指定高度或 [两点（2P）/轴端点（A）] <30.0000>：50↙　//输入圆柱高度，按“Enter”键

（4）单击“建模”工具栏中的“圆锥”按钮，创建圆锥，如图 12-21 所示。

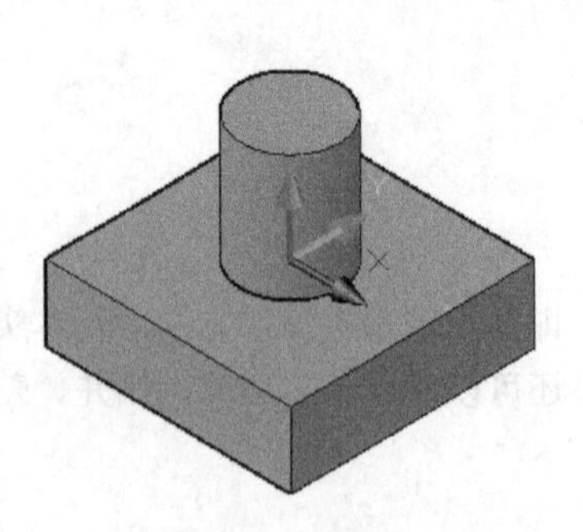

图 12-20　创建圆柱体

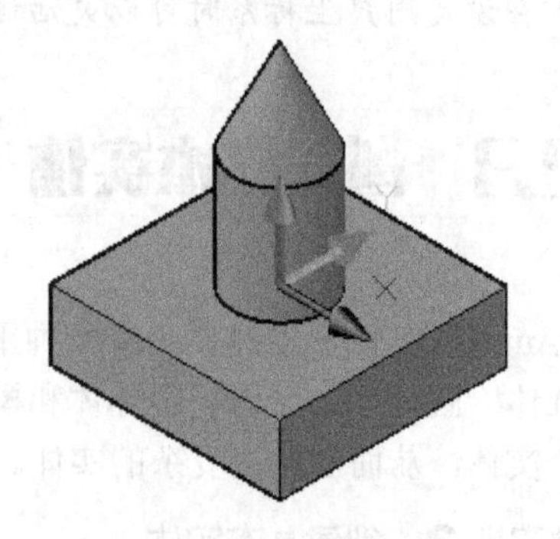

图 12-21　创建圆锥

命令：CONE↙
指定底面的中心点或 [三点（3P）/两点（2P）/相切、相切、半径（T）/椭圆（E）]：

//捕捉圆柱上表面圆心
正在检查 861 个交点...
指定底面半径或 [直径（D）] <20.0000>：20↙ //输入圆锥底面半径，按“Enter”键
指定高度或 [两点（2P）/轴端点（A）/顶面半径（T）] <50.0000>：40↙
//输入圆锥高度，按“Enter”键

★提 示

（1）在绘制长方体时，当确定第一个角点后，不能移动光标，否则绘制出来的长方体的位置会有所不同。在必要的时候可以借助于“正交”功能。

（2）在绘制圆锥的时候，可以设置顶面半径，这样绘制出来的就是圆台。

（3）在控制实体的视觉样式时，用户可以自行设置，并查看视觉效果，“视觉样式”工具栏如图 12-22 所示。

图 12-22 “视觉样式”工具栏

12.4 从线框创建实体

AutoCAD 中还有一种最常见的创建实体的方法——对二维线框进行一定的操作，从而创建复杂的实体。这类实体的创建一般有四种方法：拉伸、旋转、扫掠、放样。这四种方法必要的时候需要结合使用，这样可以做出相对比较复杂的实体。

在创建实体的过程中，还需要使用一些实体的编辑方法来对创建的实体进行编辑，从而达到创建复杂实体的目的，这些方法有：三维镜像、三位旋转、三维阵列、布尔操作、倒角、圆角、抽壳、分割等。

课堂实训 4 拉伸实体

实训描述

下面这一示例主要需要运用拉伸来创建实体，辅以倒圆角、布尔操作、三维镜像，如图 12-23 所示。

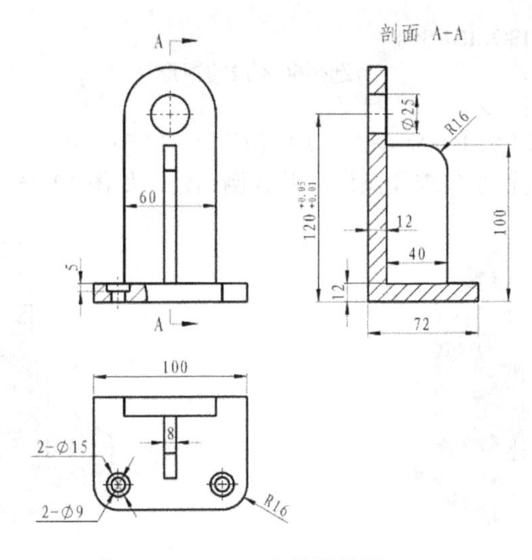

图 12-23 实体零件图

具体操作

（1）单击“绘图”工具栏中的“矩形”按钮▭，绘制矩形。

命令： RECTANG↙
指定第一个角点或 [倒角（C）/标高（E）/圆角（F）/厚度（T）/宽度（W）]：
//在绘图区适当位置单击，指定矩形的第一个角点
指定另一个角点或 [面积（A）/尺寸（D）/旋转（R）]： 100，72↙
//输入矩形第二个角点的坐标，按“Enter”键

（2）按照步骤（1）绘制另外两个矩形，然后利用移动命令移动矩形，最终如图 12-24 所示。

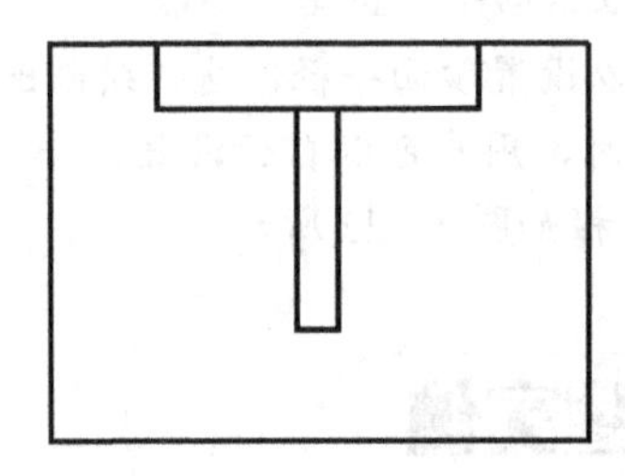

图 12-24 绘制轮廓线

（3）利用东南等轴测视角观察图形，单击“建模”工具栏中的“拉伸”按钮，创建实体，选择“概念”视觉样式，如图 12-25 所示。

命令：EXTRUDE↙
当前线框密度： ISOLINES=4
选择要拉伸的对象： //选择100×72的矩形
选择要拉伸的对象： ↙ //结束选择
指定拉伸的高度或 [方向（D）/路径（P）/倾斜角（T）]<-12.00>： 12↙ //输入拉伸的高度
命令：EXTRUDE↙
当前线框密度： ISOLINES=4
选择要拉伸的对象： //选择60×12的矩形
选择要拉伸的对象： ↙
指定拉伸的高度或 [方向（D）/路径（P）/倾斜角（T）]<12.00>： 150↙
命令：EXTRUDE↙
当前线框密度： ISOLINES=4
选择要拉伸的对象： //选择60×12的矩形
选择要拉伸的对象： ↙
指定拉伸的高度或 [方向（D）/路径（P）/倾斜角（T）]<120.00>： 100↙

（4）对所做的实体进行布尔求和操作，并且倒圆角，如图 12-26 所示。

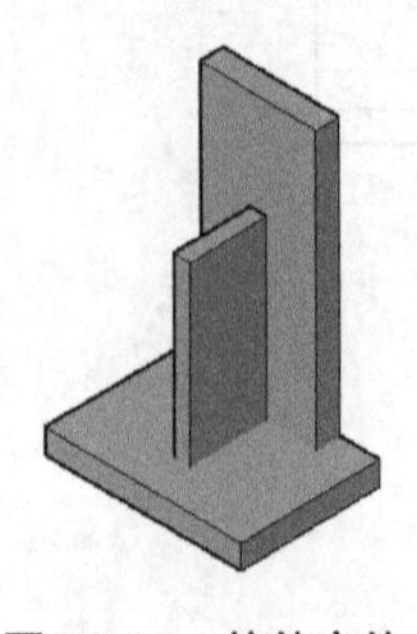

图 12-25 拉伸实体

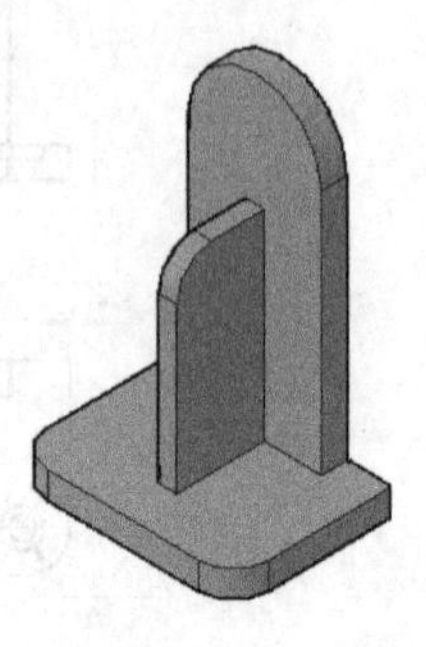

图 12-26 求和与倒圆角

命令：UNION↙
选择对象：找到 1 个　　　　　　　　//选择第一个拉伸实体
选择对象：找到 1 个，总计 2 个　　//选择第二个拉伸实体
选择对象：找到 1 个，总计 3 个　　//选择第三个拉伸实体
选择对象：↙　　　　　　　　　　　//结束选择
命令：FILLET↙
当前设置：模式 = 修剪，半径 = 0.0000
选择第一个对象或 [放弃（U）/多段线（P）/半径（R）/修剪（T）/多个（M）]：//选择需要倒圆角的一条边
输入圆角半径：16↙
选择边或 [链（C）/半径（R）]：　　　//选择需要倒圆角的第二条边
选择边或 [链（C）/半径（R）]：　　　//选择需要倒圆角的第三条边
选择边或 [链（C）/半径（R）]：↙　　//结束选择
已选定 3 个边用于圆角。
命令：FILLET↙
当前设置：模式 = 修剪，半径 = 16.0000
选择第一个对象或 [放弃（U）/多段线（P）/半径（R）/修剪（T）/多个（M）]：
//选择需要倒圆角的一条边
输入圆角半径 <16.0000>：30↙
选择边或 [链（C）/半径（R）]：↙
选择边或 [链（C）/半径（R）]：　　　//选择需要倒圆角的第二条边
选择边或 [链（C）/半径（R）]：↙　　//结束选择
已选定 2 个边用于圆角。

（5）利用拉伸、布尔求差创建圆孔，如图 12-27 所示。

命令：CIRCLE ↙
指定圆的圆心或 [三点（3P）/两点（2P）/相切、相切、半径（T）]：//捕捉基板圆角的圆心
指定圆的半径或 [直径（D）]：7.5↙
命令：CIRCLE ↙
指定圆的圆心或 [三点（3P）/两点（2P）/相切、相切、半径（T）]：//捕捉基板圆角的圆心
指定圆的半径或 [直径（D）]：4.5↙
命令：EXTRUDE↙
当前线框密度：ISOLINES=4
选择要拉伸的对象：找到 1 个
选择要拉伸的对象：↙
指定拉伸的高度或 [方向（D）/路径（P）/倾斜角（T）] <5.0000>：-5
//由于Z轴方向向上，故输入高度为负值，确定拉伸方向向下
命令：EXTRUDE↙
当前线框密度：ISOLINES=4
选择要拉伸的对象：找到 1 个　　　//选择直径为9的圆
选择要拉伸的对象：↙
指定拉伸的高度或 [方向（D）/路径（P）/倾斜角（T）] <-5.0000>：-12
命令：UNION↙
选择对象：找到 1 个　　　　　　　　//选择直径为9的圆柱
选择对象：找到 1 个，总计 2 个　　//选择直径为15的圆柱
选择对象：↙
命令：MIRROR↙
选择对象：找到 1 个　　　　　　　　//选择上面布尔求和形成的实体
选择对象：↙
指定镜像线的第一点：　　　　　　　//选择基体上表面边线的中点

```
    指定镜像线的第二点：    （选择相对应边线的中点）
    要删除源对象吗？[是（Y）/否（N）] <N>：↙
    命令：UCS↙
    当前 US 名称：  *世界*
    指定 UCS 的原点或 [面（F）/命名（NA）/对象（OB）/上一个（P）/视图（V）/世界（W）/X/Y/Z/Z轴（ZA）] <世界>：//选择背板圆弧面的圆心
    指定 X 轴上的点或 <接受>：                //选择背板圆弧面圆弧起点
    指定 XY 平面上的点或 <接受>：             //选择背板圆弧面圆弧中点
    命令：CIRCLE ↙
    指定圆的圆心或 [三点（3P）/两点（2P）/相切、相切、半径（T）]： //捕捉背板圆弧面的圆心
    指定圆的半径或 [直径（D）]： 12.5↙
    命令：EXTRUDE↙
    当前线框密度：ISOLINES=4
    选择要拉伸的对象：找到 1 个
    选择要拉伸的对象：
    指定拉伸的高度或 [方向（D）/路径（P）/倾斜角（T）] <-12.0000>：-12.5
```

提 示

（1）在拉伸对象时，对象必须是多段线、面域等封闭的图形。后面的旋转、扫掠、放样也是如此。

（2）在拉伸时有时可以借助光标来确定拉伸的方向。

（3）倒圆角时可以连续选择边线，有时可以适当放大图形，以便很好地选择边线。

（4）由于构图面的关系，采用的是二维镜像方法，必要的时候可以采用三维镜像，三维镜像在后面的综合示例中有所介绍。

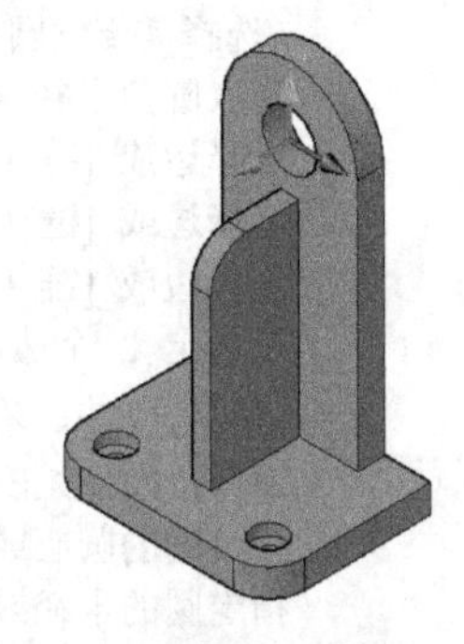

图 12-27 创建圆孔

课堂实训 5 旋转实体

实训描述

下面这一示例为机械零件端盖，主要需要运用旋转操作来创建实体，辅以拉伸、布尔操作、三维阵列及倒角，如图 12-28 所示。

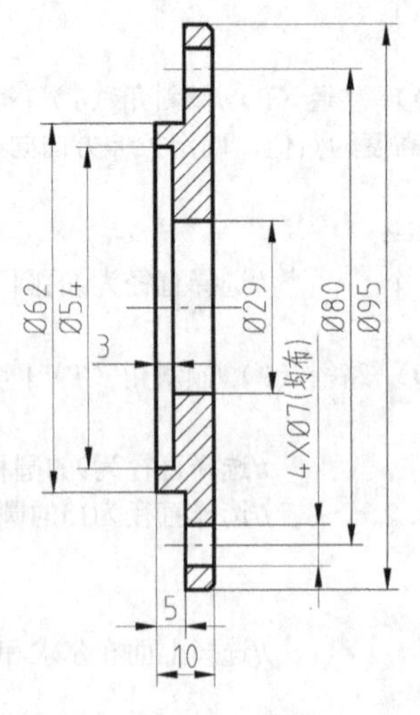

图 12-28 端盖

具体操作

（1）单击“绘图”工具栏中的“直线”按钮，绘制端盖的轮廓线和旋转轴，单击“状态”栏中的“正交”按钮，如图 12-29 所示。

```
命令：LINE ↙
指定第一点：                    //在绘图区适当位置单击，指定直线的第一点
指定下一点或 [放弃（U）]： 31↙
指定下一点或 [放弃（U）]： 5↙
指定下一点或 [闭合（C）/放弃（U）]： 16.5↙
指定下一点或 [闭合（C）/放弃（U）]： 5↙
指定下一点或 [闭合（C）/放弃（U）]： 33↙
指定下一点或 [闭合（C）/放弃（U）]： 7↙
指定下一点或 [闭合（C）/放弃（U）]： 12.5↙
指定下一点或 [闭合（C）/放弃（U）]： 3↙
指定下一点或 [闭合（C）/放弃（U）]： ↙
命令： LINE ↙
指定第一点：                    //捕捉上面绘制直线的起点
指定下一点或 [放弃（U）]：      //在绘图区适当位置单击，指定直线的第二点
指定下一点或 [闭合（C）/放弃（U）]： ↙
命令：TRIM↙
当前设置：投影=UCS，边=延伸
选择剪切边...
选择对象或 <全部选择>：  找到 1 个  //选择长度为3的水平直线
选择对象： ↙
选择要修剪的对象，或按住 Shift 键选择要延伸的对象，或
[栏选（F）/窗交（C）/投影（P）/边（E）/删除（R）/放弃（U）]：
//靠近下端选择长度为31的垂直直线
选择要修剪的对象，或按住 Shift 键选择要延伸的对象，或
[栏选（F）/窗交（C）/投影（P）/边（E）/删除（R）/放弃（U）]： ↙
```

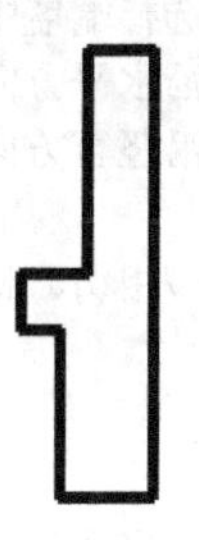

图 12-29 端盖轮廓

（2）西南等轴测视角观察图形，单击“建模”工具栏中的“旋转”按钮，创建实体，选择“概念”视觉样式，如图 12-30 所示。

```
命令：REGION↙
选择对象：
指定对角点：找到 8 个      //将端盖轮廓全部选中
选择对象： ↙
```

已提取 1 个环。
已创建 1 个面域。
命令：REVOLVE↙
当前线框密度：ISOLINES=4
选择要旋转的对象：找到 1 个　　　　　　　　//选择上面所做的面域
选择要旋转的对象：↙
指定轴起点或根据以下选项之一定义轴 [对象（O）/X/Y/Z] <对象>： O
//选择对象模式，选取旋转轴
选择对象：↙
指定旋转角度或 [起点角度（ST）] <360>： 360↙　　//输入旋转角度为360°

（3）利用拉伸、布尔求差、三维阵列来创建圆孔，单击状态栏中的“正交”按钮，如图 12-31 所示。

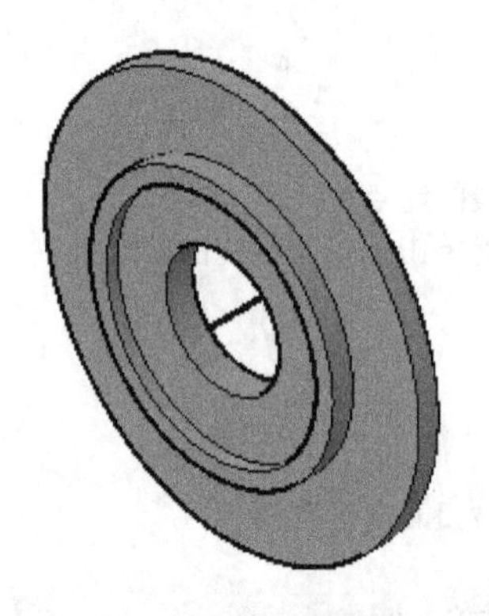
图 12-30　旋转实体

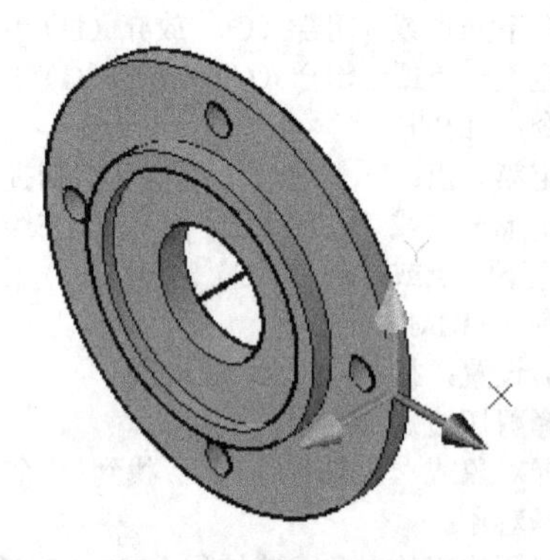
图 12-31　创建圆孔

命令：UCS↙
当前 UCS 名称： *世界*
指定 UCS 的原点或 [面（F）/命名（NA）/对象（OB）/上一个（P）/视图（V）/世界（W）/X/Y/Z/Z轴（ZA）] <世界>：　　//选择端盖中间圆面的0度象限点
指定 X 轴上的点或 <接受>：　　//沿水平方向适当位置单击
指定 XY 平面上的点或 <接受>：　　//沿竖直方向适当位置单击
命令：CIRCLE
指定圆的圆心或 [三点（3P）/两点（2P）/相切、相切、半径（T）]： -8.25，0↙
指定圆的半径或 [直径（D）]： 3.5↙
命令：EXTRUDE↙
当前线框密度： ISOLINES=4
选择要拉伸的对象： 找到 1 个　　//选择所创建的直径为7的圆
选择要拉伸的对象： ↙
指定拉伸的高度或 [方向（D）/路径（P）/倾斜角（T）] <-12.5>： -10
命令：3DARRAY↙
正在初始化... 已加载 3DARRAY。
选择对象：找到 1 个　　//选择所创建的圆柱体
选择对象：↙
输入阵列类型 [矩形（R）/环形（P）] <矩形>：P　　//选择环形阵列
输入阵列中的项目数目： 4↙　　//包括原始的对象，一共4个
指定要填充的角度 （+=逆时针，-=顺时针）<360>：360↙ //输入环形阵列的角度
旋转阵列对象？ [是（Y）/否（N）] <Y>： Y↙
指定阵列的中心点：　　//选择上面创建旋转体时绘制的旋转轴的一个端点
指定旋转轴上的第二点：　　//选择上面的旋转轴的另一个端点

命令：SUBTRACT ↙
选择要从中减去的实体或面域...
选择对象：　　　　　　　　//选择端盖实体
选择对象：↙
选择要减去的实体或面域 ..
选择对象：　找到 1 个　　　//选择创建的第一个圆柱
选择对象：　找到 1 个，总计 2 个　　//选择创建的第二个圆柱
选择对象：　找到 1 个，总计 3 个　　//选择创建的第三个圆柱
选择对象：　找到 1 个，总计 4 个　　//选择创建的第四个圆柱
选择对象：↙　　　　　　　　　　　　//结束选择

（4）创建倒角，完成实体的绘制，利用东南等轴测视角观察图形，图形如图 12-32 所示。

命令：CHAMFER↙
（“修剪”模式）当前倒角距离 1 = 1.0，距离 2 = 1.0
选择第一条直线或 [放弃（U）/多段线（P）/距离（D）/角度（A）/修剪（T）/方式（E）/多个（M）]：　//选择端盖后面的圆
基面选择... ↙
输入曲面选择选项 [下一个（N）/当前（OK）] <当前（OK）>：↙
指定基面的倒角距离 <1.0>：2
指定其他曲面的倒角距离 <1.0>：2
选择边或 [环（L）]：
选择边或 [环（L）]：　//再次选择端盖后面的圆

提 示

（1）在创建旋转体时，需要注意旋转的角度和起始角度的控制。

（2）在使用三维阵列方法时，需要注意阵列轴的选取。它不可以像旋转实体那样选取对象为旋转轴，只能通过两点来确定。

图 12-32　创建倒角

课堂实训 6　扫掠实体

实训描述

下面这一示例主要需要运用扫掠操作来创建实体，并辅以螺旋线，如图 12-33 所示。

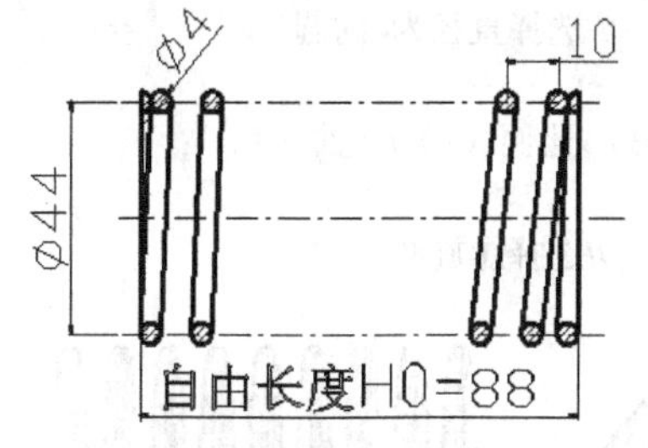

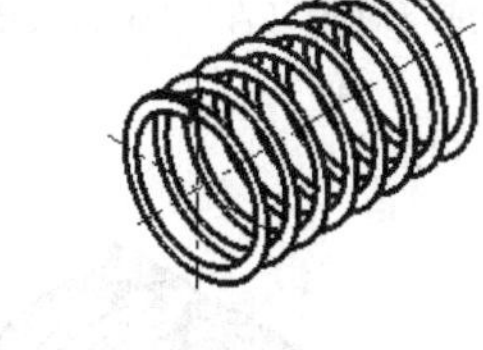

图 12-33　弹簧

具体操作

（1）使用“西南等轴测”视角，单击“UCS”工具栏中的“绕 Y 轴旋转”按钮，输入旋转角度-90。

（2）单击“建模”工具栏中的“螺旋线”按钮，创建螺旋线，选择“概念”视觉样式，如图 12-34 所示。

命令：HELIX↙
圈数 = 8.8000　　扭曲=CCW
指定底面的中心点：0，0↙　　//输入螺旋线底面中心
指定底面半径或 [直径（D）] <1.0000>：44↙　　//输入螺旋线底面半径
指定顶面半径或 [直径（D）] <44.0000>：44↙　　//输入螺旋线顶面半径
指定螺旋高度或 [轴端点（A）/圈数（T）/圈高（H）/扭曲（W）] <1>：H↙　//选取螺旋线螺距作为参数
指定圈间距 <1.0000>：10↙　　//输入螺旋线间距
指定螺旋高度或 [轴端点（A）/圈数（T）/圈高（H）/扭曲（W）] <1.0000>：88↙
//输入螺旋线高度

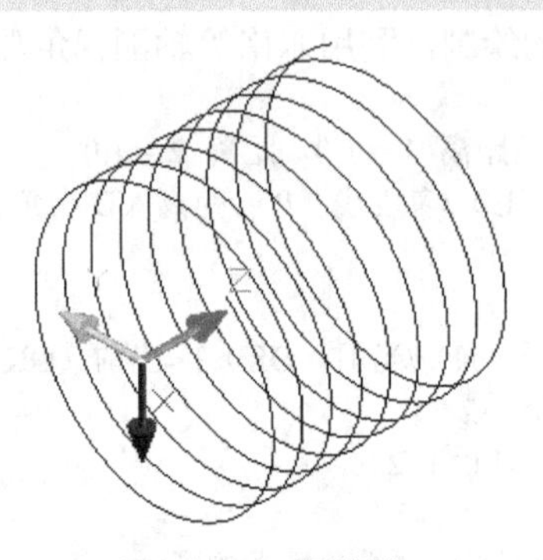

图 12-34　螺旋线

（3）单击“建模”工具栏中的“扫掠”按钮，创建扫掠实体弹簧，如图 12-35 所示。

命令：UCS↙
当前 UCS 名称：*没有名称*　　//选择螺旋线起点
指定 UCS 的原点或 [面（F）/命名（NA）/对象（OB）/上一个（P）/视图（V）/世界（W）/X/Y/Z/Z 轴（ZA）] <世界>：OB↙
选择对齐 UCS 的对象：　　//选择螺旋线起点
命令：CIRCLE ↙
指定圆的圆心或 [三点（3P）/两点（2P）/相切、相切、半径（T）]：　//选择螺旋线起点
指定圆的半径或 [直径（D）]：2↙
命令：SWEEP↙
当前线框密度：　ISOLINES=4
选择要扫掠的对象：找到 1 个　　//选择直径为4的圆
选择要扫掠的对象：↙
选择扫掠路径或 [对齐（A）/基点（B）/比例（S）/扭曲（T）]：
选择边或 [环（L）]：
选择边或 [环（L）]：　　//选择螺旋线

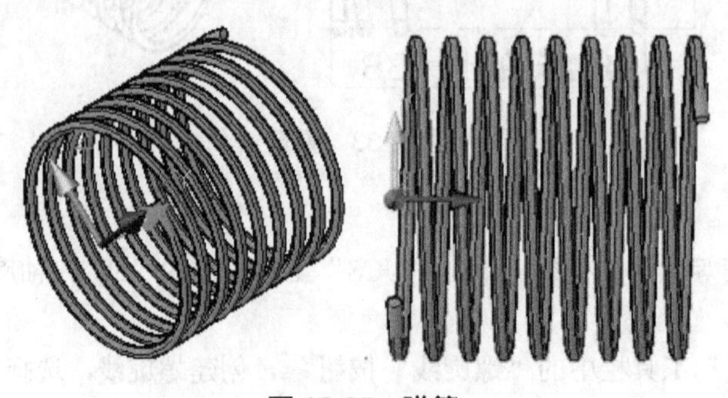

图 12-35　弹簧

★提 示

（1）在创建螺旋线时，还可以通过设置螺旋线的圈数来控制螺旋线的大小。

（2）在创建扫掠实体时，扫掠对象可以是多个，从而做出较为复杂的扫掠实体，如汽车上广泛使用的消音管。

课堂实训 7　放样实体

实训描述

下面这一示例为机械零件排气管道，主要需要运用放样操作来创建实体，如图 12-36 所示。

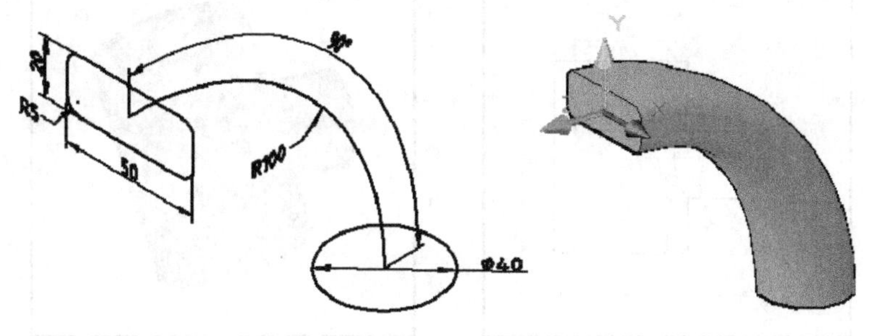

图 12-36　放样实体

具体操作

(1) 绘制三维线框，操作如课堂实训 2 所述。

(2) 单击“建模”工具栏中的“放样”按钮，选择“概念”视觉样式，如图 12-36 所示。

命令：CIRCLE ↙
指定圆的圆心或 [三点（3P）/两点（2P）/相切、相切、半径（T）]:
//在绘图区适当位置单击，指定圆的圆心
指定圆的半径或 [直径（D）]： 20↙
命令： UCS↙
当前 UCS 名称： *世界*
指定 UCS 的原点或 [面（F）/命名（NA）/对象（OB）/上一个（P）/视图（V）/世界（W）/X/Y/Z/Z 轴（ZA）] <世界>：//捕捉刚绘制的圆的圆心
指定 X 轴上的点或 <接受>：　//在绘图区单击圆的90° 象限点
指定 XY 平面上的点或 <接受>：　以正交模式打开，在绘图区竖直向上区域单击
命令： ARC ↙
指定圆弧的起点或 [圆心（C）]： 0，0↙
指定圆弧的第二个点或 [圆心（C）/端点（E）]： E↙
指定圆弧的端点： -100，100↙
指定圆弧的圆心或 [角度（A）/方向（D）/半径（R）]： R↙
指定圆弧的半径： 100↙　//输入螺旋线高度
命令：LOFT↙
按放样次序选择横截面： 找到 1 个　　　　//选择圆
按放样次序选择横截面： 找到 1 个，总计 2 个　　//选择矩形
按放样次序选择横截面： ↙
输入选项 [导向（G）/路径（P）/仅横截面（C）] <仅横截面>：P↙
选择路径曲线：：　　　　//选择绘制的圆弧

★提 示

（1）在创建放样实体时，横截面可以选取很多，横截面越多图形就越精确，但是运行计算

的速度会变慢。在选取横截面外形时一定要依照顺序，否则会出现意想不到的效果。

（2）在创建放样实体时，如果采用“仅横截面（C）”放样实体，则会弹出对话框，用户可以依据自己的需要进行设置。

课堂实训 8　三通管

实训描述

下面这一示例为机械零件三通管，主要需要运用布尔运算来创建实体，如图 12-37 所示。

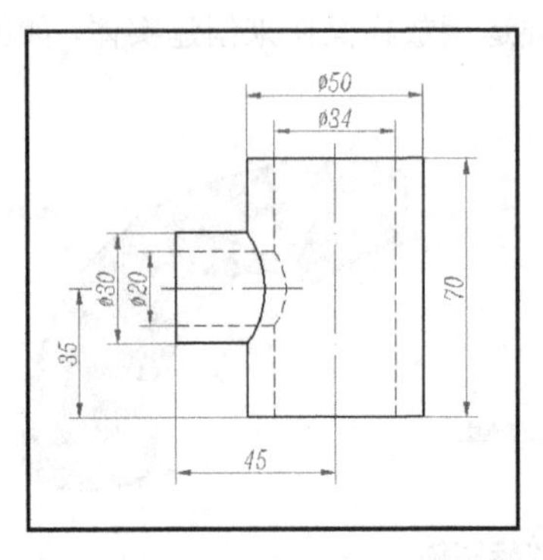

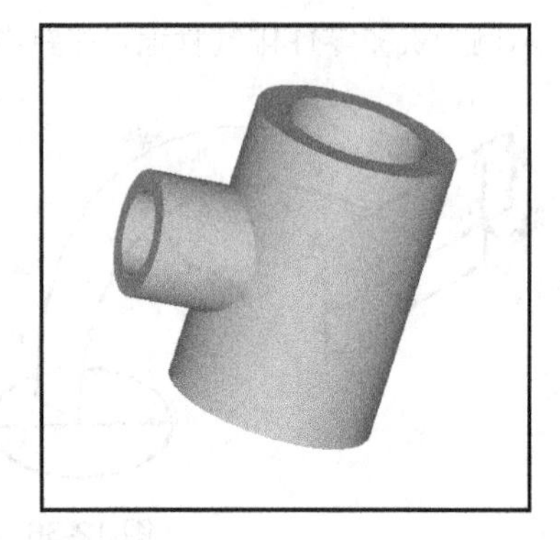

图 12-37　三通管

具体操作

（1）利用“西南等轴测”视角，采用“概念”视觉样式，单击“建模”工具栏中的“圆柱”按钮，创建圆柱体，并且进行布尔求和运算，如图 12-38 所示。

命令：CYLINDER↙
指定底面的中心点或 [三点（3P）/两点（2P）/相切、相切、半径（T）/椭圆（E）]：
//在绘图区适当位置单击，指定圆柱的圆心
指定底面半径或 [直径（D）]：25↙
指定高度或 [两点（2P）/轴端点（A）]：70↙
命令：UCS↙
当前 UCS 名称：*世界*
指定 UCS 的原点或 [面（F）/命名（NA）/对象（OB）/上一个（P）/视图（V）/世界（W）/X/Y/Z/Z轴（ZA）] <世界>：//捕捉上面创建的圆柱的上表面圆心
指定 X 轴上的点或 <接受>：↙
单击“UCS”工具栏中的“绕X轴旋转”按钮，输入旋转角度90。
单击“UCS”工具栏中的“原点”按钮，输入新的圆点坐标（0，-35，45），按“Enter”键
命令：CYLINDER↙
指定底面的中心点或 [三点（3P）/两点（2P）/相切、相切、半径（T）/椭圆（E）]：0，0↙
指定底面半径或 [直径（D）] <25.0000>：15↙
指定高度或 [两点（2P）/轴端点（A）] <70.0000>：-45↙
命令：UNION↙
选择对象：找到 1 个　　//选取水平圆柱
选择对象：找到 1 个，总计 2 个　　//选取垂直圆柱
选择对象：↙

（2）单击“实体编辑”工具栏中的“抽壳”按钮，绘制出三通管的效果，如图 12-39 所示。

图 12-38 三通管外形

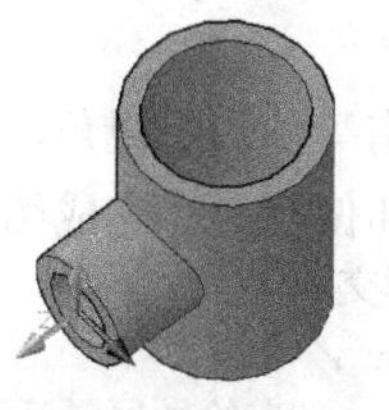

图 12-39 三通管抽壳

```
命令：SOLIDEDIT
实体编辑自动检查：  SOLIDCHECK=1
输入实体编辑选项 [面（F）/边（E）/体（B）/放弃（U）/退出（X）] <退出>：  _BODY
输入实体编辑选项
[压印（I）/分割实体（P）/抽壳（S）/清除（L）/检查（C）/放弃（U）/退出（X）] <退出>：  _SHELL
选择三维实体：                    //选取已进行布尔求和操作的三通管
删除面或 [放弃（U）/添加（A）/全部（ALL）]：  找到一个面，已删除 1 个。
//选取垂直状态的圆柱的上表面
删除面或 [放弃（U）/添加（A）/全部（ALL）]：  找到一个面，已删除 1 个。
//选取水平状态的圆柱的左侧面
删除面或 [放弃（U）/添加（A）/全部（ALL）]：  ↙
输入抽壳偏移距离：  5↙
已开始实体校验。
已完成实体校验。
输入实体编辑选项
[压印（I）/分割实体（P）/抽壳（S）/清除（L）/检查（C）/放弃（U）/退出（X）] <退出>↙
```

12.5 复杂实体的创建

在实际绘图时，常常需要创建一些复杂的实体模型，本节将举例介绍复杂实体的创建。

课堂实训 9 创建带轮

实训描述

带轮在机械零件中属于盘类零件，用于动力的传递，零件图纸如图 12-40 所示。

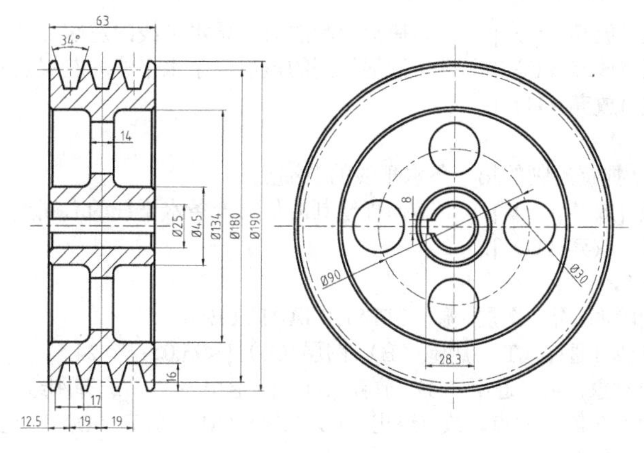

图 12-40 带轮

- **具体操作**

（1）利用“西南等轴测”视角，采用“概念”视觉样式。

（2）利用直线和偏移命令完成图形的创建，如图 12-41 所示。

```
命令：  <正交 开>
命令：LINE ↙
指定第一点：  //在绘图区域适当位置单击
指定下一点或 [放弃（U）]： 63↙  //输入直线水平距离63，注意控制光标绘制水平线
指定下一点或 [放弃（U）]： ↙
命令：OFFSET↙
当前设置：删除源=否  图层=源  OFFSETGAPTYPE=0
指定偏移距离或 [通过（T）/删除（E）/图层（L）] <95.0>：  12.5↙  //输入偏移距离12.5
选择要偏移的对象，或 [退出（E）/放弃（U）] <退出>：  //选择刚绘制的水平直线，下同
指定要偏移的那一侧上的点，或 [退出（E）/多个（M）/放弃（U）] <退出>：
//在水平直线下方单击，下同
选择要偏移的对象，或 [退出（E）/放弃（U）] <退出>：↙
命令：OFFSET↙
当前设置：删除源=否  图层=源  OFFSETGAPTYPE=0
指定偏移距离或 [通过（T）/删除（E）/图层（L）] <12.5>：  22.5↙
选择要偏移的对象，或 [退出（E）/放弃（U）] <退出>：
指定要偏移的那一侧上的点，或 [退出（E）/多个（M）/放弃（U）] <退出>：
选择要偏移的对象，或 [退出（E）/放弃（U）] <退出>：↙
命令：OFFSET↙
当前设置：删除源=否  图层=源  OFFSETGAPTYPE=0
指定偏移距离或 [通过（T）/删除（E）/图层（L）] <22.5>：  67↙
选择要偏移的对象，或 [退出（E）/放弃（U）] <退出>：
指定要偏移的那一侧上的点，或 [退出（E）/多个（M）/放弃（U）] <退出>：
选择要偏移的对象，或 [退出（E）/放弃（U）] <退出>：↙
命令：OFFSET↙
当前设置：删除源=否  图层=源  OFFSETGAPTYPE=0
指定偏移距离或 [通过（T）/删除（E）/图层（L）] <67.0>：  95↙
选择要偏移的对象，或 [退出（E）/放弃（U）] <退出>：
指定要偏移的那一侧上的点，或 [退出（E）/多个（M）/放弃（U）] <退出>：
选择要偏移的对象，或 [退出（E）/放弃（U）] <退出>：↙
命令：LINE ↙
指定第一点：
指定下一点或 [放弃（U）]：  //捕捉绘制的第一条水平线的左端点
指定下一点或 [放弃（U）]：  //捕捉绘制的最后一条水平线的左端点
指定下一点或 [放弃（U）]： ↙
命令：LINE↙
指定第一点：//捕捉绘制的第一条水平线的右端点
指定下一点或 [放弃（U）]：  //捕捉绘制的最后一条水平线的右端点
指定下一点或 [放弃（U）]： ↙
命令：OFFSET↙
当前设置：删除源=否  图层=源  OFFSETGAPTYPE=0
指定偏移距离或 [通过（T）/删除（E）/图层（L）] <95.0>：  24.5↙
选择要偏移的对象，或 [退出（E）/放弃（U）] <退出>：  //选择刚绘制的左边的垂线
指定要偏移的那一侧上的点，或 [退出（E）/多个（M）/放弃（U）] <退出>：
//在垂线的右方单击
选择要偏移的对象，或 [退出（E）/放弃（U）] <退出>：//选择刚绘制的右边的垂线
```

```
指定要偏移的那一侧上的点，或 [退出（E）/多个（M）/放弃（U）] <退出>:
//在垂线的左方单击
选择要偏移的对象，或 [退出（E）/放弃（U）] <退出>：↙
```

（2）利用修剪命令修剪辅助线，完成后图形如图 12-42 所示。

（3）利用直线、修剪、偏移命令绘制一个齿形，完成后图形如图 12-43 所示。

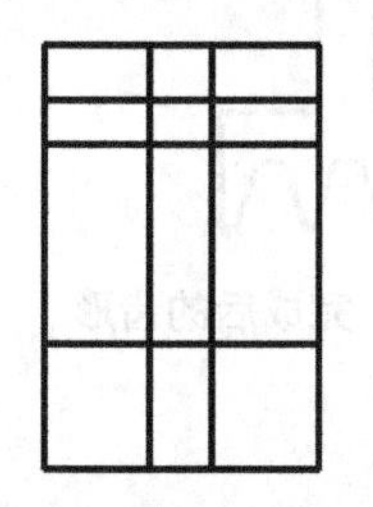

图 12-41　绘制辅助线

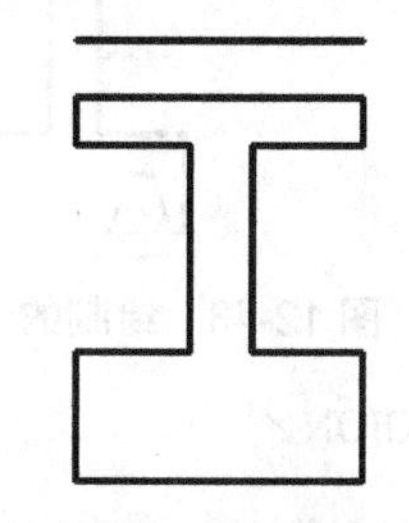

图 12-42　修剪辅助线

```
命令：OFFSET↙
当前设置：删除源=否　图层=源　OFFSETGAPTYPE=0
指定偏移距离或 [通过（T）/删除（E）/图层（L）] <24.5>:　16↙
选择要偏移的对象，或 [退出（E）/放弃（U）] <退出>:　//选择最下方的水平线
指定要偏移的那一侧上的点，或 [退出（E）/多个（M）/放弃（U）] <退出>:
//在水平线上方单击
选择要偏移的对象，或 [退出（E）/放弃（U）] <退出>：↙
命令：OFFSET↙
当前设置：　删除源=否　图层=源　OFFSETGAPTYPE=0
指定偏移距离或 [通过（T）/删除（E）/图层（L）] <16.0>:　12.5↙
选择要偏移的对象，或 [退出（E）/放弃（U）] <退出>:　//选择左边的靠近下方的垂线
指定要偏移的那一侧上的点，或 [退出（E）/多个（M）/放弃（U）] <退出>:
//在垂直线右方单击
选择要偏移的对象，或 [退出（E）/放弃（U）] <退出>：↙
命令：ERASE↙
选择对象：　找到 1 个　//选择最下方的水平线
选择对象：↙
命令：LINE ↙
指定第一点：　//选择最左下方的垂直线的下方端点
指定下一点或 [放弃（U）]:　4↙ //输入水平线距离4，注意光标的位置
指定下一点或 [放弃（U）]:　@25<73↙ //利用相对极坐标，输入直线的下一点坐标
指定下一点或 [闭合（C）/放弃（U）]:　↙
命令：MIRROR↙
选择对象：找到 1 个　　//选择刚绘制的斜线
选择对象：↙
指定镜像线的第一点：　　//选择偏移距离为12.5的直线的上端点
指定镜像线的第二点：　　//选择偏移距离为12.5的直线的下端点
要删除源对象吗？[是（Y）/否（N）] <N>:　N↙
命令：TRIM↙
当前设置：投影=UCS，边=延伸
选择剪切边...
选择对象或 <全部选择>：↙
选择要修剪的对象，或按住 Shift 键选择要延伸的对象，或
[栏选（F）/窗交（C）/投影（P）/边（E）/删除（R）/放弃（U）]:　//选择需要修剪的对象
```

（5）利用复制和直线命令绘制所有齿形，具体步骤略。完成后的图形如图 12-44 所示。

（6）将齿轮旋转为实体，增加键槽，如图 12-45 所示。

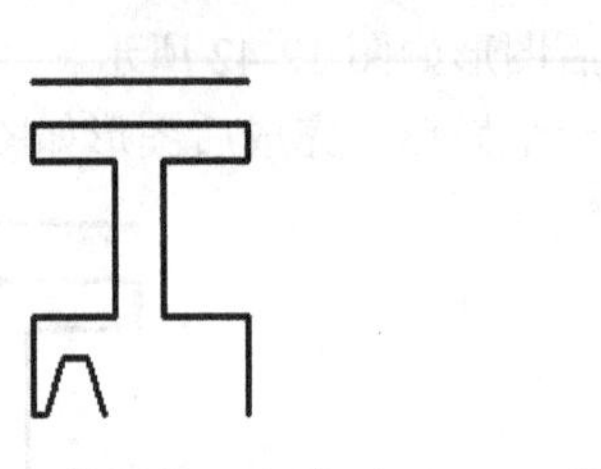

图 12-43　绘制的一个齿形

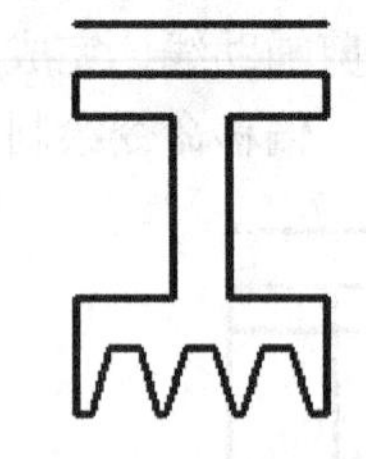

图 12-44　完成后的齿形

```
命令：REGION↙
选择对象：
指定对角点： 找到 36 个　　//选择除最上方水平线以外的所有图形
选择对象： ↙
已提取 1 个环。
已创建 1 个面域。
命令：REVOLVE↙
当前线框密度：　ISOLINES=1000
选择要旋转的对象： 找到 1 个　　　//选择创建的面域
选择要旋转的对象： ↙
指定轴起点或根据以下选项之一定义轴 [对象（O）/X/Y/Z] <对象>： O↙
选择对象：　　　　　　　　　　　　//选择最上方的水平线
指定旋转角度或 [起点角度（ST）] <360>：360↙
命令： UCS↙
当前 UCS 名称： *世界*
指定 UCS 的原点或 [面（F）/命名（NA）/对象（OB）/上一个（P）/视图（V）/世界（W）/X/Y/Z/Z轴（ZA）] <世界>： OB↙
指定新原点 <0，0，0>：　　　　　　//选择旋转轴左方端点
命令： UCS↙
当前 UCS 名称： *没有名称*
指定 UCS 的原点或 [面（F）/命名（NA）/对象（OB）/上一个（P）/视图（V）/世界（W）/X/Y/Z/Z轴（ZA）] <世界>： Y↙
指定绕 Y 轴的旋转角度 <90.0>： -90↙
命令： RECTANG↙
指定第一个角点或 [倒角（C）/标高（E）/圆角（F）/厚度（T）/宽度（W）]： -4，0↙
指定另一个角点或 [面积（A）/尺寸（D）/旋转（R）]： 4，15.8↙
命令： EXTRUDE↙
当前线框密度： ISOLINES=20
选择要拉伸的对象： 找到 1 个　　　//选择刚绘制的矩形
选择要拉伸的对象： ↙
指定拉伸的高度或 [方向（D）/路径（P）/倾斜角（T）]： -63↙
命令： SUBTRACT ↙
选择要从中减去的实体或面域...
选择对象： 找到 1 个　　　　　　　//选择大的旋转实体
选择对象： ↙
选择要减去的实体或面域 ..　　　　//选择刚绘制的键槽实体
选择对象： 找到 1 个
选择对象： ↙
```

（7）利用同样的方法创建铸造孔，完成后的图形如图 12-46 所示。

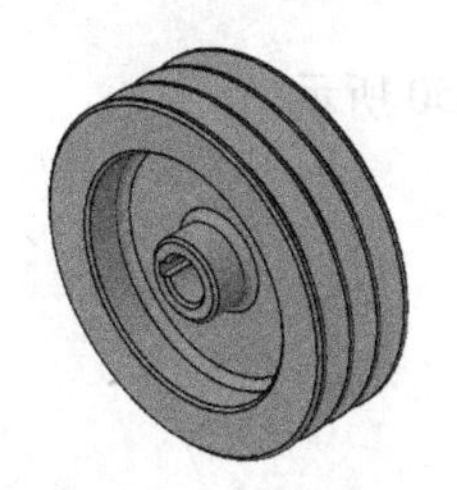

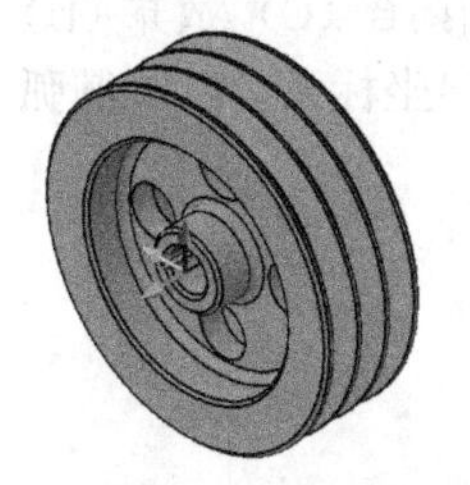

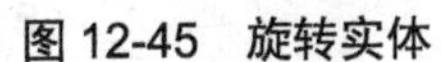

图 12-45　旋转实体　　图 12-46　增加铸造孔

从带轮不同角度观察图形，如图 12-47 所示。

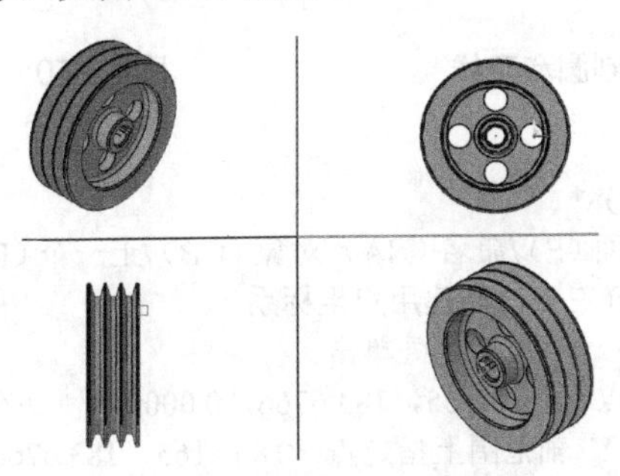

图 12-47　四窗口观察图形

课堂实训 10　创建茶几

实训描述

茶几在日常生活中无处不在，综合利用三维知识创建三维实体。创建如图 12-48 所示的实体茶几。

图 12-48　茶几

- **具体操作**

（1）利用“西南等轴测”视角，采用“二维线框”视觉样式。

（2）利用直线和圆命令完成图形，如图 12-49 所示。

命令：CIRCLE ↙
指定圆的圆心或 [三点（3P）/两点（2P）/相切、相切、半径（T）]： //在绘图区域适当位置单击
指定圆的半径或 [直径（D）]： 10↙
命令： CIRCLE↙
指定圆的圆心或 [三点（3P）/两点（2P）/相切、相切、半径（T）]： //捕捉刚绘制圆的圆心
指定圆的半径或 [直径（D）] <10.0000>： 5↙
命令： LINE ↙
指定第一点： //捕捉刚绘制圆的圆心
指定下一点或 [放弃（U）]： @0，100，0↙

指定下一点或 [放弃（U）]： @0，0，100↙
指定下一点或 [闭合（C）/放弃（U）]： ↙

（3）设置新的用户坐标系，绘制圆弧，如图 12-50 所示。

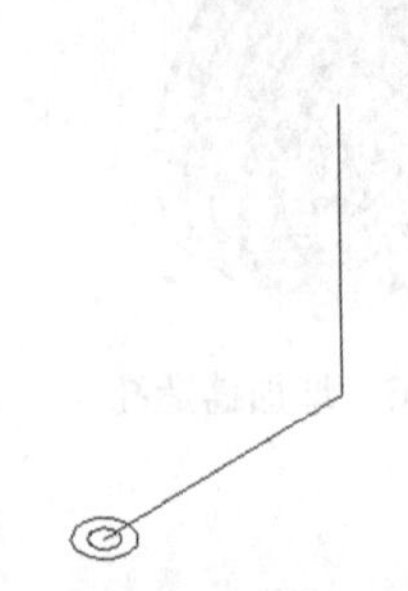

图 12-49 绘制圆和直线

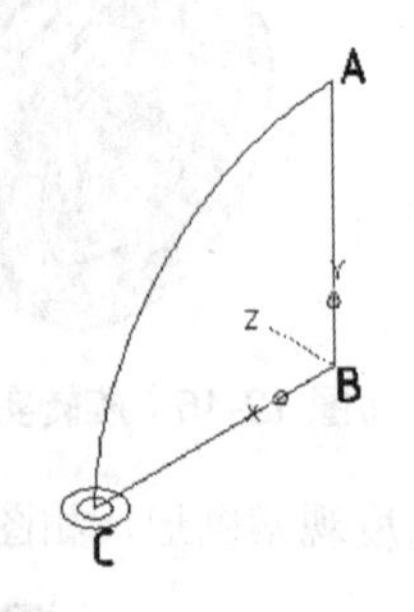

图 12-50 设置坐标系和绘制圆弧

命令：UCS↙
当前 UCS 名称： *世界*
指定 UCS 的原点或 [面（F）/命名（NA）/对象（OB）/上一个（P）/视图（V）/世界（W）/X/Y/Z/Z 轴（ZA）]<世界>： 3↙ //选择三点法创建用户坐标系
指定新原点 <0，0，0>： //在B点处单击
在正 X 轴范围上指定点 <180.4165，183.6766，0.0000>： //在A点处单击
在 UCS XY 平面的正 Y 轴范围上指定点 <180.4165，183.6766，0.0000>：
//在C点处单击
命令：ARC↙
指定圆弧的起点或 [圆心（C）]： //在C点处单击
指定圆弧的第二个点或 [圆心（C）/端点（E）]： C↙
指定圆弧的圆心： //在B点处单击
指定圆弧的端点或 [角度（A）/弦长（L）]： 在A点处单击

（4）利用拉伸、扫掠方法创建三维实体，完成后如图 12-51 所示。

命令： EXTRUDE↙
当前线框密度： ISOLINES=4
选择要拉伸的对象： 找到 1 个 //选择半径为10的圆
选择要拉伸的对象： ↙
指定拉伸的高度或 [方向（D）/路径（P）/倾斜角（T）]： 5↙
命令：SWEEP↙
当前线框密度： ISOLINES=4
选择要扫掠的对象： 找到 1 个 //选择半径为5的圆
选择要扫掠的对象： ↙
选择扫掠路径或 [对齐（A）/基点（B）/比例（S）/扭曲（T）]： //选择圆弧

（5）创建球体和三维阵列实体，完成后如图 12-52 所示。

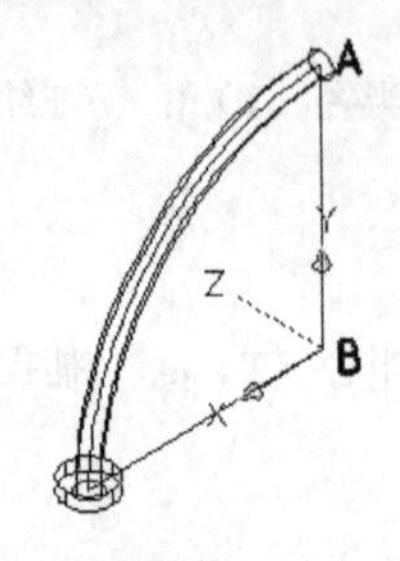

图 12-51 拉伸及扫掠实体

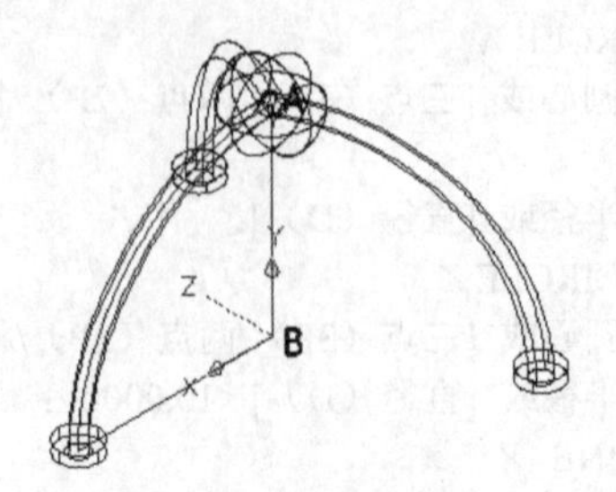

图 12-52 创建球体和三维阵列

命令：SPHERE↙

指定中心点或 [三点（3P）/两点（2P）/相切、相切、半径（T）]： //在A点处单击

指定半径或 [直径（D）] <20.0000>： 20↙

命令：3DARRAY↙

正在初始化... 已加载 3DARRAY。

选择对象：找到 2 个 //选择拉伸及扫掠创建的两个实体

选择对象：↙

输入阵列类型 [矩形（R）/环形（P）] <矩形>：P↙

输入阵列中的项目数目： 3↙

指定要填充的角度 （+=逆时针， -=顺时针）<360>：360↙

旋转阵列对象？ [是（Y）/否（N）] <Y>： Y↙

指定阵列的中心点： //在A点处单击

指定旋转轴上的第二点： //在B点处单击

（6）创建三维镜像实体，完成后如图 12-53 所示。

命令：MIRROR3D↙

选择对象： //选择除球体以外的所有实体

选择对象： ↙

指定镜像平面 （三点）的第一个点或[对象（O）/最近的（L）/Z 轴（Z）/视图（V）/XY 平面（XY）/YZ 平面（YZ）/ZX平面（ZX）/三点（3）] <三点>： ZX↙

指定 ZX 平面上的点 <0，0，0>： //在A点处单击

是否删除源对象？[是（Y）/否（N）] <否>： ↙

（7）创建用户坐标系并绘制长方体，完成后如图 12-54 所示。

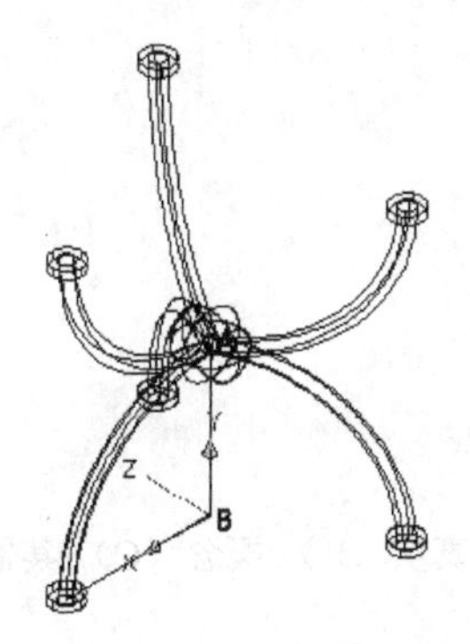

图 12-53 三维镜像

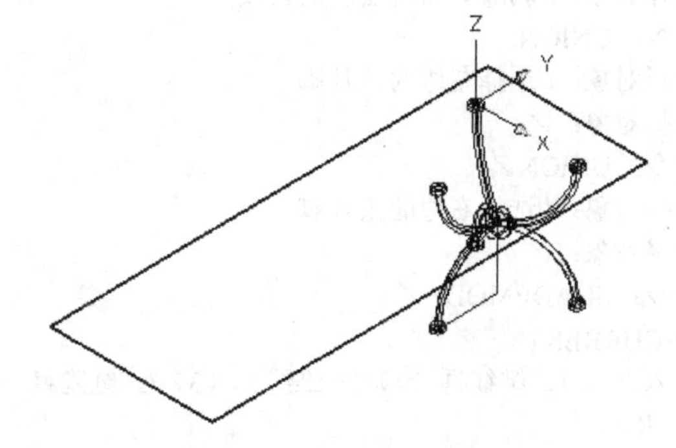

图 12-54 设置坐标系并创建长方体

命令： UCS↙

当前 UCS 名称： *没有名称*

指定 UCS 的原点或 [面（F）/命名（NA）/对象（OB）/上一个（P）/视图（V）/世界（W）/X/Y/Z/Z 轴（ZA）] <世界>： W↙

命令： UCS↙

当前 UCS 名称： *世界*

指定 UCS 的原点或 [面（F）/命名（NA）/对象（OB）/上一个（P）/视图（V）/世界（W）/X/Y/Z/Z 轴（ZA）] <世界>： O↙

指定新原点 <0，0，0>： //在实体右上角处单击

命令： BOX↙

指定长方体的角点或 [中心点（CE）] <0，0，0>： -40，60，0↙

指定其他角点或 [立方体（C）/长度（L）]： @270，-730，0↙

指定高度或 [两点（2P）] <0>：3↙

（8）三维镜像实体并加以抽壳，完成后如图 12-55 所示。

命令：MIRROR3D↙
选择对象：//选择除长方体以外的所有实体
选择对象：↙
指定镜像平面 （三点）的第一个点或[对象（O）/最近的（L）/Z 轴（Z）/视图（V）/XY 平面（XY）/YZ 平面（YZ）/ZX平面（ZX）/三点（3）] <三点>：ZX↙
指定 ZX 平面上的点 <0，0，0>： //选择长方体长边的中点
是否删除源对象？[是（Y）/否（N）] <否>：↙
命令：SOLIDEDIT↙
实体编辑自动检查： SOLIDCHECK=1
输入实体编辑选项 [面（F）/边（E）/体（B）/放弃（U）/退出（X）] <退出>： B↙
输入实体编辑选项
[压印（I）/分割实体（P）/抽壳（S）/清除（L）/检查（C）/放弃（U）/退出（X）] <退出>： S↙
选择三维实体： //选择长方体
删除面或 [放弃（U）/添加（A）/全部（ALL）]： //选择长方体的上表面
删除面或 [放弃（U）/添加（A）/全部（ALL）]： ↙
输入抽壳偏移距离： 2↙
已开始实体校验。
已完成实体校验。
输入实体编辑选项
[压印（I）/分割实体（P）/抽壳（S）/清除（L）/检查（C）/放弃（U）/退出（X）] <退出>： ↙

（9）求和并渲染实体，完成后如图 12-56 所示。

命令：ERASE↙
选择对象：//删除前面所绘制的直线
命令：UNION
选择对象：//选择左边的茶几脚
选择对象：↙
命令：UNION↙
选择对象：//选择右边的茶几脚
选择对象：↙
命令：SHADEMODE↙
VSCURRENT
输入选项 [二维线框（2）/三维线框（3）/三维隐藏（H）/真实（R）/概念（C）/其他（O）] <二维线框>：R↙

选中茶几面，改变颜色为□199, 199, 199，单击“受约束动态观察”按钮，适当调整观察角度。

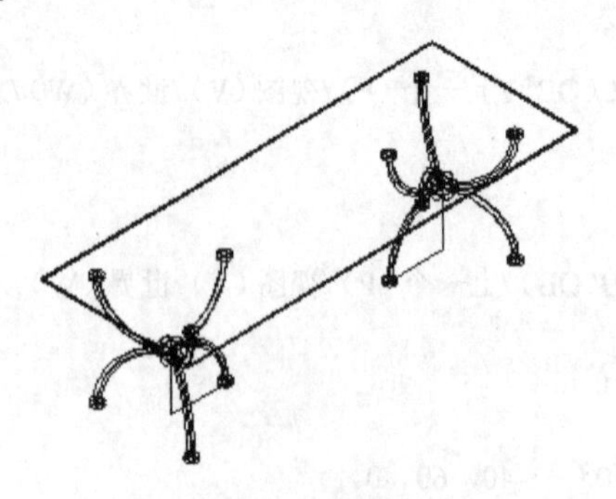
图 12-55 抽壳

图 12-56 茶几三维实体效果图